中央高校教育教学改革基金(本科教学工程)资助

矿田构造学教程

KUANGTIAN GOUZAOXUE JIAOCHENG

主　编　姚书振
副主编　胡新露　宫勇军

图书在版编目(CIP)数据

矿田构造学教程/姚书振主编．—武汉：中国地质大学出版社，2025.3．—ISBN 978－7－5625－6153－8

Ⅰ．P613

中国国家版本馆 CIP 数据核字第 20251D8Q54 号

矿田构造学教程		姚书振	主　　编
		胡新露　宫勇军	副主编

责任编辑:唐然坤	选题策划:王凤林　唐然坤	责任校对:徐蕾蕾
出版发行:中国地质大学出版社(武汉市洪山区鲁磨路388号)		邮编:430074
电　　话:(027)67883511	传　　真:(027)67883580	E－mail:cbb@cug.edu.cn
经　　销:全国新华书店		http://cugp.cug.edu.cn
开本:787mm×1092mm　1/16		字数:489千字　　印张:19
版次:2025年3月第1版		印次:2025年3月第1次印刷
印刷:武汉市籍缘印刷厂		
ISBN 978－7－5625－6153－8		定价:54.00元

如有印装质量问题请与印刷厂联系调换

《矿田构造学教程》

编委会

主　编：姚书振

副主编：胡新露　宫勇军

编　委：周宗桂　丁振举　沈传波

前 言

矿田构造学是介于矿床学和构造地质学之间的一门交叉边缘学科,主要运用构造地质学和矿床学的基本理论与方法,研究矿田与矿床构造的基本特征、成生演化和时空结构,从而揭示构造控矿机理和构造控矿规律,为矿产勘查评价提供科学依据。这是一门有理论意义和实践价值的学科,是广大矿产地质工作者包括矿山地质工作者应该掌握的一种专业学科。

自20世纪60年代以来,我国一些高校在地质矿产类专业教学中陆续开设了矿田构造学课程,作为大学生的必(选)修课或研究生的专修课。该课程的教学给学生传授了矿田构造的基本知识和工作方法,并取得了良好的效果,然而迄今一直采用翟裕生院士等于1993年出版的《矿田构造学》。30多年来,一方面社会生产和科学技术的迅猛发展加速了对矿产资源的勘查、开发和利用,新矿产、新地区、新深度的找矿需要加强矿田构造学研究;另一方面广泛开展的矿产勘查评价、矿山开发和矿田构造研究,已积累了丰富的地质资料,加上地球系统科学的兴起和新技术、新方法的应用,为矿田构造学教材的更新提供了有利条件。基于新时期大学生矿田构造学知识与能力培养的要求,中国地质大学(武汉)教学指导委员会委托编者团队编写《矿田构造学教程》。

《矿田构造学教程》的主要目标是,通过教学使学生系统掌握矿田构造学的基本知识、基本理论和基本方法,了解其研究思路、发展趋势和新进展,培养学生运用所学识别、研究和解决矿产资源勘查评价及开发中的矿田构造问题的能力。本教材可作为高等学校资源勘查工程、地质学及矿山地质专业的教材,也可供矿产普查与勘探等学科的研究生、地矿一线专业工作者和科研人员参考。

经过两年多的努力,编者根据多年来从事矿田构造学教学和研究的体会,吸取兄弟院校在教学中的有益经验,参阅国内外有关文献资料,将最新的研究成果融入其中,经过综合整理最终编写成本教材。教材内容是按课程教学大纲要求的内容和学时(40学时左右)控制,考虑到目前还缺乏适于自学的矿田构造资料,故篇幅稍加扩大,以便于学生自学。

《矿田构造学教程》总体分为3个部分共计12章。第一部分为第一章至第六章,共6章,包括绪论、矿液的运移与停积、各种构造形迹形成机理及其对成矿的控制。第二部分为第七章至第十一章,共5章,分别论述了岩浆-热液矿床、沉积-热水沉积矿床、变质矿床、油气矿床聚矿构造系统的特征和控矿规律,以及矿田构造的若干时空分布规律。第三部分即第十二章,介绍了矿田构造的研究方法,包括一些常用的基本方法和一些较新颖的技术方法。

在编写过程中，编者注意贯彻"少而精"、保证"三基"（基本知识、基础理论、基本方法）和加强应用能力培养等原则，努力体现与本学科相适应的科学水平，组织整理教材内容。由于矿田构造学是介于矿床学、构造地质学等之间的边缘交叉学科，故在教材阐述问题时势必会涉及矿床学和构造地质学等学科的有关内容，因此尽量减少相关学科同样内容的交叉重复。

本教材由姚书振任主编，胡新露、宫勇军任副主编，周宗桂、丁振举、沈传波为编委。章节分工为：第一章，第六章，第七章第一节、第五节、第六节，第十二章第一节由姚书振编写；第二章、第十一章、第七章第四节由周宗桂编写；第三章、第四章和第七章第三节、第十二章第三节由宫勇军编写；第五章、第七章第二节、第十二章第四节、第五节、第六节由胡新露编写；第八章、第九章、第十二章第二节由丁振举编写；第十章由沈传波编写；姚书振、胡新露、宫勇军负责全书的统编和定稿。

本教材在编写过程中得到了翟裕生院士的关心与指导，同时得到中国地质大学（武汉）本科生院、资源学院、中国地质大学出版社的大力支持。全部插图由中国地质大学出版社及张耀举、李利波、张世贸等研究生清绘。对于某些因年代久远或资料缺失的图件，无法找到原始出处，在参考文献中未能列出，编者在此表示歉意和感谢。

编　者

2024 年 9 月

目 录

第一章 绪 论 …………………………………………………………………… (1)

第一节 构造与成矿的关系及控矿构造分级 ……………………………………… (1)
第二节 矿田构造学的基本概念 …………………………………………………… (3)
第三节 矿田构造的研究意义和研究内容 ………………………………………… (8)
第四节 矿田构造的特点及研究方法 ……………………………………………… (9)
第五节 矿田构造研究简史 ………………………………………………………… (11)

第二章 矿液的运移与停积 …………………………………………………… (16)

第一节 概 述 ……………………………………………………………………… (16)
第二节 矿液运移的动力 …………………………………………………………… (16)
第三节 矿液运移的通道 …………………………………………………………… (19)
第四节 矿液流向和通道的研究 …………………………………………………… (22)

第三章 褶皱构造的控矿作用 ………………………………………………… (32)

第一节 概 述 ……………………………………………………………………… (32)
第二节 褶皱构造类型及其控矿作用 ……………………………………………… (34)
第三节 叠加褶皱及其控矿作用 …………………………………………………… (41)
第四节 岩性界面与外生角砾岩体构造及其对成矿的控制 …………………… (43)

第四章 断裂构造的控矿作用 ………………………………………………… (48)

第一节 概 述 ……………………………………………………………………… (48)
第二节 断裂的形成 ………………………………………………………………… (49)
第三节 断裂构造对矿田矿床的控制 ……………………………………………… (51)
第四节 断裂构造对矿体的控制 …………………………………………………… (53)
第五节 裂隙构造对矿体的控制 …………………………………………………… (58)

第六节　韧性剪切带及其对成矿的控制 …………………………………… (60)
　　第七节　逆冲推覆构造对成矿的控制 …………………………………… (65)
　　第八节　剥离断层对成矿的控制 ………………………………………… (68)
　　第九节　同生断层及其对矿床的控制 …………………………………… (70)

第五章　侵入体内部及侵入接触构造的控矿作用 ……………………………… (73)
　　第一节　概　述 …………………………………………………………… (73)
　　第二节　侵入体的形态、产状及其影响因素 …………………………… (73)
　　第三节　侵入体内部构造及其控矿作用 ………………………………… (76)
　　第四节　侵入接触构造及其控矿作用 …………………………………… (83)
　　第五节　多期次侵入构造对成矿的控制 ………………………………… (89)

第六章　火山构造的控矿作用 …………………………………………………… (91)
　　第一节　概　述 …………………………………………………………… (91)
　　第二节　火山穹隆构造及其对成矿的控制 ……………………………… (92)
　　第三节　破火山口构造及其对成矿的控制 ……………………………… (99)
　　第四节　火山-构造洼地、线性火山构造及其对成矿的控制 ………… (104)
　　第五节　次火山岩构造及其对成矿的控制 ……………………………… (106)
　　第六节　火山-构造矿化模式 …………………………………………… (112)

第七章　岩浆-热液矿床的聚矿构造系统 ……………………………………… (114)
　　第一节　概　述 …………………………………………………………… (114)
　　第二节　岩浆矿床的聚矿构造系统 ……………………………………… (114)
　　第三节　伟晶岩矿床的聚矿构造系统 …………………………………… (119)
　　第四节　矽卡岩型矿床的聚矿构造系统 ………………………………… (121)
　　第五节　火山-次火山热液矿床的聚矿构造系统 ……………………… (127)
　　第六节　热液矿床的聚矿构造系统 ……………………………………… (135)

第八章　沉积-热水沉积矿床聚矿构造系统 …………………………………… (152)
　　第一节　概　述 …………………………………………………………… (152)
　　第二节　盆地构造与沉积矿床 …………………………………………… (155)
　　第三节　若干沉积-热水沉积矿床的聚矿构造系统 …………………… (163)

第九章　变质矿床的聚矿构造系统 ……………………………………………… (179)

第一节　概　述 ……………………………………………………………… (179)
第二节　区域变质矿床聚矿构造系统 ……………………………………… (179)
第二节　接触变质矿床聚矿系统 …………………………………………… (189)
第三节　混合岩化矿床聚矿系统 …………………………………………… (189)

第十章　油气矿床的聚矿构造系统 ………………………………………… (191)

第一节　概　述 ……………………………………………………………… (191)
第二节　控制油气田的盆地构造 …………………………………………… (192)
第三节　构造油气藏的聚矿构造系统 ……………………………………… (207)
第四节　地层和岩性油气藏的聚矿构造系统 ……………………………… (219)

第十一章　矿田构造的若干时空规律 ……………………………………… (229)

第一节　成矿前构造 ………………………………………………………… (229)
第二节　成矿期构造 ………………………………………………………… (230)
第三节　成矿后构造 ………………………………………………………… (232)
第四节　矿田构造发展史 …………………………………………………… (234)
第五节　构造的等距性 ……………………………………………………… (235)
第六节　构造的分带性 ……………………………………………………… (242)

第十二章　矿田构造研究方法 ……………………………………………… (248)

第一节　大比例尺矿田构造制图与综合研究 ……………………………… (248)
第二节　深部构造研究及制图 ……………………………………………… (256)
第三节　控矿构造的岩组分析 ……………………………………………… (266)
第四节　构造地球化学方法 ………………………………………………… (268)
第五节　矿田构造的数值模拟 ……………………………………………… (271)
第六节　矿床保存条件研究 ………………………………………………… (280)

主要参考文献 ……………………………………………………………………… (286)

第一章 绪 论

第一节 构造与成矿的关系及控矿构造分级

一、构造与成矿的关系

矿床在地壳中分布具有局限性和不均匀性,形成有经济价值的矿床需要成矿物质高度富集。而矿床的形成离不开构造运动,因为构造动力是物质聚散的基本动力,成矿物质在构造运动中迁移,并在合适的构造部位聚集成矿,可以认为矿床是在地球构造运动过程中形成的异常地质体。在成矿物质由分散到富集并形成矿床的过程中,从构造-建造-流体的相互关系来看,构造是控制一定区域中各地质体间耦合关系的主导因素,并且制约着矿床的空间展布。

从成矿的全过程看,构造对成矿的控制作用可归纳为以下10个方面(翟裕生,1984a)。

(1)矿床形成的地质构造环境,如各种类型的构造盆地常是形成沉积矿床的有利环境,而断裂构造-岩浆活动带则是多种内生矿床的产出地带。

(2)构造活动过程中释放的能量(主要是热能)不仅为成矿作用提供能源,还可以作为含矿岩浆和各种流体运移与汇聚的重要动力。地质观测资料和实验模拟资料均表明,热液、石油、天然气等在岩石中的赋存状态是受构造因素控制的。例如在压应力区的岩石中,热液因受挤压而向毗邻的拉张区运移;在其他有利条件的配合下,热液中的矿质可在拉张区的一定部位聚集成矿。

(3)构造作用形成的断层、裂隙带和剥离孔洞等因具有很高的渗透性,可以作为含矿流体运移的通道。通常将这种构造通道称为导矿构造或运矿构造。岩浆成因热液或变质热液向地壳浅部运移需要导矿构造,而地表水和浅层地下水向深处流动也需要导矿构造作为通道。

(4)构造作用形成的各种开放空间,如断层、裂隙、空洞以及地表的汇水盆地等均可作为成矿物质堆集的场所,因而在很大程度上决定了矿体的形态、产状和空间位置。

(5)成矿物质在各种流体中的状态和数量受控于温度、压力、氧化还原电位(Eh)和pH等条件,而这些条件可以因构造状态的改变而产生变化。例如当含矿流体从狭窄裂隙通道进入宽大的破碎带时,由于压力和温度突然降低,溶液流速由快变慢,且与毗连岩石的接触表面积在增大,因而它们之间的化学反应增强,导致沉淀出矿石矿物和脉石矿物。由于气化作用发生的气液分离、酸碱分离和成矿物质浓度变化,也可导致矿质的沉淀。总之,地应力和应变作用影响成矿的物理化学因素（T、p、C、Eh、pH 等），这些参数在应力场的不同部位是有差别的，因而对矿液运移和矿石沉淀起着不同的作用。

(6) 不同的构造条件引起不同的成矿方式，形成不同的矿床和矿体类型。例如矿质在断裂中充填形成矿脉，而顺岩层充填交代则形成似层状矿体。又如斑岩型矿床是在地壳较浅部位的脆性岩石中通过较为迅速的沉淀机制（沸腾）生成的，而矽卡岩型矿床则是在深度较大、韧性程度较高的围岩中以较缓慢的渗透交代作用方式形成的。某些矿物组合的产出与成矿的构造条件也有一定关系，如氧化物、硫化物、硫酸盐等矿物常出现在同一矿田（床）的不同构造位置。

(7) 构造活动的多期次，是导致成矿的多期、多阶段的重要原因，这在热液矿床中尤为明显，常表现为早晚不同阶段矿脉间的重叠和穿插关系。

(8) 构造是形成各种规模的矿化分带（区域分带、矿床分带、矿体分带等），包括矿床等间距分布的重要控制因素。例如对预测隐伏矿床（体）有重要意义的矿化垂直分带（如赣南粤北地区钨矿脉的"五层楼"分带模式）在很大程度上受构造垂直分带性（如构造断裂性质、构造岩和孔洞发育程度等随深度而变化）制约。构造分带性常是矿田（床）中有用组分（元素或矿物）呈垂直分带的根本原因。

(9) 在一定的条件下，显著的构造活动可以直接形成有用的矿物或岩石，如黏土、滑石、石棉、蓝晶石等矿石和瓦板岩等及其他一些有经济价值的构造岩和动力变质岩。

(10) 矿床形成后由于构造作用，大多数矿床（除一些新生代形成的矿床如砂矿外）都不同程度地经历过成矿后的改造，包括矿床空间位置、矿体产状、矿石组构以及矿物成分的种种变化。构造改造作用既可以破坏矿体的连续性和稳定性，增加找矿和采矿工作的难度，也可使某些类型矿体（如沉积变质铁矿）的褶皱加厚（主要在向斜部位），增加单位体积内的矿石储量，从而有利于矿体开发。矿床构造对原生矿床在地表附近的风化改造也有重要影响，如位于地表矿体中或其旁侧的断裂破碎带有利于地表水和地下水的渗流，能促进矿体中氧化带的发育。

综上所述：①构造对各类矿床（岩浆矿床、热液矿床、沉积矿床、风化矿床和变质矿床等）的形成和分布都有控制作用；②在成矿作用的各个环节上构造都起一定作用，都有一定影响；③构造对矿床的形成、演化和成矿后的改造都起作用。也就是说，构造对成矿的控制是无处不在、无时不在的。构造是成矿的基本控制因素，是成矿作用的有机组成部分。如果说成矿物质是"物源"，含矿流体是"介质"，则构造是提供含矿流体和成矿物质得以迁移的能量、动力、空间场所和调整矿石沉淀所必需的热力学条件。因此，构造是控制矿床形成和分布的主导因素。

二、控矿构造的分级

陈国达（1978）按控矿构造的规模，将各类构造归纳为大、中、小 3 级。大型构造为构造区和构造系，中型构造包括褶皱、断层和火成岩体构造，小型构造有节理和劈理等。其中，中、小型构造对矿床形成的位置以及在小范围内的分布有直接控制作用。一般而言，矿田构造就是指控矿构造中的中、小型构造。

姚书振等（2011）对成矿系统的时空结构及其构造控制进行了研究，认为在空间尺度上成矿系统从大到小可划分为 7 个层次：成矿全球系统、成矿巨系统、成矿大系统、成矿系统、成矿亚系统、成矿子系统、成矿亚子系统，它们分别对应全球、成矿域、成矿省、成矿区带、成矿亚带或矿集区、矿田、矿床，低级别成矿系统的发育受高一级成矿系统的约束，它们又受7个级别成矿构造网络系统的控制(表1-1)。矿田构造学重点研究矿田和矿床的构造网络系统与成矿的关系。

表 1-1　构造与成矿分级

层次	构造系统	成矿空间(尺度)	成矿系统
一	地球圈层结构与构造系统	全球	全球系统
二	成矿域构造网络系统	成矿域	巨系统
三	成矿省构造网络系统	成矿省	大系统
四	成矿区带构造网络系统	成矿区带	系统
五	成矿亚带构造网络系统	成矿亚带或矿集区	亚系统
六	矿田构造网络系统	矿田	子系统
七	矿床构造网络系统	矿床	亚子系统

各不同级别的概念都既包括构造形迹和岩石组构特征，又包括构造控矿机理和发展历史；既包括地表的控矿构造，又包括深部构造。因此，各级控矿构造研究都是三维加时间的"四维"研究内容，涉及控矿构造的时空整体结构。

任何一级含矿区都包含各种性质的中、小型构造，同时又在大地构造中占有一定的地位，具有一定的大地构造发展史背景。因此，不同大、中、小型构造具有密切的关系。在研究控矿构造时，要强调大地构造研究与中、小型构造研究相结合，同时针对不同的任务和对象，又可以各有重点。研究大区域成矿规律(如中国东部金属成矿规律)应以大地构造为重点，但要在中、小型构造研究的基础上进行；研究矿田构造则以中、小型构造为主，但也必须与大地构造联系起来。

矿田构造是大地构造包括成矿区(带)构造的一个组成部分。当研究矿田构造时，如对矿田所在的区域大地构造性质有系统的认识，则对所研究的矿田构造有更深刻的认识和理解；反之，对矿田构造的实地观测和深入分析，常能帮助认识矿田所处的大地构造环境和性质。从某种意义上讲，矿田构造的某些特征常是大地构造性质的体现和缩影。

第二节　矿田构造学的基本概念

一、矿田构造学与矿田构造

矿田构造学是介于矿床学和构造地质学之间的一门交叉边缘学科。它主要是运用构造地质学和矿床学的基本理论与方法，研究矿田与矿床构造的基本特征、生成演化和时空结构,揭示构造控矿机理和构造控矿规律,为矿产勘查评价提供科学依据。

矿田是地壳上的某一成矿显著地段,包括在地质构造、物质成分和成因上具有联系的两个以上的矿床与矿点。矿田的面积一般为十几平方千米到百余平方千米,沉积矿田常具有更广阔的面积。在一个成矿区(带)内往往有多个矿田产出,如鄂东南矿集区(图1-1)内有程潮、张福山、灵乡铁矿田,铁山和铜绿山铁铜矿田,铜山口、龙角山铜矿田等。

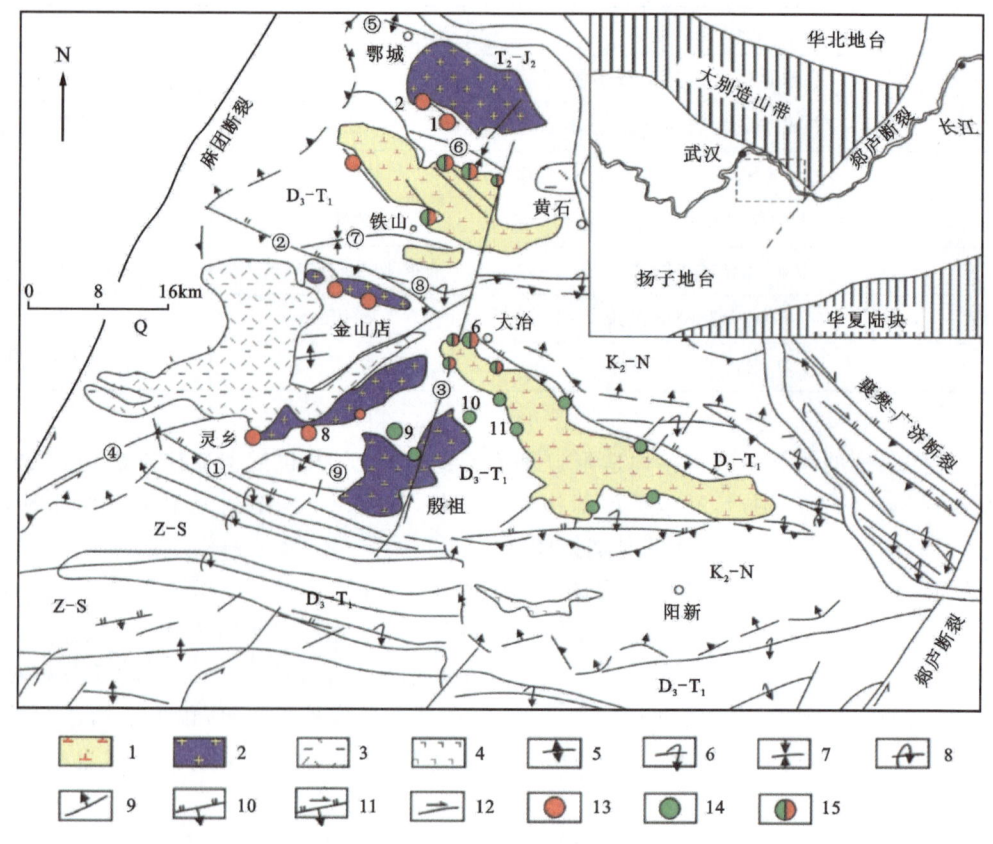

图1-1 鄂东南矿集区地质简图(据舒全安,1992;Li et al.,2009 修编)

1.闪长岩体;2.石英闪长岩体;3.基性—酸性火山岩;4.玄武岩;5.背斜;6.倒转背斜;7.向斜;8.倒转向斜;9.晚白垩世—新近纪盆地边界;10.压性断裂;11.压剪性断裂;12.剪性断裂;13.铁矿;14.铜矿;15.铁铜矿地层代号:Z—S.震旦系—志留系;D_3—T_1.上泥盆统—下三叠统;T_2—J_2.中三叠统—中侏罗统;K_2—N.上白垩统—新近系;Q.第四系。部分断裂和褶皱名称:①银山—横山断裂(长阳—阳新断裂);②保安—陶港断裂;③姜桥—下陆断裂;④灵乡断裂;⑤鄂城背斜;⑥碧石渡向斜;⑦铁山向斜;⑧保安倒转背斜;⑨殷祖背斜。部分矿床名称:1.程潮铁矿;2.广山铁矿;3.铁山铁矿;4.张福山铁矿;5.余华寺铁矿;6.铜绿山铁铜矿;7.刘岱山铁矿;8.刘家畈铁矿;9.铜山口铜矿;10.龙角山铜矿;11.赵家湾铜矿

矿田构造是指在矿田范围内,控制各矿床的形成、改造和空间分布的地质构造因素的总和。

矿床构造是指控制矿体在矿床中分布规律及矿体形状、产状、规模的地质构造因素的总和。它是矿田构造的主要组成部分。

矿体构造是指控制单个矿体的形态、产状以及矿体内部结构的构造要素，包括控制富矿段（或称矿柱）的构造要素。矿体构造是矿床构造的组成部分。

二、成矿前、成矿期和成矿后构造

根据构造与成矿的时间先后关系，矿田构造可划分为成矿前构造、成矿期构造和成矿后构造三大类。每一期又划分出若干阶段。

成矿前构造是指成矿物质运移聚集成矿之前形成的构造。它们是成矿的地质构造背景，包括成矿前形成的褶皱、断裂、岩体和岩脉等构造，对矿田、矿床起着直接和间接的控制作用。就内生矿床而言，特别要注意研究控制矿田、矿床的区域断裂构造和侵入岩体类构造。

成矿期构造是指成矿物质运移聚集成矿过程中形成的构造，它们是直接控制成矿的构造条件。成矿作用是在一个相对长的时期内地质作用发展演化的结果，它一般不是一次完成的，往往是间歇地多次发生。成矿构造和矿化过程都表现出脉动性。因此，这一期可分出几次成矿构造形成阶段和几次张开充填阶段。各阶段在时间上是先后关系，各阶段应力状态不同，表现形式也各异。构造-矿化阶段的划分主要是根据各种矿脉的相互穿插关系来确定的，早期矿脉被晚期矿脉穿插和错动，这表明成矿断裂的生成和充填不止发生过一次。这种现象是划分阶段的最可靠依据，此外，不论是另一次成矿断裂的生成或同一断裂的再次张开，均可使先形成矿脉遭到破碎并被后成矿物质胶结，从而形成角砾状构造。角砾的成分具有早期的产物，但要注意与同生的似角砾状构造进行区别。

成矿后构造是指成矿物质运移聚集成矿后形成的构造。成矿后构造对矿床、矿体起着破坏和改造作用，该期构造不一定是同一时期形成的，在时间上也有先后之别。因此，区分它们形成的时间关系和力学属性，有助于完整地恢复矿田构造发展的历史；掌握它们的空间组合规律性，对隐伏矿体寻找和采掘工程，特别对判断被错落矿体的方向和位置有现实意义。

关于成矿前、成矿期和成矿后构造的特征、识别标志、演化及其与成矿的关系研究，详见第十二章。

三、导岩导矿构造、导矿构造、配矿构造和储矿构造

根据构造在成矿中的作用，矿田构造可分为区域导岩导矿构造、导矿构造、配矿构造、储矿构造。

区域导岩导矿构造：是指能使成矿地质体、成矿流体和成矿物质到达成矿区域的构造，人们常称其为导岩导矿构造，它们常为穿透很深的岩石圈断裂和基底（壳）断裂系统，属深部构造中的一种线性构造带，制约着深部岩浆及成矿物质的活化迁移，或聚矿盆地的形成与演化。区域导岩导矿构造可分为两个层次：①岩石圈断裂控制区域构造-岩浆-成矿带或沉积-热水沉积聚矿盆地的展布；②与岩石圈连通的基底（壳）断裂是成矿地质体、成矿流体和成矿物质到达矿田的构造，它们控制着矿田的形成与展布，其构造网络结点附近是矿田发育的有利部位，可称为布岩布矿构造（图1-2），这在内生矿田分布区有明显的表现。

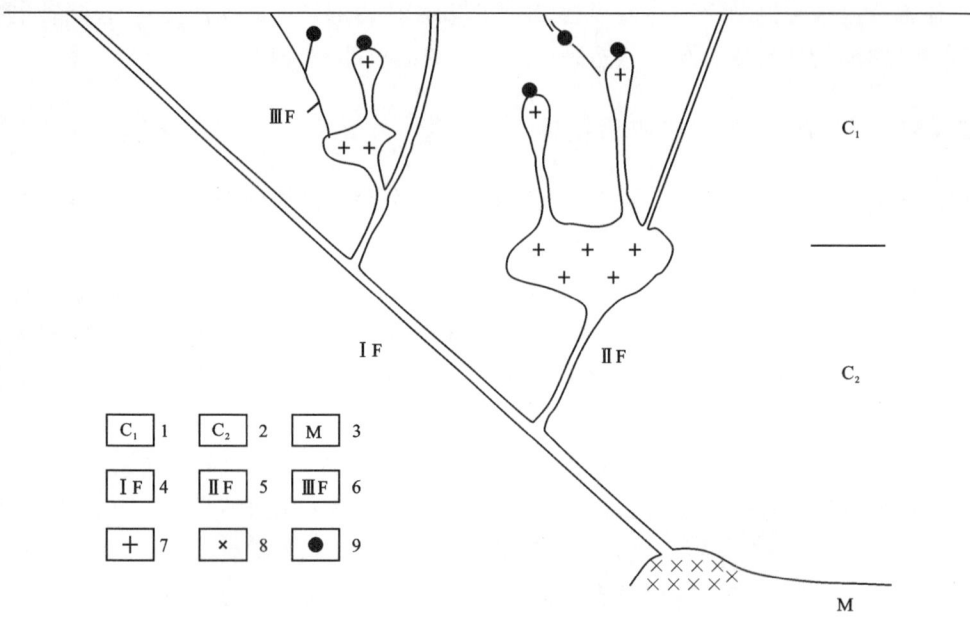

图1-2 区域导岩导矿构造示意图

1.上地壳;2.下地壳;3.地幔;4.岩石圈断裂;5.基底(壳)断裂;6.盖层大断裂;7.岩体;8.幔源岩浆;9.矿床

导矿构造:狭义的导矿构造是指矿田内与区域导岩导矿构造连通,能使成矿流体和成矿物质从成矿地质体(矿源岩或矿源层)到达成矿部位的构造(图1-3①),它们常为规模较大的盖层断裂、剪切带及不整合面等。这些构造部位岩石破碎程度和渗流性都较高,切割较深,一旦与矿液源地沟通,由于成矿流体温度较高、压力较大,因而较易于在导矿构造中上升和通过,有利于成矿元素的搬运。在剧烈褶皱地区,某些陡倾斜的有利于矿液流动的岩层或岩系也可以构成矿液上升的重要通道。在多数情况下,导矿构造本身不产矿体,只有一些热液蚀变或矿化现象。

配矿构造:是指矿床内与导矿构造连通,能使成矿流体和成矿物质到达局部储矿部位的构造(图1-3②),其局部扩容部位亦可有矿体或矿化体产出。

导矿构造和配矿构造又统称为矿液通道。矿液通道是多级次的,有主干的导矿构造和二级、三级等的配矿构造,矿液多由主干导矿构造分散到次级配矿构造。然后再进一步进入规模更小的储矿构造中,在那里沉淀堆积成矿。

储矿构造:是指控制成矿物质聚集沉淀形成工业矿体的构造,又称容矿构造或成矿结构面(图1-3③),分为同生构造和后生构造。同生构造:岩性岩相及其界面构造、同生断裂构造、火山构造、岩体的原生裂隙构造、隐爆或塌陷角砾岩体构造等。后生构造:侵入接触构造、区域构造应力形成的断裂裂隙构造和褶皱构造等。不同类型矿床中的储矿构造类型不同,它们的空间配置决定了矿体的空间展布与矿床的内部结构。一般而言,在岩浆热液矿床中单一的原生储矿构造成矿规模有限,而复合型的容矿构造组合易形成规模巨大的矿床。

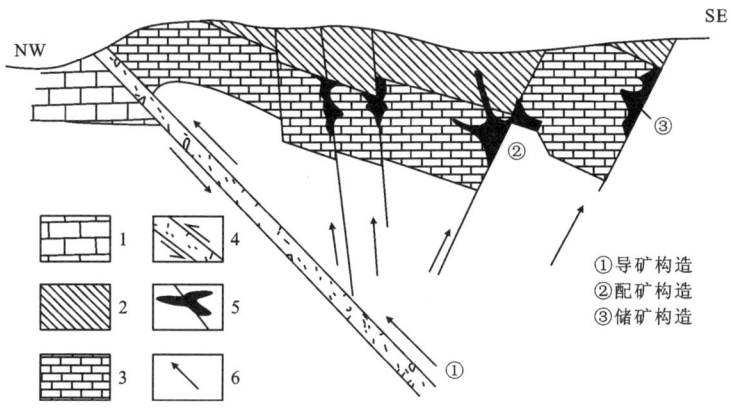

图1-3 西南汞矿田导矿、配矿、储矿构造综合图(据曾庆丰,2016)
1.奥陶纪灰岩;2.寒武纪页岩;3.寒武纪白云岩;4.构造角砾岩(断裂);5.矿体;6.矿液流动方向

四、聚矿构造系统

聚矿构造系统:区域导岩导矿构造、导矿构造、配矿构造、储矿构造、保矿构造等在成矿中联合起到使成矿物质迁移富集成矿的作用,又称为聚矿构造系统(姚书振等,2020a)。聚矿构造系统主要是由成矿前和成矿期构造耦合构成的复合构造系统,总体上控制着矿带、矿田、矿床和矿体的形成与展布,是"物化"了的构造系统。导矿构造、配矿构造和储矿构造的最优配置是形成矿床的先决条件,其常见的组合关系如图1-4所示,图中综合反映了在热液矿床中各级控矿构造的组合情况,及其与矿源、热源位置的相互关系,其中包括大气降水在断裂和岩层中的运移趋势。

聚矿构造系统具有较长的持续活动性,使得成矿流体和成矿物质得以长期连续地迁移与聚集,可以导致大型、超大型矿床的形成。需特别指出的是,在成矿部位,成矿时圈闭的构造环境很重要,在圈闭的储矿构造环境中成矿物质不易散失,更易于聚集成矿。例如后生热液金属矿床和油气矿床中常见的构造圈闭、地层岩性圈闭和地层与构造复合圈闭等,沉积-热水沉积矿床中常见的相对封闭并达到均衡补偿性沉积的凹陷或断陷盆地等。

此外,矿床形成后的保存条件也是聚矿构造的研究内容之一。严格地讲,它不属于聚矿构造系统的构成要素,而是成矿之后矿床是否会被剥蚀或保存的构造条件。一些具有较好聚矿构造条件的地段,在剥蚀较浅的构造环境下已形成的矿体得以保存,而剥蚀严重的构造环境下,不再具有寻找大、中型矿床的价值。因此,从找矿的角度出发,有必要将保存条件和剥蚀程度归入聚矿构造系统的研究内容中。

找矿实践和科学研究表明,不同尺度的构造控制不同级别的成矿作用。区域大地构造从宏观上控制成矿区(带)的形成、演化和时空分布规律,而矿田和矿床构造则具体控制矿床及矿体的形成、分布、空间位置。

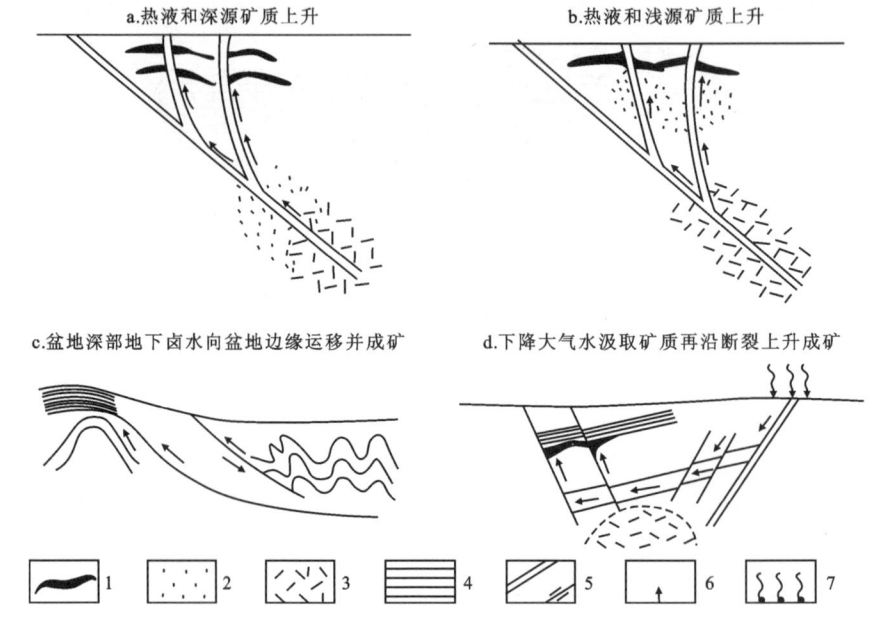

图1-4 热液矿床的几种聚矿构造系统模式(据翟裕生,1984a,1984b 修改)

1.矿体;2.矿源层或矿源地;3.热源区;4.遮挡层;5.断层(热液通路);6.热液运移方向;7.大气降水

第三节 矿田构造的研究意义和研究内容

一、矿田构造研究的意义和任务

从前述的构造与成矿的关系中可以看出,构造是成矿的基本控制因素。研究大区域的构造控矿作用和矿床分布规律,对区域矿产预测和普查找矿工作有战略指导意义。研究矿田和矿床构造则可更具体地认识和掌握控制矿床(体)形成、改造与分布的控制因素,对大比例尺矿床预测、找矿、详查、勘探、采矿均有实际意义。

通过矿田构造研究,可以查明矿田内成矿构造发展史和矿床的时空分布规律,以此作为找寻未知矿床(体),提供勘查后备基地的地质依据。

通过矿床构造研究,阐明矿床中各矿体的分布规律,认识矿体位置和形态的构造要素,可用于预测和探寻新的矿体,扩大已知矿床(山)的远景。

通过矿体构造研究,可以追溯矿体的隐伏地段,预测富矿段的产出部位,为勘探设计和开采方案提供关于矿体形态、产状、大小、展布与构造特点的依据。

矿田构造研究的基本任务是:①研究构造与成矿关系的基本原理;②研究各类构造的控矿作用;③研究各类矿床的构造控矿特点;④研究矿田构造网络系统的时空结构和矿床与矿体的定位规律;⑤研究矿田构造与区域构造的关系。

总之,矿田构造研究的基本任务是回答下述问题:探讨矿田和矿床形成的地质构造条件及其控矿作用;查明矿田、矿床和矿体为什么产于此处,并且会有这样的形状、产状和规模;如何在类似的地质构造条件下找到同类的矿床和矿体。也就是说,矿田构造研究的基本任务是解决矿产预测和找矿问题。

二、矿田构造研究的主要内容

(1)研究岩石的物理力学性质,包括岩石的基本力学性质、岩石变质(形)后的力学性质、不同深度下岩石的力学性质、地层剖面中不同岩石类型力学性质的差异对变形特征的影响等,以及上述性质对成矿和矿化分布的控制作用。

(2)研究各种控矿构造类型,包括原生层状构造、褶皱、断层、裂隙、劈理、片理、侵入岩体构造、火山构造、重力构造等在一定地质环境中的发生、演化历史及对成矿的控制。

(3)研究控矿构造的演化期次和发展阶段,包括成矿前构造期、成矿期和成矿后构造期以及每期构造的发生、发展阶段及它们对成矿的控制和破坏作用。

(4)研究控矿构造系统和构造分带性(包括水平构造分带、垂直构造分带)对矿床和矿床系列的形成与分布的控制作用。

(5)研究矿液的运移与构造条件的关系,包括导矿构造、储矿构造对矿液运移和矿质沉淀的控制作用。

(6)研究矿石堆积的构造圈闭条件(成矿构造圈闭),包括富矿体(段)形成的构造和岩石条件。

(7)按矿床的成因类型研究各类矿床的构造特征及成矿的构造条件,如岩浆矿床、热液矿床、沉积矿床和变质矿床等的聚矿构造系统的特点。这种研究方法与前述按构造类型研究控矿意义的方法是相辅相成的。

(8)研究矿田构造与区域构造的关系。一个矿田的构造特征在很大程度上取决于其所在区域的构造背景,因此要注意研究区域构造对矿田构造的控制和影响。

(9)探索和采用矿田构造的新的研究方法和手段,将新技术和新方法运用到矿田构造研究工作中,提高矿田构造的研究水平和矿产预测的效果。

第四节 矿田构造的特点及研究方法

一、矿田构造的特点

与不含矿的构造相比,矿田构造具有以下几个特点。

(1)矿田构造是区域构造的一部分,是含有矿床、矿体的这一部分。

(2)矿田构造活动的多期次性。具有一定规模的构造活动一般都具有长期发展过程,而这一点对于矿田构造更为突出。这是由于一个矿床的形成需要能量、矿质浓度、温度、压力等的多次调整（通过构造作用和地球化学作用），以达到成矿物质的高度富集。这种多次调整表现为构造和成矿作用的多期、多阶段性。

(3) 构造与含矿流体的相互作用也是矿田构造的一个特点。矿田中的变形构造和岩石中的原生构造作为含矿流体的运移通道与矿石堆积地，是"物化"了的构造；同时，富含挥发组分和内能较大的气化流体可以以沸腾、隐爆等形式产生新的构造岩石，如隐爆角砾岩筒等。它们是重要的储矿构造类型，并以其特殊的形成机制和与蚀变、矿化的密切联系而有别于一般的构造变形。尤其在内生和变质矿床中，构造与含矿流体不断发生相互作用，与成矿物理化学作用紧密相关。

由上述矿田构造与一般构造的差异可知，矿田构造学与一般构造地质学有相同的一面，也有各自独特的一面。矿田构造学利用构造地质学的原理和方法来研究矿田构造的类型与形成机理，这是二者具有的共同性的一面；矿田构造学还研究构造与成矿的关系，这是矿田构造研究不同于一般构造研究的方面，这是其特殊性。

矿田构造研究既以一般构造研究为基础，又能充实和丰富一般构造研究。通过矿田构造的深入研究，特别是坑道中和钻孔岩芯中揭露的构造现象，可以提供更多的构造信息，发现更多的构造类型、构造作用机理和小尺度的构造细节，因此能丰富构造地质学的研究内容，推动构造地质学研究的深入和发展。

二、矿田构造的研究方法

矿田构造的研究内容基本属于地质构造范畴。因此，开展矿田和矿床的详细地质构造制图（大比例尺地质制图）及进行有关控矿构造条件的研究一直是矿田构造研究的基本方法，并在不断完善和提高。由于矿田和矿床是有一定深度的三维地质体，因而开展大比例尺立体地质制图是研究矿田构造的重要手段，并有必要发展深部制图和各种专门的制图方法。

岩石和矿石组构分析（即显微构造分析）对解决某些宏观难以解决的问题有其独特的作用。运用岩石组构分析不仅可以确定含矿褶皱、断层和裂隙的成因，鉴别岩石、矿石所经历的变形历史，并能确定矿体位移的性质和方向。通过微观和超微观的手段研究矿石组构，能了解矿体矿石在构造应力场中的位置及矿石生成后的变形情况。

物探和化探方法已卓有成效地运用于矿田构造研究。利用物探方法（电法、磁法、重力、地震以及放射性物探等方法）能发现隐伏构造、隐伏岩体和矿体，并探查它们的延伸情况。化探测试技术的改善使其已能广泛运用原生晕、次生晕以及气体测量等方法查明隐伏的导矿构造和储矿构造，了解矿化地段范围和矿石富集部位。

20世纪70年代以来，利用遥感影像（卫片和航片等）来判别控矿的线性构造和环形构造等大、中型构造已获得良好效果。随着计算机技术的发展，已广泛利用数学分析和信息技术来定量地研究构造控矿作用并进行统计预测。

矿田构造地球化学方法近年来受到重视。它研究矿田、矿床范围内构造要素的地球化学特征、构造活动对元素迁移富集的制约以及地球化学场与构造应力场的关系等，也应用矿物流体包裹体研究提供的温度、压力、浓度等信息来探讨矿液的来源和矿液通道。

构造控矿的模拟实验研究包括采用高温高压技术、数值模拟技术等，模拟构造变形对成矿元素（如铜、金、汞等）迁移和富集的控制作用,元素的构造动力分带、成矿元素在裂隙中沉淀的机理等。这对建立构造控矿理论基础,探索构造控矿机制有重要意义。

古水文地质条件研究对探讨矿液的流向、流速和通道,认识隐伏控矿构造也有一定作用。

以上简要地介绍了矿田构造的研究方法,其中几种主要的研究方法将在第十二章进行详细论述。

第五节　矿田构造研究简史

一、矿田构造研究的历史阶段

在古代采矿活动中,古代矿工已经认识到构造对矿体形态和产状的控制作用,并学会利用一些明显的构造迹象（断层、裂隙、破裂带等）,将其作为找矿的标志。但是,专门的构造与成矿关系的研究,是随着矿业生产规模的扩大从20世纪初期才开始的。自那时起,矿田构造研究大体上经历了由浅入深、相互交叉的4个发展阶段。

1. 第一阶段

在20世纪的前叶,矿田构造的研究着重在单个构造要素对成矿的控制,如褶皱控矿、断裂控矿、裂隙控矿、侵入接触带控矿等。研究矿体形态、产状、空间分布与构造的关系,提出了成矿前、成矿期和成矿后构造等概念,并分别探讨其控矿作用。

随着20世纪矿业生产的大发展,开始有地学工作者关注构造与成矿的关系。例如1942年纽豪斯主编了《矿床与构造关系》一书,论述了世界60个大矿床的构造;1948年加拿大学者对加拿大矿床及其构造进行了简要论述,此外费尔拜恩还著有《构造岩石学》,这些研究基本上是描述性的。以上论著和研究引起了苏联地质学家,特别是矿田、矿床构造研究者的关注,并受其启发,开展了较为系统的研究工作,撰写如《矿田与矿床构造》(B.M.克列特尔,1958)等相关论文。科多列夫于1936年首次在苏联中亚工学院开设了"矿田与矿床构造"课程,他和克列特尔等都曾划分了矿床构造的成因类型及其控矿作用。此后,还有克列特尔1941年编写的《矿田与矿床构造类型》、沃尔弗逊1946年编写的《阿尔泰地区多金属矿床构造问题》、沃尔弗逊1948年编写的《大型构造与内生矿床》、20世纪40年代末斯米尔诺夫院士委托克列特尔教授撰写的《区域和局部构造与金属矿床》等论著面世,这为矿田构造学的发展奠定了基础。

2. 第二阶段

第二阶段大体是从20世纪50年代起,由于第二次世界大战后经济和科技的发展,对矿产的需求与日俱增,人们进一步认识到矿田构造研究的重要性,开始全面研究构造对成矿的控制。

我国对矿田、矿床构造的研究开始较晚。1958年冯祖钧教授将俄文版《矿田与矿床构造》(B. M. 克列特尔,1958)译成中文出版,引进了苏联等国学者研究矿田构造的一些方法和经验,这个阶段对单个矿床和矿田构造的研究较多。20世纪60年代以来,广泛开展了以李四光先生的"地质力学"理论为基础的构造体系控矿研究,比较深入地研究了一些矿田和煤田、油田的构造控矿条件,并在成矿预测中取得成效。翟裕生于1961年率先在地质院校中开设"矿田构造"课程,编写内部教材并开始培养矿田构造专业方向的研究生,他是我国矿田构造学的创建者和奠基人。童航寿于1964年将铀矿控矿构造单元划分为5种(级)构造类型,总结其构造定位判据41条,并发表于《铀矿地质及勘探资料》(内刊)。翟裕生(1965)提出把不整合面作为一种控矿构造类型,强调了不整合面不仅对外生矿床而且对内生成矿作用的意义。

这个阶段的主要特点是:在研究单个构造要素控矿的基础上,注意研究矿床生成的地质构造背景,研究矿田构造与区域构造的相互关系,以探讨矿床的空间分布规律。李四光等学者在这方面倡导的地质力学的构造体系控矿研究起到了突出的作用,他们认为地壳中矿产的分布是受双重控制的,其一是成矿的物质条件,其二是成矿的构造条件。由于成矿物质的迁移、聚集和分布受后者的制约,所以事实上矿产的分布规律主要受构造体系控制。

这个阶段,我国学者广泛研究了不同时期构造体系的发生、发展、复合、转变以及它们与成矿作用的关系,在煤、石油和金属矿产的预测方面,取得了好的效果。苏联曾就矿田构造与区域构造的关系、矿床的时空分布与不同构造类型的关系、矿田和矿床地质制图专门方法等进行了较为全面的研究工作。欧美一些国家相继开展了对矿田矿床构造的综合分析,利用力学原理分析构造成因,进行模拟实验,以查明构造和矿石的形成机理。同时,对构造控矿作用的理解也更为广泛,除了构造应变产生的构造要素外,还注意到研究岩浆成因构造、火山构造、沉积构造和变质构造等对成矿的控制。

总的来看,这个阶段已将单个和局部构造与构造体系的研究结合起来,总结了构造的等距性、分带性、对称性等对成矿的控制。注意探讨表层构造与深部构造的关系,构造应力场研究也取得成效。

3. 第三阶段

20世纪70年代至80年代末,地质科学技术的发展日新月异,矿田构造研究已成为加快找矿勘探速度、提高找矿勘探效益的重要方向。随着详细勘探和开发工作的深入发展,国际上对矿田和矿床构造的研究取得了显著的进展:对深部矿体的研究和更广泛的方法(地球物理、石油物探、地球化学工作等)的应用得到了加强;继续深入研究矿床构造形成的机制和这一过程的阶段性;积极发展了新的构造和岩石物理方向;出版了一系列关于矿田构造和各种矿床的专著和新的教科书。

国际上(美国、加拿大、澳大利亚、英国)对一系列矿床模型的研究和发布成为矿田构造研究的一个显著的标志,如火山爆发矿床、斑岩型铜矿和钼矿床、爆破岩筒型矿床、加拿大的"矿石沉积模型"系列,以及我国的热液脉状钨矿的"五层楼"模式和玢岩铁矿床模式等。对许多类型的矿床进行的静态和动态模型构建,构造问题在模式构建中也得到了极大的关注,使研究者能够确定矿田和矿床构造的形成历史、矿液的运移路径、矿石的沉积条件、矿床的成因,建立清晰的找矿思路,提高找矿效果。

本阶段矿田构造研究的一个显著特点是采用综合方法研究矿田构造,通过在必要的组合中应用一系列方法实现,即地质构造和矿床地球化学绘图、裂隙构造研究、微观构造分析、遥感图像判读、地形形态分析、构造地球物理方法运用等。值得注意的是,使用电子计算机技术进行数学建模的方法开始得到广泛应用。新开发了计算机软件并将其应用于科学研究,利用上述众多方法,可以对矿田和矿床的构造进行三维图像再现、模拟与成矿预测。

这一时期,我国广大地质工作者越来越认识到矿田构造研究的重要性,普遍加强了对矿田构造的研究。地质、冶金、有色、煤炭、石油、化工、建材、核工业等部门的地质工作者,深入研究了大量矿田、矿床的地质构造,积累了丰富的资料,提出构造控矿的规律性认识。

矿田构造的理论基础和工作方法方面也不断取得了重要进展。陈国达(1978)的《成矿构造研究法》是一部重要的代表作。他在这本专著中系统深入地论述了各级构造,包括矿田、矿床构造的控矿作用以及成矿构造的研究方法,他还倡导加强对构造地球化学的研究。

翟裕生等(1981)系统总结了侵入岩体的接触带构造及其控矿作用,并提出侵入接触构造体系控矿的论点。他和林新多、池三川等主张将成矿构造研究与矿床成因研究相结合的研究思想,并在大量实际研究工作的基础上总结了构造对成矿的种种控制作用,认为构造是成矿的基本控制因素,是成矿作用的有机组成部分,最终在《矿田构造学概论》(翟裕生,1984a)中系统提出了矿田构造的研究内容和研究方法。

曾庆丰(1986,2016)对南岭钨锡矿田构造进行过系统的研究,他对成矿裂隙的生成机理和脉状矿床的构造分析有创新性的认识,并在此基础上系统总结了热液矿床的矿田构造特征和成矿条件,划分了矿田构造的形成、发展和破坏3个阶段。在研究方法上,他强调要从宏观结构、显微构造和岩组分析3个方面来研究矿田构造。这些都集中反映在他的专著《矿田构造基础》(1986)和《构造矿床学:曾庆丰论著选编》(2016)中。

杨开庆(1986)在地质力学构造体系控矿理论的基础上提出"动力成岩成矿"理论,认为构造不但是控岩控矿的条件,而且还能成岩成矿,它以构造动力引发与地壳物质调整的关系为研究总方向,以构造运动中的成岩成矿过程为主攻对象,以形变与形成、建造与改造、构造与岩相等彼此的成生演化规律的地质历史分析为基本方法。

陈国达在1986年全国首次构造地球化学研讨会上全面论述了构造地球化学研究的12个方面,其中多个方面与矿田、矿床构造有关,如微构造地球化学、裂隙构造地球化学、断裂构造地球化学、褶皱构造地球化学、火成岩构造地球化学、成矿构造地球化学、深部构造地球化学、大地构造地球化学等。

万天丰等(1988)将古构造应力场的数值模拟应用于矿田矿床构造分析,他认为古构造应力场数值模拟方法是一种研究构造形成机制的半定量方法,是很有前景的成矿预测方法。

众多地质工作者在实践工作中认识到,为了解决难度甚大的隐伏矿床的勘查问题,仅仅研究构造要素和构造体系已经不够了,因为单就构造本身来说,很多条件都是有利成矿的,但真正含矿构造只占构造形迹中很小一部分。因此,要把成矿的构造因素与其他因素的研究结合起来,将构造研究和矿床成因研究结合起来,把成矿的地质构造条件和物理化学条件研究结合起来,把构造应力场研究与地球化学场研究结合起来,把成岩成矿过程中物质的迁移、富集和构造应力场的形变演化历史研究结合起来，以便深入探索构造活动与成矿作用的内在联系，深入认识矿田与矿床的形成环境、形成机理和分布规律。这是20世纪80年代以来矿田构造研究的一个突出特点和发展趋势。

4. 第四阶段

20世纪90年代以来，矿田构造研究也取得重要新进展。翟裕生和林新多(1993)主编出版了《矿田构造学》教材，系统梳理总结了矿田构造学的基本理论、研究内容和研究方法。1993年，由梁良和余达淦(1993)主编的《铀矿田与矿床构造》一书成为国内以铀矿种为研究对象的主要教材。2002年，由塔罗斯廷、德尔加乔夫、塞明斯基主编的《矿田与矿床构造》（俄文版）出版，他们在构造和矿床成因分类的基础上，论述了矿田和矿床中最常见的主要控矿构造类型，提供了适用于岩石变形理论的必要信息，并介绍了影响矿体定位构造条件的岩石物理力学及其他特性和矿田构造研究的一些特殊方法。

翟裕生、姚书振、周宗桂等系统深入地研究了长江中下游铜金矿床矿田构造并取得了新成果，于1999年出版了《长江中下游铜金矿床矿田构造》，系统论述了区域成矿环境和成矿系列，九瑞、德兴、安基山等矿化集中区铜金矿田（床）构造的立体网络系统结构特征及其对岩浆活动、铜金成矿的控制；结合对典型矿田构造应力场、能量场和物质场时空结构及成因联系的综合研究，从构造成矿动力学角度深入分析了构造应力场对岩浆就位、流体运移、矿质集中及矿化分带的控制作用，阐明了构造控矿机理；总结了构造控矿规律和大型铜金矿床产出的构造环境；建立了研究区构造-岩浆-热流体-成矿系统结构模式和构造-矿化分带模式，进行了重点地区隐伏铜金矿床成矿预测，指出了新的成矿远景区和找矿靶区。这标志着矿田构造学研究进入了以成矿系统论为指导、以构造与成矿作用为纲、多学科相结合的方法研究矿田构造的新阶段。

吕古贤等(1999)在《构造物理化学与金矿成矿预测》中，系统论述了构造物理化学基本理论问题研究、构造物理化学成矿理论、构造物理化学找矿预测方法及典型金矿化集中区构造物理化学在金矿成矿预测与远景评价中的应用成果。方金云等(1999)、曾国平(2018)等对不同类型铜、金矿床构造-流体-成矿作用进行了数值模拟实验研究，深化了对构造控矿机制的认识。邓军等(2000)构建了构造-流体-成矿系统及其动力学的理论格架与方法体系。

进入21世纪，随着矿产资源地表勘查难度增大，我国急需探寻深部矿化富集带和隐伏矿床，这是对矿田、矿床构造研究提出的新挑战。我国矿田构造学家翟裕生(2002)对矿田构造学的发展与深化提出许多了新的理论性建议，并在2010年的"第三届全国矿田构造与地质理论研讨会"中进一步总结了矿田构造、深部构造、构造网络系统与成矿、改造成矿、构造动力成岩成矿、构造地球化学与物理化学以及外围找矿等方面的研究成果，为今后矿田构造学的研究提出了新的方向。叶天竺在2009—2014年期间组织国内20多位知名矿床学家，对常见的13种矿床类型129个典型矿床开展成矿规律总结研究，在此基础上，撰写出版了《勘查区找矿预测理论与方法（总论）》和《勘查区找矿预测理论与方法（各论）》，发展了勘查区找矿预测理论和方法体系，构建了以成矿地质体、成矿构造和成矿结构面、成矿作用特征标志为主要内容的13类"三位一体"找矿预测地质模型，丰富了矿田构造研究的内容，并明确了矿田与矿床构造研究为深部找矿预测服务的方向(叶天竺等,2015,2017)。

姚书振等(2020a)提出了聚矿构造系统的概念、层次及内部结构,重点阐述了主要类型矿床聚矿构造系统的特征,总结了聚矿构造系统发育的有利部位及识别标志,阐述了通过聚矿构造研究,综合运用地质、地球物理与地球化学相结合的方法和类比求异的分析思路,进行隐伏矿床(体)定位预测和寻求找矿突破的有效途径,并提供了可借鉴的实例。

在当前,矿田构造研究工作已经进入单个构造控矿、构造网络系统控矿、构造研究和矿床成因研究结合,矿田构造与区域构造研究相结合,地质建模与模拟实验研究相结合,深入研究矿田构造的控矿规律及机理,为深部找矿服务的新阶段。矿田构造的理论基础和工作方法已基本形成,并逐步深化与完善。

二、矿田构造研究的趋势

当前,矿田构造研究的趋势表现在以下 8 个方面。

(1)加强基础地质工作,深入细致地观测各种控矿因素和矿田(床)地质特点,这仍是作好矿田构造研究的前提和基础。

(2)在研究思路上,强调由矿床与矿田构造→区域构造→全球构造的拓展。矿床与矿田构造研究以具体地质体为主,而大地构造控矿和全球构造控矿具综合性与复杂性,二者研究应互相补充和渗透;深入研究典型矿田、矿床(包括超大型矿床)的成矿构造因素,并把这种研究与成矿区(带)构造乃至地壳深部构造的研究结合起来,以利于在区域中寻找新的有利成矿地段。

(3)开展控矿构造因素和其他控矿因素相结合的研究,如矿田构造地球化学及其他新的研究领域;在研究中,将物质、运动、空间、时间有机结合起来,将构造作用与成岩、成矿作用结合起来,全面、系统地研究构造与成岩、成矿的关系。

(4)以地质构造研究为基础,同时运用数学、物理、化学、力学、大数据等学科的原理和方法来综合研究矿田构造,提高研究的精度和定量化程度。

(5)研究地壳中各种构造环境下的构造条件、水动力条件和岩石物理化学性质间的联系,深入探讨矿液流动与停积的各种因素。

(6)从构造成矿作用上,深入研究边缘成矿、界面成矿、交会成矿、转变成矿和构造成矿动力学等几种基本成矿理论,阐明构造成矿过程与机理,将矿床成因和分布规律的认识提升到一个新的高度。

(7)以成矿系统论为指导,以构造与成矿作用为纲,运用地质、地球物理、地球化学、遥感相结合,同时地质观测与实验模拟相结合的方法,系统深入研究聚矿构造系统的时空结构及其控矿规律,为隐伏矿床(体)定位预测和寻求找矿突破提供科学依据。

(8)将构造成矿与构造破矿研究相结合,重视破矿构造研究,应在采取先进的方法技术的基础上,查明成矿后构造对原生矿床和矿体的破坏与改造情况,提高深部矿床(体)预测的精度。

第二章 矿液的运移与停积

第一节 概 述

能形成矿床的地质流体,称为成矿流体或含矿溶液,简称矿液。它既能萃取、溶解、包含各类成矿物质,又能将其运移、输导到有利的构造-岩石空间而富集成矿。地壳中的流体对于金属、非金属及油气等矿产资源的形成均起到关键作用,是形成矿床的必要物质基础。所以,成矿流体的运动是成矿必不可少的基本条件,而各种成因的岩石孔隙和裂隙则是影响和控制矿液运移的通道与矿石堆积的场所。因此,研究矿液运移与构造活动的关系,成为矿田构造乃至矿床学研究的一个重要方面。

研究矿液的运移和停积在理论上与实际上都有重要意义。它能提供有关成矿物质来源、运移和富集等问题的科学依据,有助于深入认识成矿机理、成矿分带、构造控矿和矿化富集规律及分布趋势,为认识和判断矿体的位置、产状、形态、厚度和组分变化情况提供根据,这对于找矿勘探特别是深部矿体预测具有现实意义。

含矿流体的类型较多,包括岩浆、岩浆气化热液、地下水热液、变质热液、混合岩化热液和复合热液等。它们产于不同的地质构造环境,有着不同的发生发展过程,并在适宜条件下形成不同的矿床类型,但是在地壳中的运动又有一定的基本共同规律。本章着重讨论矿液(主要是热液)运移和停积的一般规律及其与构造的密切关系,包括矿液运移的动力、通道、流向等,以及研究和判断矿液流向和通道的一些常用方法。

第二节 矿液运移的动力

矿液在运移过程中,其中的物质和能量能与周围的岩石发生化学反应,可导致成矿物质的聚集和矿床形成。矿液存在于一定的时空范畴和构造环境中,为了探讨矿液的运动规律,需要了解矿液运移的动力。驱动矿液运移的动力有流体内力(内能、内压)、构造应力、热力、重力、上覆岩层静压力和真空泵吸力等。

一、矿液的内力驱动

矿液本身具有活动能力(内能、内压)。大量矿物流体包裹体的测温测压资料表明,热液矿床形成温度多在 100~500℃ 之间,具有较大的热能。压力在几到几十兆帕之间,高温热液矿床常在100MPa上下。矿物中气相包裹体的出现和多相包裹体的存在说明矿液曾经多次沸腾,且具有较高的内压力,这种热能和压力能推进矿液向地壳中压力较低的地段运移,岩浆中的高温高压气液可从岩浆中析出,向围岩的孔隙中扩散,或以火山喷发形式迅猛地到达地表。

二、构造应力驱动

构造活动是驱动成矿流体运移的主要动力。在构造应力作用下,岩石发生形变破裂,为矿液的流动和沉淀提供了有利的空间。由于构造应力的驱动,矿液由挤压区向压力较小的张开区流动。这种由于显著压力差引起的矿液运移在地壳中很普遍,是热液成矿的一项重要条件,即总体为挤压紧闭而局部拉张减压的构造环境能促进流体运移和有利成矿。以剪切带构造控矿为例,剪切带的挤压剪切分力作用于围岩,可排挤出围岩中的流体和成矿组分;剪切带的局部拉张作用可作为"吸引"成矿流体的动力,又提供矿质沉淀空间。

由于构造活动的脉动性,上升矿液的流动常具有断续的脉动性质。当一次矿液充填沉淀之后,经过又一次构造活动,则又生成新构造通道或重新打开了旧通道,又使矿液重新流动,由于岩浆成矿热液成分的演化,因而在不同成矿阶段的成矿组分有较明显差别,形成不同的矿物组合和矿化分带。

三、热驱动

当上升的岩浆或地热流向浅部运动时,受其影响上部岩层升温,其中的流体被加热,相对密度减小,内压增大,形成强大的热量载体,向上部的开放裂隙运动;而浅层或海洋底部水则因相对密度较大而下沉,被加热后又向上部运动;如此循环往复,围绕局部热源形成地下水的热液对流系统,并发生大范围的水-岩反应(图2-1)。

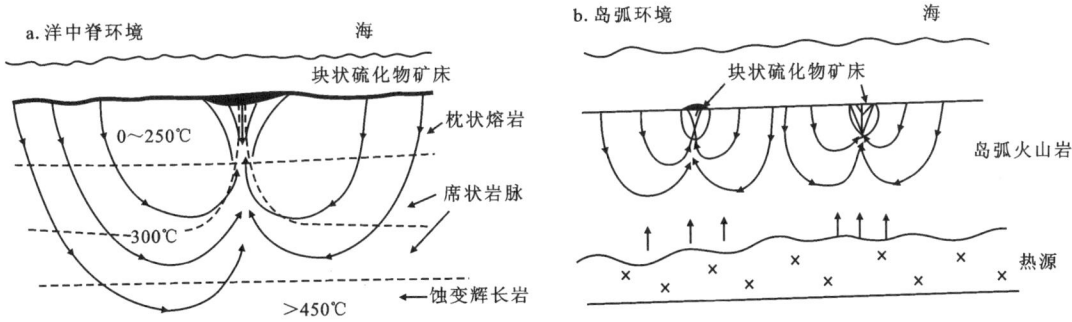

图2-1 海底热液对流系统与矿床形成(据Hutchison,1983;Sawkins,1984;转引自翟裕生,1999)

近年来,由于对大陆和洋底的热液对流系统进行了大量调查,进一步认识到这些热液对流系统能长期地在较大范围内淋滤周围地层和火成岩中的金属元素,还在浅层次裂隙系统中沉淀富集形成块状硫化物矿床、斑岩型矿床和卡林型金矿床等。

除上述热液对流成矿方式外,在区域变质过程中产生的变质流体,由于变质变形(构造-热力)作用可能被导流进入有利的构造环境,如果变质流体在运动途中萃取了围岩中的成矿物质,在减压扩容的构造环境中便可能富集成矿。以巴西的Morro Velho金矿为例(图2-2),

该矿床有金矿石 20Mt，Au 资源量 300t，金可能由围岩淋滤而来。围岩经历了由绿色片岩到角闪石相的转变之后，释放出质量分数 2% 的水。这些高温热水淋滤出围岩中的金沿剪切带上升到约 2km 的浅部沉淀成矿。

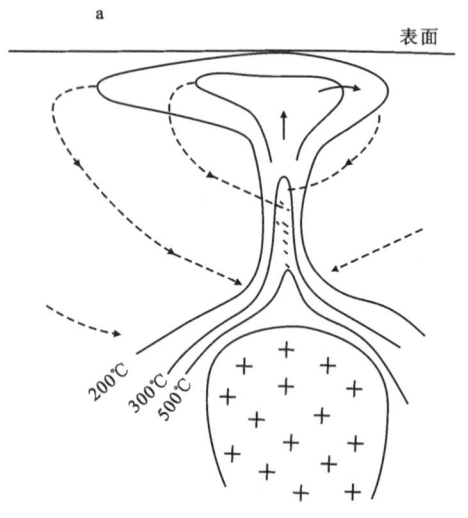

a. 巴西 Morro Velho 矿床矿液运移示意图
b. 矿液等温图（黑点为矿石富集部位，箭头示液体流向）

图 2-2 地下水热液对流体系图（据 Henley，1973；转引自翟裕生，1999）

四、地层围压驱动

热液的运动与上覆岩层的巨大压力有直接关系。在盆地堆积物的下沉和压实过程中，由于沉积盆地中各地段坳陷幅度有差异，岩性（包括岩石密度）和厚度不同，岩层被压缩的程度不同，因而造成不同部位的静压力差。在这种静压力差的作用下，层间水（包括热卤水）向压力小的方向转移。靠近盆地中心地段为坳陷最深地段，沉积厚度最大，所承受的压力最大，因而热液沿层面向压力较小的盆地边缘运动（图2-3），或沿断裂带垂直向上运动。随着深度的增大，地壳岩石的静压力也在增大，地壳不同深度的静岩压力即围压值见表2-1。

五、真空虹吸作用和地震泵吸作用

真空虹吸作用是指在成矿裂隙生成阶段，即在封闭裂隙生成的瞬间产生真空状态。如果这种裂隙的一端插入热液聚集地段，则热液因压力差而被吸入裂隙中。同时，由于热液在深部所受上覆岩层的静压力，溶液挤入裂隙而上升。

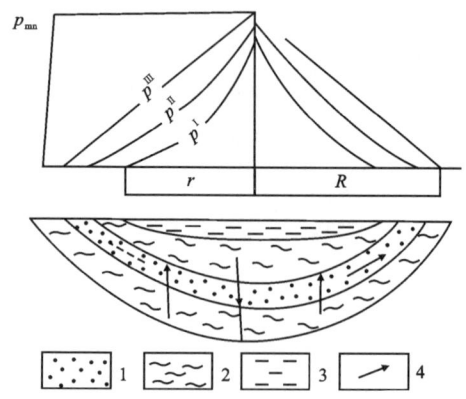

图 2-3 初始型水文地质系统中压力的分布
（据 E. A. 巴斯科夫，1981）

1.含水砂岩；2.黏土岩；3.沉积盆地中的地表水；4.地下水运动方向；p_{mn}.最大坳陷带的地层压力；p^I、p^{II}、p^{III}.某地段的地层压力；r.某地段与最大坳陷带间的距离(m)；R.最大坳陷带与地层在地表出露处的距离(m)

表 2-1 地壳不同深度围压值　　　　　　　　　　　　单位:MPa

深度		1km	2km	3km	4km	5km	10km
围压	陆壳	27	54	81	108	135	270
	洋壳	10	20	30	40	50	

在剪切带两盘发生错动时,由于剪切带拐弯处产生扩张空间,流体压力降低,剪切带下部及外部的流体在压力差的驱动下进入扩张空间,扩张空间就像压力泵一样地吸收流体,这种作用称为地震泵吸作用。

此外,对于地表水和浅层地下水,受地形高差影响,还可以在重力的驱动下进行运移。

总的来看,矿液在地壳中的流动既有内因控制,又受外因影响。尤其是规模较大,持续时间较长的热液活动,更与构造活动有密切关系。热液活动过程也常是构造发生、发展过程。因此,在矿田构造研究中,应该把二者有机结合起来,即把热液活动能力与构造环境、构造作用结合起来。

第三节　矿液运移的通道

研究矿液运移的通道对于认识矿田地质矿化轨迹、追寻成矿物质的堆积场所、预测矿床(体)产出部位有重要意义。地壳中含矿流体的运移是在岩石孔隙与断裂和裂隙中进行的。

一、岩石孔隙中的矿液运移

岩石孔隙包括原生孔隙和次生孔隙两种类型。原生孔隙指成岩过程中形成的孔洞和裂隙,如沉积岩中的粒间孔隙和火山岩中的气孔等。次生裂隙是岩石形成后由后生作用形成的,如火成岩冷却固结后受热液蚀变生成的孔隙、石灰岩经白云岩化后体积收缩而生成的孔隙等。成矿流体沿着这些孔隙渗流和沉淀,形成细脉状、浸染状或网脉状矿石或矿化。各类岩石的孔隙度是不同的,沉积岩中石灰岩的孔隙度为 $5\%\sim20\%$,砂岩为 $5\%\sim25\%$,页岩为 $10\%\sim30\%$;安山岩为 $10\%\sim15\%$,而花岗岩则较小($0.2\%\sim1.5\%$)。对于矿液流动效应,具有决定意义的是有效孔隙度,即互相连通的孔隙的体积与岩石总体积之比,用百分数表示。页岩虽然具有高达 30% 的孔隙度,但连通性甚差。因而,矿液在其中的流通情况反而不如孔隙度只有 $\pm10\%$,但孔隙连通性较好的石灰岩,加之石灰岩易于溶解,故可以进一步扩大孔隙的体积,并释放 CO_2 而增加溶液的活动性。因此,石灰岩有利于矿液流通这一特征使其成为成矿有利的围岩之一。

常见岩石的孔隙度见表 2-2。单从岩石的物理性质角度来分析,孔隙度大且连通性好的岩石一般对矿液流动和成矿是有利的。由于表中所列孔隙度是在常温常压下实验测试的,这与成矿时处于较高温度、较大压力状态显然不同,所以这些数据只有相对的参考意义。

表 2-2 常见岩石的孔隙度

岩石种类	干容量/g·cm^{-3}	孔隙度/%	岩石种类	干容量/g·cm^{-3}	孔隙度/%
花岗岩	2.6~2.7	0.5~1.5	页岩	2.0~2.4	10.0~30.0
粗玄岩	3.5~3.6	0.1~0.5	石灰岩	2.2~2.6	5.0~20.0
流纹岩	2.4~2.6	4.0~6.0	白云岩	2.5~2.6	1.0~5.0
安山岩	2.3~2.3	10.0~15.0	片麻岩	2.9~3.0	0.5~1.5
辉长岩	3.0~3.1	0.1~0.2	大理岩	2.6~2.7	0.5~2.0
玄武岩	2.8~2.9	0.1~1.0	石英岩	2.65	0.1~0.5
砂岩	2.0~2.6	5.0~25.0	板岩	2.6~2.7	0.1~0.5

矿液在岩石孔隙中的运动以渗流的形式进行。由于孔隙在岩层中的分布密集且较均匀,相互连通性好,且主要存在于沉积岩中,因此孔隙水的分布比较均匀连续,含水层内水力联系密切,且常具有水位统一的含水层。孔隙水的运动状态多属于层流运动,绝大部分遵从达西线性渗透定律。

矿液沿岩石的孔隙运移,经常有两个主要因素在相互作用,一个是矿液的运移趋势,另一个是岩层对矿液的屏蔽作用。矿液由于具内压力的作用,运移趋势主要是向上流动,但局部也可以出现向下流动的情况。最常见的矿液运移趋势见图 2-4。例如矿液向上运移时遇到阻挡,而其侧下方又有低压带存在时,则矿液可以局部向下运动(图 2-4d)。

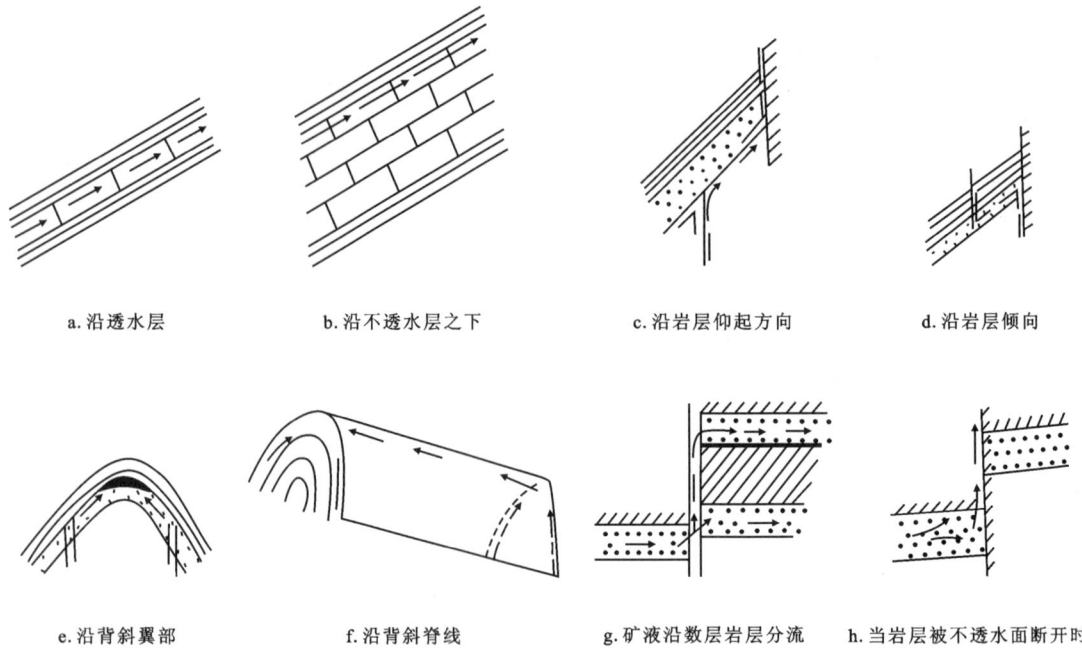

a. 沿透水层　　　　b. 沿不透水层之下　　　　c. 沿岩层仰起方向　　　　d. 沿岩层倾向

e. 沿背斜翼部　　　f. 沿背斜脊线　　　g. 矿液沿数层岩层分流　　h. 当岩层被不透水面断开时

图 2-4 矿液运移图(据翟裕生和林新多,1993)

岩层的屏蔽作用主要取决于岩石的孔隙度和渗透性,在成层岩石中矿液总是沿孔隙度较大的岩层流动,而岩石的孔隙度很小不利于矿液的流动,并对矿液的上升起着屏蔽作用。矿液在岩石孔隙中流动并在断裂带中泄水堆积成矿的典型实例为苏联杰兹卡兹甘层状铜矿。图2-5表示了哈查赫斯坦铜矿床集中在古沉积盆地边缘的泄水区以及含矿地下水的运移方向。

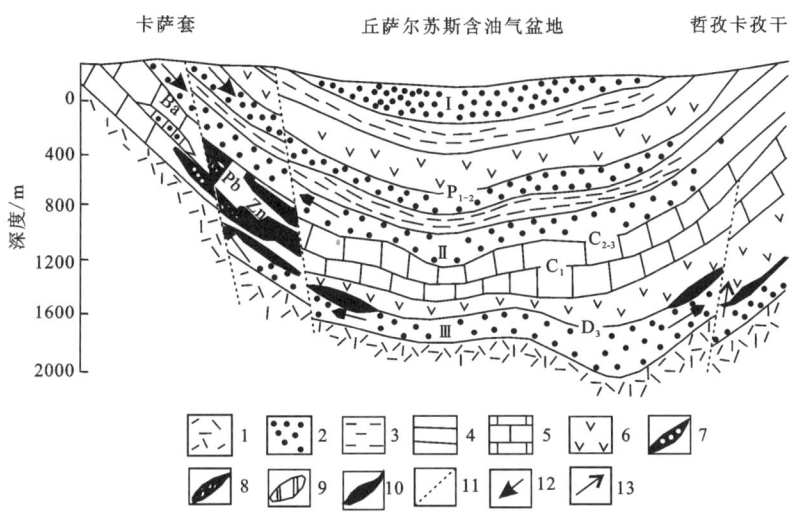

图2-5 哈查赫斯坦铜矿床层状硫化物矿床形成的水文地质框图(据E.A.巴斯科夫,1981)
1.基底岩石;2.砂岩、砾岩;3.泥岩、片岩;4.白云岩和灰岩;5.后生白云岩;6.含盐隔水沉积物;7.重晶石矿石;8.铅锌矿石;9.含铜砂岩;10.油气层;11.断层;12.弱矿化含氮酸性水的流向;13.含矿卤水的流向;Ⅰ.含盐层之上的地层;Ⅱ.含盐层中的地层;Ⅲ.含盐层之下的地层

二、断裂和裂隙中的矿液运移

岩石的断裂和裂隙是矿液运移的主要通道。裂隙的类型众多,力学性质差异大,其含水性和导水性也相差悬殊。张性断裂裂隙的张开度大,含水空间大,导水性强,尤其是断裂带的中心部位导水性最强。

扭性断裂的张开度小,含水空间不大,所以导水性较弱,但因各组节理相互切割、交叉而连通,所以裂隙之间通常具有水力联系。一般地说,其富水条件介于张性断裂与压性断裂之间。

压性断裂的含水性和导水性较差,压性断层中心的构造岩部位(糜棱岩、断层泥等)更是如此。这些糜棱岩和断层泥因其透水性差而对矿液流动起阻挡作用。如果压性断裂再次经过构造变动,则容易变为开口裂隙,使其导水性明显增强。

裂隙岩石的介质特征与孔隙岩石不同,由于裂隙大小悬殊,分布不均匀,并且有一定的方向性,所以渗透水流在大裂隙中阻力小、流动快,在小裂隙中阻力大、流动慢。因此,裂隙岩石中的水流具有非均质性和各向异性。若大、小裂隙组合起来,则形成复杂的网状裂隙导水系统。

在网状裂隙导水系统中,大、小裂隙具有不同的水力传导能力。小型断裂裂隙张开度小,导水性弱,但数量多且密集,因而常有较大的储水量。张开度大但分布较稀疏的大型断裂裂隙具有很强的导水性,它们在裂隙网络中起着汇水管道的作用。当这些大型断裂裂隙与区域中主要的构造通道连接时,能将矿液集中起来并输送到主要构造通道中去,并进一步向地壳浅部的低压带流动。

三、矿液停积与矿质沉淀

矿液沿矿液通道(运矿构造)到达有利的储矿构造,如背斜轴部虚脱部、压性断裂与透水层交会处等时,它们明显起到封闭矿液的作用,因此又被称为圈闭构造(或成矿圈闭)。矿液进入圈闭构造后,由于停留、聚集,而使矿液的浓度、温度以及压力、pH、Eh 等发生变化,破坏了矿质溶解在热液中的平衡状态,因而造成矿石的沉淀堆积。形成矿石的成矿构造圈闭可划分为断裂圈闭、褶皱圈闭、侵入接触圈闭、地层圈闭(岩性圈闭)、复合圈闭等。

矿液在储矿构造或圈闭构造中停积,并发生成矿物质的沉淀。造成矿质沉淀的主要原因是:①温度、压力和组分浓度的变化,引起动平衡体系的破坏,导致成矿物质的沉淀;②氧化还原反应;③pH 的变化;④水解作用;⑤不同成分溶液的混合,从而改变了溶液的成分、浓度乃至 Eh 和 pH,破坏了原体系的平衡而发生沉淀;⑥构造因素,不少热液矿床如 Pb、Zn、Hg、Sb、重晶石、萤石等矿床多产于构造相对开放的泄压热液体系,特别是在热液受阻部位最有利,在此部位热液的温度、压力突然降低,使得能量突然释放,致使溶液的物理化学性质突然改变,从而破坏了溶液的化学平衡,使矿质沉淀下来。显然,导致矿质沉淀的原因是多方面的,上述因素也常常不是单一作用的,而是互相影响的。

第四节 矿液流向和通道的研究

研究矿液流动方向和构造通道对于认识矿床和矿体的产出位置、寻找隐伏矿床有重要的意义,因此在找矿勘探工作中应注意矿液流向的研究。但是现在见到的绝大多数矿体,都是地史上某一时期地质作用的产物。它们的发展演化过程是看不到的,只能从这一过程所留下的产物和痕迹去探索矿液原来的发展过程,即由现在的静态去追溯过去的动态。所以,研究矿液流向问题是一个复杂而困难的问题。

矿液沿岩石的孔隙及断裂、裂隙运移时,随着温度、压力逐渐下降,充填交代作用的不断进行,矿液的成分和物理化学条件在不断变化,于是沿着矿液通道自下而上(垂直)、由中间向两侧(侧向),矿化、蚀变及有关元素含量和组合情况也随之发生变化,甚至矿物结晶的形态和结构也受矿液流向的影响。因此,可以根据这些变化的标志,去探索矿液运移的通道和方向。下面列举几种常用的方法。

一、成矿构造和矿体产状分析

成矿构造和矿体产状分析是研究矿液流向和有关导矿构造的主要方法。矿液运移与构造的关系主要表现在:①各种构造结构面的组合情况及构造破裂的应力状态,以判断挤压区和张开区;②构造和矿体的产状要素,如走向、倾向、倾角、延深、张开特征等;③遮挡层与透水层的分布与产状等。

曾庆丰(1979)在研究塔山热液脉状矿床时认为,该矿床的成矿断裂以北西向最发育,大部分矿体都集中在该组断裂中。该组断裂属平移-正断层,上盘向北西向以50°向下倾斜错动。在充填成矿阶段,断裂在中部张开最大,而根据坑道编录资料,这个最大张开区正是主矿体产出位置(图2-6)。这说明北西向成矿断裂是矿液上升的通道,而在其中的张开最大区段则形成了一个圈闭的储矿构造。Co含量、Pb/Zn值和成矿温度等的等值线图也佐证了这个分析认识。

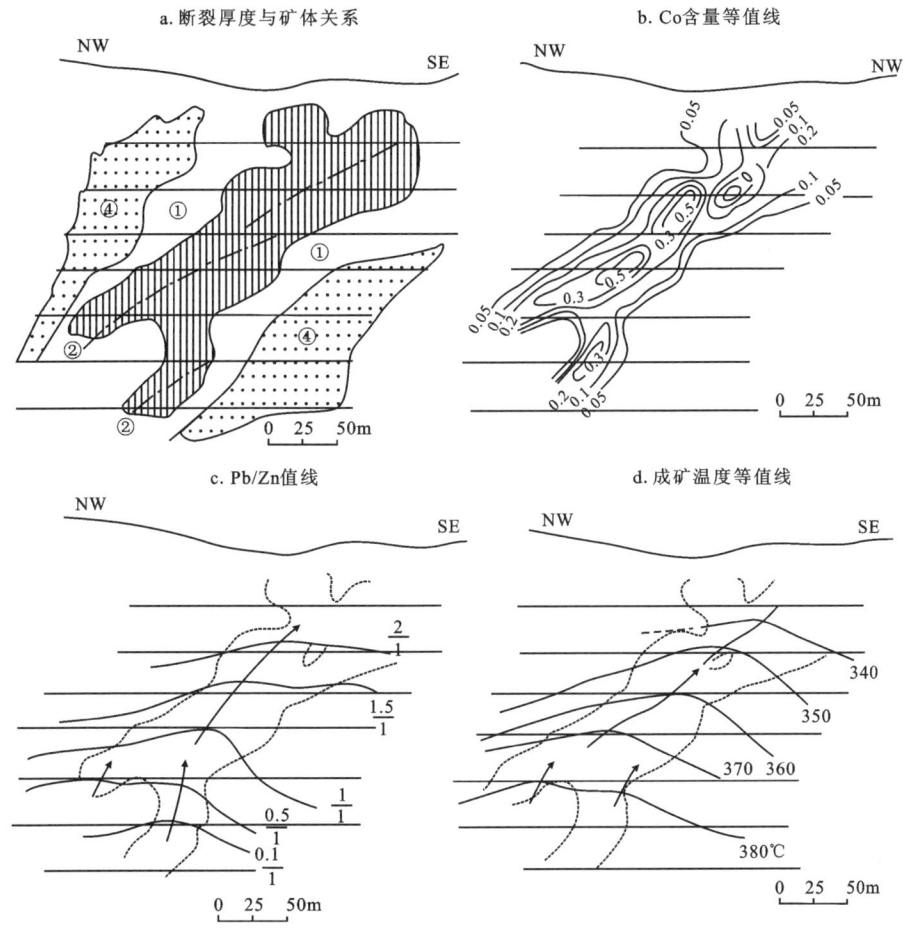

图2-6 塔山矿床纵剖面图(据曾庆丰,2016)
①断裂张开最大区;②张开区峰线;③矿体;④张开较小区

二、蚀变类型及强度的变化

当矿液沿运矿构造上升,遇到易于交代的岩石时,矿液通过扩散或渗透等方式,与围岩发生化学成分上的交代,形成围岩蚀变。矿液成分的逐渐变化以及化学元素活动性的差异,造成蚀变分带现象。一般是由高温蚀变矿物组合向较低温蚀变组合演变。因而，根据围岩蚀变的分带现象可以判断矿液的运移方向。

安徽罗河铁矿床产于中生代火山岩盆地中，矿体产于次火山岩辉石闪长玢岩顶部与安山质火山岩接触带附近。围岩蚀变强烈，厚达400多米，下部为浅色蚀变带，中部为深色蚀变带，上部为浅色蚀变带。矿体产于下部浅色蚀变带中。根据围岩蚀变分带，可以判断矿液的运移方向（图2-7）。

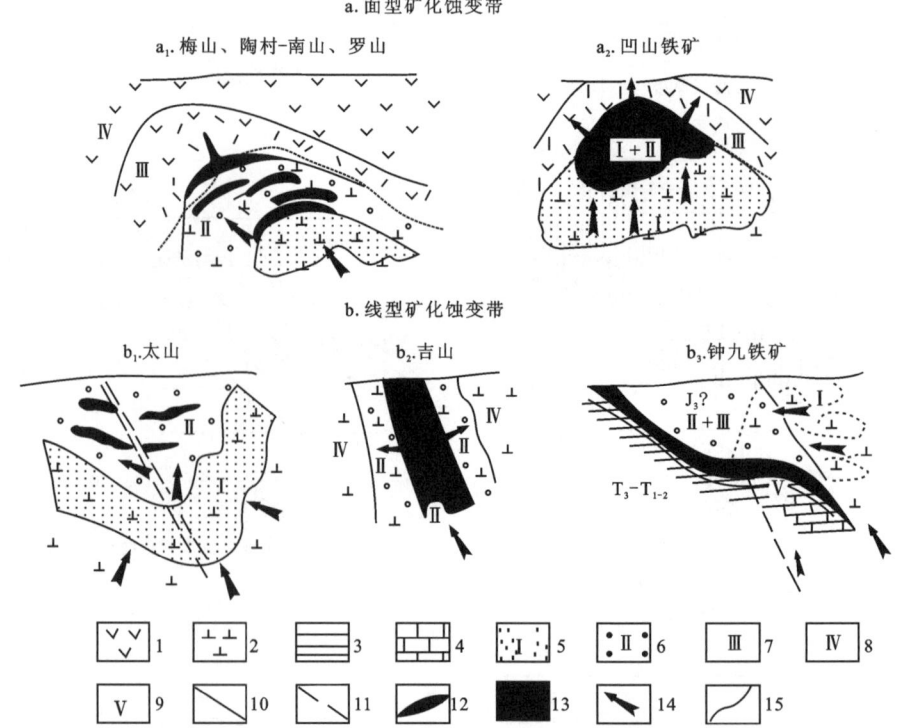

图2-7　宁芜地区玢岩铁矿矿化蚀变分带与矿液运移方向（据宁芜研究项目编写小组，1978）
1.安山质火山岩；2.辉长闪长玢岩（或辉长闪长岩）；3.砂页岩；4.石灰岩；5.下部浅色蚀变带（碱质蚀变带）；6.中部深色蚀变带（铁、镁、钙质蚀变带）；7.上部浅色蚀变带（硅铝质蚀变带）；8.弱蚀变岩石；9.角岩化、大理岩化带；10.接触界线；11.断裂；12.矿体；13.角砾岩构成的矿体；14.成矿溶液运移方向；15.蚀变带界线

三、组分的地球化学分析

随着物理化学条件的改变，矿液在运移过程中，在不同地段往往析出不同的组分和形成品位不均匀的矿石。因此，在矿体中诸元素的地球化学行为、性状、结晶析出的先后次序和矿物共生组合等方面的特征，必然能反映出成矿过程中矿液运移的情况。

在一个成矿阶段中，成矿物质从含矿溶液中先后有秩序地沉淀出来而造成沉淀分带。这种有秩序的沉淀与金属元素的稳定序列有关，如 $As>Hg>Sb$，又如 $Ag>Pb>Zn$，稳定性差的元素先析出，稳定性好的后析出，由此造成相应的分带现象。在铅锌矿床中，矿体上部以方铅矿为主、下部以闪锌矿为主的现象在许多矿区可以见到。

例如苏联沙拉依尔铅锌矿床(图 2-8)。在矿体中的微量元素含量的变化是有规律的,也即随着矿液运移,沉淀出的主矿物中微量元素的含量有的逐步升高,有的逐步降低,而且该沉淀过程是一个连续的过程。因此,利用微量元素的这种变化也可以确定矿液流向。

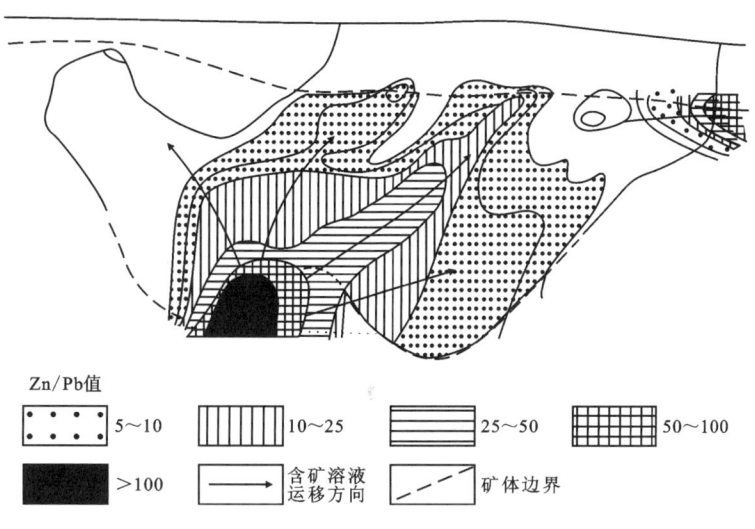

图 2-8 沙拉依尔铅锌矿床纵剖面图
(据 Г.П.巴斯别洛夫和 А.С.拉布霍夫,1971;转引自翟裕生和林新多,1993)

长江中下游地区陆相火山盆地中的玢岩铁矿常含有钒,它以类质同象形式产于磁铁矿中,而类质同象的强度又与温度有关。随着矿液的运移和温度的降低,V_2O_5 在磁铁矿中的含量逐渐减少。因此,查明 V_2O_5/TFe 值的变化有助于了解矿液的运移通道和流向。矿液由深处向浅处运移,由断裂向两侧运移,V_2O_5/TFe 值也因此由高到低变化。林新多和姚书振(1981)采用趋势面分析法,根据高趋势值圈出的长轴方向判断隐伏的导矿构造和矿液流向。结果表明,陶村-南山铁矿床中北北东向主断裂为主要导矿构造,而北西向、北东向、北西西向次级断裂为次级运矿构造和储矿构造(图 2-9)。

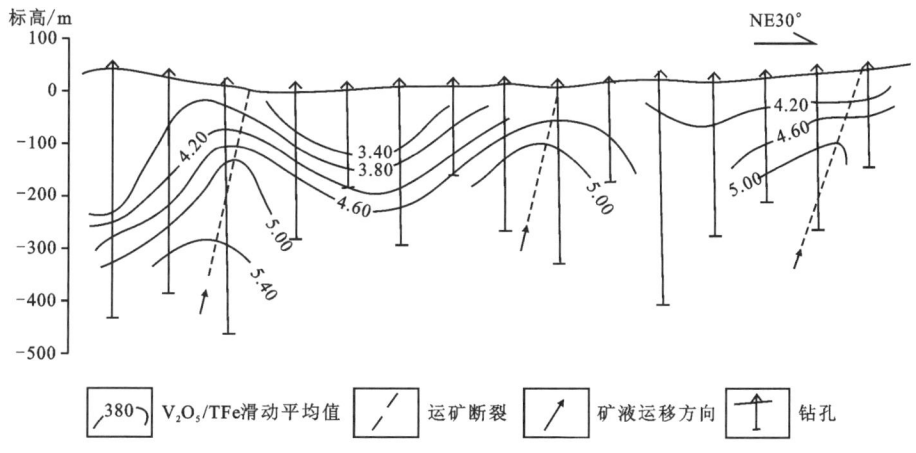

图 2-9 陶村-南山铁矿床 Ⅰ 线剖面 V_2O_5/TFe 滑动平均等值线图(据林新多和姚书振,1981)

四、热力学分析

矿液是由高压带向低压带方向流动。而在流动过程中,矿液的温度一般也是由高变低。随着矿液温度的降低,成矿物质不断析出,因此测定矿物形成温度的变化也可帮助分析矿液运移的方向。

目前主要用矿物气液包裹体分析,或用热力学计算、实验矿物和组分相平衡以及同位素法等对成矿矿物温度、压力进行测定。

为了探讨矿液运移通道和方向,在区分不同矿化阶段后,再在不同标高、相等距离的地点系统地采集同类样品,采用均一法或爆裂法测温,编制等温线图。例如曾庆丰(2016)在研究赣南钨矿时测得黑钨矿形成温度等值线图(图 2-10)。图中显示在矿区中部有一高温带(385～390℃),沿高温带的位置向上方标出矿液运移的方向,所得结果与 WO_3/Sn 等比值线图(图 2-11)是一致的。

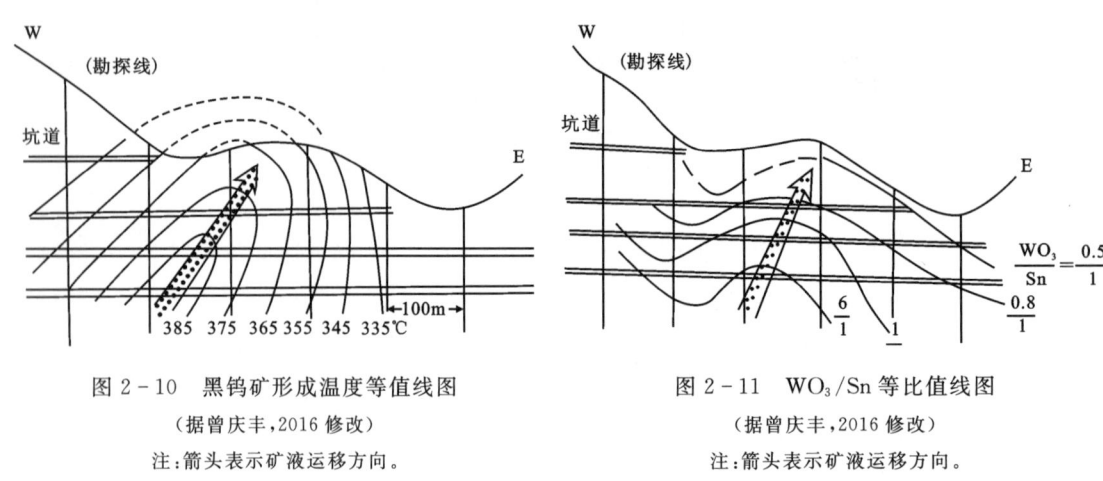

图 2-10 黑钨矿形成温度等值线图
(据曾庆丰,2016 修改)
注:箭头表示矿液运移方向。

图 2-11 WO_3/Sn 等比值线图
(据曾庆丰,2016 修改)
注:箭头表示矿液运移方向。

矿液总是从高压区向低压区运移,所以系统测定成矿压力对判断矿液运移方向有重要意义。利用包裹体测定压力是目前行之有效的途径,其先决条件是必须存在富 CO_2 的三相气液包裹体(水、液态 CO_2、气态 CO_2),因为 CO_2 和 H_2O 的相互混溶程度与压力有关。

五、矿物结晶特征及光学性质

决定矿物晶体成核生长的因素是多种多样的,其因素之一是结晶物质的来源和补给情况。矿液的流向和流速对晶体形貌与内部结构也都有一定影响。矿液流速一般是缓慢的,当矿液从某个方向源源不断地供给结晶的物质,那么晶体在这一方向的晶面生长较快,而相反的一面生长较慢。这就影响到矿物的外形并造成内部结构特征的不均匀性。因此,研究晶体生长的规律可为初始矿液运移情况提供重要信息。这种方法一般适用于裂隙充填型矿床。

进行该项研究要在野外选择自形晶矿物,如石英、萤石、电气石、黑钨矿、锡石、黄铁矿、毒砂、方铅矿、闪锌矿等。系统地收集定向标本,在室内制作定向光片和薄片,并进行观测。

根据曾庆丰(2016)对南岭一些矿床的研究,下列的一些矿物结晶特征可以用来判断矿液在小范围内运移的方向(图2-12)。

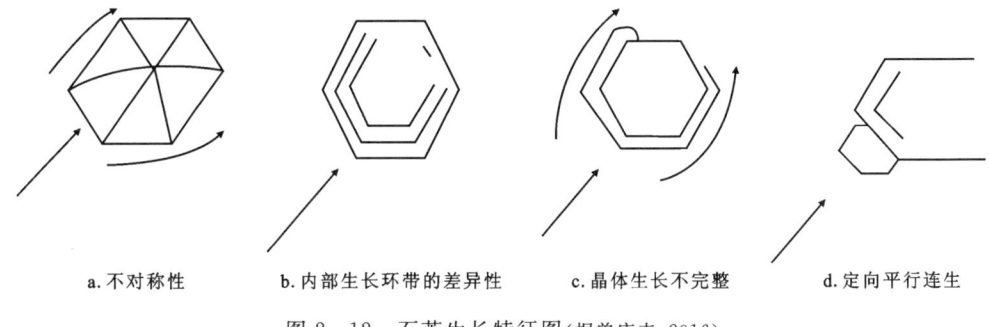

图 2-12　石英生长特征图(据曾庆丰,2016)

注:箭头表示物质补给方向。

(1)晶体的不对称性:一般来讲,有规律的最发育的晶面往往为指示物质补给方向。

(2)晶体内部生长环带的差异性:环带的宽窄反映晶面生长速度的快慢,即物质补给的充分程度。

(3)晶体生长不完整性:一般来讲,物质补给越充分,晶体生长越完整,而晶体外形的不完整相对反映了物质补给的不足。

(4)定向平行连生:在矿物主晶体生长过程的物质补给方向,有时可以生长出另一小晶体,即有连生的小晶体根植于主晶体内部的生长环带上。根据这种现象也可帮助判断矿液运移的方向。

在图2-11中,上述各种结晶特征都显示出矿液是沿箭头所指方向流动的。从这个方向上不断供给矿物结晶时的所需物质。

在矿液运移过程中,随着成矿温度和化学组分的不断变化,矿物的某些物理性质,包括光学性质也必然发生相应变化。因此,矿物某些光学性质的系统变化,也为矿液运移提供一定的信息。吴思本和徐志刚(1979)曾利用矿床中金云母的折光率变化来研究安徽钟九铁矿床的矿液流向。结果表明,金云母中Fe含量越高,折光率N_g越大。其所反映的规律与磁铁矿测温结果一致,说明该矿床中矿液自下部沿断裂交会处上升,然后向南运移扩展。

六、同位素分析

在一些矿床中,某些元素的同位素组成常有一定的方向性变化,这种变化的规律性与矿液流向和矿质沉淀次序有一定关系。

在一些硫化物矿床中,硫同位素$\delta^{34}S$值与成矿温度高低呈负相关,温度高时,$\delta^{34}S$值低,温度低时,$\delta^{34}S$值高。这种同位素分馏系数与温度呈负相关的规律性可用来判断矿液运移的方向(图2-13)。

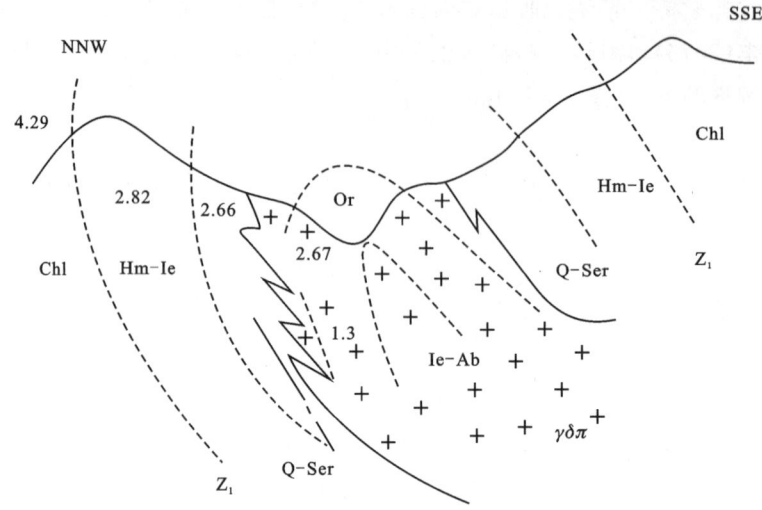

图 2-13 德兴铜矿床蚀变分带及硫同位素组成变异图(据桂林冶金地质研究所,1979)

Z_1. 早震旦世浅变质岩；$\gamma\delta\pi$. 花岗闪长斑岩；Ie-Ab. 伊利石-钠长石化带；Or. 钾长石化带；Q-Ser. 石英-绢云母化带；Hm-Ie. 水白云母-伊利石化带；Chl. 绿泥石化带；图中数值为 $\delta^{34}S$ 平均值

在江西德兴斑岩铜矿床,由花岗闪长斑岩岩体向外,蚀变分带依次为:①伊利石-钠长石化带;②钾长石化带;③石英-绢云母化带;④水白云母-伊利石化带;⑤绿泥石化带。在岩体内,硫化物(相当于第2带)的 $\delta^{34}S$ 平均值为1.34,接触带(相当于第2、3带之间)为2.67,外接触带(相当于第3带)为2.66。再往外(水白云母-伊利石化带)为2.82和4.29(绿泥石化带)。硫化物 $\delta^{34}S$ 值由里向外,由下而上呈有规律地递增(图2-13)。成矿温度由岩体内的300～360℃向外降至270℃。而外带黄铁矿的成矿温度则低至170℃。这种成矿温度自岩体内向外递减的规律与该区黄铁矿由内向外相对富 $\delta^{34}S$ 的同位素变化规律相对应。这从一个侧面反映了矿液运移的方向性。

在热液铅锌矿床中,铅同位素值也有一定的方向性变化,也可利用这种变化来研究矿液的流向。

由上述可见,矿床中同位素的方向性变化可为矿液的流动和演化提供一定的依据。虽然目前积累的资料还较少,但这是探讨矿液运移的一个新途径,值得今后深入工作。

七、成矿期构造应力场模拟

构造应力场对成岩成矿有明显的控制作用,构造热动力能激发成矿元素的活化和流体的析出,促使成矿元素迁移;构造应力场控制着成矿流体的运移趋势,驱动成矿流体由高压区向低压区运移,由挤压带向拉张区运移,并在拉张扩容区停积,使成矿元素富集成矿。应用有限元法对研究区进行成矿期构造应力场的模拟,可以揭示成矿期构造应力场特征及其与矿液流向、矿化分布的关系。

例如在德兴铜厂矿床,通过成矿期构造应力场的有限元模拟,探讨了构造应力、围压和应变能分布规律,以及其与成矿流体运移、停积之间的相互关系。模拟结果显示(图2-14、

图 2-15),最大剪切应力的高值区位于岩体上盘内接触带(图 2-14 中的 C 处),在接触面附近,等值线明显密集,且呈带状沿接触面延伸;近地表的岩体内接触带内侧(图 2-14 中的 A 处),等值线也密集呈带状,但延深不大。这些地带是断裂构造发育地段,是热液运移、停积的有利场所。

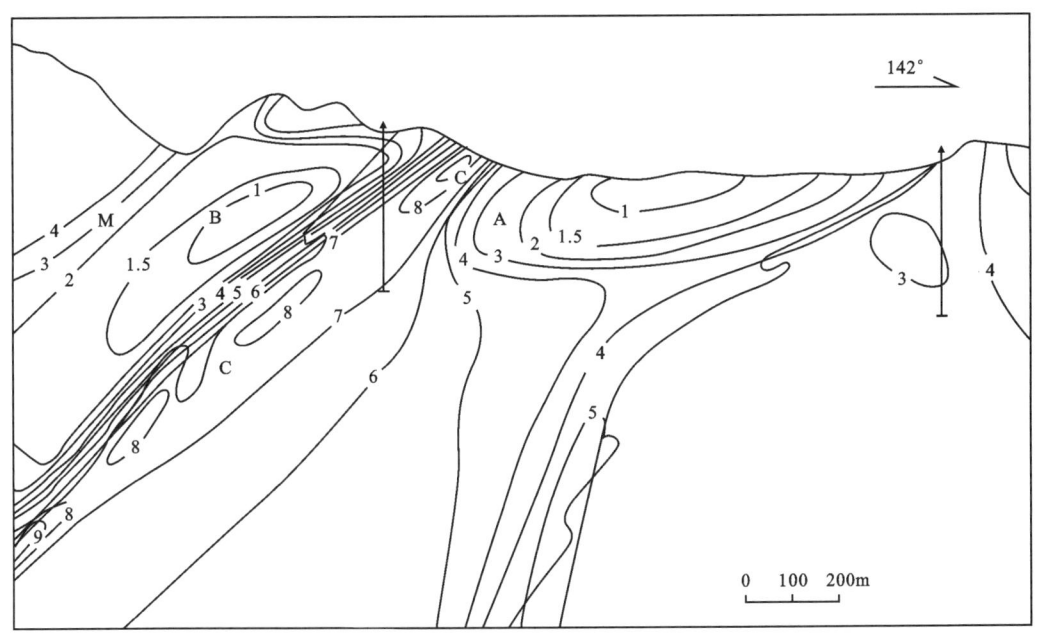

图 2-14　德兴铜厂矿床岩浆期后热液阶段最大剪切应力等值线图(据翟裕生等,1999)

注:剪切应力单位为 MPa。

构造围压显示(图 2-15a),岩体内部及其下盘围岩为高压区,而岩体上盘接触带及岩体顶(上)部位为低压区。应变能在岩体内部及其下盘围岩中均较高,而岩体上盘接触带及岩体顶(上)部位较低(图 2-15b),矿液由高压高能区向低压低能区运移。利用构造围压和应变能值,可以给出矿液运移趋势(图 2-15c)。矿液总的运移趋势是沿岩体接触构造带由下向上运移,在岩体上盘接触带及岩体顶(上)部位富集成矿。此外,岩体外接触带外侧围岩也是高压高能区,围岩中矿液(含矿地下水)也向上述低压低能区流动。

综合上述,可知研究矿液流动是一个复杂而重要的工作。在分析矿液运移方向及运矿构造时,应注意以下几点。

(1)应以地质观测为基础,实验研究必须与矿床地质的实际情况相结合。要仔细研究矿体产状、矿物组合、矿化过程和围岩蚀变等。在野外观察的基础上进行室内研究。在工作中应针对矿床特点,必要时采用多种方法,从各个侧面互相配合,才有可能得出正确的判断。

(2)矿液是多成因、多类型的,矿质和矿液也是多源的。同时,成矿作用又是一个长期发展演化的过程,可区分为若干个成矿阶段,每个阶段中矿液的性质、运移方式、路线和方向也不全相同。因此,需要分别研究不同阶段的矿液通道和流向。

a. 围压等值线图

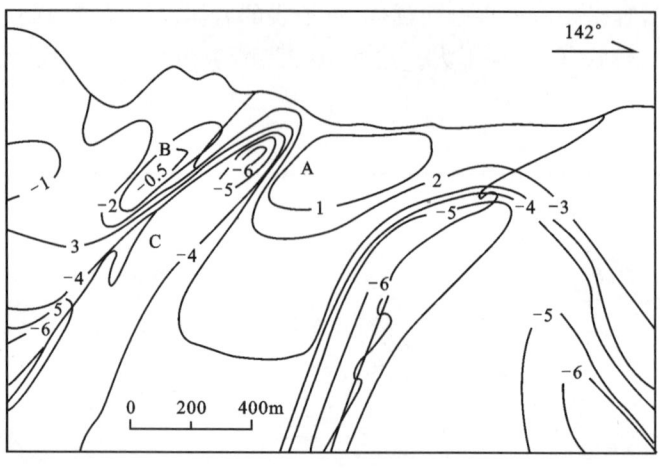

b. 应变能等值线图

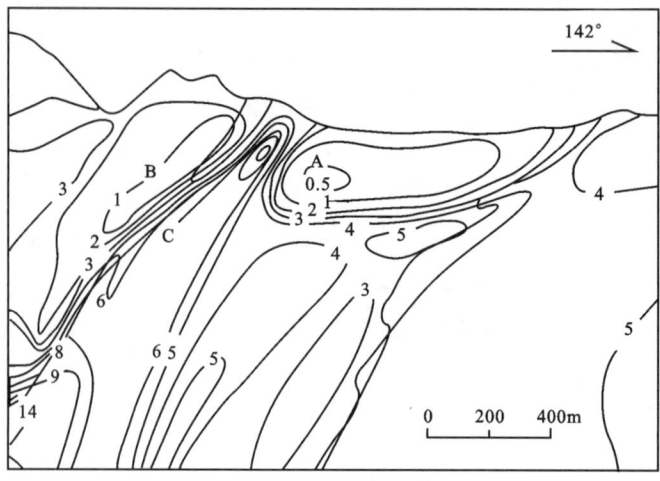

c. 矿液运移趋势图

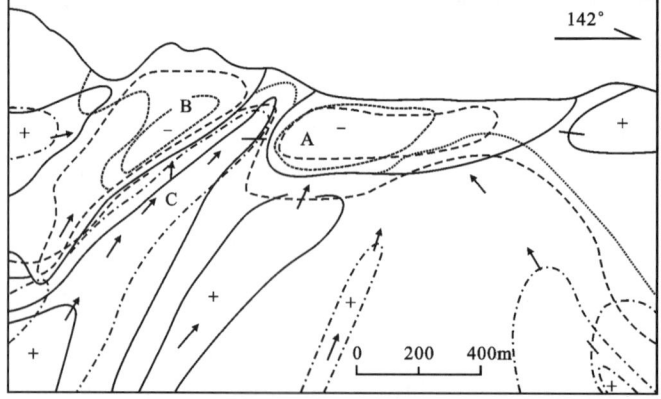

图 2-15 德兴铜厂矿床岩浆期后热液阶段构造围压(MPa)等值线、
应变能等值线图及矿液运移趋势图(据翟裕生等,1999)

(3)成矿溶液就其来源方向,可来自深处,也可来自侧面。矿液源可有点型(一个或几个源头)、线型、面型或复合型。在脉状矿床中多为点型、线型,而在斑岩型或火山岩型矿床中则多为面型。

(4)矿液流动通道主要是断裂、裂隙带,也可以是接触带构造、岩石孔隙及其他构造。由于断裂裂隙常是成群成组出现,所以在矿田和矿床中矿液上升的通道可以是一个或数个。这些通道可呈直线、曲线或折线。矿液可以是自下而上的上升(内生成因的矿液),也可以是自地表或地表附近向下流动,也可以向侧方平缓流动(侧向),流速也是不均匀的,有时缓慢,有时较快,在火山活动过程中气液则迅猛爆发。这些都与矿液所处深度、构造应力的不均匀性、岩石物理化学性质、破碎程度和断层泥发育程度等因素直接相关。

(5)除矿床运矿构造和矿液运移方向研究外,应重视更大尺度(矿田和矿集区)流体运移的通道及流向的研究,包括对矿田和矿集区交代蚀变带、热水沉积岩、热水角砾岩带的分布,火成岩脉带和热液脉带、矿点及矿化点的分布,矿物流体包裹体地球化学参数的分布和变化趋势等,以及它们与含矿构造分布的关系的综合研究,提供矿田和矿集区尺度流体运移的通道及流向的有用信息。

总之,探索矿液运移问题涉及矿床地质和矿田构造的诸多方面,需要综合考虑多种因素和运用多种手段,尤其要从矿田和矿床实际出发,才可能获得较好的效果。

第三章 褶皱构造的控矿作用

第一节 概 述

褶皱构造是一种常见的构造型式。各种层状岩石受力后形成不同形态、产状、规模的褶曲,从单斜构造到复杂的背斜、向斜褶皱构造,常常相间成群,或不同级别、期次重叠出现。由于褶皱各部分受力状态不同,其伴生和派生构造也复杂多样。主要褶皱轴线方向往往反映了一个地区的主要构造线方向,与之垂直的方向即为主要应力方向。

褶皱构造对岩浆侵入和矿床分布有着直接或间接的控制作用。各种褶皱构造对矿床的形成都可以有明显的控制作用。

成矿前和成矿期的褶皱及与其有关的伴生构造,可以成为内生及外生矿床的有利成矿空间。例如背斜轴部,特别是有不透水层作隔挡层的轴部,往往是油气和各种内生矿床聚集场所。成矿后的褶皱对各种内生、外生矿床起改造作用。特别是一些层状矿体褶皱之后,在褶皱的不同部位矿层的产状、厚度均可产生变化。有些矿床的矿体在褶皱过程中可以产生流动,先成矿体可能发生明显改造。有时在褶皱过程中,可能伴随变质作用,使矿化局部变富或变贫。受褶皱控制的矿体产状和形态往往随褶皱的产状、形态和构造部位而变化。

对外生矿床而言,褶皱主要控制沉积盆地的形成。每个盆地的特点都与大地构造背景有关,如地台区的盆地多宽阔而平缓,地槽区及活化区则相反。后期褶皱构造可以对矿层产状和厚度产生较大的改造,使背斜轴部或向斜槽部的矿层加厚或变富。

岩石在褶皱过程中可伴随形成多种类型的构造,如劈理、张裂隙和共轭剪裂隙、小型顺层剪切带与层间破碎带等。相邻岩层的相对错动和剥离还可以在褶皱转折端形成虚脱鞍状空洞,是成矿的有利部位。

因此,深入研究褶皱构造对预测找矿有重要意义。研究成矿前和成矿期褶皱,可了解它们对成矿的直接、间接控制,从而找出成矿规律;研究成矿后褶皱,可了解矿床的改造、富集或破坏以及多阶段成矿的叠加和富集规律。

一、褶皱构造中有利成矿部位

对内生矿床而言,背斜构造较向斜构造一般更有利成矿。在背斜的转折端往往形成鞍状矿体。与背斜同时存在的往往有一套伴生构造,当褶皱岩层岩性有差异时,在轴部产生"剥离",两翼产生层间破碎,为矿液的充填、交代提供有利空间。

背斜构造的有利成矿部位主要有：①背斜的轴部（包括穹隆构造的轴部）；②倾伏背斜的倾伏端；③背斜轴面沿走向弯曲转折处及倒转背斜的翼部；④与背斜伴生的断裂和破碎带；⑤开阔向斜中次一级背斜；⑥背斜与其他有利构造和岩层交会处等。

向斜构造由于在构造变形时所处位置较深，所受围压较大，伴生构造不及背斜发育，不易形成圈闭构造，因此对内生矿床控制作用相对较弱。但也有不少矿床，如一些铁、铜矿床的矿体产于向斜构造中。成矿后的向斜构造对矿层有加厚和保存的良好作用。

此外，褶皱地层中的岩性界面构造（硅/钙面、不整合面、假整合面）、外生角砾岩体构造、层间破碎带以及各种断裂裂隙也易为岩浆侵入和矿床形成创造良好的环境。例如在个旧锡矿区，岩体沿背斜轴部侵位，在背斜轴部主要是伴生断裂裂隙控矿，而翼部主要是层间滑动和层间破碎带控矿，主矿体受侵入接触带控矿，形成了不同类型的矿体群（图3-1）。

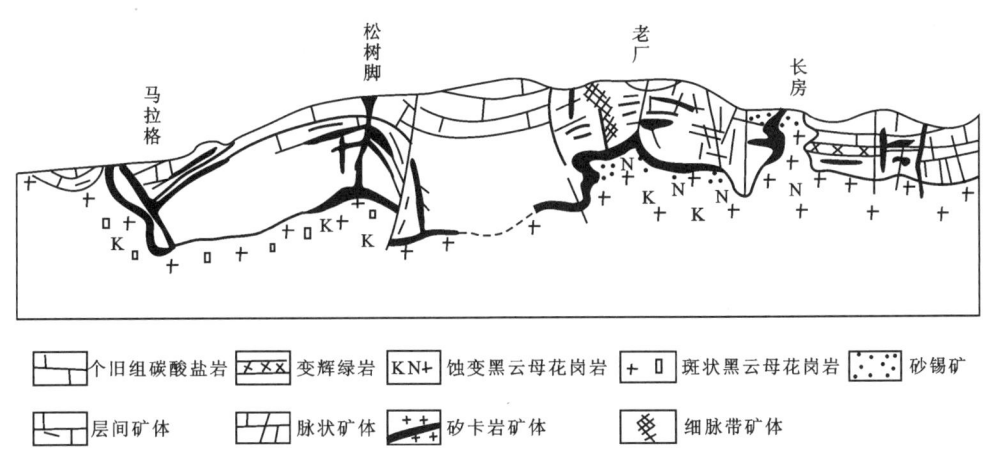

图 3-1 个旧矿区纵剖面示意图（据陈毓川和朱裕生等，1993）

褶皱走向弯曲呈"S"形，中段扭力最为集中，剪切面密集，断裂发育，可被侵入体和矿液利用，从而控制成岩成矿作用。例如安徽铜官山矿田（图3-2）为一个北东东向的背斜构造，但沿走向略具"S"形扭转变化，各段轴面产状变化则较大；褶皱在中段为正常背斜，轴面近于直立，两端则为倒转背斜，南西段褶皱轴面向北西倾斜，北东段则向南东倾斜。两端轴面倾向的反转使得中段扭力最为集中，剪切面特别密集，叠合纵向和横向断裂作用，使石英闪长岩岩浆沿此侵入，形成喇叭状筒状体，并向背斜轴部呈顺层超覆，将成矿的有利层位覆盖其下。这些因素的综合作用控制了主要矿体的产出。

二、褶皱构造控矿的机制

应力集中部位应变较强，构造空间大，是矿化富集有利部位。由于背斜轴和倾伏端等部位应力集中，应变强度大，可有多种伴生构造产生，故易为成矿流体的集中提供有利空间。

背斜轴部的围压小，常见的伴生裂隙有横张裂隙、纵张裂隙和X型剪切裂隙，它们进一步发展可形成断裂。当褶皱的岩层岩性不均一时，易产生层间滑动、羽状张性裂隙和扭性裂隙。因此，当成矿流体由下向上运移时，易向背斜轴部、伴生裂隙多的部位集中，而遇到向斜

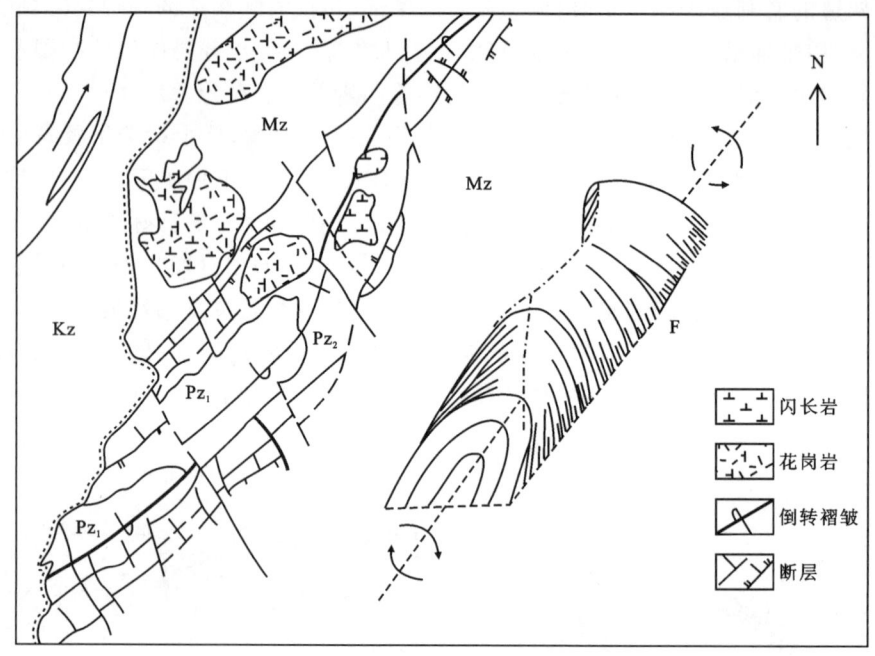

图 3-2 安徽铜官山矿田背斜构造略图(据陈国达,1978)

时则向两翼分散。当在背斜轴部有不透水层作为隔挡层时,更利于成矿流体的聚积。

由于褶皱各部位应力-应变特征方面的差异,可影响化学元素的迁移、分配、分散、富集规律,并相应决定着成岩成矿的组分分异和空间定位规律。

构造部位及其应力应变特征与成矿环境方面的差异性:如转折端-两翼、仰起端-倾伏端、隆起-坳曲等。通常,前者为相对低压应力应变区,张裂、虚脱空间相对发育,成矿环境相对开放,并具有氧化特征;而后者为相对高压应力应变、相对封闭的还原环境。

成岩成矿元素组分的地球化学活动性差异:通常离子半径较大,密度较小,活动性较强的元素组分在低压应力区相对富集;而离子半径较小,密度较大,化学活动性稳定(或相对惰性)的元素组分在压缩区相对富集。并且前者常表现出亲石、亲氧性,后者多为亲硫、亲铜性质。化学性质不同的元素在褶皱过程中有不同的迁移富集规律。

第二节 褶皱构造类型及其控矿作用

褶皱构造按其成因,可分为纵弯褶皱、横弯褶皱、剪切褶皱、柔流褶皱、热流变褶皱等。

一、纵弯褶皱

纵弯褶皱是指岩层受到顺层挤压力的作用而形成的褶皱。一般假定岩层在褶皱前处于原始的水平状态,所以纵弯褶皱是地壳水平挤压作用的结果,是造山带中最为常见的褶皱。

岩层间的力学性质差异在褶皱形成中起着主导作用。科罗列夫和舍赫特曼将岩石的力学性质划分为3种类型：塑性、负荷性和脆性（图3-3）。不同性质的岩石在纵弯褶皱过程中褶曲的强度、幅度和破碎程度均有所差别。

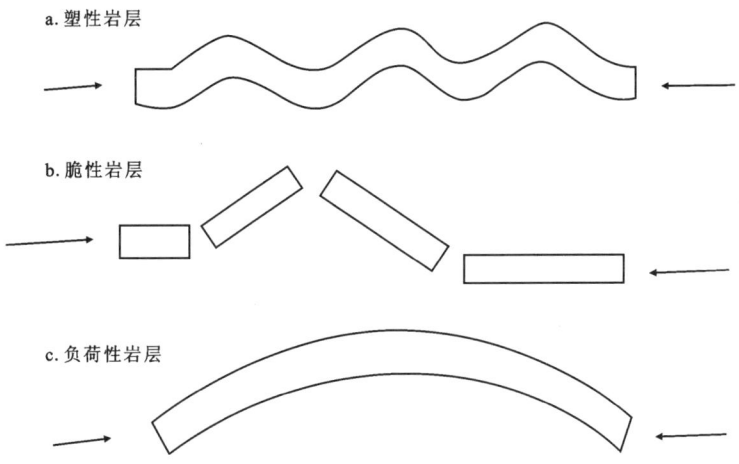

图3-3　不同类型岩石变形示意图（据A.B.科罗列夫和П.A.舍赫特曼，1958）

当两种不同力学强度的岩层组合时，由褶皱作用产生的鞍状剥离空洞和断裂裂隙模式可能有6种组合，见图3-4。

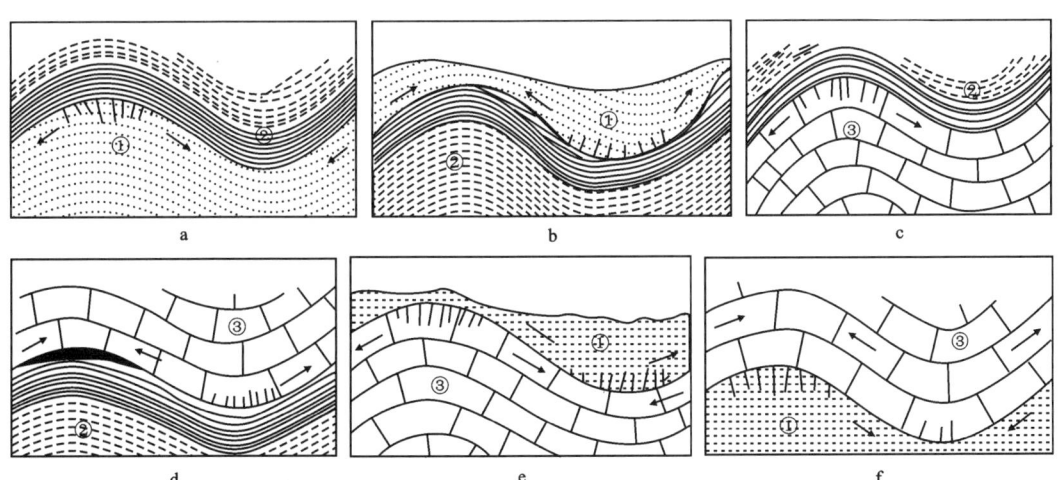

图3-4　两种不同力学性质岩层褶皱作用的结果（据A.B.科罗列夫和П.A.舍赫特曼，1958）
a.上覆塑性岩层，下伏脆性岩层，脆性岩层在背斜上部破碎，岩层间无剥离；b.上覆脆性岩层，下伏塑性岩层，脆性岩层在向斜上部破碎，岩层间无剥离；c.上覆塑性岩层，下伏负荷性岩层，岩层间局部产生剥离，负荷性岩层在背斜部位断裂裂隙；d.上覆负荷性岩层，下伏塑性岩层，在背斜处二者可形成层间剥离和鞍状空间，负荷性岩层在向斜部位形成断裂裂隙；e.上覆脆性岩层，下伏负荷性岩层，二者在向斜部位可形成层间剥离、鞍状空间和断裂裂隙，在背斜部位形成断裂裂隙；f.上覆负荷性岩层，下伏脆性岩层，二者在背斜部位可形成层间剥离、鞍状空间和断裂裂隙，在背斜部位形成断裂裂隙。①脆性岩层；②塑性岩层；③负荷性岩层

在纵弯褶皱过程中,夹于脆硬岩层之间的薄塑性岩层常形成拖褶皱,拖褶皱中也可有矿体产出。当薄、脆性岩层夹于塑性较大的岩层中时,由于岩层的弯曲和滑动而形成构造透镜体(石香肠构造)。这种脆硬岩层被两组细小的剪裂隙或横向张裂隙分割成一个个块体,然后发生移动并形成一个个透镜体。碳酸盐岩层有时为香肠体,在这种情况下常有矿体赋存在其中。

在纵弯褶皱形成过程中,若层间滑动有限,如一些垂直于岩层走向的岩墙、侵入体(特别是侵入体的构造接触带)等会限制岩层的滑动,从而导致压揉褶皱的发育。压揉褶皱可为具有次级复杂向斜的简单箱状褶皱或具有2~3个峰的构造样式。在2~3个峰的褶皱的次级向斜部位常形成剥离空洞并伴有大量的破碎,为成矿提供良好的条件(图3-5)。

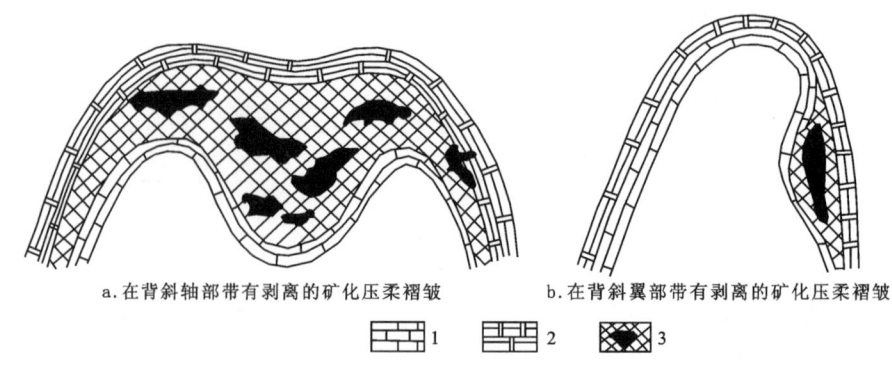

a. 在背斜轴部带有剥离的矿化压柔褶皱　　　b. 在背斜翼部带有剥离的矿化压柔褶皱

图3-5　不伴随层间滑动而形成的剥离空间(据 Ф. И. 沃尔弗逊和 П. Д. 雅科夫列夫,1989)
1.薄层状灰岩;2.顶盘页岩;3.含锑汞浸染状矿石和矿巢的角砾岩

二、横弯褶皱

横弯褶皱是岩层受到与层面垂直的外力作用而发生弯曲形成的褶皱。由于沉积岩层初始状态是水平的,因此横弯褶皱作用的外力是垂向的,这种垂向应力一般是由平缓岩层之下的构造岩块隆升引起,或由侵入体的向上压力形成,也有可能是一些低黏性易流动的物质在构造力或浮力的作用下所致,其类型分别对应断块褶皱、同步褶皱和底辟褶皱。

1. 断块褶皱

基底的断块升降引起盖层弯曲的被迫褶皱(断块褶皱)。如果基底的差异性升降与盖层的沉积同时作用,则可形成同沉积褶皱。褶皱整体呈箱状形态,挠曲处可产生断裂。在平缓褶皱地段易发生层间断裂和破碎,易形成似层状、鞍状矿体(图3-6)。

2. 同步褶皱

同步褶皱是由于侵入岩体的上隆作用而形成的褶皱,它的特点是岩层褶皱与侵入岩体的顶面呈同步起伏。褶皱的形态与侵入体的规模有关。侵入体规模大者褶皱比较开阔,侵入体规模小者相应褶皱比较紧闭,同步褶皱的强度具有从接触带向围岩逐步减弱的趋势。

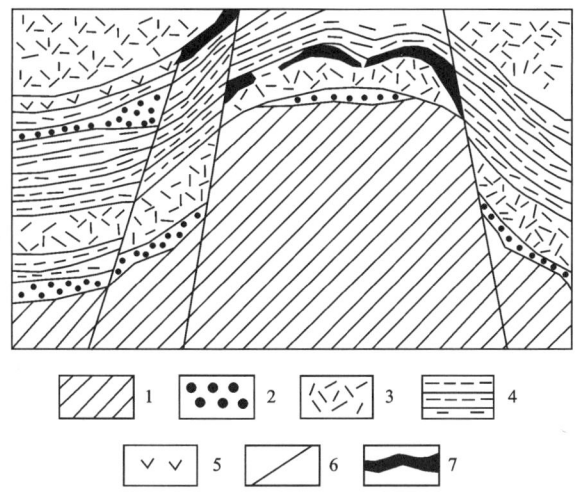

图 3-6 鲁德内阿尔泰断块褶皱中的矿田剖面略图(据 Ф.И.沃尔弗逊和 П.Д.雅科夫列夫,1989)
1.早古生代变质岩;2.泥盆纪火山-沉积岩、砂岩和砾岩;3.石英钠长斑岩及凝灰岩;4.页岩、粉砂岩;
5.辉绿岩、玢岩及凝灰岩;6.断裂;7.矿体

侵入体在上拱形成同步褶皱后,岩浆的冷凝收缩,往往带动岩层发生层间剥离,形成剥离空洞而有利于成矿。

3. 底辟(刺穿)褶皱

底辟构造是横弯条件下穹形褶皱形成时产生的一种特殊构造,是地下岩盐、石膏、黏土或岩浆等低黏性易流动的物质,在构造力或浮力的作用下向上流动,以至刺穿或部分刺穿上覆塑性较小的岩层,使上覆岩层拱起形成的褶皱。核部由盐类物质组成的构造称为盐丘,由岩浆强力侵位形成的称为岩浆底辟。一些灰岩层在足够大的压力作用下也具有很强的塑性变形能力,向上发生刺穿作用(图 3-7)。在塑性岩层向上运动过程中,在底辟体与周围岩层之间常形成断裂,岩石破碎。在底辟体顶部常形成角砾岩,为成矿提供空间(图 3-8)。横弯褶皱作用的特点如下。

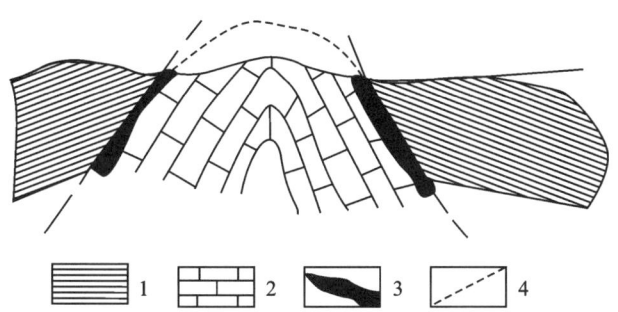

图 3-7 刺穿褶皱所形成的矿体示意图(据 Ф.И.沃尔弗逊和 П.Д.雅科夫列夫,1989)
1.灰质粉砂岩;2.石灰岩;3.矿体;4.断裂

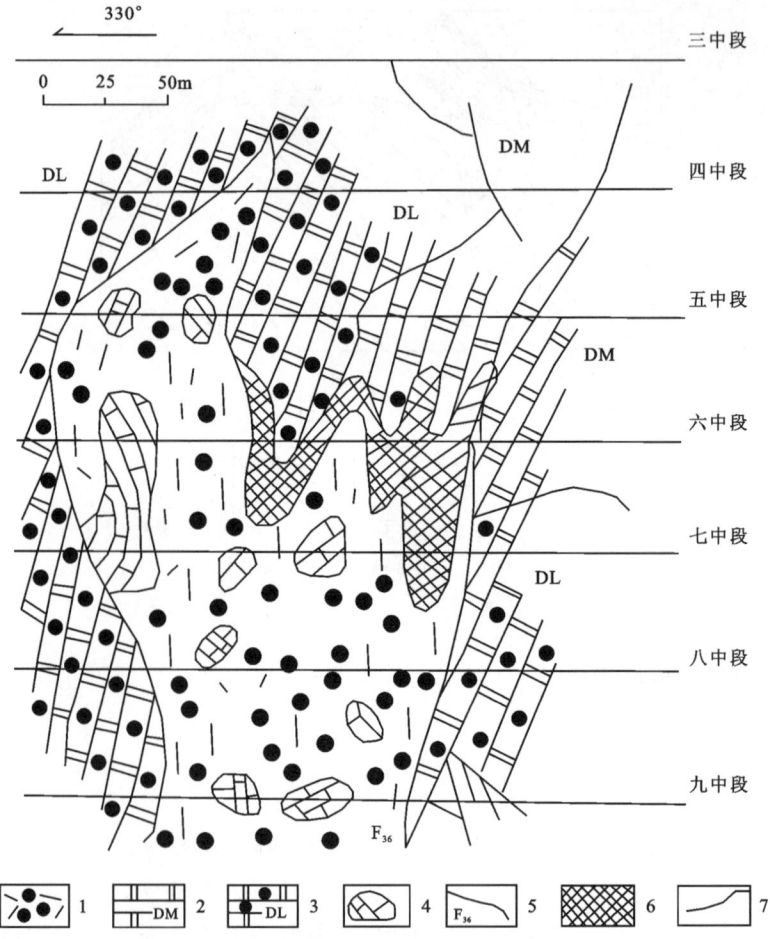

图3-8 云南凤山铜矿床底辟构造与矿体产出剖面图（据吴礼锟,1989）

1.底辟角砾岩;2.青灰色白云岩;3.褪色白云岩;4.底辟体中大角砾（示意）;5.断裂及编号;6.铜矿体;7.褪色界线

(1)横弯褶皱的岩层整体处于拉伸状态,一般不存在中和面。

(2)横弯褶皱作用往往形成顶薄褶皱,尤其是岩浆侵入或高韧性的岩体上拱造成的穹隆构造更是如此。在这种情况下,褶皱顶部岩层不仅因拉伸而变薄,而且还可能形成放射状断层或同心圆状环形断层。

(3)横弯褶皱作用引起的弯流作用是使岩层物质从褶皱弯曲的顶部向翼部流动。

(4)在横弯褶皱作用形成的背斜中,韧性岩层在翼部由于重力作用或层间差异流动,在翼部可形成一些层间褶皱。

三、剪切褶皱

剪切褶皱又称滑褶皱,是岩层沿着一系列与层面交切的密集面发生不均匀的剪切而形成的褶皱。它一般发生于韧性较大的岩系,或处于较深层次的层状岩系和韧性剪切带中。

剪切褶皱在发育过程中,在应力作用下塑性岩石物质产生迁移,由翼部向核部聚集,使核部矿体的厚度增大,而两翼矿体变薄甚至缺失(图3-9),此时矿体全部集中在褶皱核部。

四、柔流褶皱

柔流褶皱作用是一种固态流变条件下的褶皱作用,发生在具有高韧性和低黏度的岩石中。深变质岩和混合岩化岩石中常发育复杂的柔流褶皱。

柔流褶皱作用与受层理控制的纵弯褶皱作用中的弯流褶皱作用常有互相过渡的现象。例如有些煤层遭受强烈的弯流褶皱作用时,韧性相对较强的煤层会发生柔流并突破岩层的限制,在局部地段形成肠状褶皱,造成煤层在一处变厚而在另一处变薄甚至尖灭的现象(图3-10)。

图3-9 剪切褶皱变形中的物质迁移
(转引自翟裕生和林新多,1993)
a.物质由两翼向核部迁移使得褶皱顶厚翼薄;b.物质进一步由翼部向核部迁移,翼部甚至错断、缺失

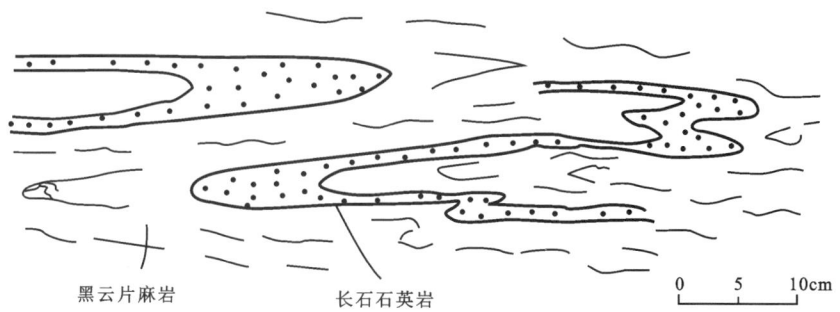

图3-10 豫西狮子坪秦岭群片麻岩中柔流褶皱

五、热流变褶皱

热流变褶皱是一种接触热动力变质构造,在岩体侵入过程中由于岩浆的热动力作用,使岩层在较高的塑性状态下变形形成的褶皱。热流变褶皱一般发育在中深成岩体的侵入前缘带,是间接的找矿标志,主要特征如下。

(1)褶皱形态复杂多样,有不对称歪斜褶皱、紧闭同斜褶皱、倒转平卧褶皱、相似褶皱、紧闭尖圆褶皱、花边褶皱、褶皱香肠构造、层间香肠构造、层内无根褶皱等。

(2)热流变褶皱的强度从侵入体接触带向围岩逐渐变弱(图3-11)。

(3)褶皱的规模大小不一,变化很大。

(4)热流变褶皱经常叠加在早期褶皱之上(图3-12)。

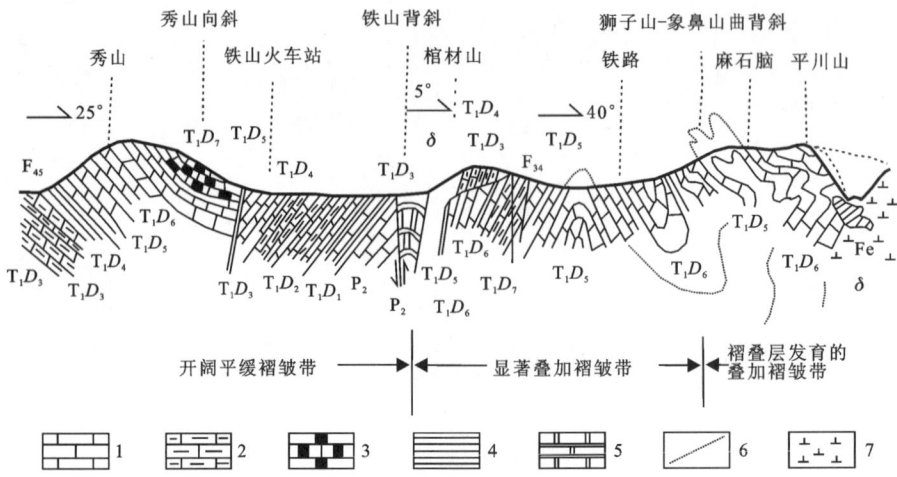

图 3-11 秀山—棺材山—象鼻山构造剖面图(据石准立,1981)

1.灰岩;2.泥质灰岩;3.白云质大理岩;4.含角岩条带大理岩;5.大理岩;6.褶皱;7.闪长岩;T_1D_7:大冶群第七段;T_1D_6:大冶群第六段;T_1D_5:大冶群第五段;T_1D_4:大冶群第四段;T_1D_3:大冶群第三段;T_1D_2:大冶群第二段;T_1D_1:大冶群第一段;P_2:二叠系;δ.闪长岩;Fe.铁矿体;;F_{45}.断层

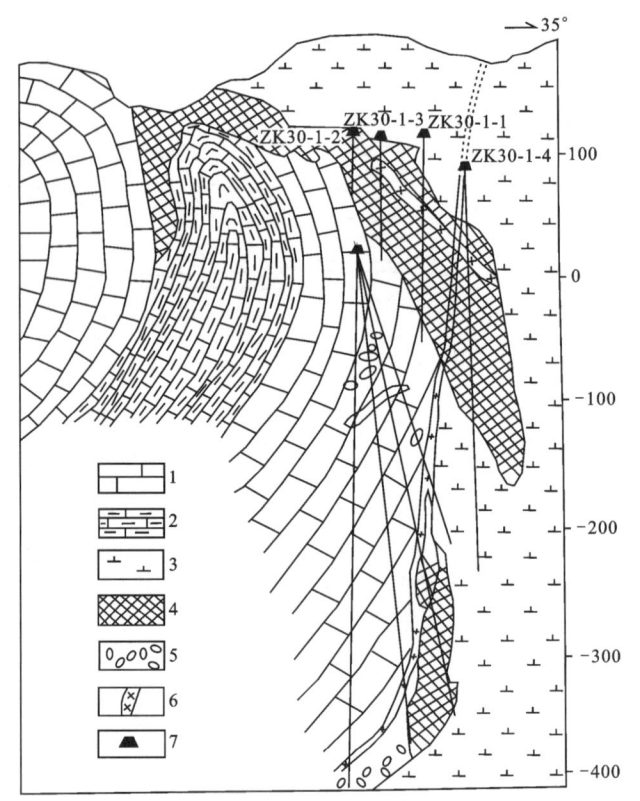

图 3-12 尖山矿体 30-1 号勘探线剖面(据石准立,1981)

1.大理岩;2.大冶群第四段含角砾岩、石香肠断块大理岩;3.闪长岩;4.矿体;5.透辉石方柱石矽卡岩;6.闪长玢岩;7.坑道

第三节 叠加褶皱及其控矿作用

在地质构造发展过程中,不同时代褶皱作用的叠加、不同构造体系的复合以及同一次连续变形中应力方向的改变等因素,均可形成叠加褶皱。叠加褶皱的形态往往比较复杂,易于造成岩层层序混乱。

在实际工作中必须从三维空间来观察,才能有效识别叠加褶皱,其主要标志有:①早期褶皱的轴面发生弯曲;②与早期褶皱同时形成的面理(劈理、片理)和断裂面发生弯曲;③两种不同方向的片理有规律地交切(穿插);④褶皱枢纽的起伏变化强烈;⑤高角度倾竖褶皱的存在;⑥香肠构造发育地区,钩状褶皱的存在;⑦岩脉或石英脉等脉体发生褶皱。

两次及以上褶皱构造的叠加,先期形成的褶皱在形态上往往影响或制约着后期褶皱的产状特征,后期褶皱则不同程度地改造着先期褶皱的样式。但一般来讲,2~3次的褶皱叠加变形会形成比较稳定的褶皱格架,后续再发生的叠加作用对褶皱构造影响并不显著。

叠加褶皱的类型有共轴叠加、正交叠加和斜交叠加。叠加褶皱的控矿意义为控制矿田矿床的分布规律,对矿体具有改造、保存作用。

一、共轴叠加褶皱

当两期褶皱的应力方向基本相同时,可形成轴向近一致的两期褶皱。若两期褶皱的轴面一致,则表现为后期褶皱将先期褶皱进一步压紧,或在先期褶皱的缓翼形成轴向一致的较小褶皱,但这种情形下的叠加作用一般不易识别。如果两期褶皱的轴面不一致,则可根据剖面上先期褶皱的轴面弯曲来判断(图3-13)。例如内蒙古渣尔泰群薄层泥质灰岩,早期"Z"形平卧褶皱轴面(AB)发生弯曲,晚期近直立的开阔褶皱轴面(CD、$C'D'$)形态简单。

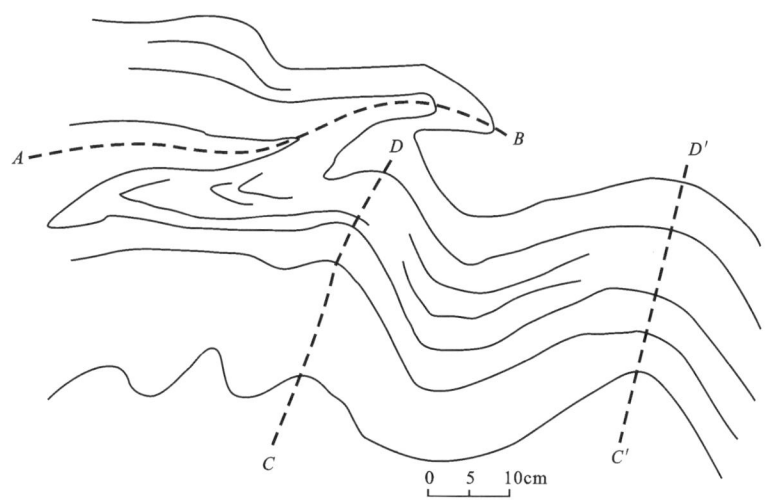

图3-13 轴面不一致的两期共轴叠加褶皱

二、正交叠加褶皱

当两期褶皱的应力方向呈高角度相交时可形成正交叠加褶皱。在构造纲要图上,两期褶皱轴迹近于正交,且早期轴迹弯曲,后期轴迹形态简单,叠加改造作用在褶皱的平面形态上时表现较为明显(图 3-14)。由于早期褶皱轴面与岩层产状的差异,正交叠加褶皱又可进一步形成不同的样式(图 3-15)。

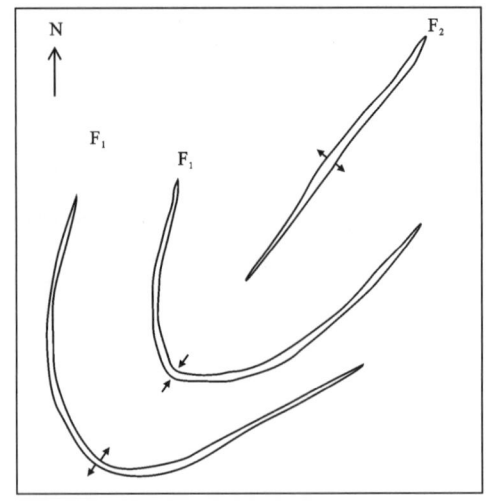

图 3-14 正交叠加褶皱示意图
F_1. 第一期褶皱轴迹;F_2. 第二期褶皱轴迹

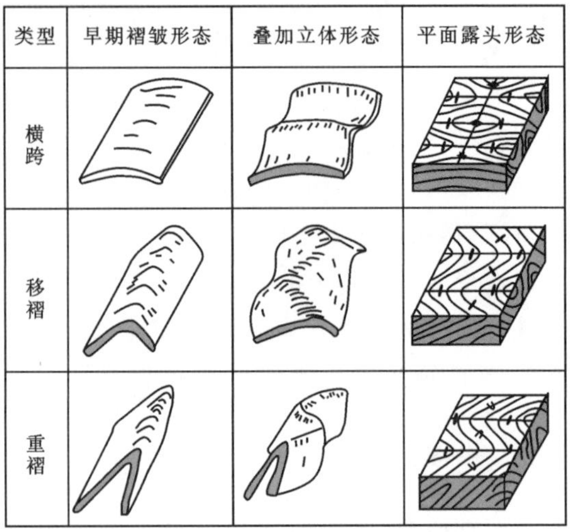

图 3-15 横弯褶皱叠加的基本类型
(据杜思清,1986)

横跨叠加:早期褶皱轴面直立、开阔,晚期褶皱叠加后常形成穹隆和凹陷样式。

迁移叠加(移褶):早期褶皱强度中等,晚期褶皱叠加后轴迹呈折线状,剖面上两翼倾向相反。

重褶叠加:早期褶皱强烈,晚期褶皱叠加后轴迹呈折线状,两翼岩层变得更为紧闭甚至同斜。

三、斜交叠加褶皱

当两期褶皱应力斜交时可形成斜交叠加褶皱,改造后的褶皱变形在剖面和平面形态上均较为明显(图 3-16)。

四、叠加褶皱的控矿作用

叠加褶皱作用既可造成有利成矿空间的反复叠加,同时又使其在多期次构造活动中发生活化或改造,对成矿的控制既可表现为直接控制热液矿床的形成,又可表现为对岩体产出位置的控制,并进而表现为对矿体的控制。

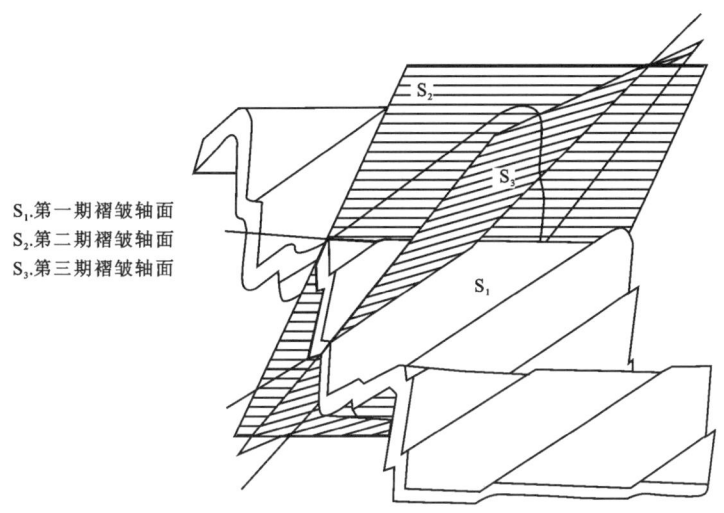

图 3-16　斜交叠加褶皱(转引自翟裕生和林新多,1993)

例如鄂东南矿集区,区域北东向褶皱体系与近东西向褶皱体系叠加部位是成矿岩体有利部位,控制了程潮、铁山、金山店、灵乡岩体和相关铁矿田的产出。灵乡矿田内,北东向褶皱体系与近东西向褶皱体系叠加,轴迹相交后形成等间距的网格状结点,这些交接部位成为岩体凸起和矿体群发育的重要地段(详见第七章第四节)。

又如辽宁红透山铜矿床,该矿床产于太古宙绿岩带内,发育层状矿体、似层状矿体和脉状矿体,具有多期复合的成因特点。原有的赋矿层位被卷入多幕褶皱变形过程中,先后分别形成了紧闭同斜褶皱和倾竖褶皱,使原有层状矿体的形态发生了改造,同时伴随的层间剪切破碎和剥离作用又为后期的叠加矿化提供了有利的容矿空间(图 3-17)。

第四节　岩性界面与外生角砾岩体构造及其对成矿的控制

在沉积岩层中常发育不同类型的岩性界面构造和外生角砾岩体构造,在褶皱变形过程中往往受到改造,它们有时对矿床的形成及成矿物质的大规模聚集有重要的控制作用。

一、岩性界面构造及其对成矿的控制

岩性界面是指岩石的物理、化学性质有明显差异的接触面。矿体在褶皱岩层中的产出常与岩石的物理、化学性质有关,当褶皱内卷入不同的岩层单元时,它们之间显著的物理化学性质差异在岩性突变界面得以充分体现,进而对成矿产生重要影响。例如不透水岩石层作为物理化学屏障阻挡了含矿溶液的活动,使之在下部的有利交代的岩层中堆积成矿。特别是碎屑岩与碳酸盐岩接触面(简称硅/钙面)是控制大型矿体产出的重要成矿结构面。这类矿体一般为似层状、透镜状。

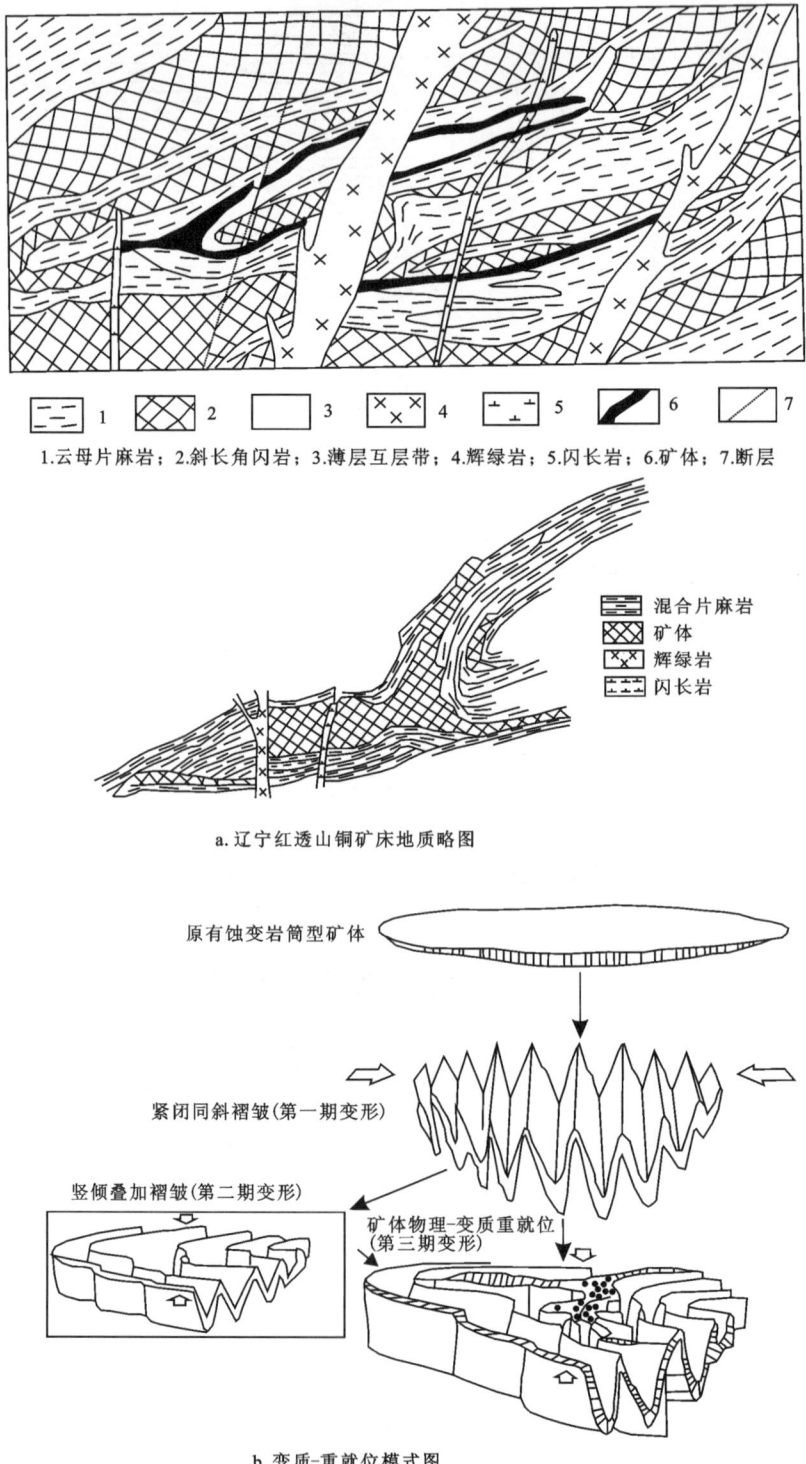

1.云母片麻岩；2.斜长角闪岩；3.薄层互层带；4.辉绿岩；5.闪长岩；6.矿体；7.断层

a. 辽宁红透山铜矿床地质略图

b. 变质-重就位模式图

图 3-17　辽宁红透山铜矿床地质略图和变质-重就位模式图（据张秋生等，1984）

不整合或假整合面是沉积过程中形成的构造界面,区域性的硅/钙面与不整合或假整合面具有一致性,局部性的硅/钙面是沉积过程中岩性差异形成的。地层中的不整合面和假整合面在褶皱过程中也易于张开而被矿液充填。不整合或假整合面、硅/钙面既是岩性差异面和物理化学界面,又是构造薄弱带,在构造活动过程中往往是大规模的区域滑脱带,在成矿过程中成为矿液运移的通道和重要的储矿空间。

二、外生角砾岩体构造及其对成矿的控制

外生角砾岩体是在外力地质作用条件下所形成的角砾岩体构造的总称,主要包括沉积角砾岩体和岩溶角砾岩体两大类型。

1. 沉积角砾岩体

沉积角砾岩体是指在沉积成岩作用期间,由于海洋、河流、冰川、重力滑塌等外力地质作用所形成的角砾岩体。根据砾石的圆度,可将沉积角砾岩体划分为砾岩和角砾岩。圆状、次圆状砾石的含量大于50%的岩石称为砾岩;棱角状和次棱角状砾石的含量大于50%的岩石称为角砾岩。

根据角砾岩在地层中的位置,可将沉积角砾岩体划分为底砾岩、层间砾岩和层内砾岩。

底砾岩:常位于海侵层位的最底部,分布于侵蚀面上,与下伏地层呈不整合或假整合接触,为海侵开始阶段的产物,是判断构造运动和区域不整合存在的重要标志。底砾岩是由下伏地层风化剥蚀的砾石形成的,成分一般比较简单,粒度由下至上逐渐变细,砾石磨圆度高,分选好,分布连续,渗透性好。底砾岩的发育规模和空间分布与形成不整合面时的构造运动强度、应力作用方式、古气候、古地形及暴露时间有关。

层间砾岩:整合地夹于岩层之间,与下伏地层连续沉积,不存在沉积间断。它们是由于沉积环境局部变化(如水流的作用)及地壳的微弱升降等所形成的砾岩,通常是当地岩石边冲刷破坏边沉积的产物。

层内砾岩:是指在准同生期,沉积物尚处在半固结状态时,经侵蚀、破碎和再沉积而成的砾石沉积物,再经成岩作用而成的砾岩。这种成因的砾石属于内碎屑,故又称为同生砾岩。

层间砾岩和层内砾岩的砾石成分都比较单一,与下伏岩层成分相同,在碳酸盐岩地层中较为常见。砾石一般未经搬运或搬运距离很短,磨圆度低,分选差,杂基多,成熟度不高,厚度不稳定。这两类砾岩常形成于动荡的沉积环境或同生断层附近,一般分布比较局限。

根据角砾岩的形成环境及成因,可以将沉积角砾岩体划分为滨岸砾岩、河成砾岩、洪积砾岩、冰碛砾岩、滑塌角砾岩等类型。各类砾岩可用来追溯母岩成分和性质,也可用来判断构造运动、古海、湖岸的位置及古河流的流向。

产于沉积角砾岩体中的矿床类型主要为机械沉积矿床,如砂金、金刚石、金红石、锆英石、钛铁矿等矿床。由于它们的化学性质稳定,硬度高,密度较大,含有这些矿物的岩石或矿床的风化碎屑物经河水搬运到合适部位,可以通过机械沉积分异作用而逐渐富集形成矿床,代表性的矿床如南非威特沃特斯兰德金矿。此外,由于层间砾岩和层内砾岩常与同生断层活动有关,可以作为寻找喷流沉积矿床的标志。沉积角砾岩体具有高孔隙度和渗透率,可作为盆地流体大规模运移的通道,从而控制砂砾岩型铜矿床的产出,如新疆萨热克砂砾岩型铜矿床赋存于上侏罗统库孜贡苏组上段杂砾岩中。

2. 岩溶角砾岩体

岩溶角砾岩体又称为溶洞角砾岩、喀斯特角砾岩，主要分布在碳酸盐岩地区，因溶洞崩塌或岩溶流体溶蚀、搬运、堆积而成，与古喀斯特（岩溶）作用有关，分布较局限。岩溶角砾成分单一，主要为灰岩、白云岩碎块。角砾大小相差悬殊，棱角较清晰，邻近角砾多具有可拼合性，个别角砾具有一定程度旋转和位移。胶结物多为碳酸盐岩溶解残留的泥质物、围岩岩屑及方解石脉。岩溶角砾岩的形成一般可分为3个阶段：洞穴形成阶段、岩溶崩塌堆积阶段和填充胶结阶段（图3-18）。岩溶角砾岩体是古喀斯特作用的识别标志之一，可用于判断古水文状况、恢复古地貌。

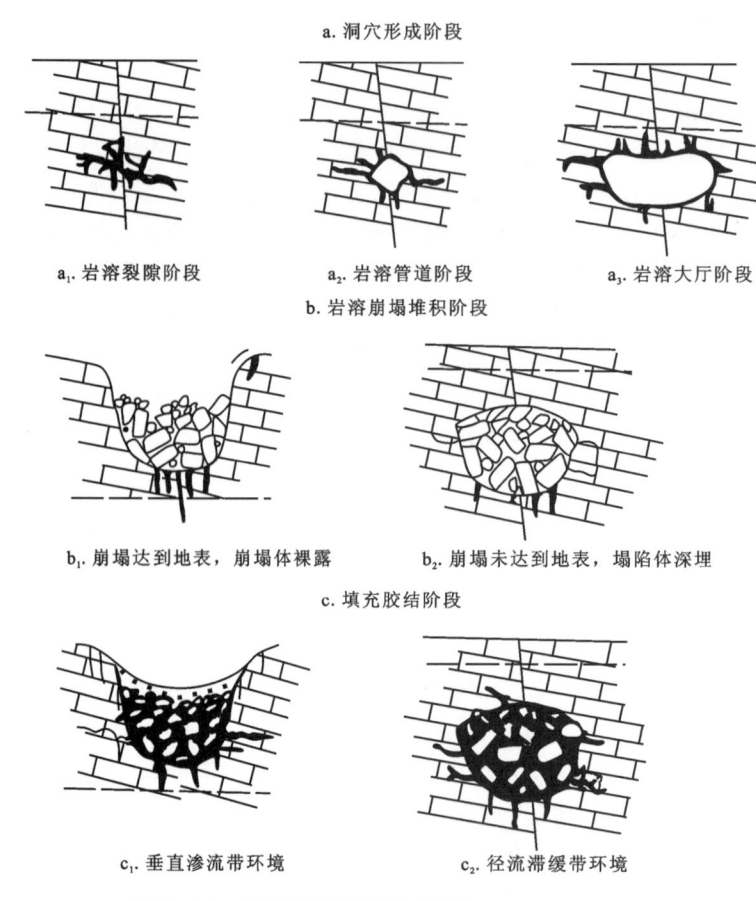

图3-18 岩溶角砾岩的形成过程（据沈继方等，1993）

岩溶角砾岩体孔隙度高，渗透性强，可以作为成矿流体运移的通道以及成矿物质聚集的场所。我国与岩溶角砾岩体有关的矿床主要为铅锌矿、铀矿、金矿、锑矿等。

我国华南地区的晚古生代碳酸盐岩中发育大量岩溶角砾岩体，其中产有多处铀矿床。这些铀矿床的赋矿地层时代为中泥盆世和早石炭世，岩性为灰岩、白云质灰岩和白云岩。铀矿体产于岩溶角砾岩体中，角砾呈次圆状和棱角状，分选差，胶结较松散。矿石矿物主要为沥青铀矿，伴生的金属和非金属矿物主要有黄铁矿、黄铜矿、白铁矿、方解石、白云石，以及少量石英、重晶石和萤石。岩溶角砾岩体为铀成矿作用提供了成矿空间,多期次古喀斯特作用可能使成矿元素发生了预富集,也为铀矿的成矿作用提供了物质基础(闵茂中等,1997)。

在川滇黔地区,MVT型铅锌矿床分布普遍,铅锌矿体多呈脉状、似层状、透镜状、扁豆状、囊状产于震旦系至二叠系的白云岩地层中。岩溶角砾岩体是其中常见且重要的控矿构造,为盆地流体的大规模运移提供了通道。例如会泽铅锌矿、大梁子铅锌矿、花垣铅锌矿等大型矿床中,均有岩溶角砾岩体构造发育,且控制了部分铅锌矿体的产出。

在膏盐层分布区,膏盐层通过喀斯特作用可形成膏溶角砾岩,其角砾岩中往往可见硬石膏和石盐的假晶。膏溶角砾岩不仅可以提供储矿空间,膏盐层的溶解还可以为成矿流体提供硫和钠等成矿物质。例如长江中下游铁矿形成过程中的广泛钠化和局部膏辉岩的形成,可能与三叠系中膏盐层的溶解有成因联系。

此外,在褶皱发育区可见岩性界面构造与角砾岩体构造等联合控矿。例如黔西南矿集区灰家堡背斜的岩性界面,特别是碎屑岩与碳酸盐岩接触面(简称硅/钙面)是微细浸染型金多金属矿床的成矿部位和储矿构造。沿茅口组与龙潭组之间的不整合面(硅/钙面)常形成硅质角砾岩带或硅化角砾岩带,成为大型主矿体产出的有利部位,如贵州贞丰水银洞和戈塘金矿床金矿床及泥堡金矿深部矿体(图3-19)。

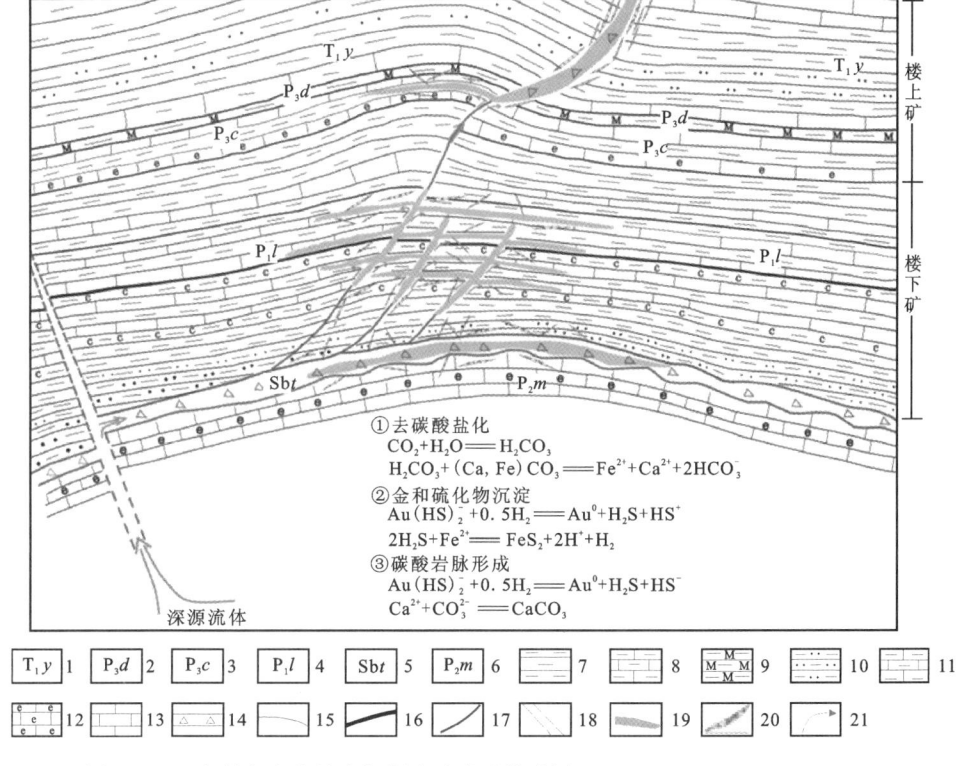

图3-19 贵州省贞丰县水银洞金矿成矿模式图(据贵州省地质调查院,2011修改)

1.下三叠统夜郎组;2.上二叠统大隆组;3.上二叠统长兴组;4.上二叠统龙潭组;5.硅质蚀变角砾岩体;6.中二叠统茅口组;7.黏土岩;8.碳质黏土岩;9.蒙脱石黏土岩;10.粉砂质黏土岩;11.泥质灰岩;12.生物碎屑灰岩;13.灰岩;14.断层角砾岩;15.地层分界线;16.煤层线;17.断层;18.隐伏深大断裂;19.金矿体;20.碳酸盐脉;21.热液流向

第四章 断裂构造的控矿作用

第一节 概 述

　　断裂构造,包括各种断层和裂隙,是地壳中常见的构造型式之一,与成矿关系极为密切。对内生成矿的控制而言,断裂不只是岩浆或矿液的通道和停积场所,还是矿质活化迁移的主导因素之一。对外生矿床(包括油气、煤等)而言,断裂构造影响着沉积环境和沉积速率,控制矿床的空间分布和保存条件。在变质矿床形成过程中,断裂活动可导致成矿组分随热液迁移富集,形成富矿体。成矿后的断裂活动则使矿体受到明显改造、破坏甚至缺失,一些油气藏可因成矿后断裂而被破坏。

　　断裂构造与其他构造往往有密切的伴生关系,从而形成有利的控矿构造组合,如在褶皱构造形成演化的不同阶段和不同部位,常伴生不同性质的断层和裂隙;侵入体的前缘带和内部可发育多种裂隙构造;在火山机构体系中,环形断裂、放射状断裂、收缩裂隙等也是常见的伴生产物。因而,断裂构造控矿的现象十分普遍并且非常重要,了解不同期次、不同规模、不同性质断裂的空间分布、产状和相互关系,有助于分析成矿作用的过程和成矿规律、指导找矿预测。

　　按照力学性质,断裂可分为压性、张性和扭性三大类,其形态结构和成矿特点各异(表4-1)。野外常见压扭性断裂和张扭性断裂,一般小型构造中逆断层多为压扭性,正断层多为张扭性。

表4-1 不同性质断裂的形态结构和成矿特点

性质	围岩状态	结构和形态	构造形迹	成矿特点
压性	围岩呈压缩状态,孔隙度、渗透率小	尖灭再现结构、交叉平滑曲线结构,舒缓波状,沿走向、倾向延伸大,一般延深大于延长	逆冲断层,片理劈理带,密集裂隙带,滚圆状断层角砾且显示定向,构造透镜体,断层泥等	形成相对封闭系统,矿液温压下降慢,以交代成矿作用为主,矿石见条带状构造,矿体厚度变化不大,矿脉有分支复合或尖灭再现的现象。完全压性的断裂对成矿不利

续表 4-1

性质	围岩状态	结构和形态	构造形迹	成矿特点
张性	主要发育在浅部，围岩处于膨胀状态，孔隙度较高	构造面不规则结构、锯齿状结构、折线状结构、筒状结构。延深浅，延长短，一般延长大于延深。常成群出现，大小不等	断层角砾岩呈棱角状，大小不等。张性断裂，网脉带，张裂虚脱部位	矿液易于通过，温压下降快，形成相对开放系统。以充填成矿作用为主，矿石常见角砾状、网格状构造，矿体呈脉状或向下尖灭的透镜状，厚度变化大
扭性	兼具压性和张性特点，孔隙度、渗透率介于二者之间，压扭接近压性，张扭接近张性	结构面平直、光滑，延深大。有次级伴生断裂与主断裂平行或交会	扭性断裂带，扭曲和某些褶曲，张扭性细脉带	充填或交代成矿作用均有发育，矿体为板状，矿脉常侧现展布

第二节 断裂的形成

一、水平挤压作用下断裂的形成

常用三轴椭球体来直观地表示构造应力的相对大小和方位，在 3 个相互垂直的主应变轴中，C 轴是最大压缩轴，A 轴是最大拉伸轴，B 轴是中间轴，又称次拉伸轴(图 4-1)。

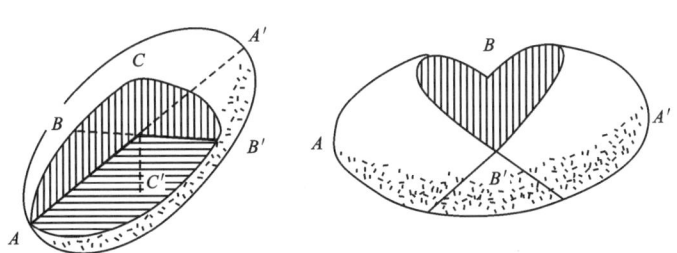

图 4-1 三轴应变椭球体的形态

断裂主要是挤压、引张和剪切应力作用的结果，最常见的是水平或近水平挤压作用。在水平压应力(C 轴)作用下，若最大拉伸应力(A 轴)亦为水平方向(此时 B 轴直立)，当岩块达到极限强度时，可在平面上形成两组共轭剪裂隙和一组横张裂隙，其中两组共轭剪裂隙分别具有左行和右行平移性质，并以 A 轴与 C 轴作为夹角平分线，横张裂隙沿 C 轴方向展布。在此应力场中，随着形变的进一步发展，水平挤压和垂向拉伸的联合作用(此时 B 轴水平)，会在横剖面上发育两组走向相同、倾向相反的压性破裂面,具逆断层性质,同时可能发育一组近水平的张裂隙。因此,在水平应力作用下,理论上可以形成6组断裂(图4-2a)。

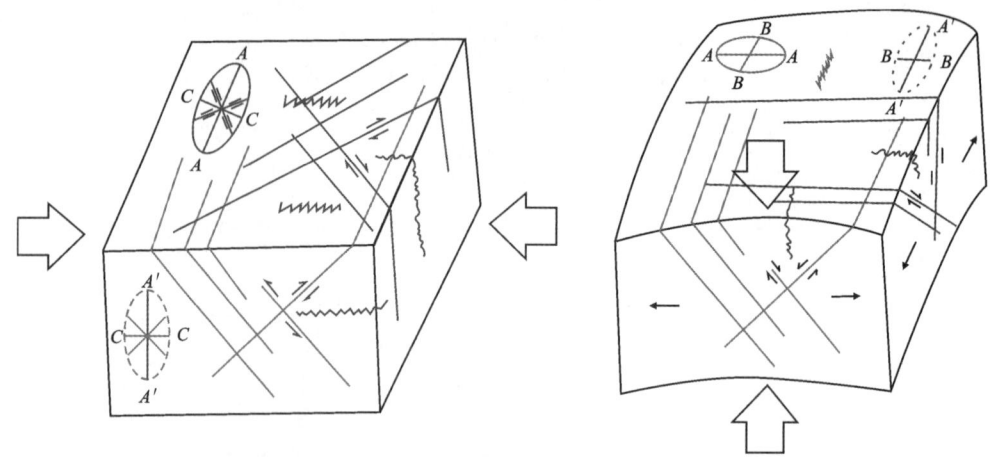

a. 水平挤压作用下平面和剖面形成的断裂系统　　b. 垂向挤压作用下形成的断裂系统

图4-2　应力场与断裂成生的关系

在断块隆升的过程中,最大压应力为垂向,最大拉伸应力为水平方向,在其作用下可发育具有正断层性质的剪裂隙和陡倾的张裂隙(图4-2b)。

岩石形变破裂的过程既表现在平面上,也反映在剖面上,具有立体的形变特征。在一次水平挤压应力作用下,可能只发育一两组裂隙,也有可能生成多组裂隙。其中,两组共轭的平移断层和一组陡倾的张裂隙是最大拉伸A轴位于水平方向时发育的,因此为平面形变的产物;剖面上两组逆断层和一组平缓的张裂隙是最大拉伸A轴直立时形成的,故视作垂直形变的产物。由于介质和应变的不均匀性,平面和剖面上形变破裂发育的程度常是不均匀的,水平形变为主时,平面形变破裂发育;垂直形变为主时,剖面形变破裂发育。因此,常用简化的平面椭球来表示:把其中一个面(平面或剖面)视为主要的,而另一个面为次要的,二者相互直交,次要的面以水平应变轴C轴为中心向下旋转90°而成(图4-3),在矿田构造的研究中,也常根据共轭裂隙或矿脉的产状来反演其形成时应力场的空间方位。

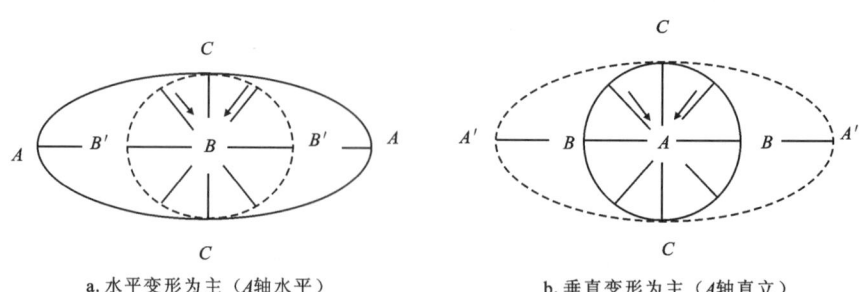

a. 水平变形为主(A轴水平)　　b. 垂直变形为主(A轴直立)

图4-3　水平应力作用下的立体椭球(据曾庆丰,1986)

注:实线表示主变形,虚线表示次变形。

二、断裂与褶皱的组合关系

纵弯褶皱是在区域水平挤压应力下形成的。当发生垂向变形(A 轴直立)时,出现两组平行于褶皱轴但倾向相反的具逆断层性质的剪裂隙以及一组水平的张裂隙。两组剪裂隙多见于褶皱翼部,并近乎平行于层面,可演化为逆断层,当褶皱倒转时,这种逆断层往往平行于褶皱面。水平挤压作用下褶皱的轴部往往产生局部的引张,从而形成平行于褶皱的张裂隙,在空间上呈扇形展布,其发育程度取决于岩层厚度、能干性及褶皱弯曲程度,多见于背斜轴部,而在向斜轴部少见,可能是因为向斜所处位置的围压过大,不易张裂。纵弯褶皱中,当 A 轴水平时,出现两组与褶皱轴斜交的平移断层和一组横切褶皱的陡倾张裂隙(图 4-4)。

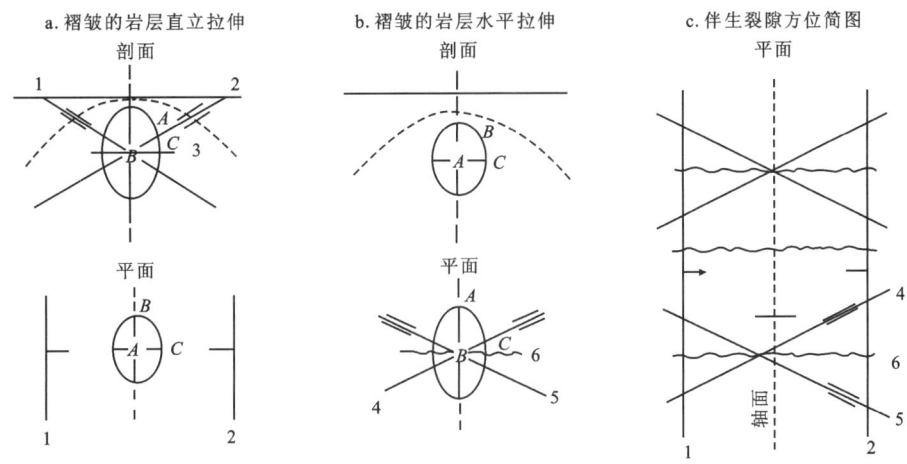

图 4-4 纵弯背斜形成时断裂裂隙发育简图(据 Ф.И.沃尔弗逊和 П.Д.雅科夫列夫,1989)

一般认为在纵弯褶皱早期,岩层近水平,在水平挤压作用下伴随褶皱的拱起,发生垂向拉伸,此时剖面变形的 3 组裂隙占主要地位;随着褶皱作用的持续,垂向拉伸作用可能减弱,此时以沿褶皱枢纽方向的水平拉伸为主,并形成变形平面的 3 组断裂裂隙。两种变形也可能是深度不同造成的,在浅部 A 轴是直立的,而在深部 A 轴是水平的。

同样,横弯褶皱形成过程中也可发育以垂向挤压、水平拉伸作用下形成的 6 组断裂裂隙。褶皱与断裂的伴生及组合关系,可为成矿提供有利的构造条件。

第三节 断裂构造对矿田矿床的控制

矿田矿床的形成与分布常受不同级别断裂构造控制。一般而言,一级断裂构造控制成矿带,二级、三级断裂控制矿田和矿床分布,四级、五级断裂控制矿床和矿体展布。

区域性大断裂常常称为深断裂,其特点是发展上的长期性和继承性,空间延伸极长(达上百千米甚至上千千米),切割深度大(向下切割可达硅镁层,切穿地壳或岩石圈)并与岩石建造有一定联系。区域性大断裂的活动一方面会改变地下深部的温压状态，促使岩浆形成；另一方面又成为岩浆和热液的运移通道与停积场所。因此，长期活动的大断裂带常常是多期次岩浆活动带和矿化作用带。但其中矿田矿床的产出只发育在区域性大断裂的某些有利部位，主要有主干断裂旁侧次级断裂或其与次级断裂交会处、不同方向断裂交会处、大型断裂走向变化部位、断裂与有利岩层或其他构造交切地段等。

例如郯庐断裂控制了中国东部主要金矿集中区的分布（图4-5），金矿床主形成时代为中生代，与郯庐断裂主活动期一致。但金矿田（床）产出则受其二级或三级构造控制，矿体则受三级至四级或更低级别的断裂控制，表现出构造分级控矿的特征。由于构造存在级别、容矿空间及成矿地质体差异，所控制的矿化及矿石类型亦有差异，因而可形成不同类型的金矿床（详见第七章）。

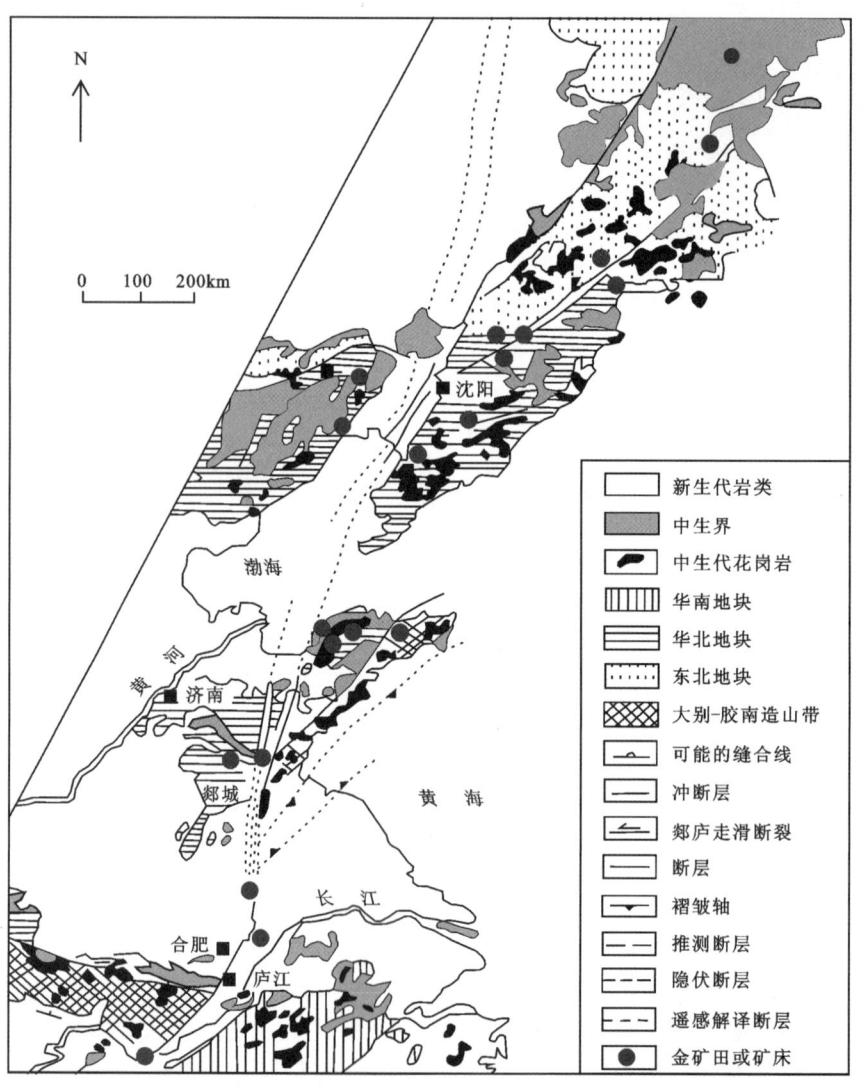

图4-5 郯庐断裂带与中国中东部金矿田（床）的分布（据王小凤等，2000）

不同方向断裂交会部位岩石易于破碎,渗透性强,是岩浆和成矿流体活动的有利空间。其表现形式有平面交会和立体交会,形成格网状构造,受其控制的矿田及矿床又往往具有明显的等距性。帚状断裂及"S"形断裂的拐弯处,是应力集中的部位,易于岩浆的侵入而成矿。同样,在断裂与背斜轴部交切处,也易于岩浆的侵入或矿液上升而成矿。

第四节 断裂构造对矿体的控制

一、断裂是控制矿体形成分布的重要因素

断裂控制矿体形成分布的方式有多种,较为常见的是断层裂隙直接为矿液提供赋矿场所。许多脉状矿床中矿体直接受裂隙构造控制,含矿裂隙可能是单组,也可能是以平行式、交错式、雁行式、环状、放射状、"S"形或扇形等样式展布的多组裂隙,尽管单个脉体的规模不大,但当脉体总量较多的时候,成矿潜力非常可观。

例如赣南茅坪钨矿床发育有石英脉型矿体,在隐伏花岗岩体顶部及其外接触带寒武纪地层中沿不同倾向、倾角的断层裂隙带发育,矿脉厚度上窄下宽,深部发育云英岩型矿体,形成类似"五层楼+地下室"的分带模式(图4-6)。

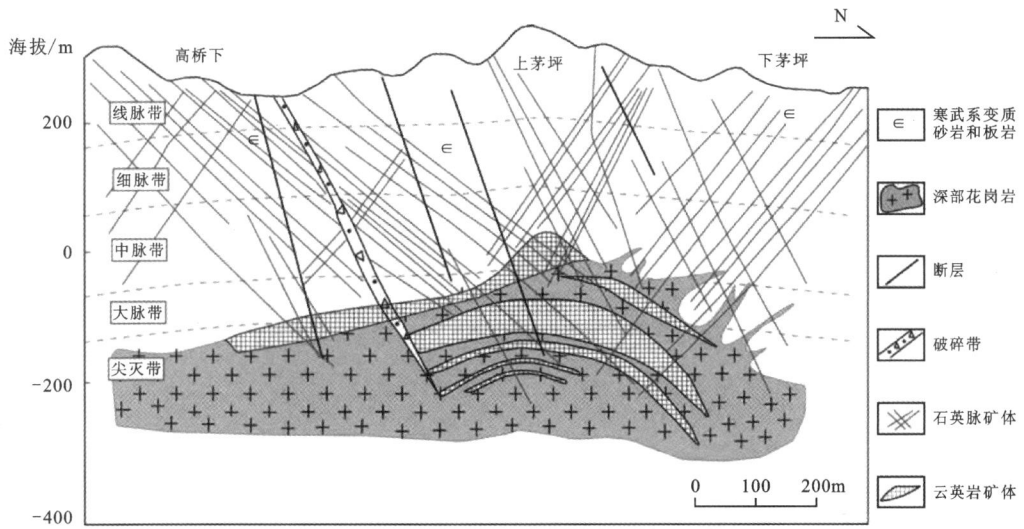

图4-6 茅坪矿区300号勘探线剖面图(据倪培等,2023)

两组及以上的断裂互相交会时,交会部位岩石破碎程度高,利于矿液的汇聚,因而常常控制着矿体、矿柱的产出。如果这种切割地段深度较浅,也利于风化和氧化作用的发生,对形成风化型柱状矿体有利。

断裂切割不同物理、化学性质的岩石时,在不同岩层内成矿方式均有所差异。当断裂途径化学性质较活泼的岩层时,流经的矿液易与围岩发生水-岩反应,利于交代成矿;而当断裂

经过相对惰性的岩层时,交代作用不显著,主要为裂隙充填成矿(图 4-7)。

断裂还可以形成构造圈闭,使得矿液在特定部位富集,从而发生成矿作用,大致有 3 种情况:一是断裂本身的构造泥阻止矿液上升而成矿;二是断裂中充填有不透水岩墙而遮挡成矿;三是断裂作用使不透水层覆盖于断裂上盘阻挡矿液而成矿。

二、断裂的张开部位对矿体的控制

各种性质的断裂都可以有矿体产出,但断裂内矿体的分布并不均匀,矿体主要产于断裂相对张开的部位。断层裂隙在形成演化中局部张开的因素有多种,如断层折射、追踪张节理、断层产状变化和两盘相对位移、断裂力学性质演变、剪裂隙扩展、应力场变化、构造递进变形等。

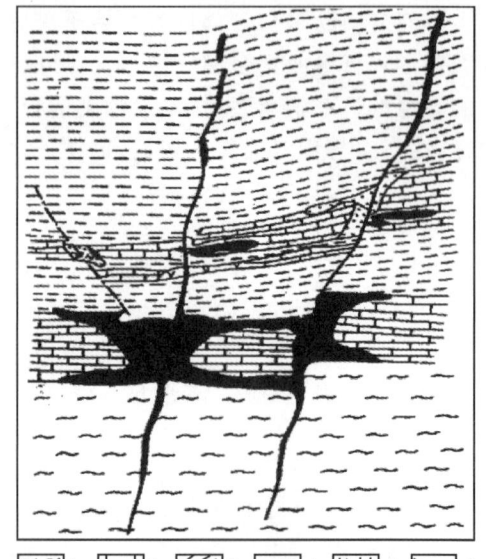

图 4-7 断裂切割不同性质岩层时形成的矿体
(据 Ф. И. 沃尔弗逊和 П. Д. 雅科夫列夫,1989)
1. 花岗岩副片麻岩;2. 大理岩;3. 黑云母片麻岩;
4. 沿层交代的浸染状矿石和斜切的脉状矿体;
5. 矽卡岩;6. 弱矿化断裂

1. 断层折射

在断裂形成演化的过程中,由于断裂途径的不同,岩层具有能干性的差异,即便是同一岩层,其内部结构和成分也有变化,再加上断裂边界条件的限制等因素,会使得断裂结构面的形态和产状在空间上发生变化,如断面呈弧形弯曲或锯齿状,出现不同岩层中的断层折射及破碎程度差异等现象。断裂一般在相对脆性岩层中破碎程度较高,与岩层界面夹角偏大,而在塑性岩层中破碎程度较低,与岩层界面夹角偏小(图 4-8)。

2. 追踪张节理

一些断裂可在早期的两组剪裂隙基础上因区域应力场的松弛发育而来,形成追踪式张裂隙,所充填的矿脉也会继承两组剪裂隙的产状呈折线式展布(图 4-9)。

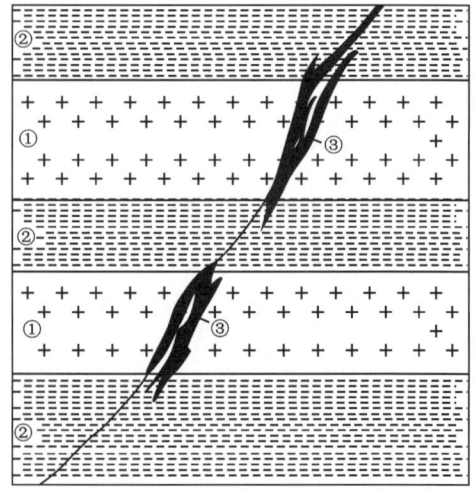

图 4-8 断裂折射示意图
(据弗. 伊. 斯米尔诺夫,1985)
①脆性岩石;②塑性岩石;③矿脉

3. 断裂产状变化和两盘相对位移

断层产状变化和两盘相对位移也常会导致其在某些特定部位的张开,利于矿液聚集和成矿。例如当正断层产状出现陡缓变化时,在两盘相对位移的初始时期,缓倾段承压发生摩擦剪切,趋于紧闭,而陡倾段则会因两盘的背离趋势而张开。同样,逆断层产状变缓的部位、左行断层走向上向左偏转的部位、右行断层走向上向右偏转的部位都会在断层两盘相对位移的初始期产生引张(图 4-10),故而有常见的断层或裂隙"正陡逆缓、左行左转、右行右转"地段张开成矿的规律。

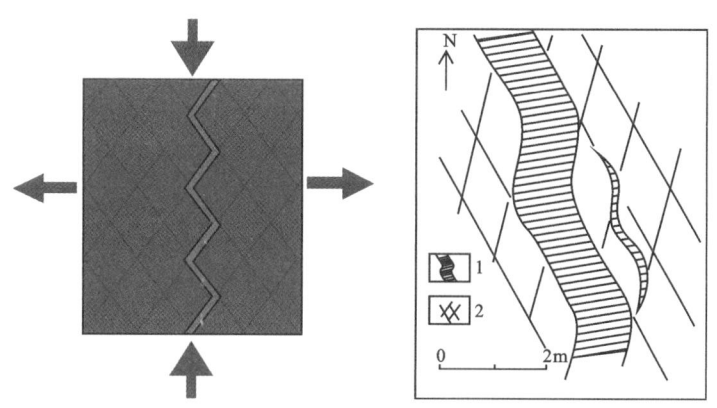

图 4-9 两组剪裂隙基础上发育的追踪张裂隙示意图

1.沿追踪张裂隙发育的矿脉;2.早期剪节理

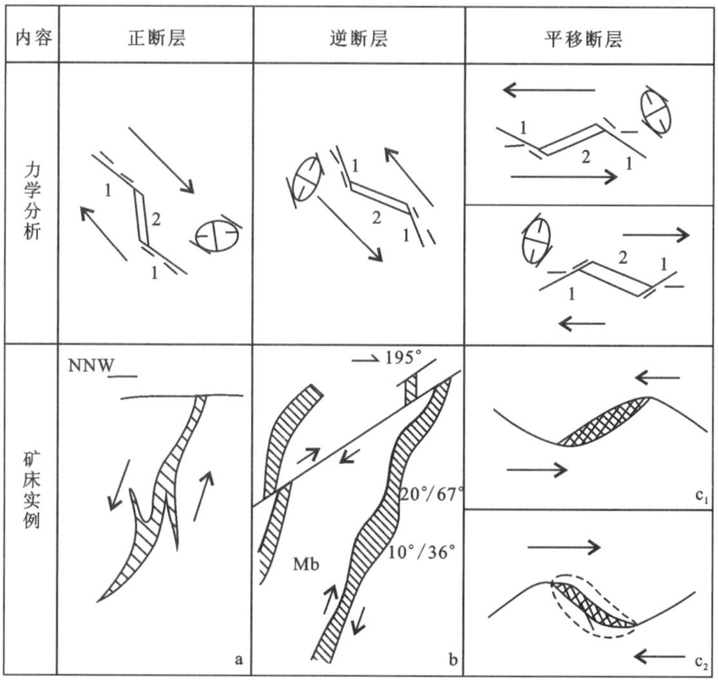

图 4-10 断层转折张开部位控矿示意图(据翟裕生和林新多,1993)

1.摩擦面(闭合地段);2.拉张地段,有利成矿部位;a.湖南吊马垅铅锌矿 2 号脉横剖面简图;
b.湖南猫仔湾铜铅锌矿,逆断层缓倾段形成矿柱(Mb.大理岩);c_1.湖南东岗山铅锌矿田左旋断层向左拐弯处形成矿柱(上);c_2.广西桃花矿田右旋断层向右拐弯处形成金矿富矿段

4. 断裂力学性质演变

多期次活动的断裂在与之配套的区域应力场发生转变时,亦可引起断裂张合的变化。例如早期挤压应力场中发育的压性断裂,在后期应力场松弛或伸展拉张的过程中,转换为张性断裂,被矿液充填成矿。云南元阳大坪金矿床为石英脉型,含金石英脉穿插于桃家寨闪长岩体中,其内同时含有透镜状和不规则棱角状的围岩角砾,表明控矿构造早期呈压扭性,成矿期转化为张性的特征换过程(图4-11)。

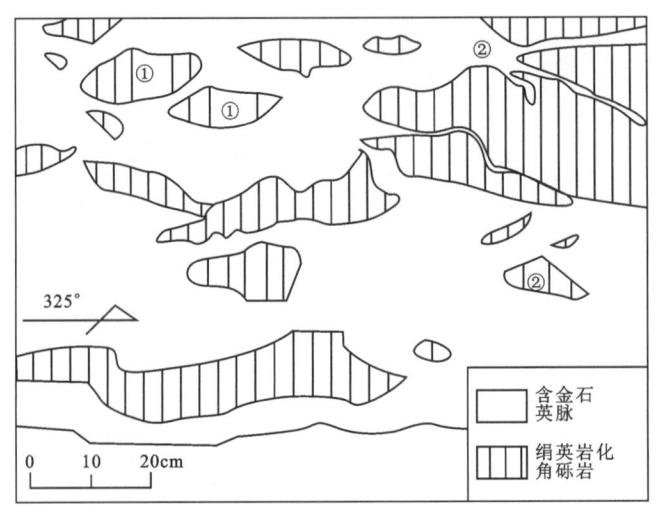

图4-11 大坪金矿西矿化带V8-9-14号矿脉顶板素描图(据陈耀煌等,2014)
①剪应力形成的角砾岩;②张应力形成的角砾岩

三、断裂构造角砾岩体的控矿作用

断裂构造角砾岩体又称断层角砾岩或构造角砾岩,是指在应力作用(断层作用)下,断层两盘之间的岩石被不断糅合,原岩破碎成角砾状,被碎屑或部分外来物质充填胶结所形成的岩石。一般认为,角砾碎屑含量大于30%的角砾岩称为断层角砾岩,而碎屑含量小于30%的则称为断层泥。断裂构造角砾岩体在断层破碎带中分布广泛,其厚度取决于破碎的强度,有时可达数百米,延伸数十千米至数百千米。断裂构造角砾岩体一般具有如下特征。

(1)常呈线状展布,与断裂构造的分布相一致。

(2)角砾成分与断裂两侧岩石基本相同,角砾形状多不规则,呈棱角状、次棱角状、次圆状,大小不一。在张性断裂构造中,角砾一般杂乱无定向;在压性、压扭性断裂构造中,角砾常表现出一定的定向性,形成构造透镜体。

(3)胶结物为破碎的岩屑、岩粉、断层泥以及外源物质,胶结物有时围绕角砾显示出定向构造,甚至形成挤压片理。

(4)断裂构造角砾岩往往与碎裂岩、碎斑岩、碎粒岩、碎粉岩构成一个完整的分带序列,离断裂面越近角砾越细。

断裂构造角砾岩体在地壳中较为常见,可以控制各类热液矿床的产出。成矿前的断裂构造角砾岩体可以为成矿流体的运移提供运移通道和存储空间。断裂构造角砾岩体的形态、规模、变形强度和孔隙度，对矿体的形态、规模、品位有重要影响。一般角砾岩体的发育程度与矿化强度呈正相关关系。成矿后的断裂构造角砾岩体可以对已经形成的矿体产生破坏和改造。

陕西马元铅锌矿床受断裂构造角砾岩体控制，赋矿围岩为震旦系灯影组角砾状白云岩（图4-12）。角砾的成分比较单一，大多是原岩就地破碎的产物，为灰色、灰白色及深灰色白云岩。角砾多呈棱角状—次棱角状，空间位移不大，没有分选性，基本无定向排列。角砾大小一般为1～20cm，最大粒径可达60cm以上，角砾含量一般为50%～70%。填隙物和胶结物为磨碎的岩屑、岩粉以及白云石、石英、闪锌矿、方铅矿、重晶石、方解石等，占30%～50%。角砾和胶结物之间一般具有清晰的界线。

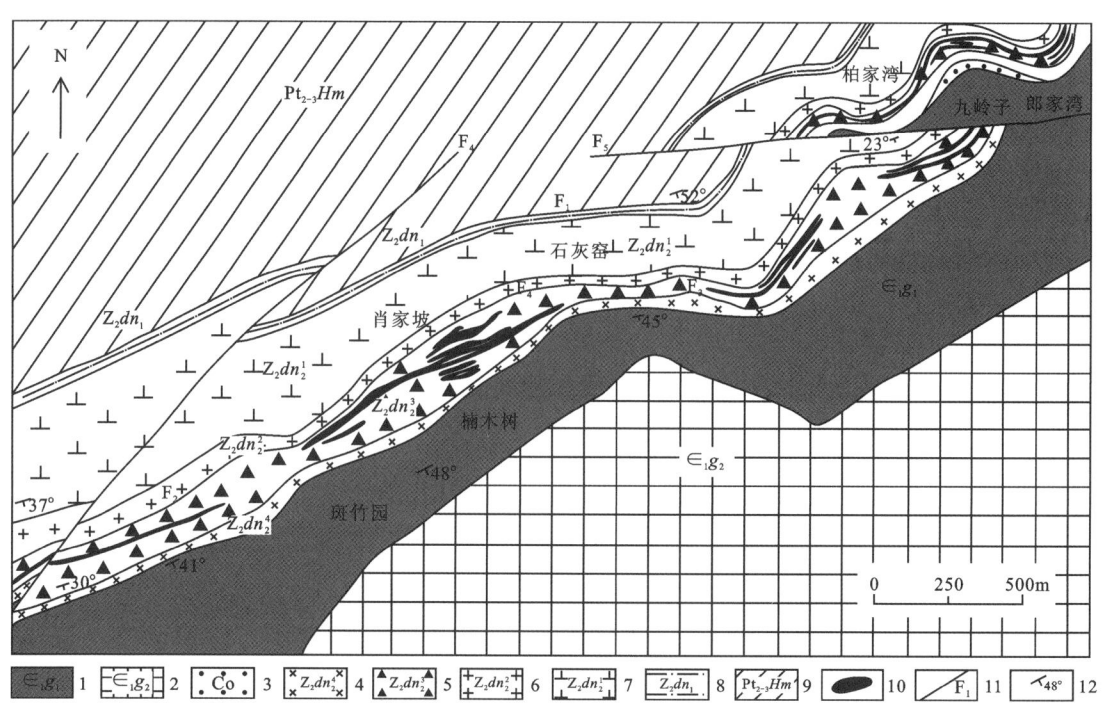

图4-12　陕西马元铅锌矿床楠木树矿段地质图（据韩一筱等，2016）

1.郭家坝组上段；2.郭家坝组下段；3.含钴铝土矿；4.灯影组上段四岩性层纹层状白云岩；5.灯影组上段三岩性层灰色、灰白色角砾状白云岩；6.灯影组上段二岩性层灰色、灰白色条纹状白云岩；7.灯影组上段中厚层状灰白色白云岩；8.灯影组下段砂岩、含砂砾岩；9.火地垭群麻窝子组：大理岩、硅质板岩；10.铅锌矿体及编号；11.锌矿体及编号；12.铅矿体及编号

马元铅锌矿体形态不规则，主要呈囊状、筒状、带状和透镜状产出。断裂构造角砾岩体均有矿化，矿化强度与角砾岩的发育程度呈正相关关系，岩石破碎越强，铅锌品位越高，在角砾岩带与放射状断裂交会处一般形成厚大的富矿体。矿化主要发育在角砾之间的空隙或裂隙中，在角砾内部一般仅有浸染状矿化。矿石类型主要有两种，即角砾状矿石和网脉状矿石。其中，角砾状矿石位于角砾岩体的中心部位，网脉状矿石则位于其两侧，从中心的角砾状矿石到边缘的网脉状矿石，矿石品位逐渐降低。

第五节 裂隙构造对矿体的控制

一、羽状剪裂隙和张裂隙

断裂旁侧的岩石,在断裂面扭动过程中可以产生羽状裂隙,在弯曲断裂错动过程中,不同部位产生的羽状裂隙性质不同。在主断裂摩擦部位,两盘岩石内可伴生张裂隙,主断裂张性地段,两盘岩石内可伴生剪裂隙。这种伴生的羽裂两侧还可以进一步诱发更次级的伴生羽裂(图 4-13)。

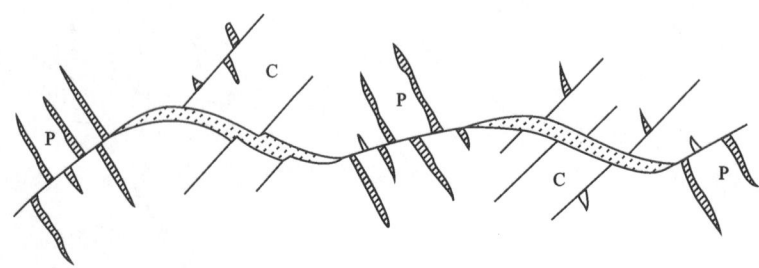

图 4-13 羽状剪裂隙(C)和张裂隙(P)示意图(据弗.伊.斯米尔诺夫,1985)

羽状裂隙与主断面交会处可形成富矿柱,有时羽状裂隙大量发育,在羽状裂隙中的矿体比主断裂中的还多。

二、雁列节理和雁列脉

雁列节理是一组呈雁行式斜列的节理,若雁列节理被岩脉或矿脉所充填,则称为雁列脉。

雁列脉可以是单列产出,常为单剪作用的结果,也可以由左阶和右阶两条雁列脉交叉组合成共轭雁列脉,当顺脉体走向观察时,远侧脉体向右侧错动或在近端重叠时,是为右阶,反之为左阶(图 4-14)。雁行状裂隙与羽状裂隙的形成相似,是在一对扭力的作用下形成的,不同的是没有主断面发育。

雁列脉中单脉的形态变化很大,主要有平直型和"S"形,平直型窄而长,多属剪裂,反映破裂后变形较轻。"S"形中段较宽,多属张裂,反映了剪切作用中的递进变形。由"S"形单脉组成的共轭雁列脉中,另一为正"S"形,一为反"S"形(图 4-15)。

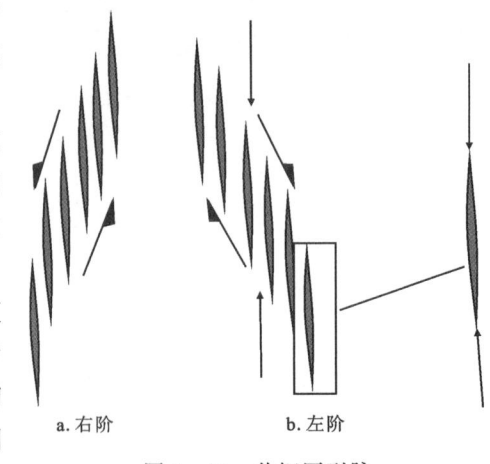

a. 右阶　　b. 左阶

图 4-14 共轭雁列脉

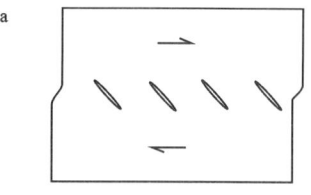 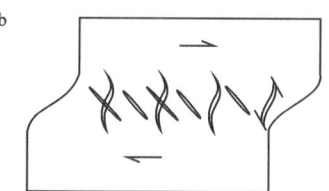 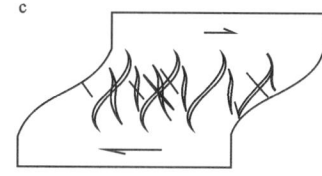

图 4-15 右旋剪切递进变形中的反"S"型张裂

a.剪切早期形成的张裂隙,与剪切方向夹角近45°;b.早期的张裂隙在持续剪切作用下顺剪切方向旋转,张裂隙两端新生部分与剪切方向仍近45°,单个裂隙呈反"S"形,同时有新生成的张裂隙穿插反"S"形裂隙;c.剪切作用持续,更晚生成的张裂隙穿插前两期反"S"形裂隙

单脉与雁列带之间的锐夹角为雁列角,雁列角有两个高峰值(图4-16):其一为45°左右,是张裂型,是剪切作用中派生的张裂隙;其二为10°左右,可能是剪裂型,是剪切作用中与主剪切面成小角度相交的微剪羽裂发育而成。

由剖面上的扭力作用形成的雁行状矿脉有不同的延深。平面上的雁行状矿脉有相近似的延深,同一列矿脉之间具有(似)等距性(图4-17),掌握其分布规律,对找矿具有重要的指示意义。

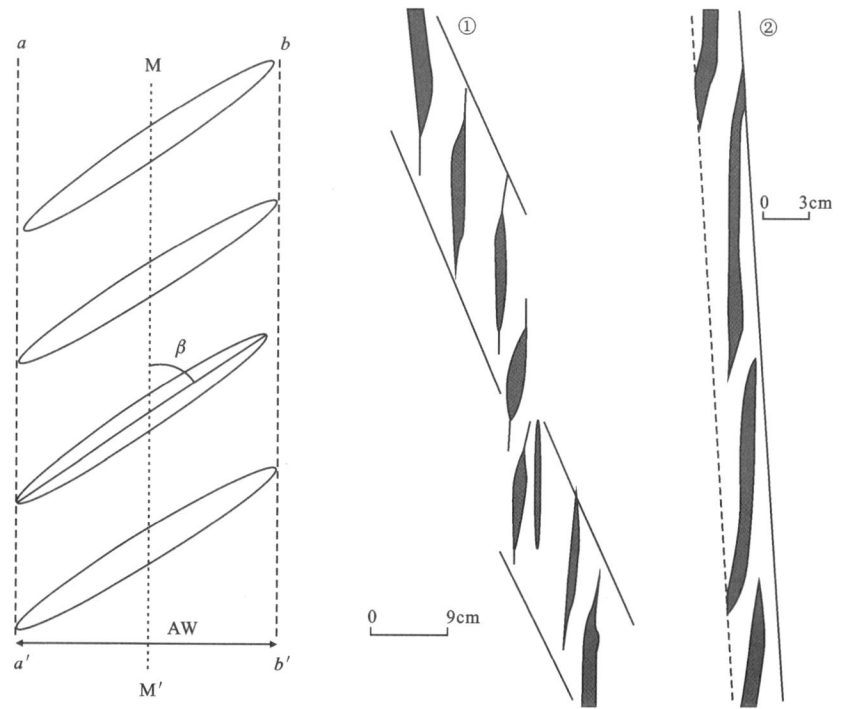

图 4-16 雁裂带与雁裂角(a)及张裂型雁裂脉与剪裂型雁裂脉(b)

aa'、bb'.雁列带;MM'.雁列轴;①张裂型;②剪裂型;β.雁列角;AW.雁列带宽度

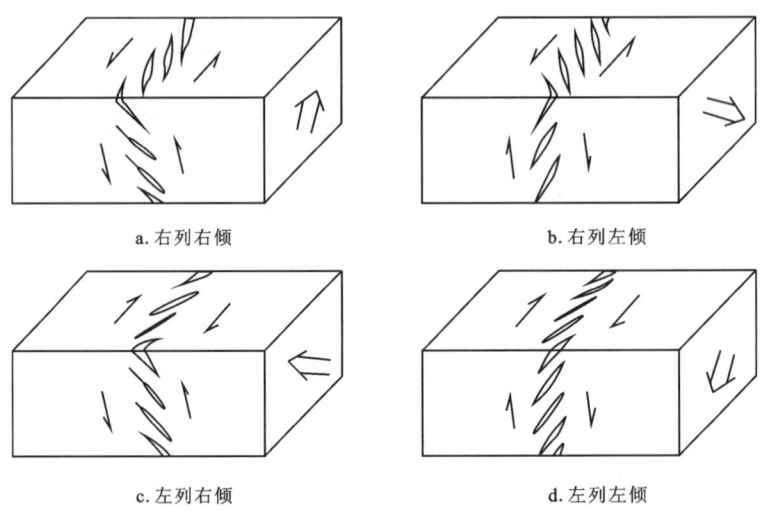

图 4-17　不同雁裂脉的空间展布(据吕古贤,1989)

第六节　韧性剪切带及其对成矿的控制

一、韧性剪切带及其特征

1. 剪切带的类型和特征

剪切变形在岩石变形中很常见,按其发育部位岩石的力学性质可将剪切带划分为脆性剪切带、脆韧性剪切带和韧性剪切带3种类型。

脆性剪切带即通常所说的断层,以岩石发生脆性破裂为特征,其特点是具有清楚的不连续面(断层面),两盘位移明显,变形集中在断层面上,其两侧的岩石几乎未经变形。脆—韧性剪切带是脆性剪切带与韧性剪切带的过渡类型,有两种表现形式:一是似断层牵引现象的脆—韧性剪切带,在不连续面两侧的一定范围内的岩层或其他标志层发生了一定程度的塑性变形;另一种是雁列脉形式的脆—韧性剪切带,剪切带内由剪切派生的张应力形成的呈雁列的张裂隙,反映岩石的脆性破裂,张裂隙之间的岩石一般受到一定程度的塑性变形(图4-18)。

韧性剪切带是岩石在塑性状态下遭受剪切变形作用而形成的狭长强烈应变带,常发育于温度和围压相对较高的中—深部层次。韧性剪切带在露头尺度上一般见不到不连续面,剪切带与围岩之间呈逐渐过渡,无明显的界线,剪切带内的变形和两盘岩块的相对位移是由岩石的塑性流变来完成的,围岩标志层可以连续地穿过剪切带,它们可以发生偏转或厚度改变,但仍能保持一定的连续性,因此具有"断而未破、错而似连"的特点(图4-19)。但当韧性剪切带的剪应变量达到一定值时,也会造成宏观上的不连续性,形成韧性断层。

第四章 断裂构造的控矿作用

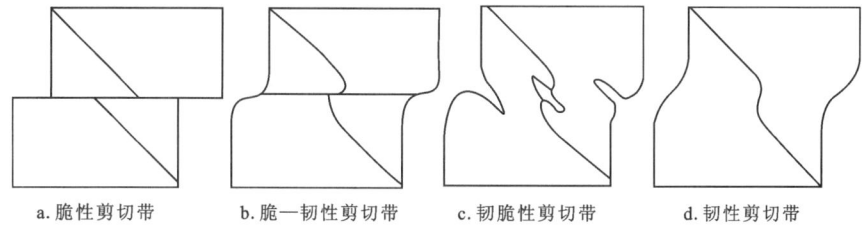

a.脆性剪切带　　b.脆—韧性剪切带　　c.韧脆性剪切带　　d.韧性剪切带

图 4-18　剪切带的类型(据翟裕生和林新多,1993)

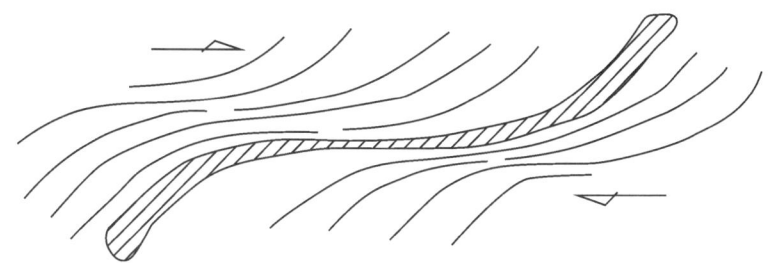

图 4-19　韧性剪切带变形特征

2.韧性剪切带发育的环境

一条向下切割的大断裂,不论是在压缩形成的逆冲断层还是拉伸形成的正断层,在浅部盖层中均表现为脆性断层,在进入深部的基底时一般逐渐转变为韧性剪切带(图 4-20)。在正常温压条件下,长英质岩石于地下 10~15km、温度 300℃(低级绿片岩变质相的最低温度界线)左右时,岩石转变为塑性。由于温压条件的变化、岩石性质的差异、应力状态的不同,有时在较浅层次也会出现规模不大的韧性剪切带。

韧性剪切带主要产出于变质岩系中,如古老地台的基底和褶皱造山带核部,易在相对均匀的岩系中发育,即被置换、变质改造或混合岩化而相对均一的变质岩系或侵入体中。韧性剪切带规模差别较大,微型的可在岩石薄片中观察到(毫米级);小

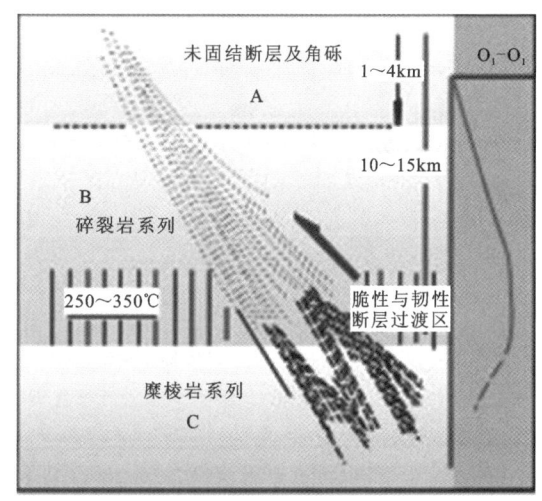

图 4-20　大型剪切带的双层结构模式
(据郑亚冬和常志忠,1985)
A.未固结层层泥及构造角砾发育区;B.固结具紊乱组构的碎裂岩发育区;C.固结的、面理化糜棱岩系列发育区

型的宽数厘米,长数米;中型宽数米至数百米,长可达数千米至几十千米;大—巨型韧性剪切带宽达数十千米,延伸长达几百千米甚至上千千米,位移距离可以从几厘米到上百千米,其位移与规模大小一般成正比。

3. 韧性剪切带的构造样式

韧性剪切带在平面上和剖面上的延伸产状是变化的,倾角有陡有缓。根据两盘相对错动的关系,可分为正断层式韧性剪切带(或伸展型韧性剪切带)、逆断层式韧性剪切带(或挤压型韧性剪切带)、平移式韧性剪切带(或走滑型韧性剪切带)、顺层式韧性剪切带。

韧性剪切带常常成群出现,尤其是一些大型韧性剪切带是由一系列的次级韧性剪切带和夹于其中的相对弱变形岩块组合而成的,在空间上呈一定的排列形式,如平列式、斜列式、菱形网结式等(图 4-21)。

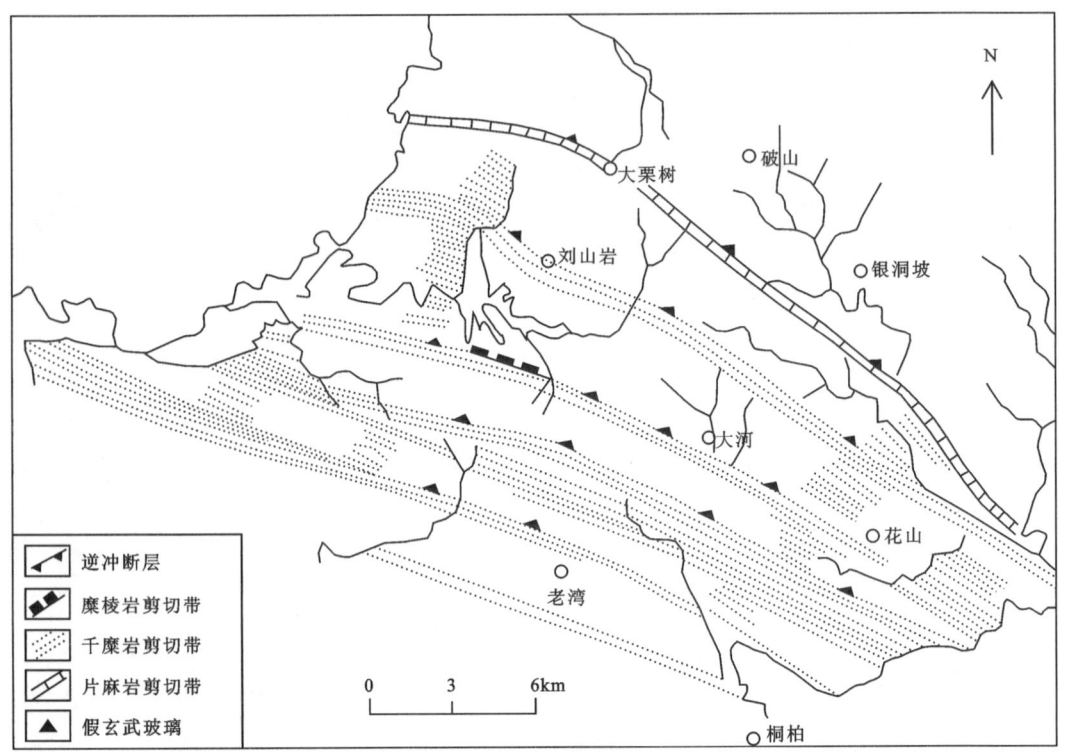

图 4-21 桐柏山北部平列式韧性剪切带

韧性剪切带在空间上不会无限延伸。剪切带的尖灭存在两种模式:①剪切带末端的位移或者逐渐分散,或者引起侧向位移,造成较复杂的应变形式;②如果两侧受到限制,剪切带会发生弯曲,右行剪切带末端对剪切带的主体作顺时针方向弯曲,左行的则相反,这种效应可使两条同样运动方式的相邻剪切带互相交切或联合,形成菱形或网格状构造。

4. 韧性剪切带内的变形变质特征

韧性剪切带是较深层次的构造变形,带中的岩石主要是糜棱岩系列的岩石,线理和面理发育,常见有 S-C 面理、拉伸线理等,此外还可见到鞘褶皱、云母鱼、旋转碎斑以及先期构造在剪切带中的变形等标志性构造。

二、韧性剪切带与成矿的关系

自 20 世纪 70 年代以来,研究者发现世界上许多金矿床产于前寒武纪变质岩中,且受控于剪切带构造,因此与剪切带有关的金矿研究开始受到人们重视。我国学者自 20 世纪 80 年代以来也对韧性剪切带与金矿开展了大量研究,并取得了大量成果。

含金剪切带产金量大,矿床规模大,如金英哩、金巨人、科拉尔、夹皮沟等,韧性剪切带中金矿产量可能占世界金矿总产量的 30%。韧性剪切带的构造活动和演化,为元素的活化、迁移和富集提供了条件,既可为金成矿提供成矿元素,又可为含金流体的运移提供通道,还为矿质沉淀提供了场所。

1. 剪切带型金矿的类型

按含金矿的剪切带类型,剪切带型金成矿系列可划分为韧性剪切带型、脆—韧性剪切带型和脆性剪切带型。

韧性剪切带型金矿:产于绿片岩相条件下,通常位于基底结晶岩系内,围岩以糜棱岩类岩石为主。金矿体的形态、产状、矿化深度和强度都严格受韧性剪切带控制。矿体总是产于剪应变最强的部位,矿床类型以蚀变糜棱岩型为主,如河北金厂峪金矿、广东河台金矿。

脆—韧性剪切带型金矿:产于低绿片岩相或更浅的变质条件下。在韧性剪切带演化的后期,由于构造层次变浅,温度和压力下降而发育脆—韧性的雁列式 P 型或 R 型裂隙成矿。围岩为早期韧性剪切形成的糜棱岩,矿体呈斜列式分布,矿床类型可分为蚀变糜棱岩型和石英脉型,如吉林夹皮沟金矿。

脆性剪切带型金矿分两类:一种是产于碎裂岩中,通常是早期韧性剪切的糜棱岩在构造层次变浅、温压降低后进入脆性变形域(基底岩石中或其顶部附近),形成碎裂岩或发育许多网脉状裂隙系统,矿化后成为蚀变碎裂岩型金矿;另一种是大型裂隙被矿化而成的石英脉型金矿,位于更浅的构造层次,赋存于完全脆性变形的岩体或沉积盖层中,围压更低,更属于开放的体系。

2. 含金剪切带成矿作用的三阶段模式

含金剪切带成矿作用的演化过程可划分为 3 个阶段。

早阶段:剪切带形成,带内岩石发生糜棱岩化和强烈片理化,为热液活动提供了通道。热液作用使带内岩石遭受强烈蚀变,并在剪切带的中心部位形成强硅化带。该阶段金为不可见金,含于硫化物晶格内。

中阶段:剪切作用形成脆性裂隙及各种充填脉。当剪切作用继续进行时,矿物将遭受压碎作用,形成糖粒状石英,它是金矿物的有利储集体。该阶段的热液普遍含有 Fe、Cu、Pb、Zn 等元素,热液作用导致早期含金硫化物分解,金在有利部位富集为可见,粒径为 $1 \sim 100 \mu m$,Ag 含量一般很低。

晚阶段:为脆性变形机制,形成大量张性裂隙。前面阶段形成的矿化发生原位重新活化,晚期阶段的成矿溶液富 Pb、Cu、Ag 等元素,形成的矿物组合很复杂。该阶段形成的金粒度较粗,可达数毫米,Ag 含量较高,属银金矿。

3.剪切带对金矿的控制规律

剪切带型金矿的成矿作用既有断裂控矿的一般性规律,同时也因其自身特点和演化过程的阶段性,具有独特的控矿方式,其控矿规律表现为多级构造控矿、构造形态控矿、强应变域控矿、多期变形控矿、金矿化类型受剪切变形环境控制等。

(1)多级构造控矿:区域性韧性剪切带控制矿带和矿田分布,二级脆—韧性剪切带控制矿床,三级韧性剪切带中的糜棱面理和脆—韧性剪切带内的裂隙系统控制矿体的形态、产状和分布。

(2)构造形态控矿:剪切带中的一些特殊部位有利于矿体的赋存,包括弧形剪切带的弧顶扩容区、剪切带宽窄变化处、不同方向剪切带的交接处、剪切带内膝折部位、剪切带内层间破碎带等,穿透性剪切带中膨胀部位的几何形态常控制矿脉的形态、产状和规模。例如印度科拉尔金矿床在南北向和北北西向韧性剪切带构造交切部位发育了较宽石英脉、强蚀变带和富矿柱。

(3)强应变域控矿:金矿化往往集中在韧性剪切带中心的脆—韧性叠加应变部位,金矿化富集强度与剪切变形强度一般呈正相关,在横界面上当岩石变形由超糜棱岩→糜棱岩→千糜岩→糜棱岩化围岩→微弱变形围岩分带时,矿石品位一般对应有富→较富→稍贫→矿化→无矿化的变化规律。

例如金山金矿床赋存在近东西向的剪切带内,包括金山、西蒋、西矿3个矿段。剪切带长约20km,宽10m到数百米,是一条经历了韧性变形到脆性变形的脆—韧性剪切带(图4-22)。

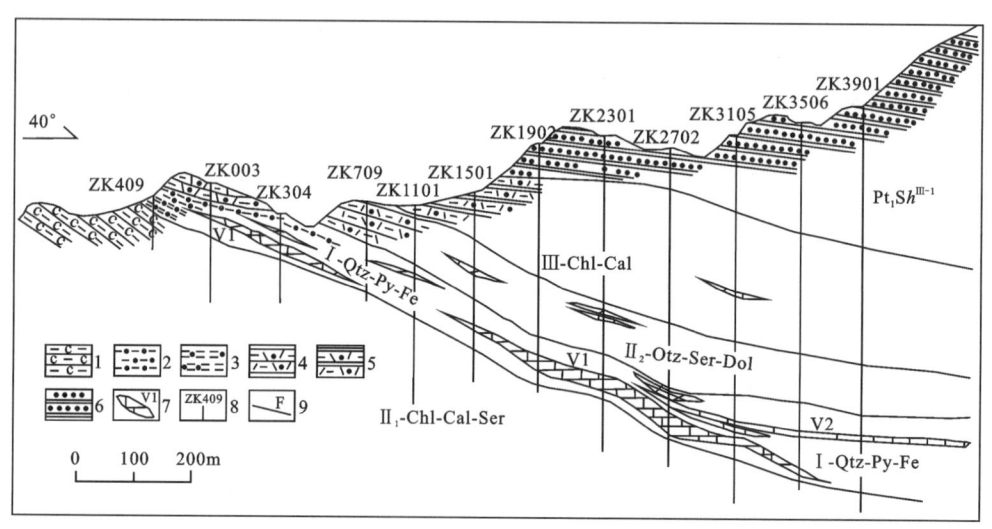

图4-22 金山金矿305号勘探线剖面图(据吕赟珊等,2012)

1.含碳千枚岩;2.糜棱岩;3.超糜棱岩;4.糜棱岩化凝灰质砂岩;5.糜棱岩化凝灰质板岩;6.砂质板岩;7.金矿体;8.钻孔;9.断层;Ⅰ-Qtz-Py-Fe.超糜棱岩、糜棱岩-石英-黄铁矿-白云石化带;Ⅱ$_1$-Chl-Cal-Ser.含碳千枚岩-绿泥石-方解石-绢云母带;Ⅱ$_2$-Qtz-Ser-Dol.初糜棱岩-石英-绢云母-白云石化带;Ⅲ-Chl-Cal.糜棱岩化岩石-绿泥石-方解石化带

金矿体受剪切带控制，主要赋存于超糜棱岩中。金矿体赋存在位于剪切带应变中心部位的石英-黄铁矿-铁白云石化带内，赋矿剪切带可出现多应变矿化中心，而每一条矿化中心往往有多条矿体叠置产出（图4-22）。矿体形态以似层状为主，板柱状、透镜状次之，产状与主剪切面（平行C面理）平行。矿石类型有蚀变岩型（硅化、黄铁矿化、铁白云石化）和含金石英脉型两大类。

（4）多期变形控矿：剪切带型金矿一般经历了长期的、多阶段动力成矿作用。从深层到浅层、从韧性到脆—韧性的转化过程也就是成矿的聚集过程。经历了几个构造期的剪切带比新剪切带更有利于成矿。

（5）金矿化类型亦受剪切变形环境控制：浅层环境中的剪切带一般为脉状及蚀变碎裂岩型矿体，即脆性剪切带型金矿；中深层环境中的剪切带一般为细脉和蚀变糜棱岩型矿化，即脆—韧性剪切带型金矿；深层环境中的剪切带一般为交代脉型、蚀变糜棱岩型矿化，即韧性剪切带型金矿。

第七节　逆冲推覆构造对成矿的控制

一、逆冲推覆构造的组成和变形特征

逆冲推覆构造是位移很大的低角度逆断层，是由逆冲断层及其上盘推覆体组合而成的大型构造，主要产于造山带及其前陆，是水平挤压作用的结果，简称推覆构造，在地貌上常形成飞来峰和构造窗等景观。逆冲推覆构造由3个部分组成，即逆冲断层、上盘推覆体、下盘掩伏体（图4-23）。

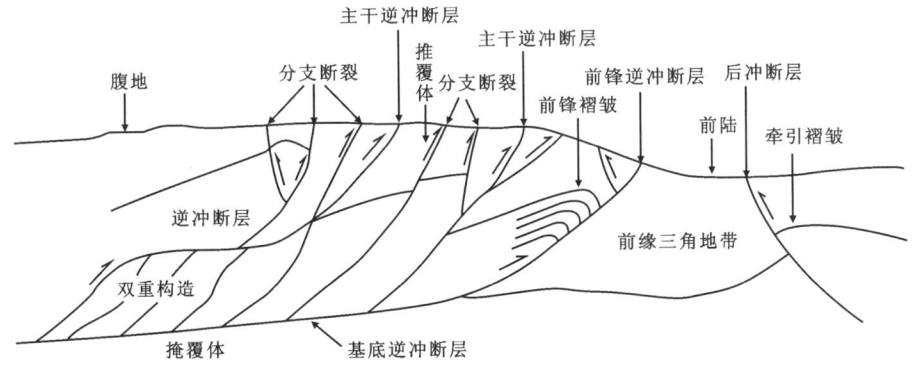

图4-23　逆冲推覆构造剖面结构示意图（据汤锡元，1988）

推覆体是沿逆冲断层搬运的构造岩席，内部褶皱和断裂非常发育。掩覆体为原地岩系，一般变形轻微，或未发生变形和位移。逆冲断层垂向位移最大不过数千米，但水平位移可达几十千米至几百千米，断层大多近于平行排列逆冲，为叠瓦状构造，但向下往往收敛于统一的基底逆冲断面上，形成逆冲断层系。逆冲断层系中延伸较长、断距较大的断层称为主干逆

冲断层,较小的次级断层称为分支断层。相邻次级断层常将推覆体分隔为多个上宽下窄的断夹块,一些分支断层还可以向上逐渐靠拢而连接在一起,构成顶板逆冲断层,同时也可以向下收敛、连接成为底板逆冲断层,断夹块与其顶、底板逆冲断层的组合称为双重构造,顶、底板逆冲断层可在推覆体的前锋和后缘分别汇合,构成一个封闭块体。除逆冲断层外,推覆体内部还会形成一些平移断层,其方向与逆冲断层一致。可见,推覆体内复杂的构造组合和强烈的构造变形,与原地掩伏体的构造形态极不协调。

规模较大的逆冲推覆体,在逆冲方向上可分为根带、中带和锋带。根带是逆冲作用起始发育部位,一般表现为强烈挤压,面理、小褶皱轴面和小断层等构造,产状陡峻,塑性变形强,出现韧性剪切带。中带的断层常分叉构成叠瓦扇和双重构造,应力状态以单剪为主,次级断裂和褶皱产状相对稳定,倾向根带。锋带挤压作用再度增强,变形强烈,岩层倾角增大,逆冲断层面产状变陡,有时受到前陆的阻挡反作用力,形成反冲断层,锋带常形成两翼紧闭轴面陡立的小褶皱,岩石碎裂,有时形成碎裂岩(图4-24,表4-2)。

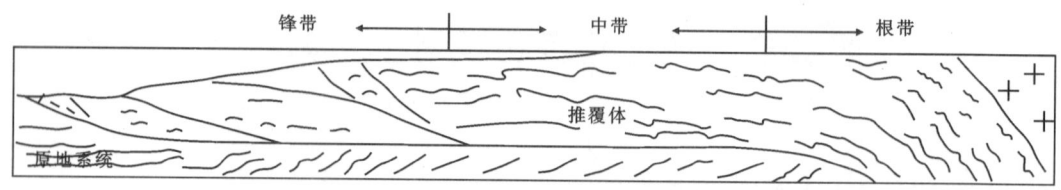

图4-24 逆冲推覆构造的分带示意图

表4-2 逆冲断层各带的变形特征

分带	根带	中带	锋带
应力状态	挤压为主	单剪为主	挤压为主
次级断裂	高角度逆断层; 菱块式网结状结构	断层分叉形成叠瓦扇、双重逆冲构造	叠瓦扇;反冲断层
次级褶皱	两翼紧闭、轴面陡立的复杂多级褶皱	斜歪-倒转的拉长的背向斜、膝折式褶皱、冲起构造和构造三角带	两翼紧闭,轴面陡立,产状常不稳定
构造定向性	显示定向性	定向明显	较明显
劈(节)理发育状况	板劈理或褶劈理发育	劈理发育程度降低→	
变形性状	塑性、弹塑性	→脆性	

二、推覆构造对矿床的控制

推覆构造对多种类型矿床有控制作用,包括石油、煤、Fe、Cu、Pb、Zn、W、Sb、Hg、Au、Ag,以及高岭土、硫等矿床,推覆构造的不同部分都有相应的控矿功能。

逆冲断层面控矿:作为主滑面,强烈的应变使围岩中金属元素活化、迁移、富集,深部流体沿滑动面运移,有利于矿床形成。

第四章 断裂构造的控矿作用

推覆体控矿：推覆体在沿逆冲断面活动过程中形成类型多样的控矿构造，如断裂、层间破碎带、褶皱、脆—韧性剪切带等。

掩覆体控矿：先存矿体被推覆体掩埋保存，或主滑面的屏蔽作用导致下伏岩系中成矿，或矿源层被推覆到储矿层之上，形成地下水淋滤矿床。

国内关于逆冲推覆构造的研究自20世纪80年代初开始大量开展，主要集中在秦岭、大别山、龙门山、雪峰山、天山、西南三江造山带以及福建等地区。

以兰坪大型逆冲推覆构造系统为例，兰坪地区受澜沧江造山带（西）和金沙江-哀牢山造山带（东）控制，发育两个前陆逆冲推覆构造系统，二者自兰坪盆地两缘向中心逆冲，构成对冲式构造（图4-25），两个推覆构造系统控制了本区铜、银、铅锌多金属矿的成矿作用。其中，白秧坪地区东矿带为与金沙江-哀牢山造山带有关的前陆盆地逆冲推覆构造系统的前锋，华昌山断裂东盘为外来系统，由上三叠统至白垩系组成，推覆体内发育一系列叠瓦状逆冲断层及少量横向平移断层；西盘为原地系统，主要出露古近系。据何龙清等（2007）研究，该地区是由华昌山断裂（主干逆冲断层）和水磨房断裂（反冲断层）构成推覆前锋的冲起构造，矿体主要赋存于主推覆断层及其上盘冲起构造中（图4-26）。主推覆断层是本区主要的导矿构造，深部循环的热卤水溶液以华昌山断裂作为通道上升，而后定位于其内及不同级别的次级断层带中，或者定位于岩石较破碎、孔隙较发育的地层和层间破碎带中。反冲断层（水磨房）除了本身直接容矿形成矿体或有明显的矿化外，因其逆冲在上盘形成牵引背斜，背斜转折端的层间滑脱或虚脱空间中发生充填成矿（图4-27）。

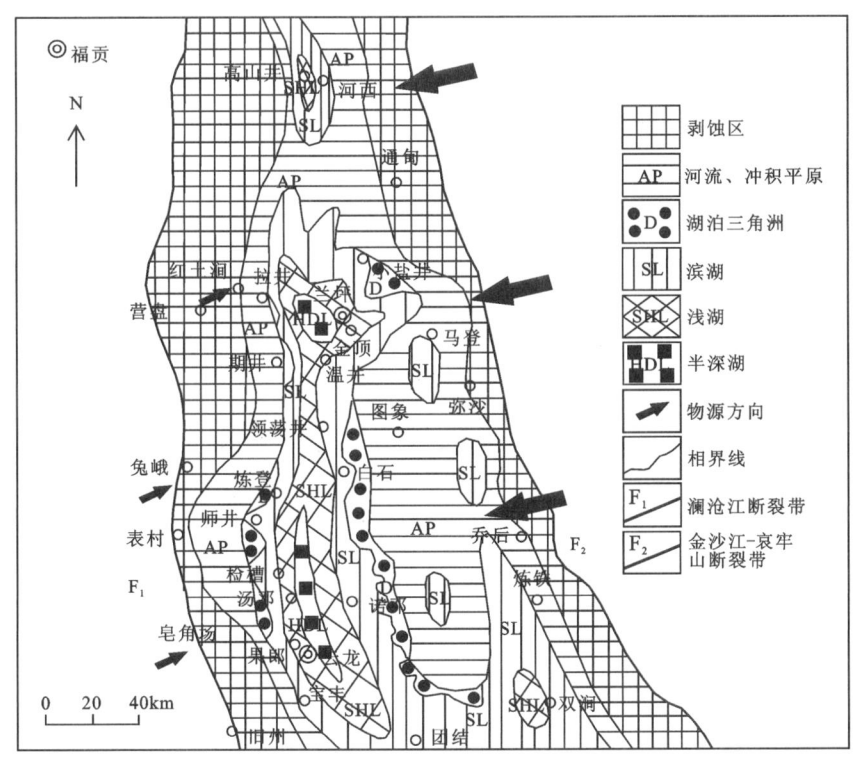

图4-25 兰坪地区推覆构造简图（据朱志军等，2014）

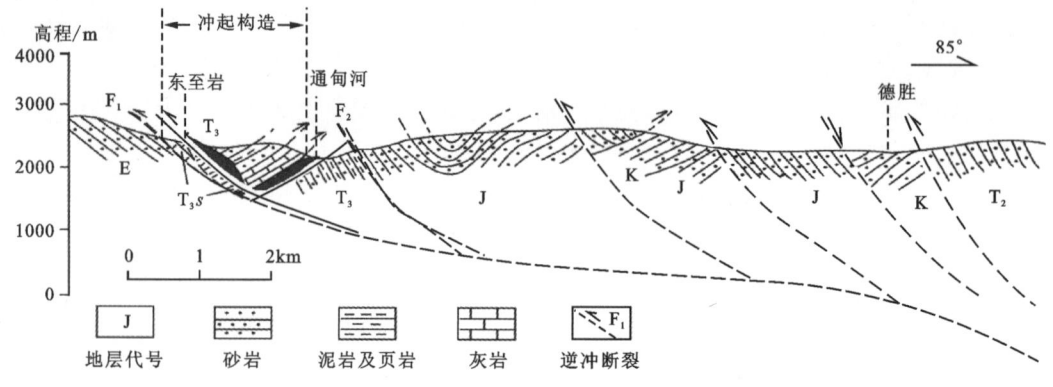

图4-26 白秧坪地区东矿带逆冲推覆构造剖面(据何龙清等,2007)
F₁.华昌山断裂;F₂.水磨房断裂

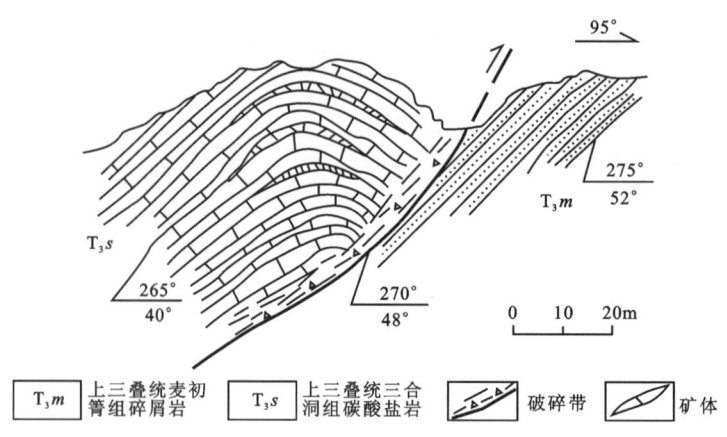

图4-27 大三界矿点剖面素描(据何龙清等,2007)

第八节 剥离断层对成矿的控制

剥离断层是伸展构造区一种平缓产出的铲状大型正断层,发育时间长,常与区域隆起同时,且不限于同一层位或接触带,并且往往伴生变质核杂岩体。剥离断层一般产出于基底与盖层之间,是一条重要的构造界面,其上为上剥离盘,是一套浅层次的正断层组合,使得盖层分层正向剪切,顺层滑脱和地层减薄或缺失;其下为下剥离盘,常为强烈变形的变质岩和侵入岩构成的变质核杂岩(体)隆起。

剥离断层往往是一条金属成矿带,我国长江中下游某些铁、铜矿,美国西部某些大型低品位金银矿及多金属矿,澳大利亚某些金矿等都与剥离断层有关。这些矿床主要产于剥离断层中、剥离断层与次级断裂的交会部位、次级断层中,有时在糜棱岩中也有矿化。

变质核杂岩的基底通常是太古宙结晶基底,在有利的地段常作为金属的矿源层。与地幔上隆有关,基底内常形成大量幔源的基性岩墙及沿剥离断层侵位的岩席或岩体,与之相伴的幔源金属元素(如铜)可以为后期成矿提供物质基础。

伸展作用导致的地壳变薄和地幔上隆,造成了变质核杂岩区的高地热梯度或高热流环境,有利于地壳下部岩石的混合岩化和重熔,使以壳源为主的中酸性岩浆活动常发育于变质核杂岩的中心部位,为成矿元素迁移提供了热能和部分流体。下盘岩石在地壳深处以韧性变形为主,形成网络状韧性剪切带,在变质热液、岩浆热液作用下,形成了还原环境下的热液循环系统。上盘脆性破裂体系构成与大气降水体系相连的氧化环境水热循环系统。二者在剥离断层附近交汇,形成的氧化-还原带成为矿质沉淀的地球化学有利带(图4-28)。

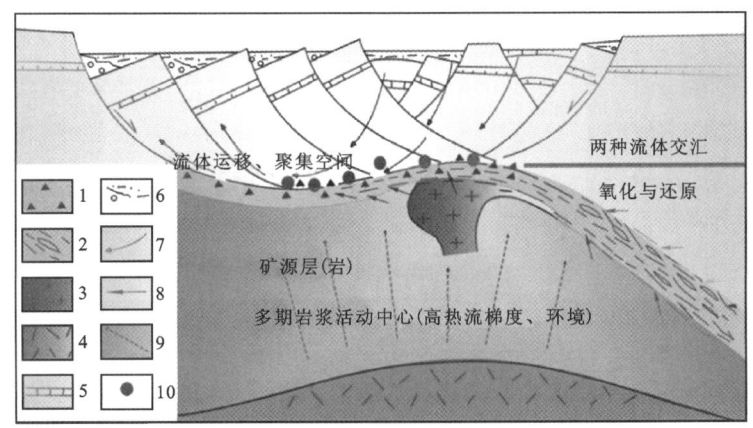

图4-28 变质核杂岩构造流体成矿系统(据翟裕生等,2001)
1.碎裂岩带;2.糜棱岩化带;3.同构造花岗岩;4.岩石圈地幔;5.沉积岩层;6.表生堆积物;
7.上盘流体系统;8.下盘变质热液、岩浆热液系统;9.幔源热及气液系统;10.Cu、Pb、Zn、Au矿床

随着沿剥离断层的正向拆离,沿断层带下盘的岩石从深部的韧性域进入上部的脆性变形域,随着围压的降低,岩石易于碎裂和扩容,形成的张性低压空间成为矿液沉淀的有利物理空间,造成大量角砾状、脉状和网脉状矿石沿剥离断层带分布。

例如桃林铅锌矿床,位于湖南省幕阜山变质核杂岩的北西缘,是我国著名的铅锌和萤石生产基地。区内分布地层为元古宇冷家溪群第二、三组及上白垩统至新近系,岩体为大云山花岗岩基,出露在矿区东南部,桃林断裂带即为发育于大云山花岗岩体与冷家溪群接触带上的剥离断层,断裂带延长13km,宽度达几十米至100m,具有多期次活动特征,顺倾向呈舒缓波状(图4-29)。

桃林断裂带发生多次剥离,6个工业矿体受控于自东向西先后形成的3条剥离断层,沿其破碎带呈似层状分布。其中,杜家冲式矿体上、下剥离盘的岩石都是花岗质糜棱岩和初糜棱岩,断层带由花岗质糜棱岩、角砾状花岗质糜棱岩、角砾岩等组成;上塘冲式矿体上剥离盘为绢绿石英构造片岩,下拆离盘为花岗质糜棱岩;断山式矿体赋存于上剥离盘(白垩系—古近系红色砂砾岩)的正断层中(图4-30)。早期沿花岗岩顶部的韧性剪切带在伸展过程中被DF_1剥离断层所切,在脆性、韧性转换区段,上、下盘的热液系统的交汇部位形成了"杜家冲式矿体"。随着变质核杂岩的演化,基底剥离断层面向上弯曲,在DF_1上盘又相继形成了沿冷家溪群的剥离断层DF_2和沿红层边界的DF_3断层,并形成相应的矿体。

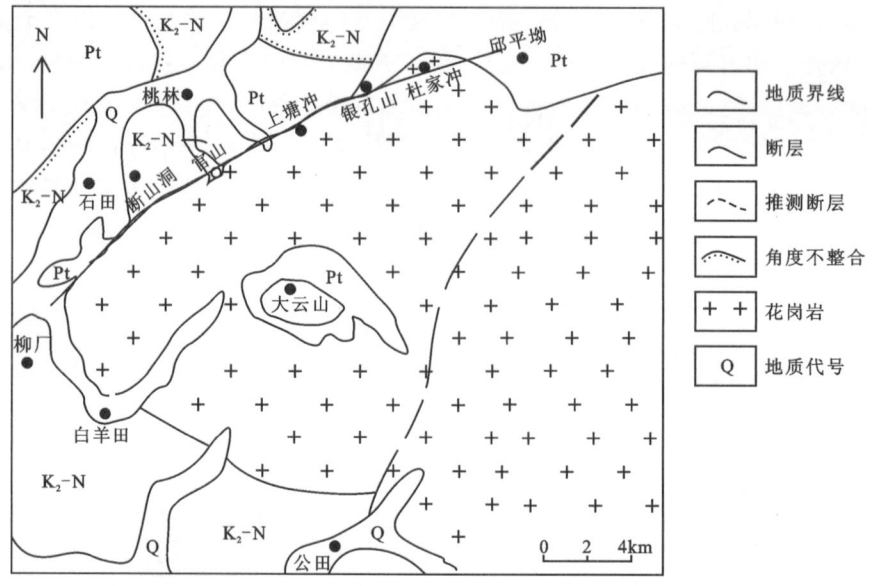

图 4-29　桃林铅锌矿区地质图(据张鲲等,2012)

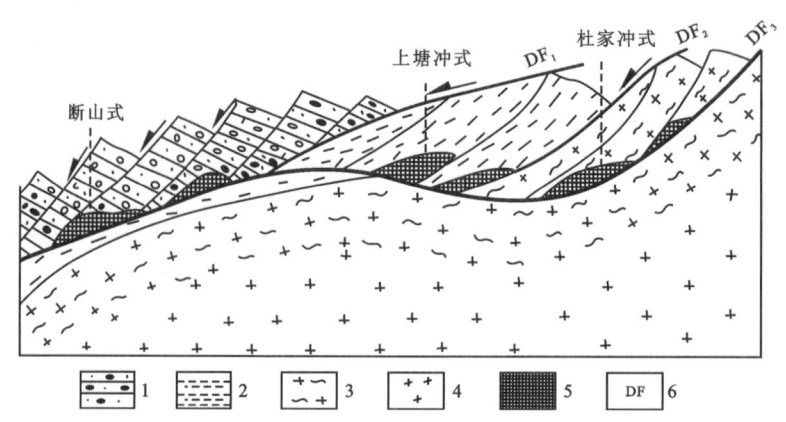

图 4-30　桃林矿床的剥离断层控矿模式(据李先富,1991)

1.白垩系—古近系红色砂砾岩;2.绢绿石英构造片岩;3.花岗质糜棱岩类岩石;4.花岗岩;5.矿体;6.拆离断层

第九节　同生断层及其对矿床的控制

一、同生断层的特征和识别标志

同生断层又称同生断裂。它是一种同生构造,又称同沉积断层或生长断层,是指与沉积作用同时产生且连续活动的断层,它随深度加大和沉积物加厚而断距加大,其下降盘岩层的厚度大于上升盘相应岩层的厚度,是一种具正断层性质的盆地中的构造类型。

同生断层的活动特点使得其上、下盘的沉积层在层厚、岩相、沉积产物等方面沿断层发生突变,结合同生断层控制的热水活动、构造变形等现象,其识别标志主要有:①沉积岩相突变带;②地层厚度突变带;③线性展布的快速堆积的沉积相,如低成熟度的杂砂岩类、山前冲积扇群、浊积岩和重力滑塌堆积物等;④线状展布的生物礁,常发育在断层上升盘一侧的台地边缘,礁前塌积多在靠近断层的一侧;⑤沉积相带呈线性展布,沉积物等厚线形状及延伸受断层制约;⑥特殊的同生变形构造,如同生滑塌褶皱、包卷构造、同生滑动构造等,它们多被局限在某一层位中,其上、下岩层产状正常,因而可与后期构造变形相区别;⑦同沉积期海底火山岩(次火山岩)活动带;⑧同沉积期的热水活动迹象,如热水蚀变岩、矿化蚀变带的线性分布或面状分布。

二、同生断层的控矿作用

同生断层是裂谷、坳陷、坳拉槽、弧后盆地和拉分盆地等伸展构造环境中一种基本的构造型式。它是在盆地的发展演化过程中产生的,又控制盆地的空间展布、几何形态及盆地内部沉积作用和火山作用的进行,与盆地中沉积型矿床(Pb、Zn、Cu、Ag、U、Ba、Mn、Fe、盐类和煤等)关系密切,是一种重要且特殊的控矿构造类型。与同生断层关系最密切的矿床主要有SEDEX型、VMS型和MVT型(图4-31),其中尤以SEDEX型矿床受同生断层控制明显。

同生断层对于热液有驱动、输导作用和聚矿作用,是控制矿床空间展布和定位的主导因素。控矿的同生断层常不是单个构造形迹,而是一套伸展构造系统,在沉积盆地中表现为不同级次、不同方向的同生断层组合,尤其是它们的交会部位有很高的渗透性,成为深部流体的良好运输通道。这些断层所组成的局部洼地(大盆地中的局部次级盆地,一般产在同生断层下降盘)处于相对封闭宁静状态,是矿石堆积的有利场所。

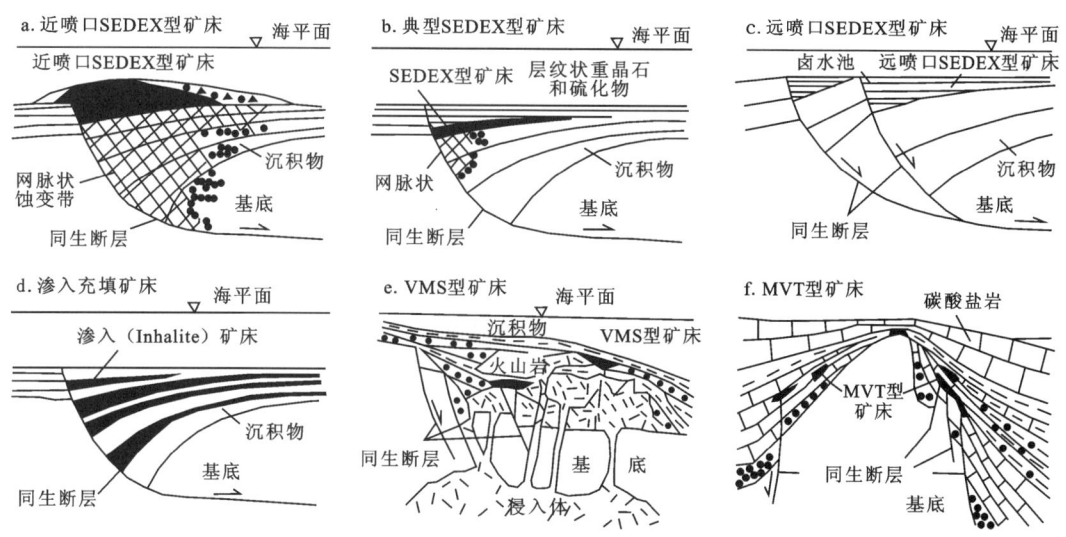

图4-31 沉积盆地中同生断层与层控矿床的空间定位(据程小久和翟裕生,1995)

例如南秦岭泥盆纪铅锌矿带,呈东西向分布,受控于礼县-凤县-山阳断层。该断层是一条巨型的同生断层带,既控制了泥盆纪沉积岩相,也控制了泥盆纪的热水喷流活动及 Pb、Zn、Au、Ag 等成矿作用,主要依据如下。

(1)断层两侧泥盆纪沉积岩相有显著差别,北侧以深水浊流相为主,为砂岩、板岩和深水碳酸盐岩;南侧以浅海陆棚及碳酸盐岩台地相为主,主要是生物礁灰岩、泥岩及砂岩。

(2)沉积物厚度差别较大,断层北侧厚度大于 10 000m(天水—漳县);断层南侧总厚度为 5000m(西和—成县),且向南逐渐变薄。

(3)沿断层广泛发育同沉积构造活动标志,包括同生砾岩、碎屑流、滑塌相等。

(4)沿断层带有多处区域热水蚀变岩带,包括钠长石岩、重晶石岩、硅质岩和碳酸盐岩等,呈层状产出。

(5)断层南侧发育一系列喷流沉积型铅锌矿床,还发现多个金矿点。

综合认为,礼县-凤县-山阳深断裂是一条大型同沉积断层,在泥盆纪同沉积期发生过强烈活动。

沿断裂南侧出现喷流型铅锌矿带,包括厂坝-李家沟超大型矿床、6 个大型矿床和近 30 个中小型矿床,构成西成、凤太两个矿田。矿床的分布受次级近南北向断裂的控制,沿近东西向,有多个次级的沉积洼地,是形成喷流沉积铅锌矿床的有利场所(图 4-32)。

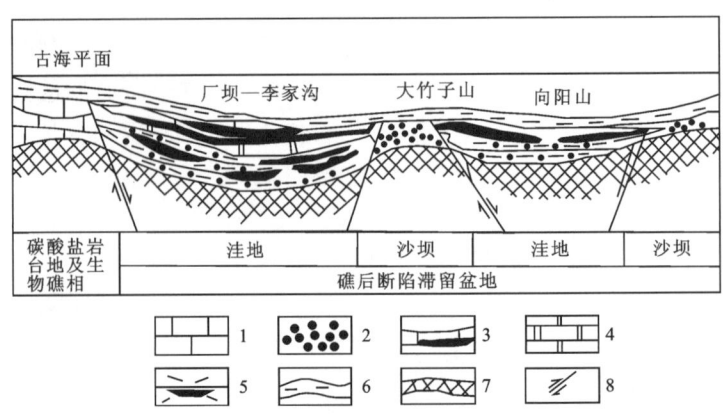

图 4-32　厂坝-李家沟矿床的沉积环境与同生断层(据王集磊等,1996)
1.台地灰岩相;2.盆地沙坝相;3.盆地灰岩相及铅锌矿体;4.盆地准蒸发白云岩相;5.盆地泥质及细碎屑岩相和铅锌矿体;6.浅海相;7.基底;8.生长断层

伴有喷流沉积矿层的同生断层,在后期的构造-热事件中,作为地壳中先存的软弱面,常可复活而成为后期岩浆或热流体的通道,使原来的同生矿化层受后期热液作用而变成工业矿层,或使原有层状矿床叠加后期的热液矿床或受到后期热液"改造"而加富,从而构成复合型矿床。

第五章　侵入体内部及侵入接触构造的控矿作用

第一节　概　述

当岩浆侵入到上覆围岩时，由于岩浆活动的动力作用和在其流动、冷凝、固结过程中，以及完全冷却之后的构造叠加作用，可以在侵入体内外形成一系列构造型式。大多数内生矿床与侵入体有密切的时间、空间和成因联系。例如接触变质矿床、接触交代矿床主要产于侵入接触带，岩浆熔离矿床主要发育在侵入体底部，岩浆结晶分异矿床的产出受原生流动构造控制，各种热液充填及交代矿床也经常产于侵入体内部的原生裂隙构造或侵入接触带中。因此，研究侵入体内部及侵入接触构造对于寻找内生矿床具有重要意义。

第二节　侵入体的形态、产状及其影响因素

一、侵入体形态和产状的确定

有些侵入体直接出露或部分出露于地表，有些则隐伏于地下。如何确定侵入体的形态、产状和分布范围，是研究侵入体相关构造的首要问题。常用的方法主要有地质方法、地球物理方法和遥感地质方法。

1. 地质方法

地质方法是根据地质观测和研究结果确定侵入体的存在及其形态、分布和产状的方法，其重点是根据一些标志来判断侵入体与围岩的边界位置，主要包括以下几个方面。

(1) 根据接触变质带圈定：受岩浆侵入时的热力作用，围岩往往发生不同程度的变质。由于围岩的岩性、距侵入体的远近、侵入岩的大小、热力强弱和所处的深度不同，可以形成不同类型的变质岩。例如砂质岩石可变成石英岩，黏土质岩石可变成板岩、角岩、页岩，碳酸盐类岩石可变成大理岩等。在有交代现象的接触变质岩石中，常形成各类蚀变岩等。接触变质带一般环绕着侵入岩体分布，根据接触变质带沿走向和倾向的延伸情况、宽窄变化以及其中变质强度的分带情况，可以推测侵入体的形态和产状。

(2) 根据侵入体的边缘相推断：由于侵入体的边缘冷却较快，含气液成分较多，并且常与

围岩发生同化作用,边缘相带岩石的成分、结构、构造、颜色等方面常表现出较明显的差异,并可出现非岩浆成因的矿物,如石榴子石、堇青石等。在边缘相带的岩石里,往往含有围岩捕虏体,有时可形成混杂带。根据边缘相带的分布和宽窄变化,可以推测侵入体的边界和形态。

(3)根据流线、流面推断:流线、流面是侵入体中的原生流动构造,常常发育在侵入体的顶部和边缘。流线、流面的走向大多与侵入接触带的产状平行,随后者的弯曲而弯曲变化。在侵入体的边缘,流线、流层的倾角一般较大;在顶部者则较平缓,以至水平。根据这种关系,可以恢复侵入岩体在直立剖面上的形态,以及观测点在侵入体中所处的构造部位。

2. 地球物理方法

对于隐伏岩体,往往需要运用地球物理方法来确定其形态和产状。例如根据重力、磁法、电法异常的形态、大小、轮廓和强度,来推测侵入体的形态、规模和产状;对航磁异常化极上延处理,推断岩体在不同深度的形态和规模变化情况;用激发极化法推断含金属硫化物岩体的分布范围等,已取得较好的效果。孔志召(2018)对太行山中段寺沟岩体附近开展了音频大地电磁测量(AMT),利用岩体与围岩之间明显的电性差异,划分了岩体与围岩的界线,并绘制了岩体的空间展布形态,认为寺沟岩体电性结构主要表现为"Y"形低阻体。

3. 遥感地质方法

遥感地质方法也可用于确定侵入体的形态和产状,特别是当侵入体与围岩的风化剥蚀特征、地形、植被、色调等方面有明显差异时,可以从视野广阔的航空、航天照片中解译出它的全貌。翟裕生等(1999)研究了长江中下游地区航感图像集中所反映出的环形构造与成岩成矿的关系,认为在成岩成矿过程中,由于岩浆热动力、冷凝收缩及含矿流体作用的影响,可形成3种成因类型的环形构造,即隐伏岩浆房环、岩浆柱(热柱)环和蚀变矿化晕环,并且它们的环径逐渐减小。这3种类型的环形构造在航、卫片上均有明显的显示。根据它们的排列组合形式,结合地质、物探资料分析,可以推断侵入体形态、产状的空间变化特征。例如在浅成含矿小斑岩体分布区(如江西九瑞、鄂东南地区),岩浆岩生长系统往往具有"三层结构",即浅部含矿小岩体、中深部为岩浆(岩)柱、深部为隐伏岩浆房(岩基)(图5-1)。这一推断与地质、物探的研究结果基本吻合。

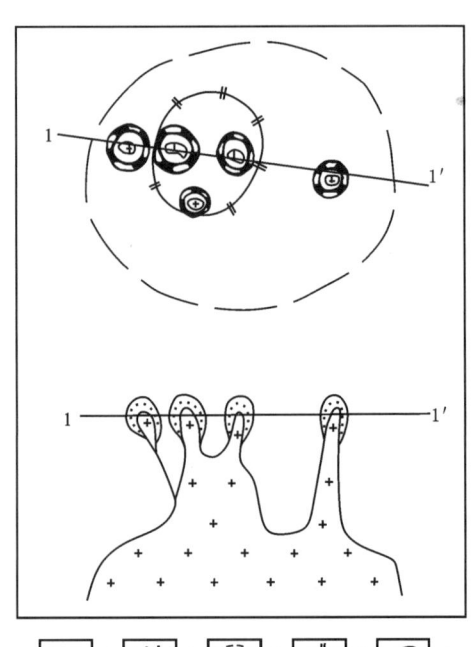

图5-1 小斑岩体分布区环形构造与岩体-矿化系统关系示意图(据翟裕生等,1999)

1.花岗闪长岩类;2.蚀变矿化晕;3.岩浆(岩)环;
4.岩浆柱环;5.矿化蚀变晕环

二、影响侵入体形态、产状的主要因素

由于岩体的形成受多种因素影响,每个岩体有各自的特点,形态各异。影响侵入体的形态和产状的主要因素可以分为两大类:侵入体因素和围岩因素。侵入体因素包括岩浆的机械活动性、岩浆的化学活动性、岩浆侵位方式。围岩因素包括围岩的化学性质、围岩中的构造发育情况。

1. 岩浆的机械活动性

黏度是岩浆的重要特性之一,对岩浆的流动方式和矿物结晶过程有显著影响,从而控制着岩体的形态和产状。岩浆的黏度主要取决于岩浆的化学成分、挥发分、温度和压力等因素。酸性岩浆黏度大,流动性小,机械破坏力大,对围岩改造明显,常形成整合岩体或穿刺接触的不整合岩体。基性—超基性岩浆黏度小,流动性大,机械破坏力相对较小,对围岩改造不明显,常形成整合岩体。

2. 岩浆的化学活动性

岩浆的化学成分主要是 SiO_2 以及 Al_2O_3、Fe_2O_3、FeO、MgO、CaO、Na_2O 等金属氧化物。此外,还含有一些挥发性组分,主要包括 H_2O、CO_2、H_2S、F_2、Cl_2 等。岩浆的化学成分与围岩差异越大,挥发性组分的含量越高,越容易与围岩发生化学反应,形成的接触变质带的成分、结构和形态也越复杂。当岩浆中的挥发分含量很高,且顶板围岩为不透水层时,还可能发生隐爆作用,形成隐爆角砾岩体(墙)。

3. 岩浆侵位方式

根据岩浆侵位时的动力学特点,可以将岩浆侵位方式划分为主动侵位和被动侵位。主动侵位的岩体规模一般较大,主要呈底辟和气球膨胀的形式侵位,常形成倒水滴状、蘑菇状的整合侵入体。被动侵位是指岩浆沿着早期断层或构造缺陷侵位,包括顶蚀作用、岩墙扩展作用和火山口沉陷作用。被动侵位常形成不整合侵入体,在侵位期间围岩没有遭受变形,岩体形态不规则。

4. 围岩的化学性质

由于岩浆主要由硅酸盐组成,当围岩为硅酸盐岩石时,岩体与围岩的边界相对较规则,产状较稳定,接触带以热变质为主。当围岩为碳酸盐岩时,岩浆中分异出的气液常与围岩发生化学反应,发生同化混染,在接触带可形成各类蚀变岩,岩体与围岩的边界不规则,接触带相对较宽,矿物组成较为复杂。

5. 围岩中的构造发育情况

在地壳浅部,岩浆侵入围岩时,经常是沿着构造薄弱部位"乘虚而入"的。这些构造薄弱部位包括背斜轴部、断层、裂隙、破碎带、不整合面、不同岩性界面等。断层构造常常起导岩

储岩作用,控制着岩浆侵位和展布方向。背斜轴部、倾伏端和叠加背斜经常控制着岩体顶面的隆起,导致岩体的形态产状十分复杂。当岩浆沿地层中的不整合面、假整合面侵入时,常形成层状岩体。

总而言之,岩体的形态、产状是岩浆与围岩相互作用的结果。岩浆对围岩起同化、改造、破坏、吞蚀作用,而围岩对岩浆侵入起限制、削弱(吸热、减弱动能)作用。由于围岩、构造、岩浆之间的多种配合关系,形成了各种形态产状的岩体。大多数侵入体尤其是大型侵入体,其形态、产状是复杂多样的,与之有关的矿体形态产状也常常复杂多变。

第三节 侵入体内部构造及其控矿作用

侵入体内部构造,包括岩体中的原生构造和叠加于岩体之上的次生构造。侵入体原生构造是指岩浆侵位、冷凝、固结成岩的过程中所产生的构造,包括火成堆积构造、原生流动构造和原生破裂构造等。次生构造是指岩体固结之后所产生的构造,包括叠加在岩体之上的断层、破碎带、片理化带等。研究这些构造有助于恢复侵入体的形态和岩浆侵入时的热动力状态,分析侵入体的形成过程和有利的成矿部位。

一、火成堆积构造

一些基性—超基性岩浆在结晶分异过程中,由于重力分异作用的多旋回性,不同成分的矿物晶体群有规律地依次晶出沉淀,反复多次,形成具韵律层带构造,表现为不同成分的岩石逐层交替,呈带状、条带状,彼此平行或近于平行。每一层岩石厚几毫米到几米,甚至几十米或更厚。这种韵律层带状构造是由"火成堆积"作用形成的,即在稳定的地质环境中,在基性、超基性岩浆演化的早期阶段,熔浆中液相占主导地位,熔体密度不大,早期结晶析出密度大的矿物晶体不断下沉到熔体底部,由底部依次逐渐向上堆积。由于这种作用过程类似于机械沉积作用的成岩过程,所以称为火成堆积构造。

例如我国四川攀枝花钒钛磁铁矿床赋存于层状的辉长岩体中,岩体具有明显的火成堆积构造,其中的钒钛磁铁矿矿体呈层状、似层状,多层产出,产状稳定,韵律结构明显。攀枝花含矿辉长岩体可划分为6个岩相带(图5-2)(郭道军等,2014)。

(1)顶部浅色流层状辉长岩带(厚度为500~1500m):以基性斜长石为主,辉石次之,橄榄石、角闪石、磷灰石、铁钛氧化物少量,灰色至深灰色,中粒结构,流层状构造(浅色条带密集)。上部有部分块状辉长岩,底部有暗色条带及少量小矿条,层位较稳定。

(2)上部层状辉长岩相带(厚度为10~120m):位于岩体中上部,以含铁辉长岩为主,夹有星散浸染状矿石组成的小矿体,层位较稳定。底部断续分布厚3m左右的斜长岩。

(3)下部暗色层状辉长岩相带(厚度为166~600m):岩石呈深灰色—灰黑色,中粒结构,流层状构造。岩石矿物成分中暗色普通辉石增多(大于50%),长石减少。铁钛氧化物增多,橄榄石、角闪石少量,岩相带中暗色条带较密集,夹有薄层含铁辉长岩及少量稀疏浸染状矿石形成的透镜状小矿条,矿化差。

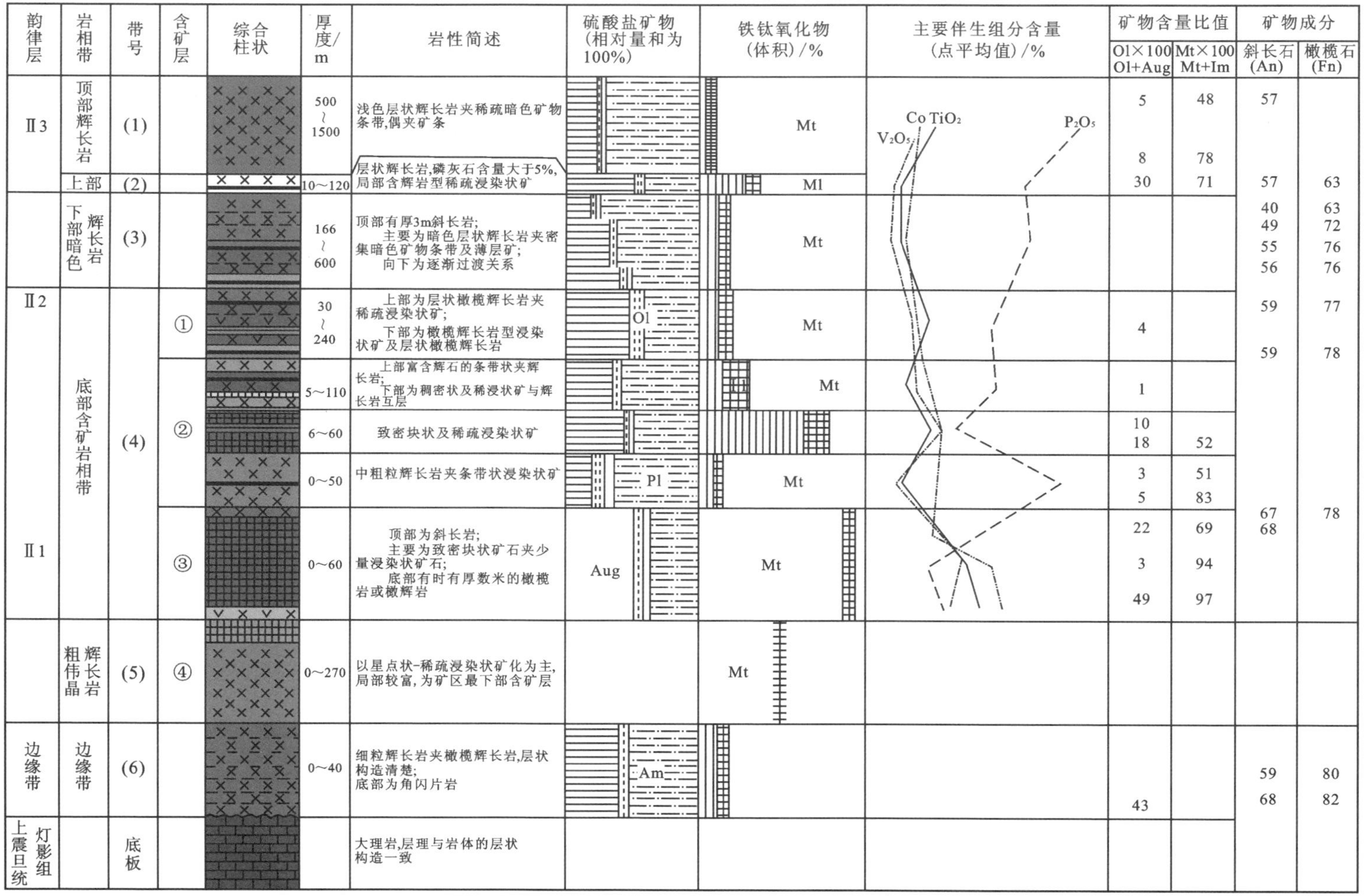

图 5-2 攀枝花钒钛磁铁矿床含矿岩体相带及含矿层柱状图(据郭道军等,2014)

Pl. 斜长石;Am. 角闪石;Ⅱ. 钛铁矿;Mt. 磁铁矿;Aug. 普通辉石;Ol. 橄榄石

(4)底部含矿岩相带(厚度为60~500m):由各类辉长岩型矿石及辉长岩组成,是主要矿体的赋存部位。该含矿岩相带总体较稳定,朱家包包矿段最厚,向南西逐渐变薄,至兰家火山矿区为256m,到尖包包矿区变为220m。

(5)粗—伟晶辉长岩岩相带(厚度为0~270m):以星点状-稀疏浸染状矿化为主,局部较富,工业矿体主要赋存于该岩相带的顶部。该层在太阳湾矿段较发育。

(6)边缘岩相带(厚度为10~300m):以细粒辉长岩为主,暗色矿物(辉石、橄榄石、角闪石)含量增多,基性斜长石减少。流层状构造发育,层位不稳定,不含工业矿体。

二、原生流动构造

原生流动构造是在岩浆流动过程中,岩浆内部某些先期结晶的矿物颗粒、析离体或捕虏体等受岩浆流动的影响发生定向排列所形成的,包括线状流动构造(流线)和面状流动构造(流面)。岩浆中较早结晶出来的针状、柱状矿物(如角闪石)或纺锤状包裹体的长轴互相平行,呈定向排列,则形成流线(图5-3a)。而一些片状、板状矿物(如云母、长石)以及层状包裹体(如斑岩、片岩、页岩)的层理、解理、劈理等呈定向排列,则形成流面(图5-3b、c)。

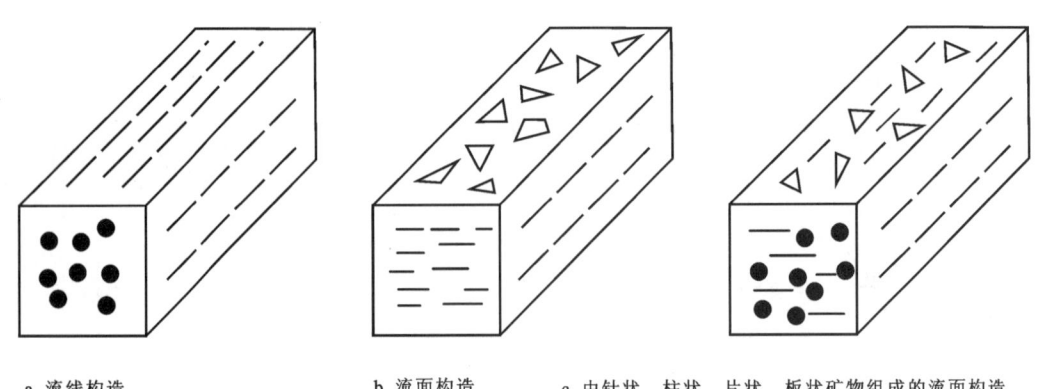

a.流线构造　　　　b.流面构造　　　c.由针状、柱状、片状、板状矿物组成的流面构造

图5-3　侵入体中的原生流动构造

流线和流面都主要发育于侵入体的边部、顶部,因为这些地段岩浆与围岩的摩擦作用明显,岩浆的差异运动显著,层流作用发育。一般在超基性、基性和碱性岩中流动构造较发育,而在花岗岩中流动构造发育相对较差。浅成的、小型的侵入岩体中的流动构造往往比大型侵入岩体中的更为发育。

与原生流动构造有关的矿床主要见于大型的超基性和基性侵入岩体中,包括铬铁矿、铂矿、钛磁铁矿、铜镍硫化物矿床和稀土、磷灰石矿床等。例如西藏罗布莎铬铁矿主要赋存于方辉橄榄岩和纯橄岩中,大部分矿体走向与岩体走向一致,受原生流动构造控制(图5-4)。矿体主要呈豆荚状、囊状、似透镜状产出,在平面上呈雁行状排列,剖面上呈叠瓦状排列。矿石尺度可见似片麻状构造、条带状构造等,是岩浆流动作用的结果。

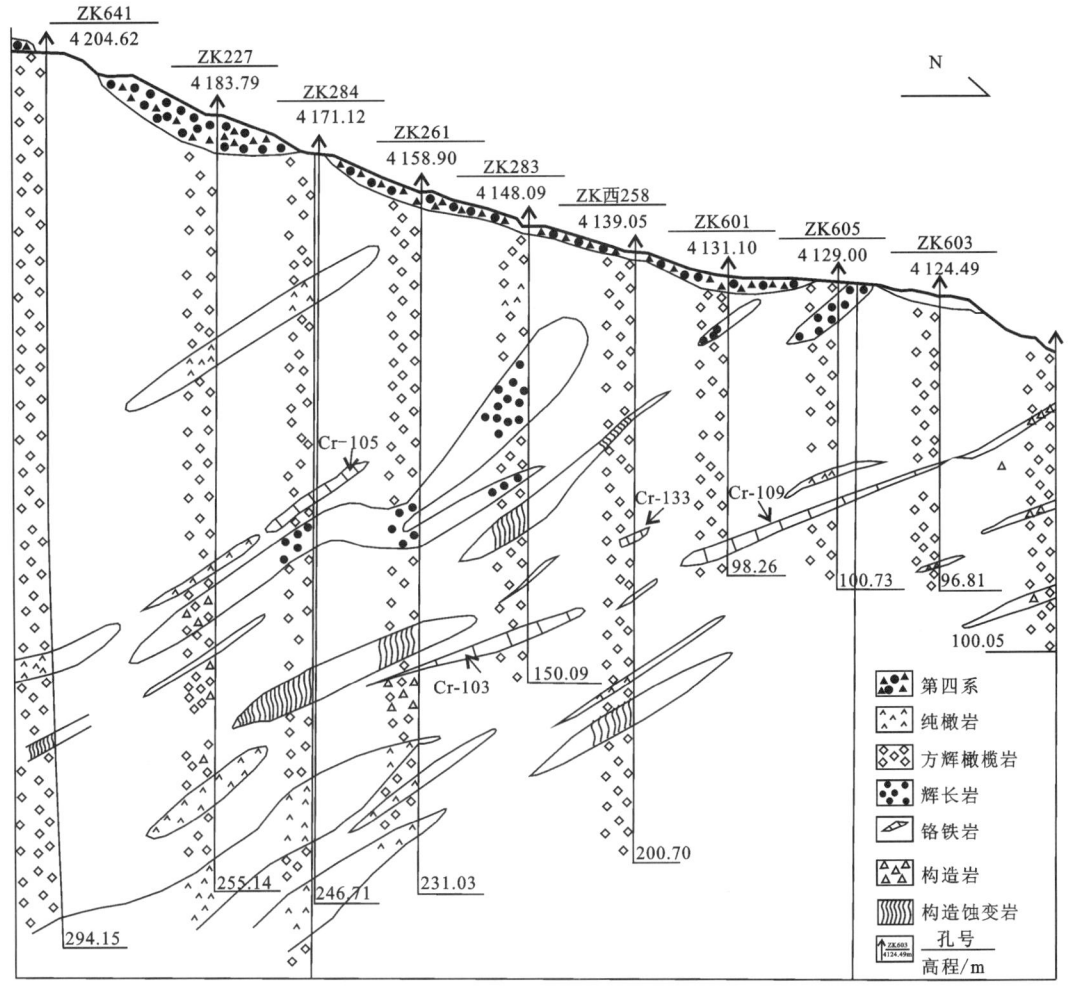

图 5-4　罗布莎铬铁矿区 I 矿群西 32 号勘探线剖面图（据熊发挥等，2014）

三、原生破裂构造

原生破裂构造是在侵入体基本成岩时，至少是在侵入体的边缘和顶部已经冷凝成岩时，发生脆性变形，形成产状不同、性质各异的裂隙构造。其产生的原因主要有以下几个方面：①岩浆冷凝时岩体体积的收缩；②岩体外层完全冷却固结之后，内部可能仍是液态（或部分为液态）的岩浆继续活动，或另一次的岩浆侵入活动；③岩浆分异出的流体的沸腾作用。由前两种原因所形成的原生破裂构造包括横节理、纵节理、层节理、斜节理、边缘节理及边缘逆断层等。由第三种原因所形成的原生破裂构造主要为水力（流体压力）破裂。

横节理（Q）：一种垂直于流线和流面的张性节理，主要发育于侵入体顶部，裂面粗糙，断面较陡。横节理是侵入体外围冷凝收缩时，内部岩浆仍向上流动，由平行于流线方向的拉伸应力所致。在横节理中常见后期岩脉和矿脉充填，是侵入体中最常见的原生破裂构造。

纵节理(S)：平行于流线、垂直于流面，通常具有张性（有时带剪性）特征，主要发育在侵入体顶部较平缓部位，产状较陡。它们在原生流动构造的基础上发育而成。早期纵节理中可充填细晶岩和伟晶岩。纵节理的含矿性不及横节理，矿体小而密集，常成群分布。

层节理(L)：平行于流面，产状一般较缓，一般具有张节理性质，常发育在侵入体的顶部，平行于岩体与围岩的接触面。层节理的成因与垂直于接触面方向上的冷缩作用有关，在岩盘或层状侵入体中最为明显，其中常充填有小型矿脉。

Q、S、L三组节理在空间上相互垂直，并与流面构造有固定的几何关系。

斜节理(D)：与流面和流线都斜交的两组共轭剪节理，是由向上的挤压应力所产生的一对共轭剪切面发展而成，主要发育在侵入体顶部。沿这种节理的两壁常发生错动，进一步发展成为正断层，在壁面可见磨光面和擦痕。沿斜节理充填的矿体，一般延伸较长，形态单一，剖面上常呈雁行状排列（图5-5）。

边缘张节理：常发育于侵入体的边缘，向侵入体中心倾斜，并可切割接触面伸入围岩中，总体呈雁行式排列。它是由于岩浆在向上流动过程中与已凝固的边缘之间的剪切作用产生的（图5-6）。这种节理的含矿性较好。

边缘逆断层：多见于陡立侵入体的边缘接触带，断面向岩体中心倾斜，由岩体内部向围岩逆冲，呈叠瓦状排列，断层面常伸入围岩中。边缘逆断层可能是由于侵入体边缘剪切作用产生的一组剪裂面发育而来，也有一部分是由边缘张节理进一步发展而成。边缘逆断层常与边缘张节理一起，是重要的控矿构造。常充填矿脉群。

水力（流体压力）破裂：是岩浆冷凝结晶过程中发生的"退化沸腾"或"二次沸腾"作用，导致岩浆体系内流体压力急剧增大所产生的。这种退化沸腾所产生的瞬间压力很大，超过已固结岩浆岩和围岩的抗张强度，促使它们破裂。这些破裂常形成于中浅成侵入体的顶部和接触带附近，由岩体冷凝壳自下而上扩展，直达顶部围岩，产状陡立（图5-7），是斑岩型矿床的重要容矿构造。

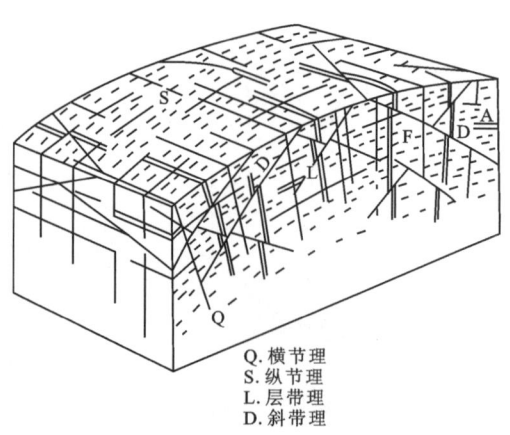

Q．横节理
S．纵节理
L．层带理
D．斜带理

图5-5 侵入体顶部的横节理、纵节理、层节理和斜节理示意图

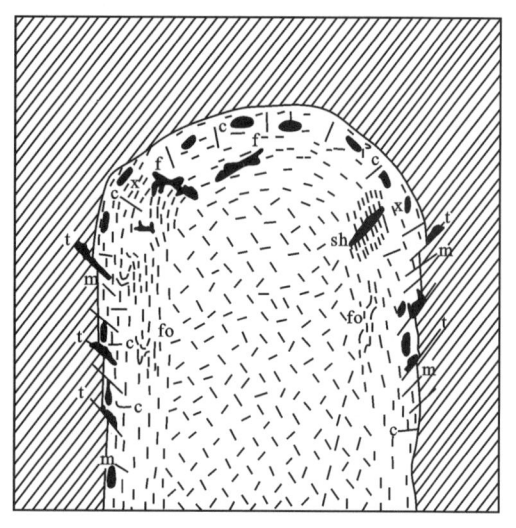

图5-6 边缘张节理和边缘逆断层
（据陈国达，1978）

短线表示板状矿物；x.捕虏体；sh.岩脉充填的剪切面；c.横节理；m.边缘张节理；t.边缘逆断层；f.平缓正断层；fo.弯曲

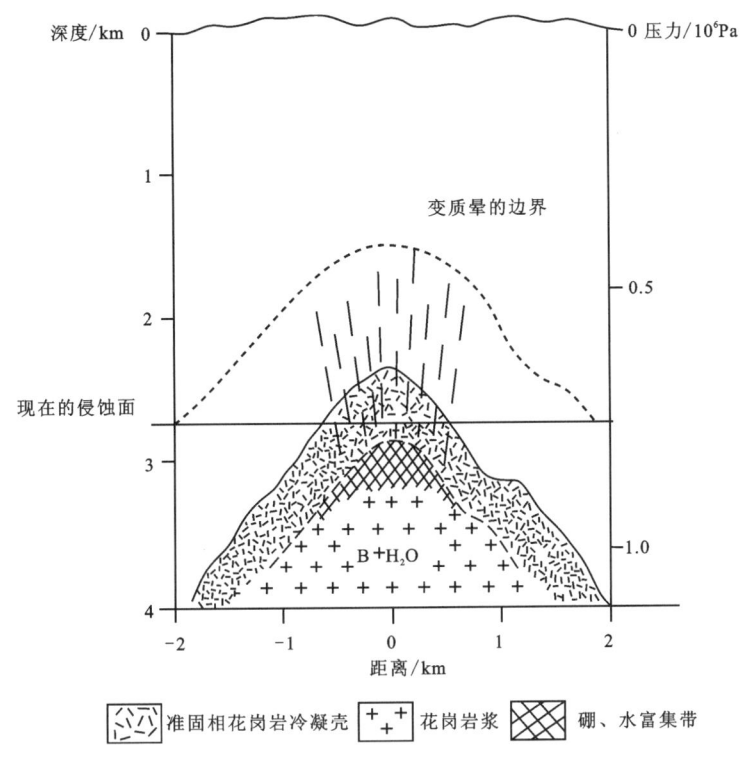

图 5-7 水力破裂构造形成示意图

四、液压致裂角砾岩体

液压致裂角砾岩体是指当热液压力超过围岩静压力与岩石抗张强度之和时,围岩发生强烈破裂而形成的角砾岩,它是水力破裂构造进一步发展的产物。实验研究和大量野外证据表明,流体异常高压是广泛存在的。产生流体异常高压的机制包括区域变质作用、压实作用、流体升温、岩浆的二次沸腾和减压过程、构造作用等。

在热液角砾岩体的形成过程中,裂隙的扩张和延伸是骤然发生的。裂隙一旦形成,热液前锋的压力陡然下降,促使热液快速涌入裂隙中。若岩石的抗张强度较小,则热液可以连续地诱发张性液压破裂,将岩石劈裂成角砾岩;若岩石抗张强度较大,则在发生第一次液压致裂后,前锋热液迅速贯入裂隙,进入裂隙中的热液压力则迅速减小,当热液流动到裂隙尖端时,热液压力又开始聚积增大,增大到一定程度时,又快速发生第二次液压致裂。如此循环,组成了脉动式的裂隙发生和发展过程。当有多股分离的热液同时上升时,可导致平行裂隙成组、成群发育,形成密集的水力破裂裂隙带和角砾岩带。液压致裂热液角砾岩体一般具有如下特征。

(1)围绕热液活动中心分布,平面上常呈圆形、椭圆形或带状。

(2)角砾主要为围岩物质,胶结物为热液成因充填物,如石英、方解石、绿泥石、绢云母、硫化物等。角砾与胶结物之间的界线十分明显,角砾边缘具有热液蚀变边。

(3)角砾多呈棱角状、次棱角状,基本没有旋转和位移,角砾内部无明显变形。角砾具有一定的可拼合性,显示出原地破裂的特征。

(4)角砾的分选性差,大者可达几米甚至几十米,小者仅为毫米级。

(5)角砾往往具有多次角砾岩化的特征,早期充填的裂隙脉也可能发生角砾岩化形成碎块而出现在角砾岩中。

(6)由热液中心向外,岩石破裂程度和热液蚀变程度渐次减弱,最终过渡为穿孔蚀变斑。

陕西双王金矿床受液压致裂热液角砾岩体构造控制。矿区共发育6个液压致裂热液角砾岩体,呈带状沿北西向断续分布(图5-8)。角砾岩体与围岩之间为渐变过渡或截然接触,前者表现为角砾岩体→网脉→围岩的过渡形式,后者表现为较平直的边界。双王金矿床的金矿体主要产在液压致裂热液角砾岩体中,但在不同角砾岩体中以及同一角砾岩体的不同部位,金矿化差异显著。金矿体既可产在角砾岩体的中部,也可在其边缘,总体呈断续状分布。

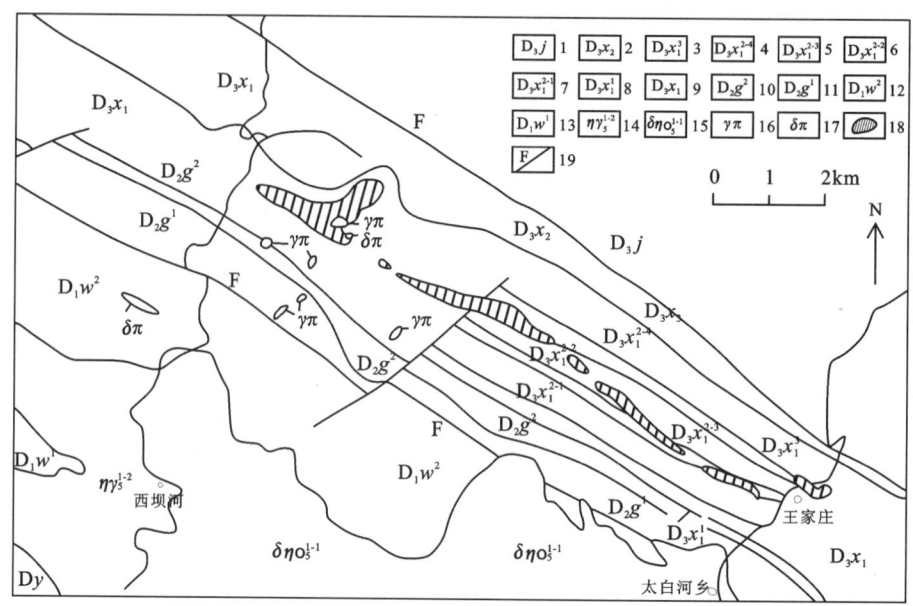

图5-8 双王金矿床地质略图(据宫勇军等,2016)

1.上泥盆统九里坪组粉砂岩和板岩;2.中泥盆统星红铺组含生物碎屑结晶灰岩;3.星红铺组绢云粉砂质板岩;4.星红铺组变质粉砂岩夹板岩;5.星红铺组绢云粉砂质板岩、粉砂岩互层;6.星红铺组变质粉砂岩夹绢云板岩;7.星红铺组变质粉砂岩、绢云板岩层;8.星红铺组绢云板岩、钙质板岩、结晶灰岩;9.星红铺组(未分);10.中泥盆统古道岭组结晶灰岩夹砂岩;11.古道岭组钙质砂岩夹生物灰岩;12.下泥盆统王家楞组结晶灰岩、粉砂岩、砂质板岩互层;13.王家楞组变质粉砂岩夹结晶灰岩、碳质片岩;14.印支期二长花岗岩;15.印支早期石英二长闪长岩;16.花岗斑岩脉;17.中基性岩脉;18.含金钠长角砾岩体;19.正断层

双王金矿床含金角砾岩体中的角砾形态多样、大小混杂,发生过多次破碎,并被多阶段热液产物所胶结。角砾成分主要为浅灰色—浅棕黄色的钠长石化板岩或粉砂岩,次为粉砂质绢云板岩、变质粉砂岩及少量大理岩、结晶灰岩。角砾多呈不规则棱角状,次为板条状,局部见次棱角状。角砾大小从数毫米到数米不等。胶结物主要为不同阶段热液活动形成的含

铁白云石，次为钠长石、方解石、黄铁矿及少量石英。角砾与胶结物成分差异明显，界线截然。在多次破碎发育地段，早期胶结物亦成角砾，或与被胶结的角砾碎块构成复成分角砾。矿石构造主要为角砾状构造、脉状构造和浸染状构造。

第四节　侵入接触构造及其控矿作用

侵入体的接触带构造（简称侵入接触构造）是含矿熔浆或热液运移和富集的有利地段，是富矿石产出的有利场所。在与岩浆侵入活动有关的矿床中，接触带构造是最重要的控矿构造类型之一。与断层、褶皱等构造类型相比，接触带构造与成矿有着更直接、更密切的时空和成因上的联系，有着独特的控矿作用。在侵入岩体的接触带附近可形成多种类型矿床。

侵入接触构造一般分为内、中、外 3 个带。内接触带指岩体的边缘相带；中接触带也叫正接触带，即相当于侵入接触面；外接触带指围岩受侵入接触变质而成的局部性变质带，如大理岩带、角岩带和石英岩带等（图 5-9）。侵入接触带的形态一般十分复杂，无论走向还是倾向都有很大变化（图 5-10），因此其各个部位的控矿条件也有很大差异。研究侵入接触构造时，首先要注意接触面的产状及其变化。

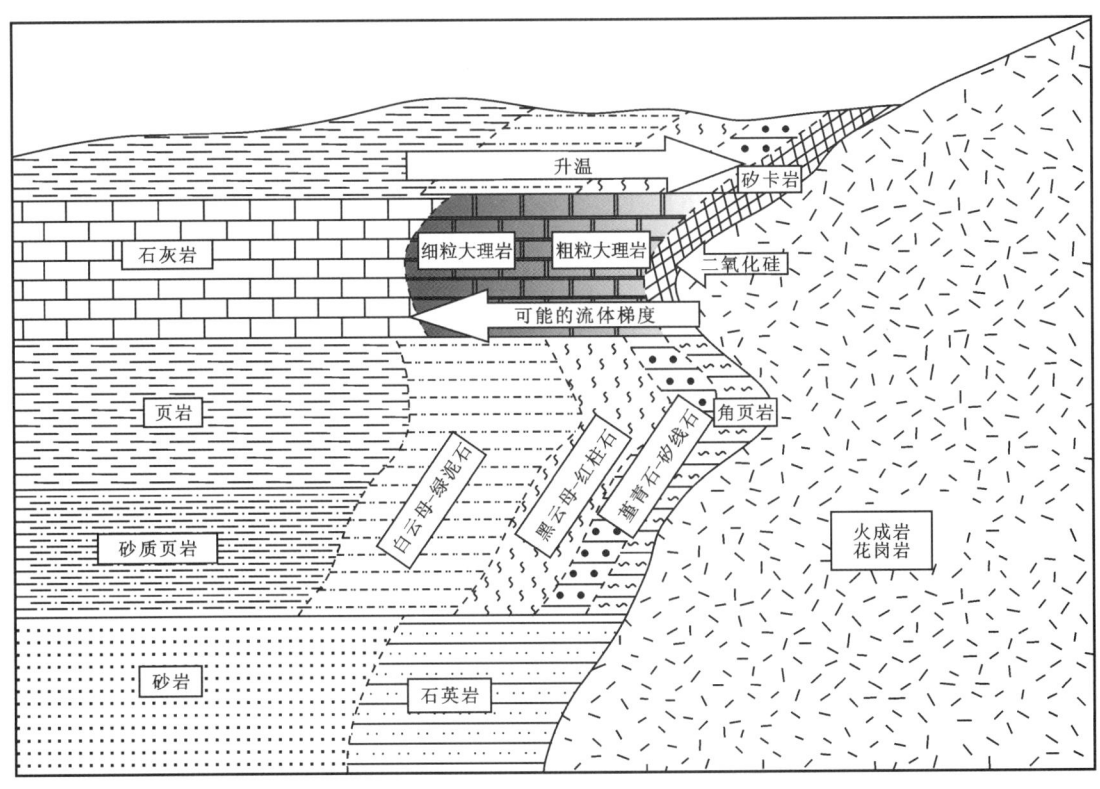

图 5-9　花岗岩与不同性质的围岩接触时的变质特征示意图

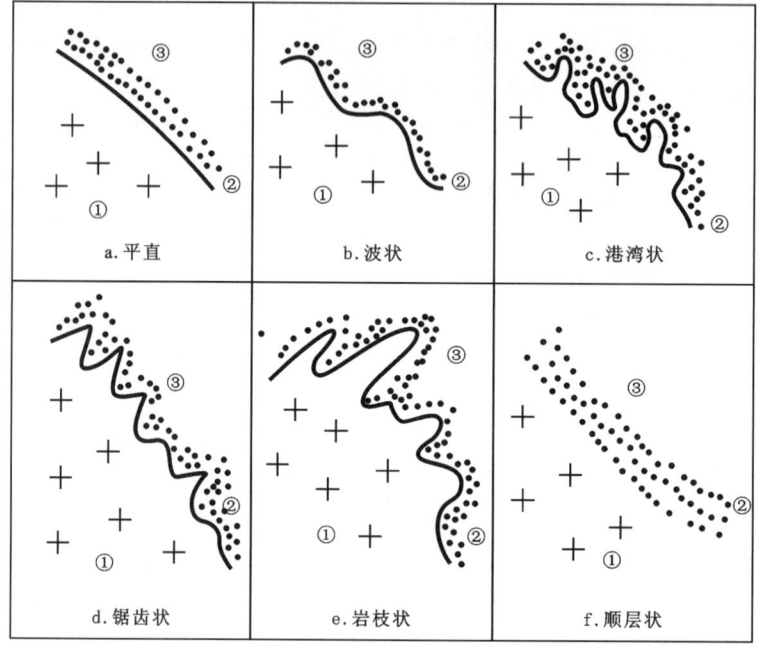

图 5-10 侵入接触面的产状示意图
①侵入岩；②围岩；③接触变质岩

一、侵入接触构造的基本类型

（1）简单接触带（图 5-11a）：由单纯的岩浆侵位作用所形成，岩体与围岩的界线清楚，岩体边缘有冷凝边、冷缩裂隙、流动构造，近岩体的围岩中有热变质现象。这种接触带多见于浅成的小侵入体，若无后期构造叠加，则含矿性差。

（2）混染接触带（图 5-11b）：当侵入岩浆与围岩成分差别较大，且岩浆化学活动性较强时，易发生同化混染作用，使岩体边缘相的成分及结构构造发生变化，形成混染接触带，界线模糊不清。在发生混染和同化作用时，可能有某些成矿组分富集。也可由于混染岩石成分不均一，结构疏松，易遭受后期热液交代作用，从而可能产生矿化。

（3）构造叠加接触带（图 5-11c）：在接触带形成之后，遭受区域构造的叠加，使原始接触带受到改造，形成复合的接触-断层带、接触-破碎带和接触-角砾岩带等，可进一步成为利于成矿流体运移和矿石停积的构造薄弱带。在很多矿区中，它们是重要的控矿构造类型。

（4）多次侵入接触带（图 5-11d）：在一些复式侵入体中，由于岩浆的脉动式侵入而生成多次侵入接触带。早期侵入体作为后期岩体的围岩，而后期岩体则傍依、穿插或切割、包围早期岩体，构成新的接触构造系统。若成矿与早期岩体有关，后期岩体可破坏早已形成的矿体；若成矿与晚期岩体有关，矿体常发育在晚期岩体接触带附近；另外，也有可能多期侵入体都伴随矿化。

（5）热液蚀变接触带（图 5-11e）：富含挥发组分的岩浆侵位之后，或地下热水在接触带附近环流时,孔洞和裂隙发育的接触带就成为热液活动的有利空间,因而经常形成各种热液蚀变,包括矽卡岩化及其他蚀变类型。在蚀变过程中,岩石的物理、化学性质发生明显变化,常能导致某些金属矿物的富集。

以上几种接触带类型可能单独出现,也可能互相重叠,构成复杂的侵入接触构造。

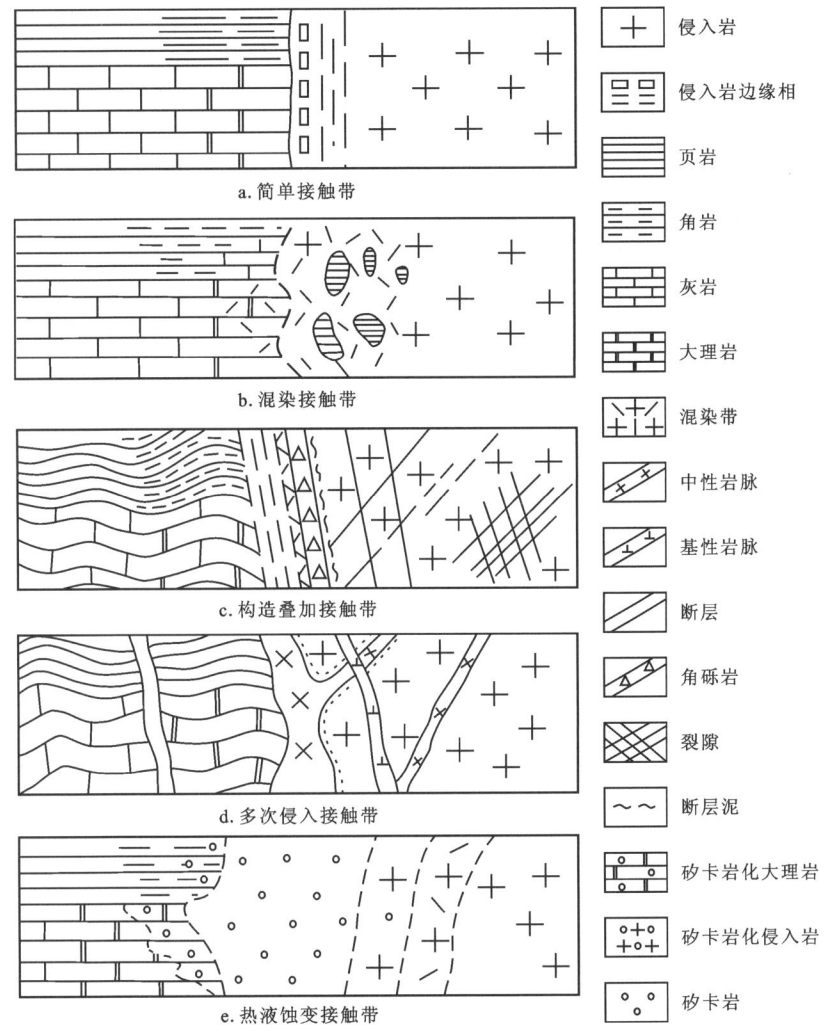

图 5-11　侵入接触带的基本类型示意图(据翟裕生,1984a)

二、侵入接触构造的发育阶段

一个具有一定规模的侵入体,从岩浆侵入、冷凝到固结成岩,是一个漫长的过程,有时可达几百万年至十几百万年。随着岩浆动力、温度及变形特征的变化,侵入接触构造也会发生相应改变。侵入接触构造的发育过程可分为 4 个阶段(图 5-12)。

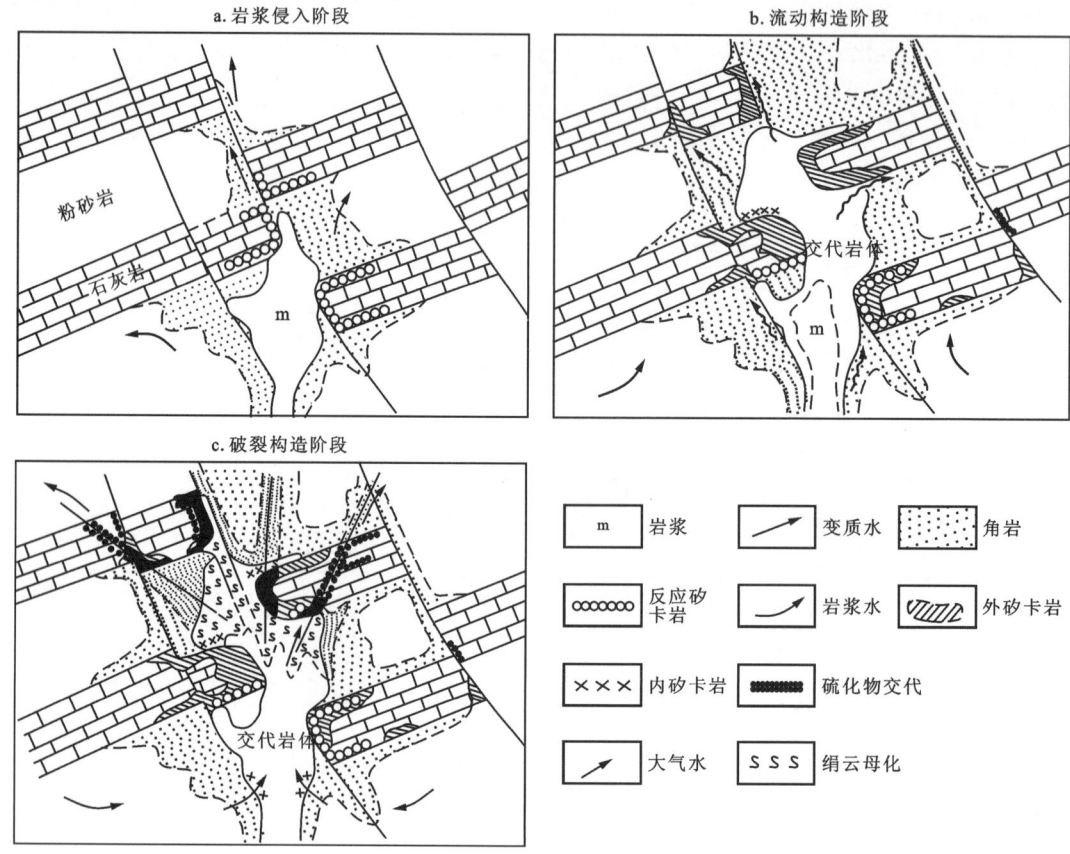

图 5-12 侵入接触构造的发育阶段（据翟裕生和林新多，1993）

（1）岩浆侵入阶段：岩浆沿着构造薄弱带侵位，对围岩进行机械破坏和化学改造，驱动地下水发生对流，形成变质晕圈。由于岩浆机械活动和化学活动存在差异，围岩的岩性和构造发育情况不同，岩体侵位机制不同，对围岩的改造作用也各不相同。一般而言，主动侵位的岩浆对围岩改造较强，被动侵位的岩浆对围岩改造较弱。

（2）流动构造阶段（接触热变质阶段）：岩浆继续侵入，体积不断扩大，热能增加，使围岩发生热变质，甚至发生塑性流变，岩体内部大部分仍为熔融状态，顺应侵位空间缓慢流动，在岩体边缘形成原生流动构造。

（3）破裂构造阶段（热液阶段）：随着岩浆热能的消耗以及挥发组分的析出，岩浆从边缘到中央逐渐冷凝固结，由塑性变形转变为脆性变形，进入以破裂构造为主的阶段。侵入接触带成为构造薄弱带，岩浆中析出流体和挥发分，与岩体周围的地下水一起形成循环热液系统，沿着接触带及附近的围岩渗流，并与围岩发生化学反应而形成热液蚀变岩和矿石堆积。

（4）叠加构造阶段（后期改造阶段）：岩体完全固结后，在区域构造作用下，在上述 3 个阶段的基础上产生新的叠加构造系统。

上述 4 个阶段基本按顺序发生，但也存在相互重叠交错。尤其在大型岩体中，各阶段此起彼伏，情况比较复杂。在实际工作中，可以在对岩体详细填图的基础上，利用岩体原生、次生构造、接触变质带的规模和组构、各种岩脉、矿脉以及蚀变矿物的空间关系等,恢复侵入接触构造的发展过程。对侵入接触构造发育阶段的研究,有利于理解岩浆侵入活动与成矿作用的时空关系,对找矿勘探工作也很有帮助。

三、侵入接触构造的特点和侵入接触构造体系

侵入接触构造的特点为:①伴随不同程度的变质作用,包括热变质、热动力变质以及同化混染等现象;②具有复杂的立体构式,经常环绕侵入体发育,是复杂的构造-岩石带;③主要由深到浅沿垂直方向贯入,有时呈顺层贯入;④经常利用和改造其他构造型式,岩浆侵入时常常利用褶皱、断层等构造空间,有时伴有新的褶皱、断层产生,在形成之后又常有褶皱、断层构造的叠加;⑤在形成机制上,是机械作用(侵入、塑性流动、破裂等)与物理化学作用(扩散、热变质、接触交代作用等)相结合的产物;⑥具有多变性,由于侵入接触构造受很多种因素影响和控制,接触带的形态往往十分复杂,变化较大。

如上所述,侵入接触构造是一种复杂的、独特的构造类型。在接触带范围内,岩浆侵入作用、岩石的变形和变质作用以及热液活动等交织在一起,并在它们的作用下形成内接触带、正接触带、外接触带以及各带内一系列的构造形迹和构造岩。这些构造要素是互相联系的,在时间演化上有阶段性,在空间分布上有分带性,在形成机制上是有联系的整体。因此,侵入接触构造通常不只是一个接触面或一个狭窄的带,而是侵入岩浆与围岩之间的热力、机械力和化学力作用的综合产物,是构造、岩浆、围岩、热液等多种因素联合作用所形成的一个构造体系,称为侵入接触构造体系(翟裕生等,1999)。这个构造体系的基础或主体是在同一期岩浆侵入作用中形成的。岩浆的热力、机械力和当时的区域构造应力是这个构造体系的动力。在其他有利因素(成矿流体和成矿物质、一定的物理化学条件)配合下,在接触带发育的一定阶段和一定空间中形成矿石堆积,构成了控矿侵入接触构造体系。

在岩浆侵入和冷凝过程中,由于各种成因的地质构造要素在空间上有规律的分布,故侵入接触构造常常具有分带性。内接触带、中接触带(正接触带)、外接触带的宽度和变质、变形程度取决于侵入岩体的规模、产状、侵位深度、侵位方式、挥发分含量,以及围岩的物理、化学性质和构造状态等因素。当有后来的断层、裂隙、脉岩和矿化叠加时,则形成复杂的构造-蚀变-矿化分带。

侵入接触构造体系的分带可分为水平分带和垂直分带。水平分带比较容易观察,一般可分为内、中、外3个带,每个带又可按照构造和岩相进一步细分。垂直分带比较复杂,受岩体侵位方式、岩体所接触的不同层位岩石类型、构造特点等因素的影响。

为了研究接触构造体系中矿化局部富集的特点,应着重了解成矿前各带的物理、化学性质,包括侵入岩和围岩的化学成分、组构、强度、破裂程度、孔隙度和渗透率等。这些因素和参数不同,对成矿流体的运移和矿石的沉淀就会有不同影响,这是造成接触带范围内矿化不均匀和分带的重要原因。

侵入接触构造体系的时间发展和空间展布的情况说明,一个发育完整的侵入接触带,先后经历了正常温度→增温→炽热→降温→新的正常温度变化过程,以及侵入前围岩构造→岩浆侵入构造→岩浆流动构造→岩浆破裂构造→后期叠加构造等构造变动阶段。而在每个

阶段中,接触带内各地段的温度、压力及应力状态又不尽相同。随着阶段发展,温压和构造条件也随之递变,因而出现错综复杂的分带现象。它们又进而控制了蚀变、矿化的形成、发展和空间分带。因此,在矿田构造研究中,将构造分带、蚀变分带和矿化分带三者结合研究,可以取得良好的效果。

四、侵入接触构造的有利成矿部位

侵入接触构造是侵入体最有利的成矿部位之一。但由于侵入接触构造的形态十分复杂,在走向和倾向上都有很大变化,不同部位的成矿条件也有很大差异。侵入接触构造常见的有利成矿部位主要有以下几种。

1. 侵入接触面的弯曲、转折部位

在侵入接触面的弯曲、转折部位,岩体和围岩的接触面积较大,热力较为集中。当岩浆侵入后,其中析出的气液产生强大压力,导致该处岩石容易发生破裂,气液带来的有用成矿物质容易在该处聚集沉淀,形成矿体,如湖北铜绿山铜铁矿床、石头嘴铜矿床等。

2. 岩体超覆围岩部位

岩体超覆围岩部位成矿较为常见,其原因可能是:①岩体冷缩时,容易在接触面部位产生裂隙;②岩体沿接触面错动时,容易形成破碎带;③当围岩为碳酸盐岩等有利岩性时,侵入体析出的气液在侵入体下方封闭聚集,可以与围岩发生充分的化学反应,导致成矿作用的发生,还有可能是含矿岩浆或成矿流体倒贯入接触面裂隙或破碎带中而成矿,如湖北大冶铁矿床、福建潘田铁矿床等。

3. 侵入体与有利岩层交会部位

当岩浆侵入到一些较活泼的岩层(如碳酸盐类岩层)时,可与围岩发生交代反应,形成接触交代型矿床。当接触带与围岩中一些脆性较强、裂隙较为发育的岩层相交时,可沿这些有利岩层形成脉状、网脉状的热液充填型矿体。

4. 接触带-断层复合部位

由于侵入体与围岩的接触面是一个构造薄弱带,故常可被岩体形成后的动力所利用,发展成为断层带,特别是侵入岩与软弱的薄层沉积岩相接触的部位。当该部位被残余岩浆或后期成矿流体充填便形成矿体,如安徽铜官山铜矿田、湖北张福山铁矿床等。

5. 多期次侵入接触构造

近年来,越来越多的研究发现,很多与岩浆岩有关的矿床和矿田发育多期岩浆侵入活动。不同期次的侵入岩可能都伴随矿化,也可能只是其中某一期或晚期伴随矿化,如湖南省瑶岗仙钨矿床、黄沙坪铅锌多金属矿床、黑龙江省翠宏山铁多金属矿床等。关于多期次侵入接触构造的控矿机理,详见本章第五节。

五、侵入接触构造-矿化模式

侵入接触构造只是成矿的条件之一,但在接触带部位能否成矿以及形成什么类型的矿床,还取决于成矿物质和成矿流体来源、成矿物理化学条件等多种因素。在实际工作中,要将侵入接触构造与这些因素结合起来考虑,以期对成矿预测和找矿勘探工作有实际帮助。在侵入接触构造及其附近,可形成多种类型的矿床,包括接触变质矿床、伟晶岩矿床、高温脉型矿床、接触交代矿床、沉积改造型矿床、斑岩型矿床等,其产出部位以及相应的围岩、构造条件如图5-13所示。

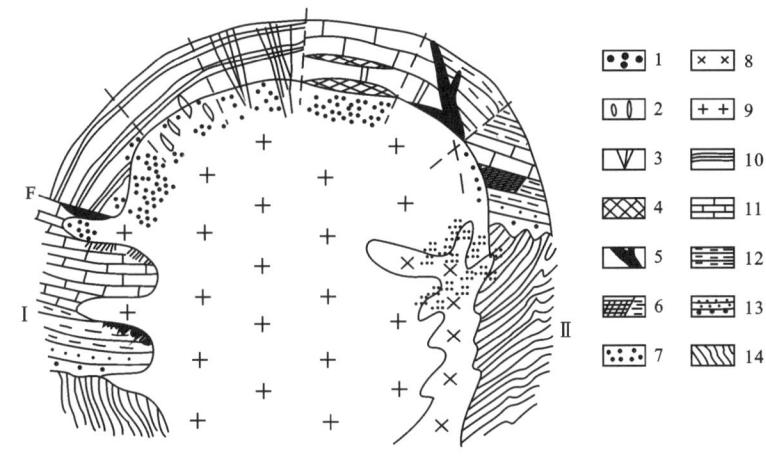

图 5-13 侵入接触构造-矿化模式图(据翟裕生等,1999)

1.接触变质矿床;2.伟晶岩矿床;3.高温脉型矿床;4.接触交代矿床;5.内外接触带的充填或交代矿床;6.沉积改造型矿床;7.斑岩型矿床;8.后期侵入岩;9.侵入岩体;10.砂页岩;11.灰岩;12.泥岩;13.砾岩;14.变质岩;Ⅰ.多层接触带及矿化;Ⅱ.多期次侵入接触带及矿化

第五节 多期次侵入构造对成矿的控制

越来越多的矿产勘查和研究工作表明,很多大—中型矿床中,发育多期次、多类型的侵入岩体。这些侵入体可能是由同源岩浆多次分离、上升和侵位形成,不同期次侵入体的岩石成分往往差别不大,这种情况下形成的多期次侵入体可称为杂岩体;也有可能这些侵入体起源于不同的源区,不同期次侵入体之间没有成因联系,岩石成分可以相同,也可以不同,这种情况下形成的多期次侵入体可称为复式岩体。

在多期次侵入体中,不同期次的侵入岩可能都伴随矿化,也可能只有某一期或晚期岩体伴随矿化。若多期侵入体都伴随矿化,所形成的矿种和矿化类型可能相同,也可能不同。例如黑龙江岔路口钼矿区发育花岗斑岩(奥陶纪和侏罗纪)、黑云母二长花岗岩、石英二长斑岩等多期次和多类型侵入岩,但钼的成矿作用只与侏罗纪花岗斑岩有关(图5-14)。黑龙江翠宏山铁多金属矿区发育粗粒碱长花岗岩[(491.1±2.4)Ma]和细粒正长花岗岩[(199.8±1.8)Ma],铁的成矿作用与前者有关,而铅锌钨钼(铜)多金属的成矿作用与后者有关(胡新露,2015)。内蒙古大营子岩体由正长花岗岩[(267.6±2.8)Ma]和黑云母二长花岗岩[(152.4±1.6)Ma]组成,前者是季家沟钼矿床的成矿岩体,而后者是碾子沟钼矿床的成矿岩体(郗爱华等,2015)。

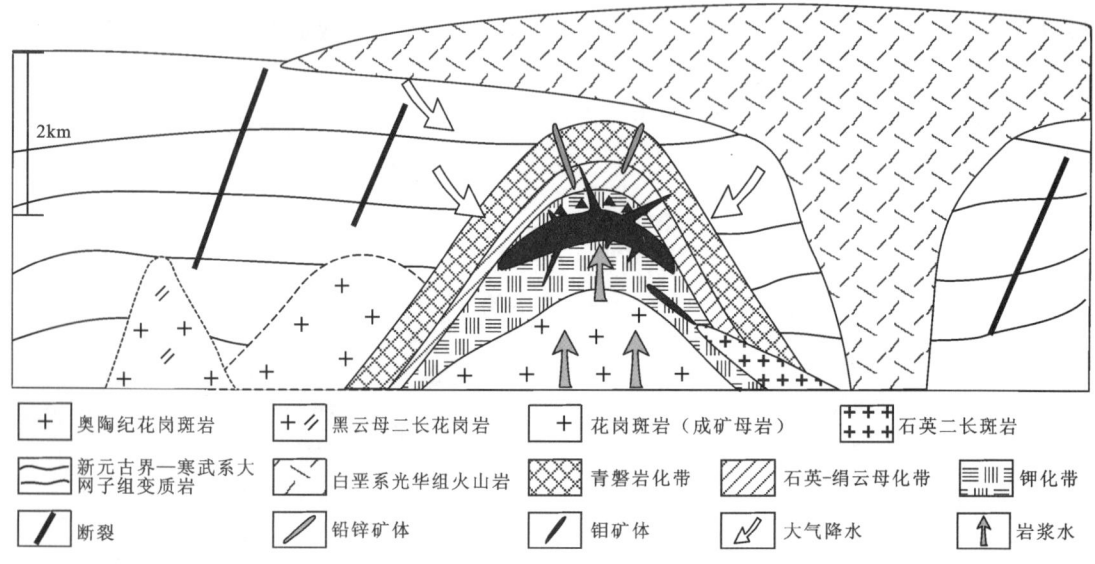

图5-14　黑龙江岔路口钼矿床成矿模式(据胡新露,2015)

在多期岩浆活动发育的地区,深部常有贯通性良好的构造通道,它们既可作为岩浆上侵的通道,也可作为深部流体向上运移的通道。此外,多期岩浆活动能够多次提供热能,促进流体发生对流循环,充分萃取岩体和围岩中的成矿物质,因而有利于矿化的富集。若多期岩体是由同源岩浆演化而来,晚期岩浆由于经历了更充分的结晶分异作用,其中的金属富集程度往往更高,因而更有利于成矿(Hu et al.,2019)。

在多期次侵入体中,不同期次的侵入体之间可出现几个接触带,早期岩体是晚期岩体的围岩,而晚期岩体依附、穿切早期岩体形成新的接触带。在不同地区,岩浆-成矿作用的顺序以及侵入体和矿化的空间位置各不相同。研究侵入体之间的生成顺序,对于更有针对性地找矿和了解一个地区的岩浆活动历史都有重要意义。

野外常用的确定相邻两期侵入体生成顺序的标志有:①岩体穿插关系,被穿插或切割的岩体为较早的侵入体;②冷凝边和烘烤边,具有冷凝边的岩体为较晚的侵入体,出现烘烤边或接触变质现象的岩体为较早的侵入体;③岩浆岩捕虏体,晚期岩体的顶部和边部可出现早期岩体的捕虏体。在野外实际工作中,受露头条件所限,有时难以直接观察到不同岩体的接触关系,此时需要采集不同的侵入岩样品开展放射性同位素测年(如锆石U-Pb测年),进而确定不同岩体的生成顺序。

在多期次侵入岩体发育的地区部署找矿工作时,不能笼统地将多期次侵入岩的接触带作为工作的靶区。而应依据不同情况,详细研究侵入体与矿化、蚀变的时间关系和空间分带规律,进而明确与矿化关系密切的侵入体(成矿岩体)类型,并追溯其有利的控矿构造。

第六章 火山构造的控矿作用

第一节 概 述

一、火山构造的含义

火山构造是指火山作用形成的各种构造要素,包括火山喷溢、爆发以及地表下次火山侵入体(次火山岩体)及其周围岩石中产出一系列构造形迹。一个发育良好的未经破火山口发育阶段的火山构造往往由火山锥、火山口、火山通道和次火山岩体等要素构成。

火山锥是指火山喷发或喷溢出地表的火山物质环绕火山喷发中心堆积而成的锥状地质体。

火山口是指火山颈顶部的凹陷,是火山物质向外喷发或溢流的主要出口,它一般发育在未经剥蚀的现代火山锥的顶部,在古火山地区往往不再存在。

火山通道是指火山岩浆源与地表相连接的构造管道,是岩浆从岩浆房经由火山口向地表喷出的通道。火山通道中充填管状熔岩、火山角砾岩、凝灰岩等,又称火山颈。

次火山岩体(又称潜火山岩体)是指与相应的火山岩同源,由同期同一火山作用形成的浅成—超浅成侵入体。它们多数产在火山机构或火山口附近的构造中,与相应的火山岩密切共生。

不同类型火山构造的火山作用及发展历史不同,所形成的火山构造也不同。在中心型火山作用区,由于岩浆上拱及喷出物的大量堆积,形成穹状隆起构造;在裂隙型火山作用区则形成线型火山构造;在火山活动的一定阶段,由于岩浆大量喷出及中心断块下陷则形成具有环状、放射状断裂的破火山口构造;次火山岩侵入过程中还会形成一些有特色的次火山岩构造。每一种火山构造有其特殊性和复杂性。此外,在火山构造的形成过程中,往往还有区域地质构造因素参与,使火山岩区构造更加复杂。

实际资料表明,火山岩区分布有一系列具工业价值的金属矿产,如铁、铜、钼、钨、铅、锌、金、银、铀和稀有、稀土金属以及大量的非金属矿产资源,如金刚石、自然硫、珍珠岩、萤石、明矾石等。研究火山构造对寻找火山成因矿床具有重要意义。

二、火山构造的类型

火山构造根据成因及构造特征,可划分为:火山穹隆构造、破火山口构造、火山-构造洼地、线性火山构造和次火山岩构造,它们决定了矿田与矿床的位置,它们的次级构造单元(表6-1)则决定了矿床与矿体的位置。

表6-1 火山成因矿田与矿床构造类型

矿田(床)构造	矿床(体)构造	实例
火山穹隆构造	火山穹隆轴部的火山通道构造	湟留金铁矿(苏联)
	火山穹隆斜坡上的同火山洼地构造	释加内 No-1 黑矿矿床(日)
	火山双斜构造	Юбилейного 含铜黄铁矿矿床(俄)
	火山穹隆顶部放射状裂隙构造	坎拉依特多金属矿床(美)
	火山层理构造	安徽何家小岭铜硫矿
破火山口构造	破火山口中的火山通道构造	布雷登铜矿(智利)
	环状圆锥状放射状断裂构造	锡尔弗顿金-银多金属床(美)
	环状圆锥状放射状岩墙	阿尔诺碳酸岩矿床(瑞典)
	火山层理构造	青海红沟黄铁矿型矿床
火山-构造洼地	火山层理构造	阿塔苏铁锰矿(苏联)
	层间断裂构造	阿塔苏铅锌矿(苏联)
线性火山构造	线性火山通道构造	鲁德诺哥尔斯克铁矿(苏联)
	断裂构造	阿尔乌雷克金矿床(苏联)
	火山层理构造	江苏大平山铜矿
次火山岩构造	原生裂隙构造	安徽大东山铁矿
	角砾岩体构造	安徽凹山铁矿、河南祁雨沟金矿
	接触带构造	河南八宝山铁铜硫矿床
	断裂构造	丘基卡马塔铜矿床(智利)

需要说明的是,大陆火山构造和海底火山构造的成因及构造特征极为相似,但所处环境不同,在实际工作中可根据火山建造进行区分。例如分布在蛇绿岩建造、细碧角斑岩建造和绿色凝灰岩建造中的火山构造及其有关矿床是在海底火山活动中形成的。其中,除火山-次火山岩外,常有海相火山岩和火山-沉积岩系共生。

第二节 火山穹隆构造及其对成矿的控制

一、火山穹隆构造的特点

火山穹隆构造是指岩浆物质向地表运动或向外喷溢时形成的大型穹状隆起。一类是由中心型火山喷发-喷溢物堆积而成的大型穹隆,实际上它是未经破火山口发育阶段的中心型火山锥或层火山;另一类是由火山岩区的岩浆向地表垂直上拱而形成的穹状隆起;也有上述两种原因复合而成的。

火山穹隆构造平面呈圆形、椭圆形,剖面呈拱形,在卫星图像上多呈清晰的环形影像。规模大小不一,巨大的火山穹隆直径可达数十千米,小者仅数百米。大型火山穹隆构造往往是矿田赋存的场所,小型火山穹隆往往是矿床的产地。例如美国西沙斯塔多金属矿田中的铅锌矿床产在使火山穹隆构造复杂化的小穹隆中(图6-1)。

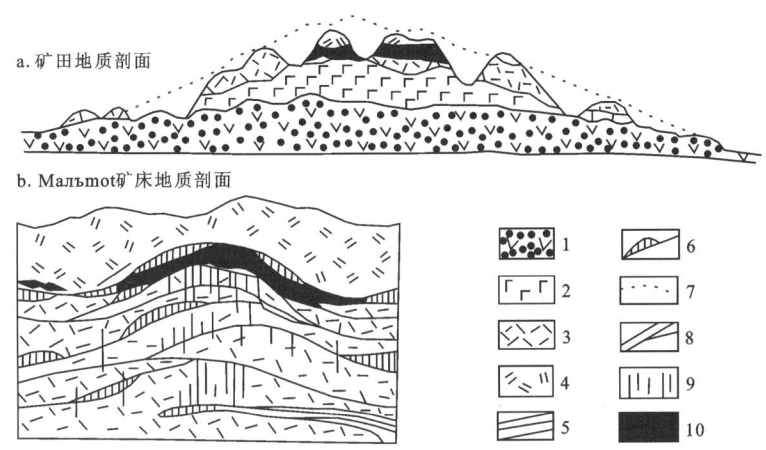

图6-1 美国西沙斯塔多金属矿田的火山-穹隆构造的结构(据 Г.Ф.雅科夫列夫,1989)
1.绿岩(流纹岩建造地层);2.下部地层;3.中部地层;4.上部地层;5.硅质页岩;6.火成碎屑岩夹层;7.页岩屏蔽层的底界;8.岩石层理面;9.劈理裂隙;10.矿体

受火山穹隆构造控制的矿床或矿体主要产在穹隆轴部的火山通道带、同火山洼地、次火山岩体以及不同物性岩层的层间裂隙或原生层理、各种断裂和片理化带中。

二、火山穹隆轴部的火山通道构造及其控矿作用

在火山穹隆轴部常存在火山通道构造,如果把火山穹隆构造视为一级构造,那么火山通道即为二级构造。单个火山通道直接控制矿床和矿体的产出,是重要的储矿构造之一。

火山穹隆中的火山通道常是无破火山口的火山通道,它们常呈筒状、锥状及更复杂的形态。产状直立或陡倾,其直径介于几十米到几千米。

关于直立的火山通道及其伴生构造形成的原因,博加茨基1978年在研究交加拉-伊利姆和安加拉-卡特斯克区磁铁矿矿床的控制构造后,提出了火山通道和其伴生的裂隙角砾岩带形成的波动机制的观点,主要的控矿构造是直立的火山通道、线状(常是放射状)裂隙带,以及近水平的和缓倾斜的裂隙角砾岩带(图6-2)。这种构造系统是由于地震过程中,由地面和其他界面反射回来的多种应力波,波振面干涉导致骨架状共振带形成。它们组成相互直交的近水平(缓倾斜的)和垂直引张-挤压体系、骨架状近直立和水平的断裂体系以及过渡性的(倾斜的)裂隙-角砾岩构造。它们全是高渗透带,可作流体物质(熔融体、热液、气流)运移的通道和良好的成矿场所。从现有资料看,由于在火山活动的初期和火山活动过程中强

烈的地震频繁出现,因而将其作为火山通道构造形成的初始因素,博加茨基的解释是合理的。但在火山喷发和喷溢、岩浆侵入及后期构造作用过程中对其进行了强烈改造。现在所看到的火山通道构造是构造-岩浆作用的最终产物。

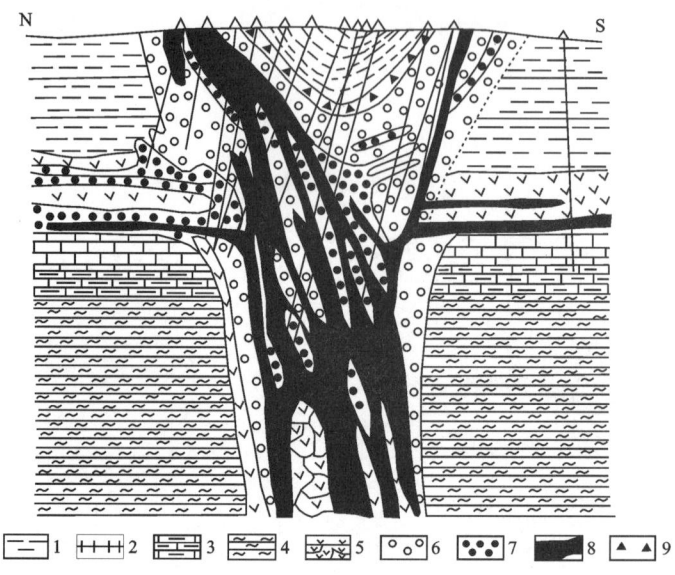

图6-2　湟留金矿床地质剖面图(据弗.伊.斯米尔诺夫,1985)

1.三叠系凝灰岩、凝灰角砾岩、层凝灰岩;2.石炭系砂岩、粉砂岩、碳质页岩、煤;3.下奥陶统石灰岩和砂岩;4.中上寒武统陆源红层;5.粗玄岩;6.交代岩(矽卡岩和绿泥石-闪石-蛇纹石化岩石);7.角砾状、细脉-浸染状磁铁矿矿石;8.富磁铁矿矿石;9.碎屑状再沉积的磁铁矿、赤铁矿和褐铁矿等矿石

火山通道的控矿作用取决于火山通道的内部结构。一般情况下,由多相分异良好的次火山岩及高渗透性充填物充填的火山通道有良好的含矿性,矿化深度也较大。

火山通道根据形状、充填物成分以及机械物理性质,可分为4种,其矿化特征也有明显的差异。

1. 具同心或浑圆形断面的筒状火山通道

这类火山通道(图6-3a)充填物主要是凝灰岩,其次为熔岩和熔岩角砾岩,属气体爆发成因,熔岩喷出起次要作用。产在这种通道中的矿床分布最广,规模也较大,矿体多为筒状、柱状、巢状和网脉状,如安拉加-伊利姆区的磁铁矿-赤铁矿矿床、美国托马斯(Thomas)山脉的萤石-硅铍石矿床、我国安徽何家大岭铁矿床。在何家大岭铁矿床中,矿体产在火山通道内的粗面安山角砾岩及裂隙密集带中,呈不规则筒状。矿体水平断面呈椭圆形,向北西陡倾斜,倾角约为80°。矿石构造为角砾状、块状,局部有浸染状。矿化强度与角砾岩的孔隙度成正比。富矿集中于火山通道的上部,属热液充填交代型矿床。

2. 圆锥状火山通道

圆锥状火山通道(图6-3b)的充填物主要是熔岩,也有少量熔岩角砾岩和凝灰岩,主要是一次或多次岩浆活动时的熔岩喷发形成的,喷发时伴有少量气体爆发。矿化仅富集在高渗透性的裂隙-角砾岩带中。矿体主要为脉状和网脉状,如科罗拉多、喀尔巴阡山等金银矿,玻利维亚的许多锡矿床。圆锥状岩颈的平缓地段常是矿化的有利部位。

3. 断面呈线状或多角形的筒状火山通道

这类火山通道是受一组或多组断裂控制的(图6-3c、d)。水平断面呈多角形,很少见。主要由熔岩和熔岩角砾岩充填,与之有关的矿床尚未见报道。

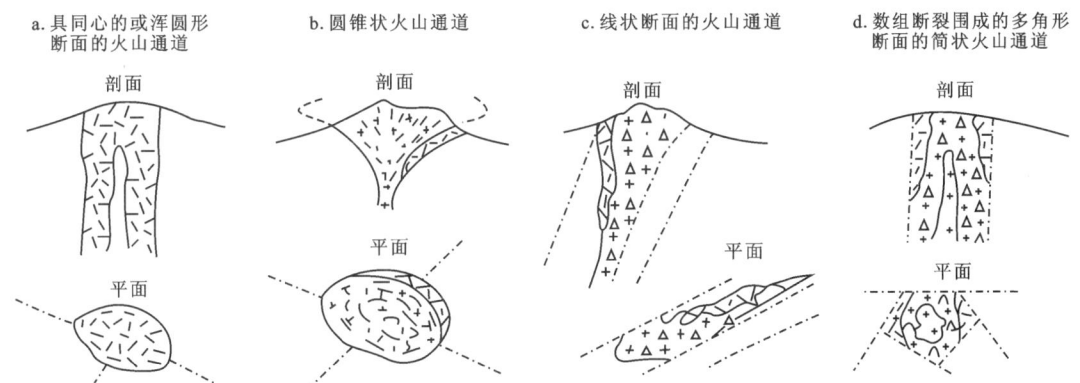

图6-3 无破火口的火山通道(据Ф.И.沃尔弗逊和П.Д.雅科夫列夫,1989)
1.凝灰岩;2.熔岩;3.熔岩及熔岩角砾岩;4.断裂;5.流动构造及产状

4. 复杂(复合)形态的火山通道

复杂(复合)形态的火山通道分布很广,充填物常是混合型的,包括熔岩、熔岩角砾岩和凝灰岩等。该类火山通道是由气体爆发和熔岩喷发交替形成的,形态也较复杂,在这类火山通道中常形成筒状和复杂形态的矿体。哈萨克斯坦产有次生石英岩型矿床和非洲一些产有稀有金属碳酸岩型矿床的复杂火山通道可作为典型实例。

三、火山穹隆斜坡上及穹隆间的同火山洼地构造及其控矿作用

同火山洼地形成时间与火山穹隆相近。常与火山穹隆相连或分布于其周边,呈负地形。其中除火山产物外还堆积有碎屑质、泥质和硅质沉积物。这类构造对火山喷流-沉积型的黄铁矿型铜矿、黑矿矿床以及铁锰的氧化物矿床的形成有重要意义。在火山喷发的晚期或间歇期,当含矿气液沿断裂或片理化带到达海底时,由于物理化学条件的改变,矿质或通过化学沉淀方式,或与尚未固结的沉积物相互作用而沉淀成矿。有时在穹隆斜坡上形成的矿石,在海水冲刷或气体爆发作用下破碎,沿斜坡向下滑动,再在洼地中堆积成矿。受洼地构造控制的矿体多为与层理整合的似层状、透镜状,如日本释加内No-1黑矿矿床(图6-4)。

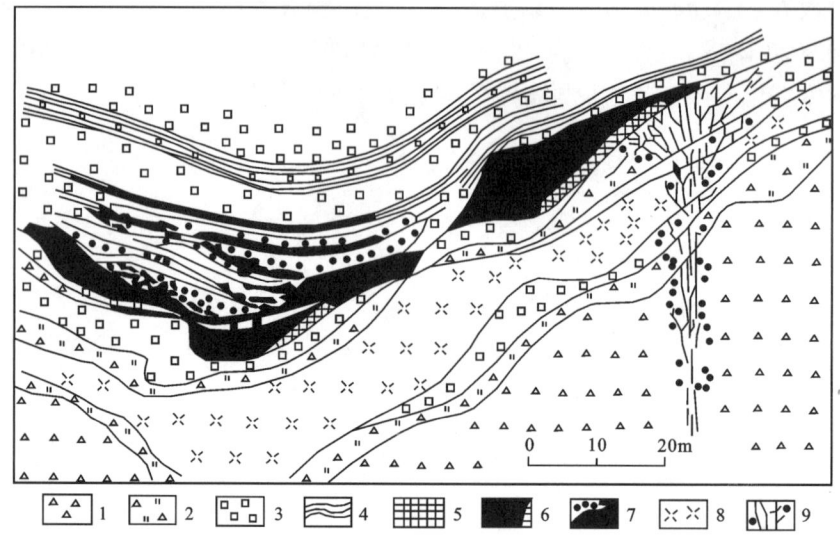

图6-4 日本释加内 No-1 矿床地质剖面示意图（据梶原良道；转引自翟裕生和林新多，1993）

1.流纹岩、火山角砾岩；2.凝灰角砾岩；3.凝灰岩和火山砾、凝灰岩；4.泥岩；5.黄铁矿；6.黄矿；7.黑矿；8.石膏；9.硫化物细脉

四、火山双斜构造及其控矿作用

在火山岩区经常发育一种特殊的形态类型——双斜构造形态（图6-5）。火山岩层顶部呈凸起构造形态，底部则呈负向构造形态，即它是由上部的背形和下部的向形构成的凸镜状构造。这种构造形态是在早期古火山洼地的基础上，由晚期的火山物质堆积形成的，从表面上看是平缓的短轴背斜构造。值得特别指出的是，在地槽发育早期阶段，海相火山岩区经常发育古双斜构造，它们是含铜黄铁矿矿床的重要控矿构造。

火山双斜构造对成矿的控制有两种情况。一是在双斜体形成之后，热液活动有利成矿部位是利于交代的岩层和不同渗透性岩层的接触带，连接双斜体脊部和屏蔽层的陡倾斜的破碎片理化带（图6-5）。二是在其形成过程中，有多阶段的成矿作用发生，形成多种类型的矿体

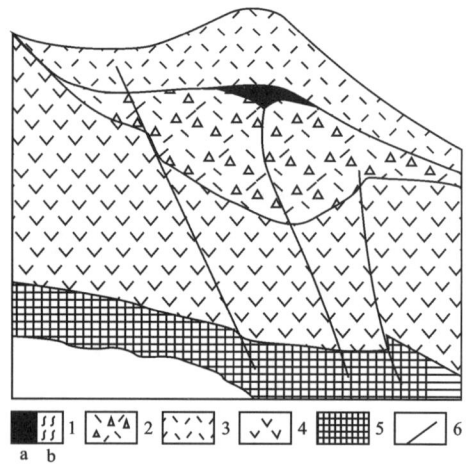

图6-5 火山双斜构造示意图
（据 Г.Ф.雅科夫列夫，1989）

1.矿体(a.致密矿石，b.细脉浸染状矿石)；2.火山通道、近通道带；3.酸性火山岩；4.基性火山岩；5.火山基底杂岩；6.断裂

共生。例如南乌拉尔 Юбилейного 含铜黄铁矿型矿床，其古火山洼地、古火山双斜构造和矿体形成经历了5个阶段（图6-6），形成了不同阶段热液-沉积型、热液交代型、热液沉

积-热液交代复合型矿体共存的格局,其下部靠近热液上升通道附近还发育原生细脉-浸染状硫化物矿化和蚀变。

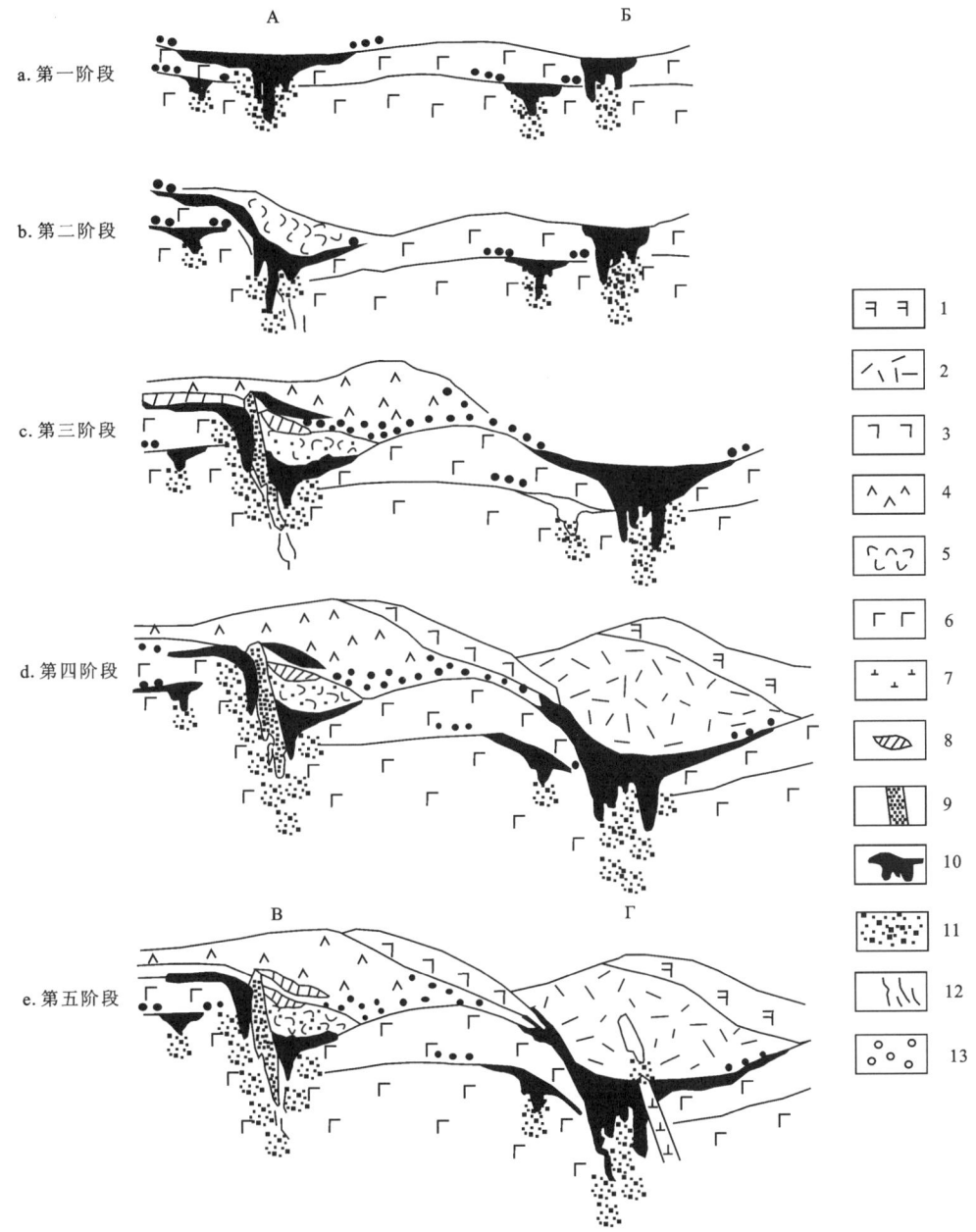

图 6-6 南乌拉尔 Юбилейного 含铜黄铁矿矿床火山构造和矿石形成过程

(据 В. И. Старостин 等,2002)

А—Б.古火山洼地;В—Г.古火山双斜构造;1～6.火山岩层(1.上玄武岩,2.上英安质岩,3.中玄武岩,4.下英安质岩,5.安山岩-英安质岩,6.下玄武岩);7.次火山岩;8～10.矿体(8.热液-沉积型,9.热液交代型,10.复合型);11.发育原生细脉-浸染状硫化物矿化的绢云母化岩;12.片理;13.火山混杂岩

五、火山穹隆顶部放射状裂隙构造及其控矿作用

这种裂隙主要分布在火山穹隆中部火山颈周围,呈放射状产出,产状以陡立为主。它们是在岩浆上升时对上覆地层的冲击作用和上隆膨胀作用下产生的,属张性裂隙。这种构造控制的矿体多是热液充填型的脉状矿体,如美国坎拉依特多金属矿田。

值得指出的是,在火山穹隆构造中,受上述构造单元控制的矿床或矿体往往围绕火山通道成群出现。而且一个矿床的形成常需要两种或两种以上的构造要素的有利配合,在找矿勘探中应予以关注。

此外,在火山穹隆构造中,常有大量次火山岩侵入,而次火山岩及其伴生构造对成矿又有非常重要的控制作用,这部分内容将在本章第五节中详述。

六、火山层理构造的控制作用

火山层理构造是重要的控矿体的构造之一。火山岩层构造控制的矿体按成因可分为3种类型。

1. 火山热液交代型

火山热液交代型常形成于火山喷发作用的晚期或间歇期。当含矿热液沿断裂、片理化带运移到易被交代的火山层理时,沿层间裂隙或孔隙渗透交代,富集成矿。这种方式形成的矿体大多呈似层状、透镜状,属于此类的有某些火山-次火山热液交代型的黄铁矿型矿床、石英镜铁矿矿床、磁铁-赤铁矿矿床、明矾石矿床等。苏联南乌拉尔的图宾,"十九大"等黄铁矿型矿床和我国安徽何家小岭铜硫矿床等较典型。

2. 火山喷发-沉积型

当火山喷发时,已分异的有用组分和岩浆相继喷至地表及空中,通过自重分异作用堆积成矿。火山喷发-沉积型特征是成层性明显,矿体呈层状、似层状产出在火山碎屑岩中。大多为贫矿,具浸染状构造,有时也形成富矿石,富矿呈凸透镜状或似层状产于贫矿层中或底部,二者为渐变过渡关系。矿床规模一般较小,如我国华南等地产于新生代玄武岩质火山碎屑岩中的钛铁矿矿床。

3. 火山喷溢型

在火山喷溢阶段,火山岩浆深部分异作用形成的矿浆溢出火山口外,堆积于火山口周围地段而形成矿床。矿体受层理构造控制,呈层状、透镜状。矿石具有块状、气孔状构造,流动构造亦较发育,云南大红山铁铜矿床中部分矿体属此类。这种成因的地表相矿体,有时可见同火山口相的矿浆贯入式矿体相连产出。

第三节 破火山口构造及其对成矿的控制

一、破火山口构造的含义和特点

破火山口构造是一个或一群火山顶部沉陷(塌陷)后形成的一种火山构造,按成因可分为两类。

(1)爆发式破火山口:由于火山的多次猛烈爆发,崩塌了火山口上部的巨量岩石而形成。与这一类破火山口有关的矿床较少。

(2)沉陷(陷落)式破火山口:由局部地壳的大型柱状断块沉陷而成。沉陷的原因是火山源范围内存在着空隙,而空隙可能是岩浆物质大量喷出地表、围岩的同化作用、气体的逸散、岩浆向四周大量侵位、该处岩浆的凝固收缩以及其他一些因素引起的。

史密斯(1962)和贝利(1968)认为,某些破火山口形成之后,经过一段时间原先沉陷的断块又会上升,形成"复活破火山口"或"复活火山沉陷",并提出了"复活破火山口"的七阶段演化模式(图6-7)。

Ⅰ.区域性膨胀和环状裂隙的产生
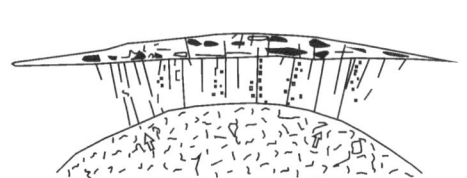

Ⅱ.形成破火山口的喷发

Ⅲ.破火山口的塌陷
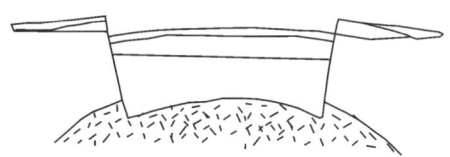

Ⅳ.复活前的火山活动和沉积作用
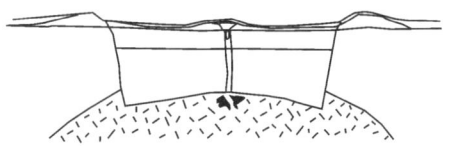

Ⅴ.复活穹起作用
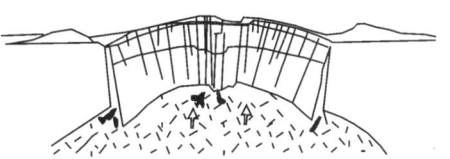

Ⅵ.主要环状裂的火山活动,最后为喷硫和温泉活动
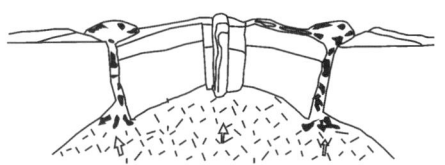

图6-7 破火山口发育阶段示意图(据史密斯,1962;转引自翟裕生和林新多,1993)

破火山口既发育于地台、地槽区,也发育于地盾区,其位置受长期发育的基底断裂或区域断裂控制,常发育在这些断裂的相交、转弯、分叉处。

破火山口形成多与中心型火山作用有关,所以平面形态以椭圆形、圆形为主。也有不规则状的。直径一般为几千米到几十千米,也有达百余千米的(如美国新墨西哥州马基昂巨型破火山口)。地形上往往是呈中心下凹的盆地,四周有由火山岩系构成的陡崖。破火山口内部的岩层近水平或向中心缓倾斜。边缘的岩层倾角稍陡(10°~30°),外围的岩层呈围斜状向外倾斜。

破火山口周边往往发育环状、圆锥状的断裂或岩墙,大型破火山口内部常发育较多的次生石英岩体、火山杂岩体、火山通道或角砾岩体,辐射状断裂、岩墙(脉)也很常见。上述构造单元在卫星图像上呈现较复杂的线环结构,以子母环与辐射状线型构造组合较常见。

构成破火山口的物质以多相火山-深成杂岩为特征。在地盾、地台区多数为超基性—碱性和碳酸岩杂岩,在地槽褶皱带和活化地台区则为流纹岩-英安岩建造、流纹岩建造和流纹-花岗岩建造,其中往往有大量的熔结凝灰岩和凝灰岩物质。

大型破火山口为控制矿田的一级火山构造。由于破火山口的形成多经历长期复杂的地质作用,如断裂的产生、火山的喷发、次火山岩的侵入等交替进行,导致多种成矿构造的形成和成矿作用的发生。因此,在含矿破火山口区矿床(体)常成簇成群产出。产在破火山口构造中的矿床主要有铜、金、银、铍、铀、稀有金属碳酸岩和其他金属矿床。

在破火山口矿田范围内,控制矿床和矿体产出的主要构造单元是火山通道、次火山岩体、岩墙、爆发岩筒和各种断裂构造。

二、破火山口中的火山通道及其控矿作用

1. 无环状、圆锥状和放射状断裂的火山通道

这类火山通道属爆发成因,经历了火山口下陷阶段。通道内充填物主要为凝灰岩,少数为凝灰岩和熔岩角砾岩,边部塌陷角砾岩发育,利于矿液渗透,充填交代成矿(图6-8a)。受这类火山通道控制的矿体有:①沿火山通道边缘发育的具环状断面的筒状、柱状矿化角砾岩型矿体与脉状矿体组合,如墨西哥皮拉列斯铜-电气石矿床;②火山通道内的巢状矿体,其形成与成矿期断裂叠加有关,如美国的霍普纳瓦哈铀矿床。

2. 环状、圆锥状和放射状断裂的火山通道

这类火山通道充填物是混合型的,其形成过程十分复杂,与多次的岩浆活动有关。沿这类火山通道边缘分布的环状构造要素是在火山活动的开始阶段产生的,最后形成于火山活动末期地面断块的陷落和坍塌时期(图6-8b)。

受这类构造控制的矿体有:①通道内环状侵入体接触带中的交代型矿床,如墨西哥的阿古奇列萤石-硅铍石矿床;②火山通道内的柱状矿体与火山通道放射状、锥状矿体组合,如瑞典阿尔诺稀有金属碳酸岩矿床;③火山通道内的具环状断面的矿化角砾岩筒状矿体以及巢状和不规则状矿体,如智利布雷登(Braden)铜矿床。

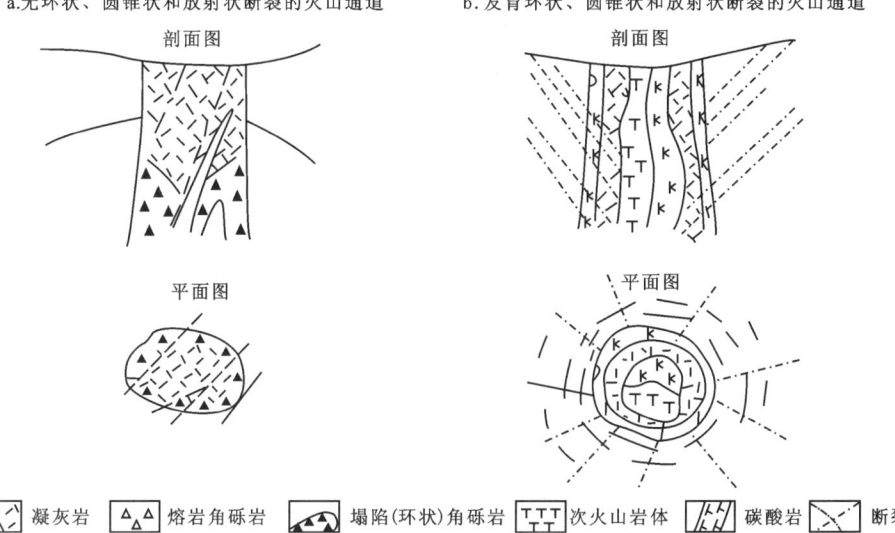

图 6-8 具下陷破火山口的火山通道构造(据 Ф. И. 沃尔弗逊和 П. Д. 雅科夫列夫,1989)

三、环状、圆锥状、放射状断裂及其控矿作用

环状(圆锥状)断裂及其一部分(半环状和弧形断裂)通常具有直立或近于直立的产状。圆锥状断裂则常常向环状构造的中心倾斜(向心倾斜),偶尔也背离中心倾斜(围斜)。断裂性质既有张性的,也有剪性的。这些断裂还常伴随放射状的大型断裂。

已有许多学者对环状和圆锥状断裂的形成机制进行了研究。涅夫斯基在综合大量的地质资料并参考实验资料的基础上,提出了 5 种可能的成因机制模型:①在岩浆向上或向下的垂直压力作用下形成环状(圆锥状)张裂隙(图 6-9a);②在岩浆向上或向下的垂直压力作用下产生大量的圆锥状向心倾斜的张裂隙(图 6-9b);③在岩浆自下而上的压力作用下,在圆锥状岩块中产生圆锥状向心倾斜和围斜的剪裂隙(图 6-9c);④在环状地垒形成过程中产生向心圆锥状张性羽裂隙(图 6-9d);⑤在环形地堑形成过程中产生围斜张性羽裂隙(图 6-9e)。其中,第一种和第二种机制模型是主要的。

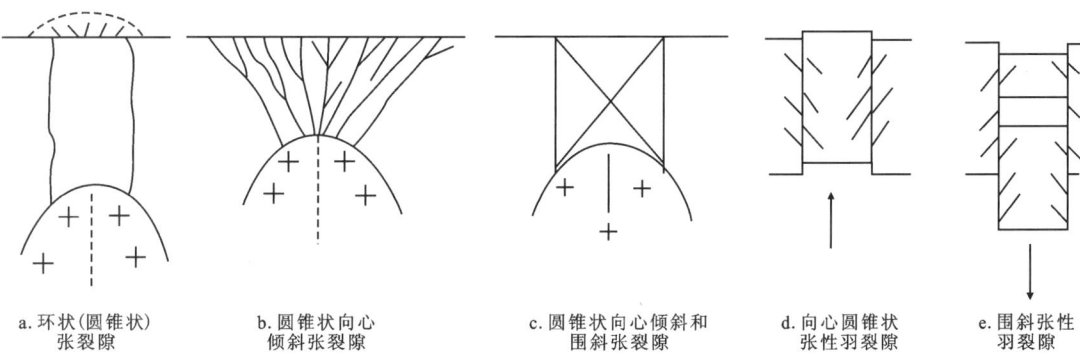

图 6-9 环状圆锥状断裂形成机制的可能模型(据改为 В. А. Невский,1979;转引自翟裕生和林新多,1993)

斯维什尼科夫曾提出环状、圆锥状断裂形成机制的可能的理论模型(图6-10),认为环状断裂是边缘岩浆源向顶板的单向主动压力造成的。岩浆房压力降低时可出现模型1的情况(图6-10a)。如果岩浆源所处的深度不大,断裂就可能有另外的形成机制。在这种情况下,气体体积因岩浆体积的减小而增加,因而具备了形成环状断裂和破火山口的条件(模型2)。模型3和模型4表示的是不同深度的岩浆源中压力增加时环状断裂发育的情况。

圆锥状断裂的形成机制模型如图6-10b所示。模型1和模型3表现的是关于岩浆源向顶部的压力增加时形成圆锥状断裂的情况,而模型2和模型4相当于中心式火山作用过程中圆锥状断裂发育的特点。

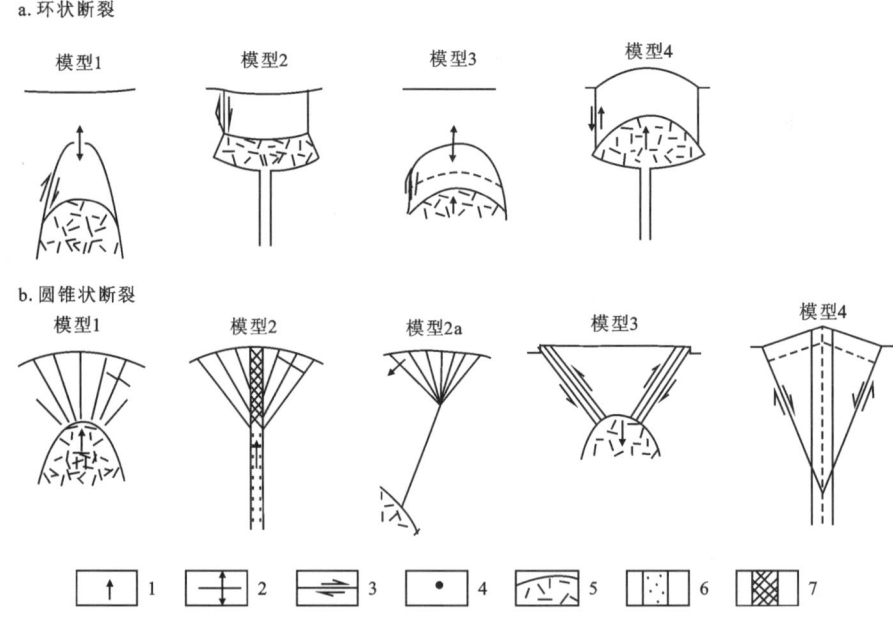

图6-10 环状和圆锥状断裂形成机制的可能理论模型
(据Е.В.斯维什尼科夫;转引自Ф.И.沃尔弗逊和П.Д.雅科夫列夫,1989)
1.单向压力的方向;2.拉张断裂;3.剪切断裂;4.圆锥状断裂的几何中心;5.岩浆源;6.喷气充填的火山通道;7.岩浆岩充填的火山通道

环状、圆锥状、放射状断裂为重要的控矿构造,产出的矿体多为脉状、网脉状,它们的空间组合受断裂形态及组合特点的控制。此外,在断裂交叉处往往形成筒状和圆柱状矿体。典型矿床(田)有美国科罗拉多的锡尔弗顿金-银多金属矿田(图6-11)、我国内蒙古闹牛山铜多金属矿床和新疆伊犁铜多金属矿床等。

四、具中心型构造的环状、锥状或放射状岩墙的控矿作用

破火山口构造中常分布着一些环状、圆锥状和放射状岩墙。在剥蚀较深的地区,它们以中心杂岩体的形式出现。对某些岩浆矿床来说,环状、圆锥状和放射状岩墙本身就是矿体,一些含稀有稀土、磷灰石-磁铁矿的碳酸岩型矿床较典型。其中,碳酸岩可呈中心岩株、圆锥状、环状或放射状岩墙产出。它们的产出与爆发作用形成的上述构造要素密切相关,如俄罗

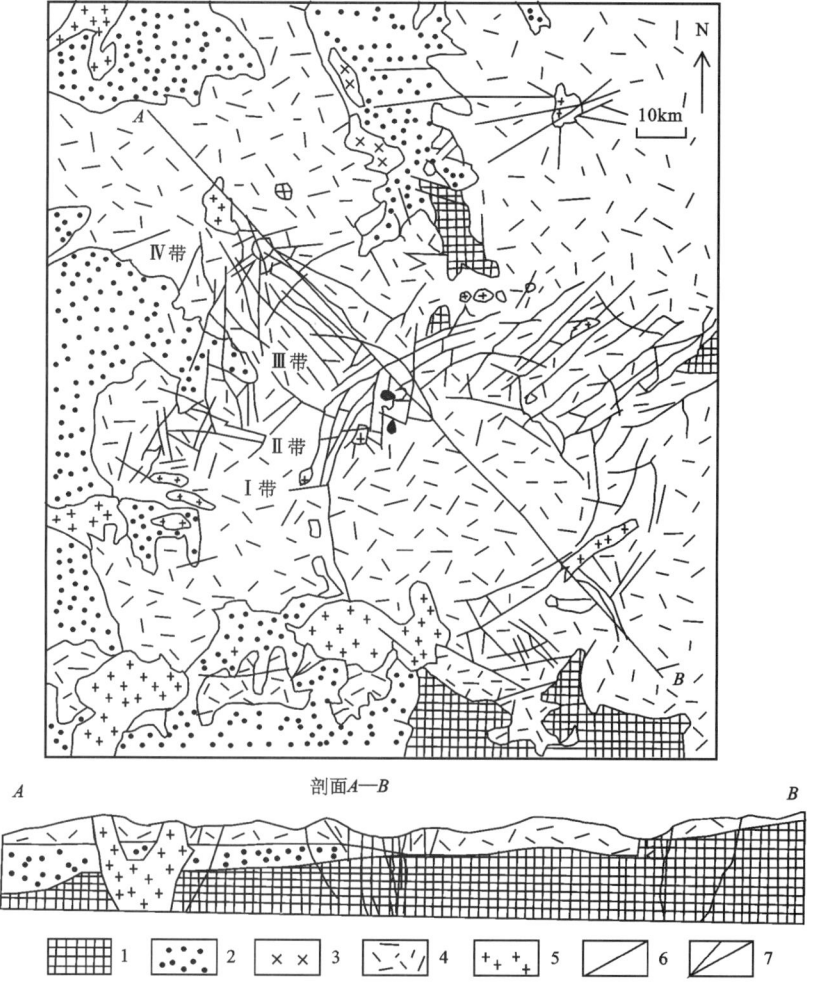

图 6-11　锡尔弗锁含矿破火山口构造示意图(据 Ф.И.沃尔弗逊和 П.Д.雅科夫列夫,1989)
1.前寒武纪岩石(侵入岩、沉积岩和变质岩);2.古生代和中生代沉积岩层;3.古近纪侵入岩;4.古近纪＋新近纪火山建造;5.新近纪侵入岩;6.大断层(包括矿化断层);7.小断层、大裂隙、岩墙和矿脉

斯科拉半岛的科夫多尔矿床和瑞典的阿尔诺矿床。

在含矿破火山口构造中,除上述主要构造要素外,火山层理构造也常是重要的储矿构造单元,它们常控制火山热液-沉积型(如青海红沟黄铁矿型铜矿),充填交代型及少部分岩浆喷溢型矿床(体)产出(如智利拉科铁矿)。

综上所述,在火山岩地区,破火山口构造是控制矿田产出的最重要的控矿构造之一。大多数情况下,矿床或矿体既产在破火山口构造特有的环状、圆锥状、放射状断裂,岩墙及次火山岩构造中,部分受火山层理构造控制,它们常围绕火山通道构造成群出现。一般来说,最大的筒状和柱状矿体往往赋存在断裂交切处、火山通道和爆发岩筒中。所以,破火山口内的火山通道、爆发岩筒以及断裂交会处是寻找大矿富矿的构造标志。

第四节 火山-构造洼地、线性火山构造及其对成矿的控制

一、火山-构造洼地及其对成矿的控制

火山-构造洼地一般属构造-岩浆活化区的盖层构造,其基底由前寒武纪变质岩或古生代侵入岩和强烈变动的火山-沉积岩组成。洼地的平面形态为浑圆状或不规则状。火山-沉积盖层通常向洼地内部缓倾,沉积物厚度不大(近 1.5km)。在洼地的火山—沉积盖层之下一般隐伏有老的基底断裂,在洼地形成时,这些老断裂复活并切入洼地的岩层中。此外,在洼地内部,尤其是在其底部形成平缓的层间断裂,而各种成分的次火山岩体和岩墙以及火山角砾岩体则均赋存在陡倾斜的断裂中。与破火山口构造不同的是火山-构造洼地没有发生地壳块体较大规模的下陷。

与火山构造洼地有关的矿床有铁、锰、汞、金、银和多金属矿床等。矿体分布在陡倾斜和缓倾斜的层间断裂中,而且主要富集在洼地的地层中。矿体主要为似层状,次为脉状和不规则网脉状,如苏联阿塔苏铁、锰、铅、锌矿床。基底岩石中的矿体比较少见。

根据由造山阶段火山岩组成的具体地段侵蚀切割的程度和火山-构造洼地的结构特点,在地表可以确定各种不同类型的矿床侵蚀切割程度不同,其各段的找矿远景也不同(图 6-12)。

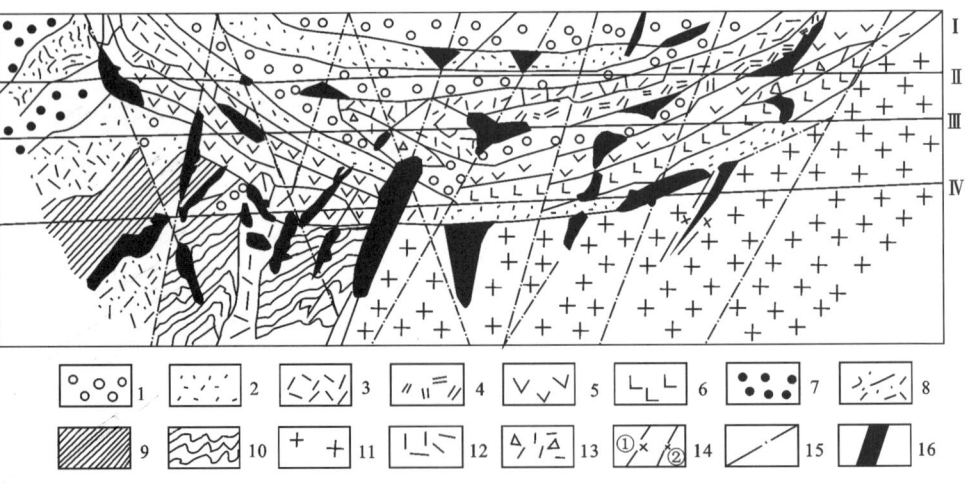

图 6-12 具有不同侵蚀切割水平的火山-构造洼地的矿床分布略图
(据 В.М. Константмнов;转引自 Г.Ф. 雅科夫列夫,1982)

造山阶段产物:1.砾岩;2.砂岩;3.玄武岩;4.安山岩;5.英安岩;6.流纹岩。地槽型陆源地层:7.砾岩,8.砂岩,9.粉砂岩、泥岩。基底岩石:10.片岩、片麻岩-片岩;11.花岗岩类;12.潜火山岩体;13.古火山机构;14.酸性岩墙①、中性岩墙②;15.断裂构造;16.矿体。Ⅰ~Ⅳ.不同的侵蚀切割水平(Ⅰ.侵蚀不深,Ⅱ.中等侵蚀,Ⅲ.强烈侵蚀,Ⅳ.深侵蚀)

二、线性火山构造及其控矿作用

线性火山构造是由裂隙型火山喷发作用形成的。线性火山构造受深断裂和区域断裂控制,一般规模较大,延伸较远,可达数十千米或更长。

火山喷发物呈带状分布。顺展布方向岩性、岩相和厚度变化小,而垂直方向变化急剧。火山碎屑岩在裂隙型火山通道本身及其附近厚度大,粒度较粗,向外急剧变薄、变细。基性熔岩流的情况相反。

在线性火山构造中,发育裂隙型火山通道和次火山岩体,它们呈整个线状构造延伸。在构造变宽的地方,偶尔出现大型的椭圆形火山机构。

线性火山构造常为控制矿田或矿床的一级火山构造。例如哈萨克斯的一些线状火山构造中,形成了具有火山成因的喷气-交代型有色金属硫化物矿床。我国西北甘肃、青海地区亦有一些线状火山构造控制的矿田(床),如青海错沟-石居里火山岩带呈北西向线状展布,主体由早奥陶世沿断裂溢出的玄武岩、辉绿岩组成北西向火山岭,两翼分别为对称分布的玄武质火山碎屑岩,来源于火山岭的基性火山质砾岩、砂岩以及硅质岩等。沿该火山岭有多个火山热液型铜锌和铜铅锌(银、金)多金属硫化物矿床(点)产出。

在线性火山构造中,矿床和矿体分布在火山通道构造、次火山岩构造、断裂裂隙及层理构造中。

1. 线性火山通道及其控矿作用

线性火山构造的火山通道构造主要为线形,也有筒状和其他复杂形态的。它们是由线状断裂有关的气体喷发和熔岩喷发交替作用形成的,常为凝灰岩、熔岩及熔岩角砾岩充填(图6-4c),属无破火山口的火山通道构造之一。由于控制火山通道的基底断裂的继承性活动以及通道充填物具有较大的孔隙度和良好的渗透性,故常成为良好的储矿场所,多形成复杂的浸染交代矿体和沿通道内及附近断裂分布的脉状矿体。矿石类型复杂,矿化范围宽阔,矿化深度较大,可达0.5~1.5km,如苏联鲁德诺哥尔斯克铁矿床。

2. 断裂构造的控矿作用

在线状火山构造中,纵向和横向的断裂叠加强烈。它们多属于构造成因的断裂。在火山通道及次火山岩体的边缘,常出现平行或交错产出的断裂。

在苏联阿尔马雷克矿区中,由同时代的火山通道相和次火山相的火山岩构成的线状火山构造,在缓倾斜线状断裂与火山通道相岩石及次火山岩体交切处形成岩石强烈蚀变(次生石英岩化),并产出金矿体,其特点是具角砾状构造和胶状构造,而且矿体上部和矿上岩层含银、砷和锑等。矿体下部与矿下岩层含锌、铅、铜、钼和铋等。

3. 火山层理构造对成矿的控制

火山岩的层间或层内的裂隙带、角砾岩带以及岩性差异界面等也是线性火山构造中常见的储矿构造之一。受这种构造控制的矿体常呈似层状或透镜状,矿体下盘多有较陡立的断裂构造作为矿液运移的通道。

江苏某细脉浸染状铜矿床可作为典型实例。在该矿床中,矿体产于上侏罗统龙王山组粗安质火山岩中,矿体为走向北东的透镜体群,略向北西倾斜(倾角小于10°),沿倾向呈斜列展布。矿体长1100m,最大宽度为240m,最大厚度达120m。矿体直接受火山岩中平缓的层间破碎带以及裂隙带控制,走向北东的基底断裂可能是导矿构造。

第五节 次火山岩构造及其对成矿的控制

一、次火山岩构造的含义、特点

次火山岩构造是指在次火山岩发育过程中所形成的构造要素的总和。

由于次火山岩体是在浅成—超浅成的环境下形成的,岩体的迅速冷凝和高压流体的强烈作用,使岩体内部的原生裂隙及角砾岩体十分发育。成矿期构造裂隙叠加也比较强烈,而热流变构造不发育。

在剥蚀较浅的火山岩区,它们常作为前述火山构造中的控矿构造单元之一。在强烈剥蚀区,它们常成群成带分布,形成次火山岩群,在空间分布上受构造断裂控制,多组断裂交会部位常是次火山岩田及与其有关的矿田(斑岩型、玢岩型矿田和矿床)产出的有利部位。次火山岩体的接触带、原生裂隙、各种成因的角砾岩体及叠加的构造裂隙等,则直接控制矿床和矿体的产出位置、形态、产状及矿床的规模。

二、次火山岩体原生裂隙构造的控矿作用

次火山岩体中原生裂隙构造很发育,主要有水力裂隙(详述见第五章)、边缘冷缩裂隙带、层带状裂隙带、钟状构造等,它们常成为重要的容矿构造。

1. 边缘冷缩裂隙带

边缘冷缩裂隙带产于次火山岩体内侧,由密集的层节理组成,成群出现,并伴有斜节理。它们与接触带及岩体边部的片理化带大致平行产出。

在小岩瘤边缘形成的冷缩裂隙,常控制小型富矿脉产出。例如安徽凹山玢岩铁矿床边部的磁铁矿矿脉成群出现,彼此平行(图6-13)。

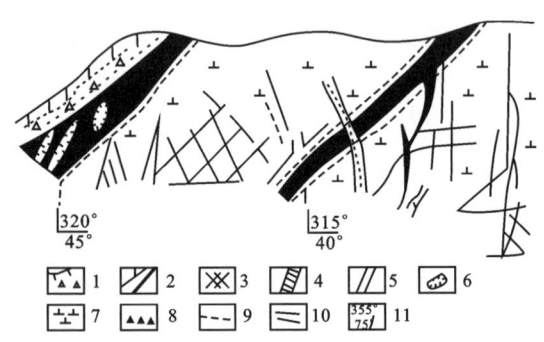

图6-13 凹山115m台阶部面(旧采坑)图
(据翟裕生等,1981)

1.坡积层;2.磁铁矿矿脉;3.网状裂隙;4.细粒闪长玢岩脉;
5.磷灰石脉;6.伟晶阳起石;7.辉长闪长玢岩;8.断裂角砾岩;
9.片理化带;10.节理;11.产状

2. 层带状冷缩裂隙带

层带状冷缩裂隙带是一种比较复杂的冷缩裂隙,多产在较大的次火山岩体的隆起部位。由于岩体较大、埋藏较深(与小岩瘤比),不同地段冷凝顺序不同,逐步逐段"退缩式"冷却,致使裂隙系统发育也不均匀。裂隙发育带与不发育带平行相间出现,形成层带状构造。当这些缓平的多层状裂隙与一些陡立的裂隙连通时,能构成大规模的矿化裂隙带。它们控制的矿体显示一定的方向性,大致呈似层状或透镜状,与岩体接触带表现平行趋势,而且是多层的(图6-14),矿化深度可达200~300m。矿石为均匀浸染状、细网脉状及似角砾状贫矿。这种构造可控制大型贫矿床的形成,例如安徽省陶村及南山深部的大型贫铁矿。

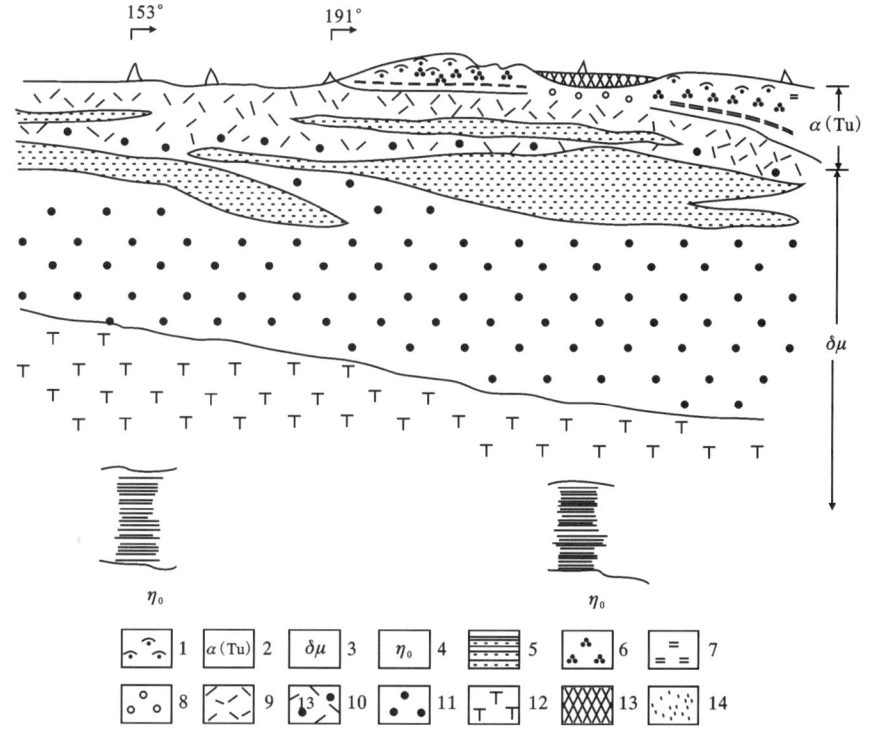

图6-14 陶村—南山铁矿纵剖面图(据宁芜研究项目编写小组,1978)

1.高岭石岩;2.安山岩(凝灰岩);3.辉长闪长玢岩;4.花岗岩类;5.角岩(变质砂岩);6.石英岩;7.黄铁矿-绿泥石-钠长石岩;8.透辉石-石榴子石岩;9.磷灰岩-阳起石(透辉石)-钠长石(蚀变的方柱石)岩;10.磷灰石-阳起石-钠长石岩;11.阳起石-钠长石岩;12.含透辉石-钠长石岩;13.块状假象赤铁矿;14.钠长石(蚀变方柱石)-磷灰石-磁铁矿矿石

3. 钟状构造

钟状构造是次火山岩体边缘冷缩裂隙带中比较独特的类型,多出现在侵入部位较高的小型岩瘤中。当这些岩瘤侵入火山岩层时,岩瘤顶面凸起,应力集中。围岩裂隙发育,岩体外壳迅速冷缩,内侧岩浆退缩,冷却壳下产生暂时"虚脱",并可伴随局部的塌陷,形成平行于岩瘤外壳的钟状裂隙,其截面常呈环状。这种裂隙的性质是张性的,由于张开空洞大,有利于后来的矿液或矿浆充填,形成钟状矿体,矿石品位较高,多为富矿体,如安徽大东山铁矿床(图6-15)。

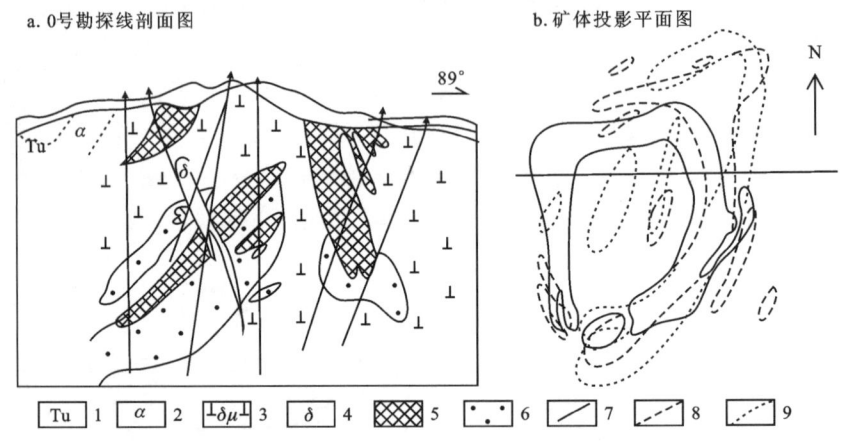

图6-15　大东山铁矿矿体投影及剖面图(据翟裕生等,1981)
1.凝灰岩;2.安山岩;3.辉长闪长玢岩;4.闪长玢岩脉;5.铁矿体;6.透辉石化岩石;7.+25m水平;8.-25m水平;9.-75m水平

三、角砾岩体构造及其控矿作用

角砾岩体构造是浅成岩浆作用的一种特殊形式,在多数情况下同浅成侵入体和次火山岩紧密伴生,并与金属矿化有密切的空间和成因上的联系,是次火山岩矿床的重要控矿构造。许多斑(玢)岩型矿床,如斑岩铜矿、钼矿、金矿、锡矿、铀矿、稀有金属矿床、玢岩铁矿及金刚石矿床都赋存在角砾岩体构造中。含矿的角砾岩体按成因不同可分为隐爆角砾岩、塌陷角砾岩和侵入-接触角砾岩。

1.隐爆角砾岩体及其控矿作用

隐爆角砾岩体是指在地下一定深度由气体爆发作用形成的角砾岩体。这是次火山岩分布区最重要的控矿构造类型之一。其形成机理是:在火山岩浆演化的一定阶段,常形成富含挥发分的岩浆。当这种岩浆迅速上升到地壳浅部,物理化学条件骤变,主要是压力突然降低,导致岩浆具有盈余能量并迅速气化和分熔。挥发分在岩浆柱顶部大量聚集,剩余能量释放引发气体强烈的地下爆炸(破)作用,热能、内能转变为机械能,使周围的岩石强烈破碎,形成隐爆角砾岩体。爆发作用产生的角砾岩也可以在快速上升的气流作用下(流化作用)进行远距离迁移,从而形成"侵入角砾岩体(脉)"。隐爆角砾岩主要有以下特征。

(1)它们主要分布在次火山岩或浅成岩体的顶部及附近的围岩中。有些则受断裂控制,产在各种岩石中,分布在断裂的弯曲、交切及分叉部位。

(2)它们与围岩呈"侵入状"接触关系,常呈筒状、蘑菇状、不规则状、脉状、岩墙状等,一般上大下小,随深度增加而逐渐尖灭。

(3)角砾大小不一,一般为几毫米到几十厘米,大的可达几米,无分选性,有明显位移。角砾多呈棱角状,有时也见有半浑圆状到浑圆状。在"侵入角砾岩体"中则以后者为主。

(4)组成角砾岩体的角砾主要是斑(玢)岩和附近围岩的角砾,也有少量来自深部岩石的角砾。胶结物主要是气成热液矿化和同源熔浆物质,也有同成分的碎屑物。在剥蚀较浅的矿床中,可见不同类型角砾岩的垂向分带。例如河南祁雨沟金矿,从深部斑岩向上依次出现斑岩角砾→复成分角砾→片麻岩角砾→安山岩角砾(图6-16)。主矿体主要产于石英绢云母化斑岩角砾带和复成分角砾岩带中,其上有少量脉状矿体产出。

(5)常具明显的构造水平分带,一般从中心向外为强角砾岩化带→弱角砾岩化带→裂隙化岩石带→裂隙不发育的围岩(图6-17),在裂隙化岩石带内侧常出现压性弧形断裂及放射状断裂。

(6)隐爆角砾岩通常都具有较强烈的热液蚀变,但含矿性差别较大,一般与分异良好的侵入体伴生的角砾岩体,有成矿期断裂叠加和矿化蚀变具多阶段性的角砾岩体含矿性较好。由于疏松多孔的隐爆角砾岩体是矿液渗透和充填的有利场所,当有充足的含矿热液来源时,能够形成大型矿床,如我国的安徽凹山玢岩铁矿、智利的埃尔-萨尔瓦多、秘鲁的托克帕拉斑岩铜矿等。

隐爆角砾岩体的矿化富集常见有3种形式:①全筒式-整个角砾岩体都富集成矿(如安徽凹山铁矿、城门山铜钼矿床);②矿化富集于角砾岩体周边,横断面呈环状、半环状(如纳米比亚楚梅布多金属矿床);③复合式-筒状矿体或环状矿体与中细脉状、网脉状及其他类型矿体结合,共生产

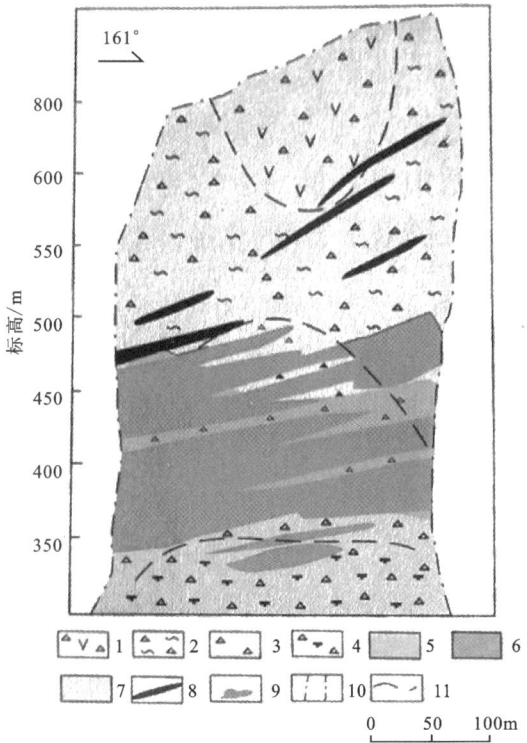

图6-16 河南祁雨沟J4角砾岩筒勘探线剖面图
1.安山岩角砾;2.片麻岩角砾;3.复成分角砾;4.斑岩角砾;5.钾长石化带;6.石英绢云母化带;7.青磐岩化带;8.脉状矿体;9.不规则状矿体;10.角砾岩体边界;11.不同成分角砾岩分界线

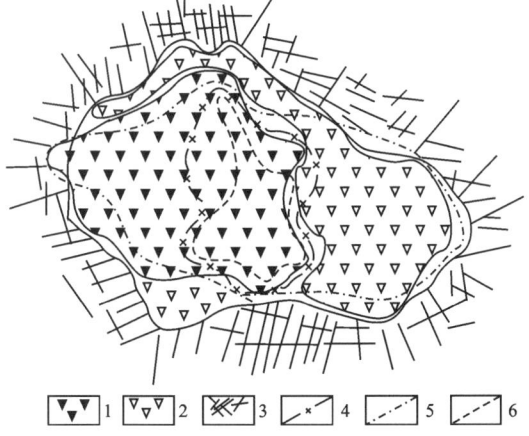

图6-17 欣干锡矿床中央岩筒平面简图
(H.H.索洛维耶夫;转引自翟裕生和林新多,1993)
1.强角砾岩化带;2.弱角砾岩化带;3.节理裂隙发育的次火山花岗斑岩;4.石英-绿泥石细脉界线;5.普通工业矿石界线;6.工业富矿界线

出。一些碳酸岩型和钍-稀有金属热液型矿床及不少斑岩型铜矿、金矿都属这种类型。

在角砾岩筒中,矿石多为角砾状,矿石矿物大都和气成矿物一起赋存在角砾孔隙中呈胶结物的形式出现,也有部分呈细脉状和浸染状产出,在某些矿床中(如铁矿床、黄铁矿矿床中)可形成块状富矿石。

2. 塌陷角砾岩体及其控矿作用

塌陷角砾岩通常位于次火山岩体顶部,是由岩石塌陷形成的。引起岩体顶部岩石塌陷的原因可能有以下几点。

(1)岩体冷凝过程中的收缩裂隙和虚脱空洞,进一步发展成为局部的塌陷。

(2)聚集在岩体冷却壳下的气泡出熔而引起塌陷作用。当深成岩体与富水围岩接触时,表面迅速凝结成一个相对不透水的固体壳。岩浆水不断从当时仍处于半熔融状态的岩体中出溶向上部运移,在冷却壳下聚集一个气液空间(气泡)。蒸气压力的增大导致发生穿透作用,当冷却壳中存在张力(冷却壳进一步冷缩、与围岩摩擦及构造应力影响)时穿透作用更易发生,使气体沿冷却壳中形成的裂隙逸散,蒸气压力降低,导致气泡顶部和边部的岩石坍塌,充填了原来气泡占据的空间,形成塌陷角砾岩体。

(3)隐爆角砾岩筒的顶部,因震裂和塌陷作用而形成塌陷角砾岩。

塌陷角砾岩往往分布在岩体顶部,平面呈椭圆状,剖面呈盆状或筒状。角砾岩体的下部主要是岩体本身的碎块和角砾,顶部可以出现围岩角砾和碎块。角砾主要呈棱角状、板状角砾。在岩体(筒)边部和顶部接触带附近,板状断裂和石板状角砾尤为发育(图 6-18)。

岩筒中岩块上、下错落,具有大量空洞,是良好的储矿构造。例如墨西哥卡纳内阿矿区杜鲁斯塌陷角砾岩筒和安徽凹山铁矿床顶部的塌陷角砾岩体,前者控制了环状铜矿体的产出,后者则是富铁矿产出的部位。

安徽凹山铁矿床是隐爆角砾岩和塌陷角砾岩联合控矿的典型实例。该矿床位于凹山辉长闪长玢岩体的瘤状凸起部位,是受多种构造要素控制的大型铁矿床。控制主要矿体产物的角砾岩体,平面呈椭圆形,剖面呈中部膨大的筒状(图 6-19)。

中下部为隐爆角砾岩,棱角状辉长闪长玢岩角砾广泛发育,位移明显,胶结物为磷灰石-阳起石-磁铁矿,岩筒边缘发育弧形断裂,主要形成中—低品位矿石,总体呈偏态蘑菇

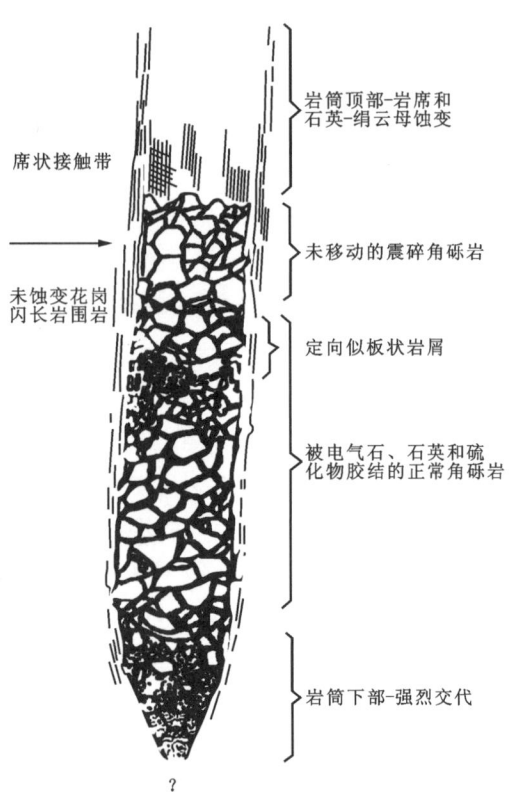

图 6-18 塌陷角砾岩体模式图
(据 Sillitoe and Sawkins,1971)

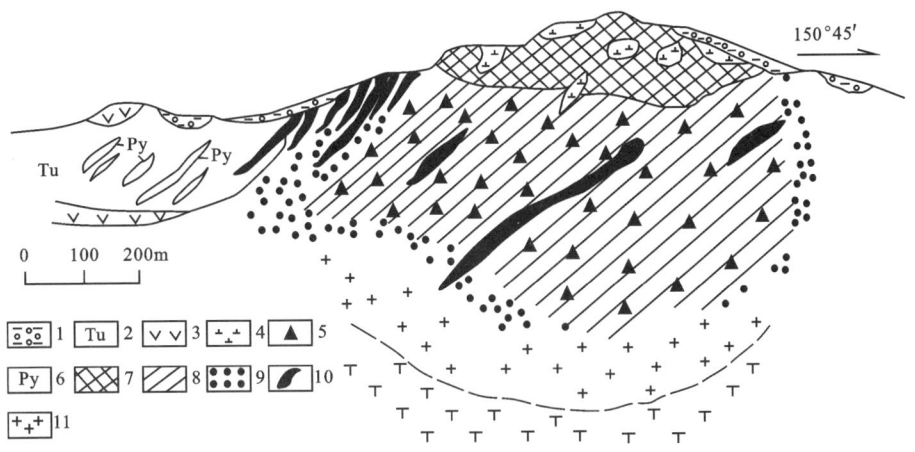

图 6-19 凹山铁矿床地质剖面图(据翟裕生和林新多,1993)

1.第四系坡积物;2.凝灰岩;3.安山岩;4.辉长闪长玢岩;5.隐爆角砾岩和充填交代角砾岩;6.黄铁矿矿石;7.顶部塌陷角砾岩带(富铁矿石带);8.中品位铁矿石;9.贫铁矿石;10.富铁矿石;11.细粒闪长玢岩岩脉

状。上部角砾岩带中,角砾比较规整,多为矩形和枕状及带有刀把式"尾巴"的碎块,并保留有原生平缓节理以及断陷岩块,发育大量伟晶状矿石和张开空洞,总体上呈盆状,说明这种角砾岩是由岩体顶部塌陷作用形成的。它是凹山矿床富铁矿石产出的主要部位。

此外,该矿床中边缘冷缩裂隙带和构造裂隙带也很发育,前者控制了部分富矿脉产出,后者则主要叠加在角砾岩体上,也是导致角砾岩体中矿化富集的重要构造因素。

3.侵入-接触角砾岩及其控矿作用

这种角砾岩是岩浆机械侵入时,对围岩发生冲击作用致使围岩破碎而形成的,它产生于冲击力最集中的部位——侵入前缘带。侵入-接触角砾岩的分布严格受接触带的控制,在岩体和围岩性质差异大时较发育。常见于次火山岩体与前火山岩系岩石(灰岩、砂岩、页岩)的接触带上,往往呈透镜状、似层状产出。角砾成分复杂,主要为岩体和各种围岩角砾,并为岩浆岩所胶结,角砾大小混杂,并有轻度位移。常遭受矿化、碳酸盐化、硅化等。单一的侵入-接触角砾岩含矿性较差,而断裂复合侵入-接触角砾岩带常成为重要的控矿构造。宁芜凤凰山、前钟山、和睦山等矿床,就是产于这种构造中的气液充填-交代矿床。矿体和角砾岩体的形状相似,主要呈似层状、透镜状。角砾岩化强烈地段,矿体有变厚趋势。矿体中常残留围岩的角砾。

四、侵入接触带构造的控矿作用

次火山岩和围岩的接触带构造,也是常见的储矿构造之一。在一些矿床中,它常与其他类型构造结合控矿。在另一些矿床中,矿体的产出主要受接触带构造控制(参见第五章第四节)。

第六节 火山-构造矿化模式

上面所述的火山构造及其所控制的矿床,都不是孤立存在的,它们形成于一定的火山作用阶段,在空间上分布有一定的规律,成因上有联系。但不同的构造类型所控制的矿床类型和矿化特征又有一定的差异。研究这种规律性,对找矿勘探有一定的指导意义。

在一个未经破火山口发育阶段的中心型火山作用区内,围绕火山活动中心,可以同时存在多种火山构造控制的矿床和矿体。这种火山构造及其有关的矿床在形成时代相近、空间上密切共生,在成因上有密切联系,可以用一个简单的火山构造-矿化模式加以概括(图6-20、图6-21)。

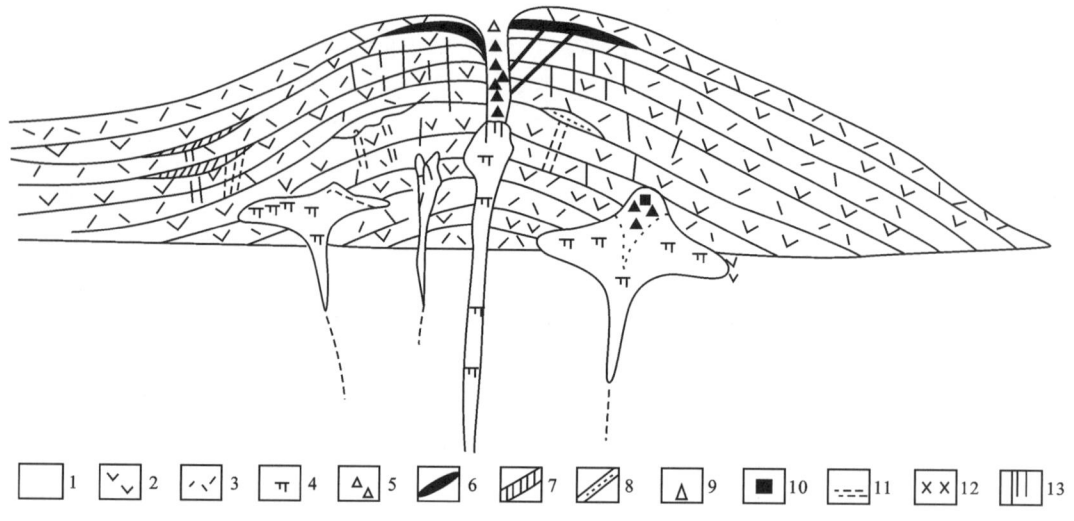

图6-20 一个简单的火山构造-矿化模式图(据姚书振,1983)

1.前火山岩系;2.火山熔岩;3.火山碎屑岩;4.次火山岩;5.火山通道相角砾岩筒控制的矿体;6.火山层理构造控制的喷发-沉积和喷溢型矿体;7.火山层理构造控制的充填交代型矿体;8.同火山洼地构造控制的矿体;9.隐爆角砾岩控制的矿体;10.塌陷角砾岩控制的矿体;11.原生冷缩裂隙构造控制的矿体;12.侵入接触构造控制的矿体;13.断裂裂隙构造及其控制的矿体

经过破火山口发育阶段的火山构造,由于火山喷发堆积、塌陷、穹起、岩浆侵入、断裂叠加和热液活动的多次发生,形成多种结构较繁杂的破火山口构造及其有关矿化。Sillitoe和Bonham(1984)曾探讨了破火山口构造对金、银矿床的控制,初步建立了有关的理想模式(图6-21)。线状火山构造及其有关的矿化也有自己的特点,有待进一步研究和总结它们的规律性。

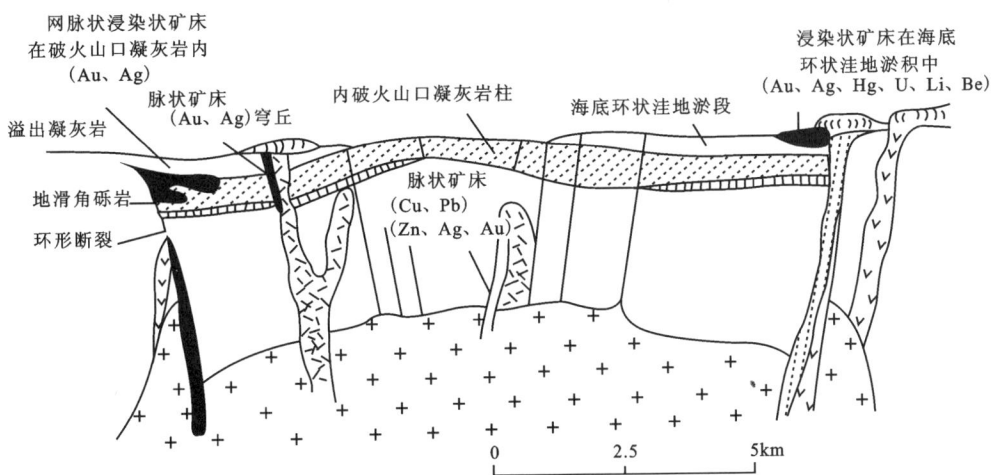

图 6-21 与谷型破火山口有关的可能矿床理想模式（据 Sillitoe and Bonham,1984）

第七章 岩浆-热液矿床的聚矿构造系统

第一节 概 述

各种构造类型的成因、特点及其控矿作用,前几章已重点论述。近年来,随着找矿难度的加大和现代找矿方法的发展,研究开始聚焦于聚矿构造系统,特别重视大、中型矿床的聚矿构造系统。聚矿构造系统与成矿构造一脉相承,是成矿构造研究的继承与深化,本章拟从系统论的视角探讨构造控矿规律,重点研究聚矿构造系统的主要类型及其特征,总结典型矿床(田)聚矿构造的结构与矿体空间展布的规律性,为寻找隐伏的矿床(体)提供新思路。

重要的聚矿构造系统按照矿床成因类型不同,可分为岩浆矿床、伟晶岩矿床、岩浆期后热液矿床、沉积-热水沉积矿床、变质矿床和油气矿床六大类聚矿构造系统,每一大类可进一步划分若干亚类。本章重点阐述岩浆矿床、伟晶岩矿床、岩浆期后热液矿床等主要类型矿床聚矿构造系统的特征及其控矿规律。沉积-热水沉积矿床、变质矿床和油气矿床聚矿构造系统将在后续章节中予以阐述。

第二节 岩浆矿床的聚矿构造系统

一、岩浆矿床产出的构造地质环境及聚矿构造

岩浆矿床是指各类岩浆通过结晶作用与分异作用,使分散在岩浆中的成矿物质得以聚集而形成的矿床。该类矿床主要与基性、超基性岩有成因联系,少数与碱性岩或酸性岩有关。矿体与岩浆岩是同时或近同时形成的,矿体多产于岩体内,含矿围岩即为成矿母岩,矿体与围岩多呈渐变过渡关系,少量呈截然接触(如贯入式矿体)。矿石矿物成分与围岩基本相同。主要矿床类型包括铬铁矿、钒钛磁铁矿、铂族元素(PGE)、铜镍硫化物矿、金刚石等矿床。

在地壳中不同构造单元的结合带以及同一构造单元中次级构造单元的交接处,深大断裂常常是导岩导矿构造,它们常控制着基性、超基性岩浆岩带及其中的岩浆矿田和矿床的分布。板块缝合带与蛇绿岩套中常产有镁质超基性岩,可产出铬铁矿矿床(阿尔卑斯型)。裂谷早期或弧后绿岩带的橄榄质科马提岩中,常有铜镍硫化物矿床产出。金刚石矿床常与大陆板块内深大断裂形成的金伯利岩及钾镁煌斑岩有关。大陆板块内部热点、裂谷形成的层状基性—超

基性侵入体一般规模较大、分异良好,常与铬铁矿矿床、PGE 矿床、钒钛磁铁矿矿床有关。

这类矿床矿体的聚矿构造主要为火成堆积构造、岩体中的原生破裂构造以及附近围岩中的断层和裂隙。不同的岩浆矿床的聚矿构造系统如图 7-1 所示,该图反映了岩浆矿床的主要构造岩石条件和矿体构造类型,具体为:①火山、次火山岩中贯入式矿体;②金伯利岩筒;③金伯利岩脉;④岩被状及贯入式复合型矿体;⑤岩浆多期次侵入带中的矿体;⑥原生节理中的矿体;⑦复合型矿体;⑧产于围岩裂隙中的贯入式矿体;⑨层带状矿体;⑩底部矿体;⑪围岩弯曲部位的矿体;⑫圆柱状、圆锥状、放射状矿体。

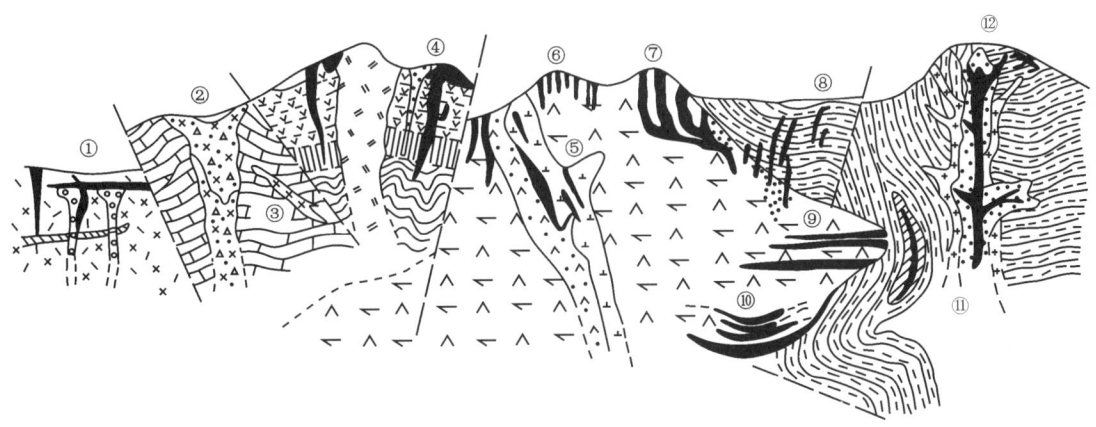

图 7-1 岩浆矿床矿体构造类型综合示意图(据池三川,1979)
1.正长岩或正长斑岩;2.角砾云母橄榄岩;3.辉橄岩;4.基性岩;5.中性岩;6.花岗岩;7.金伯利岩脉;8.凝灰岩;9.千枚岩;10.矿体;11.次火山岩;12.晚期脉岩;13.碳酸岩体;图中①~⑫数字分别代表各控矿构造类型

二、主要类型岩浆矿床的聚矿构造系统

本节主要阐述岩浆结晶分异矿床、岩浆熔离矿床、岩浆爆发矿床的聚矿构造系统。

1.岩浆结晶分异矿床

岩浆结晶分异矿床与岩浆的结晶分异作用有关,在岩浆冷凝过程中由于不同矿物先后结晶和矿物密度的差异,岩浆中不同组分相互分离。若矿石矿物的结晶早于硅酸盐矿物,则形成早期岩浆分结矿床,如加拿大的穆斯柯克斯层状超基性侵入体、南非的阿扎尼亚布什维尔德杂岩体、我国的河北钒山杂岩体(P-Fe)等。若矿石矿物结晶晚于硅酸盐矿物,则形成晚期岩浆分结矿床,如我国的攀枝花、河北大庙钒钛磁铁矿矿床等。

岩浆分结矿床的聚矿构造系统由导岩导矿深断裂、岩体结晶分异形成的火成堆积构造、岩体中的原生破裂构造以及附近围岩中的断层和裂隙构成。

中国层状钒钛磁铁矿找矿预测地质模型如图 7-2 所示,模型显示其聚矿构造系统的特征如下。

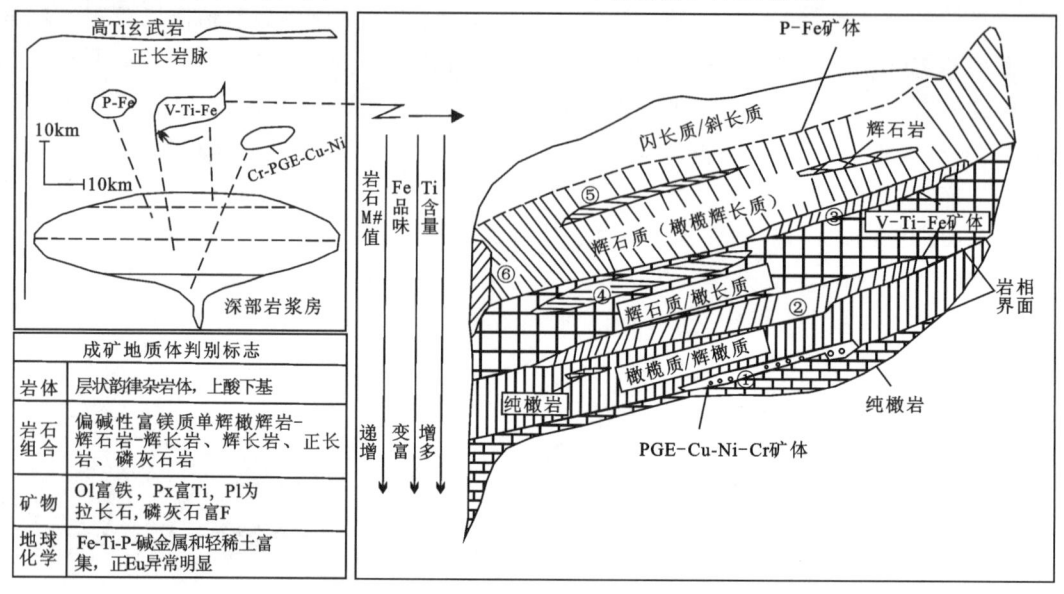

图 7-2　中国层状钒钛磁铁矿找矿预测地质模型(据叶天竺等,2017)

①纯橄质与辉橄质岩相界面处 PGE-Cu-Ni(-Cr)矿体(如新街、红格);②辉石质/辉长质与辉橄质岩相界面处 V-Ti-Fe矿体(如新街、白马);③辉长质与辉石质岩相界面处 V-Ti-Fe 矿体(如红格、攀枝花、新街);④辉石岩(-黑云母辉石岩)中的 P-Fe 矿体(矾山);⑤辉长质、橄榄辉长岩中的 P-Fe 小矿体(如攀枝花、红格、新街);⑥辉石质/辉橄质岩体边部贯入的网脉-角砾状 V-Ti-Fe 矿体(如尾亚 7#)

(1)深大断裂是导岩导矿构造,控制深部岩浆上升,在一定部位形成深部岩浆房,岩浆进行分异作用,形成上部富 Fe-P、中下部富 V-Ti-Fe,底部富 Cr-Cu-Ni(PGE)的层状岩浆房(图 7-2A)。在构造应力作用下,不同层位的含矿岩浆沿次级断裂上侵形成不同矿化类型的岩体。

(2)以钒钛磁铁矿矿化为主的成矿岩体一般为高钛碱性玄武岩岩浆分异的产物,常有正长岩相伴,成矿地质体具有富碱、富 Fe-Ti、富 P 特征,并由于围岩地层的加入,在同位素和微量元素方面具有地壳混染特征,从而使铁质分离形成钛氧化物;由于岩体冷却过程中的内部对流和重力分异常形成"上酸下基"的层状岩相带,整体大致形成顶部为闪长质/斜长质,上部为辉长质/橄榄辉长质,中部为辉石质/橄长质,下部为橄榄质/纯橄质的层状岩体,从上而下岩石的 Mg# 增加,Fe 品位和 Ti 含量增高,在岩体不同部位形成底部富 PGE-Cu-Ni-Cr、中部富 V-Ti-Fe、上部富 P 的矿体(图 7-2b)。

(3)岩相界面是主要矿体的聚矿构造,矿体受岩相界面控制,不同岩相之间矿体类型明显不同。在底部纯橄质与辉橄质岩相界面处通常具有 PGE-Cu-Ni 矿化(图 7-2b 中①,如新街)和 Cr 矿化(图 7-2b 中①,如红格),辉石质/橄长质与辉橄质岩相界面处通常具有 V-Ti-Fe 矿体(图 7-2b 中②,如白马),辉长质与辉石质岩相界面处也多产出 V-Ti-Fe 矿体(图 7-2b 中③,如红格、攀枝花、新街)。而矾山式碱性岩体中的 P-Fe 矿则主要产于辉石岩-黑云母辉石岩层(图 7-2b 中④),在层状岩体的上部辉长质-橄榄辉长质相中多产出含磷灰石的 P-Fe 矿(图 7-2b⑤,如攀枝花、红格、新街、矾山等)。此外,在岩体边部(少量内部)沿断裂裂隙发育贯入式矿体,胶结早期的浸染状、条带状矿石构成网脉及角砾状的 V-Ti-Fe 矿体(图 7-2b 中⑥,如尾亚 7#矿体)。

2. 岩浆熔离矿床

岩浆熔离矿床与岩浆熔离(液态不混溶)作用有关。在熔离初期,硫化物呈滴珠状,进一步汇集增大,由于密度大而下沉到岩浆房的底部,在岩体底部形成似层状、条状矿体。部分岩体规模较小,或处于地壳浅部,岩体冷凝迅速,硫化物熔浆来不及下沉至底部便全部结晶,形成"上悬式"瘤状、巢状矿体;如果硫化物熔浆受到构造应力挤压,经过"压滤"作用,被挤入先期结晶的母岩岩体裂隙或附近地层裂隙中,则形成"贯入式"脉状矿体。岩浆熔离矿床以铜镍硫化物矿床最为典型。典型矿床代表有加拿大肖德贝里以及我国的吉林红旗岭、新疆喀拉通克、甘肃金川铜镍硫化物矿床等。中国主要的铜镍硫化物矿床的聚矿构造系统如图 7-3 所示。

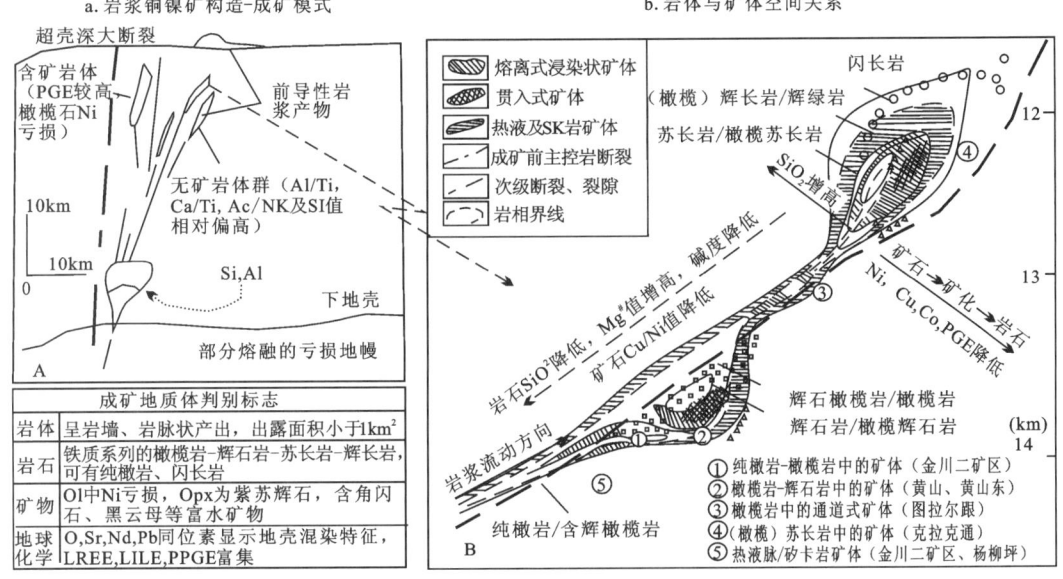

图 7-3 中国岩浆型铜镍矿的找矿预测地质模型示意图(据叶天竺等,2017)

(1)深大断裂是导岩导矿构造,控制深部岩浆侵位,形成一系列沿深大断裂分布的岩体群,这些岩体群大多数为"前导性"岩浆,是贫矿的或含矿很少的岩体(图 7-3a),成矿地质体是岩体群中某一岩体或某几个小型岩体,受控于深大断裂的次级断裂。

(2)含矿岩石中橄榄石相对贫 Ni,岩石地球化学特征显示受地壳同化混染影响。这些岩体可以表现出通道式成矿特征,上部基性程度较低,下部基性程度较高,沿岩浆流动的方向,岩体的 SiO_2 含量增高,$Mg^\#$ 降低,碱度增加,矿石中的 Cu/Ni 值增大(图 7-3b)。含矿岩体一般为复式岩体,分异程度较好,岩相分带比较明显,一般多具有中心基性边缘酸性的同心环状或对称式分带,从外向内,逐渐从岩石→矿化岩石→矿石过渡,Ni、Cu、Co、PGE 含量升高,为同化混染导致的岩浆熔离作用形成。需要说明的是,并不是所有含矿岩体均具有模型图中这样完整的岩相分带,如金川含矿岩体的超镁铁质岩相较为主要,甚至出现纯橄岩相,而喀拉通克等岩体的镁铁质岩相较为发育。

(3) 岩相界面是主要矿体的聚矿构造,矿体受岩相界面控制,不同矿床的矿体赋存部位明显不同,含矿岩浆在侵位过程中或就位后进行熔离,在不同岩相界面熔离形成矿体(如纯橄岩-橄榄岩界面中的熔离式矿体,见图 7-3b 中①,如金川一、二矿区含矿岩体;橄榄岩-辉石岩界面中的熔离式矿体,见图 7-3b 中②,如黄山、黄山东),此外,在橄榄岩或辉石岩中可形成通道式矿体(图 7-3b 中③,如图拉尔根,另外红旗岭 7# 也可能属于这种类型),在(橄榄)苏长质岩相中存在熔离式矿体(图 7-3b 中④,如喀拉通克 1# 矿体、2# 矿体)。岩体内部沿岩相界面可发育贯入式矿体(如金川一、二矿区,喀拉通克 1# 矿体等)。此外,含矿岩浆遇碳酸盐质围岩可形成矽卡岩型或热液脉状矿体(图 7-3b 中⑤,如金川二矿区矿体、杨柳坪)。

3. 岩浆爆发矿床

岩浆爆发矿床是指经过岩浆结晶分异作用或熔离作用之后,爆发至地表或近地表所形成的矿床。这类矿床多与火山、次火山活动有关,主要产于金伯利岩中的金刚石矿床。原生金刚石矿床主要产于金伯利岩筒或岩脉中。金伯利岩筒或岩脉的产出受深大断裂和次级断层与裂隙构造控制。角砾岩筒多产在两组或两组以上断裂交会部位,岩筒直径一般为几十米,少数为几百米个别可达上千米。在平面上呈等轴状或椭圆状,剖面上呈高角度倾斜的漏斗状。岩脉一般受次级断层和裂隙构造控制,常成群出现。

辽宁南部瓦房店金刚石矿床是我国最大的金刚石产区,已发现 24 个金伯利岩筒和 89 个岩脉。矿区主要构造为北东东向断裂和北东向断裂。金伯利岩脉均赋存于北东东向构造带内,产状稳定,倾向南东,倾角 70°~80°,局部顺层侵入,与围岩界线清晰,单个脉体具有尖灭再现和分支复合特征。金伯利岩筒主要分布于北东东向断裂与北东向断裂交会部位,形态复杂,地貌上多呈负地形,地表呈椭圆状、菱形、舌状、不规则状,长轴方向多为北东东—近东西向,剖面上呈筒状,多向南东倾斜,岩筒中岩性较复杂(图 7-4)。

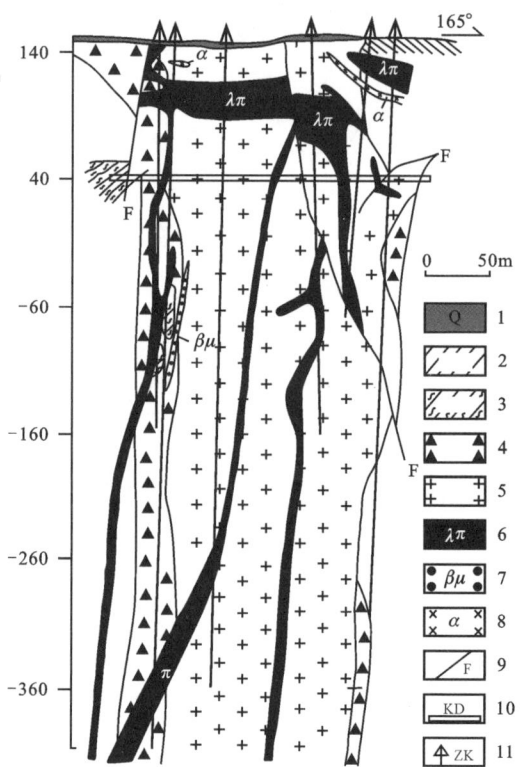

图 7-4 辽宁瓦房店金刚石矿床 42 号
金伯利岩筒剖面图(据刘礼广等,2020)

1.第四系腐殖土;2.钓鱼台组石英砂岩;3.前震旦系片麻岩;4.含金伯利岩的角砾岩;5.金伯利岩;6.流纹斑岩;7.辉绿岩;8.安山岩;9.断裂;10.沿脉坑道;11.钻孔位置

第三节 伟晶岩矿床的聚矿构造系统

伟晶岩在空间分布上明显受构造控制,主要分布在构造活动带,如造山带、古地块边缘断裂带、不同构造单元结合地段等,在这些地区常沿大型褶皱、断裂等展布形成伟晶岩带,断续延长几十千米至上百千米,宽几千米到十几千米,如新疆阿尔泰近东西向伟晶岩带、内蒙古西部东西向伟晶岩带等。

通常认为伟晶岩与花岗岩具有成因联系,在空间上密切共生。在此类伟晶岩带中,伟晶岩矿田的产出受次一级构造的控制,如花岗岩侵入接触构造体系中的接触带、褶皱有利构造部位、围岩中断裂和层间破碎带或片理带、岩体内部断裂裂隙等。其产出样式往往与剥蚀程度有关:①在剥蚀深度不大(≤2km)的情况下,伟晶岩矿田可分布在深部隐伏花岗岩穹隆的顶部围岩中,伟晶岩一般沿大断裂呈狭长的带状展布;②在剥蚀程度中等(4~6km)的情况下,伟晶岩田分布在花岗岩体的外接触带上,而且宽度相当大,常发育在独立的花岗岩穹隆露头之间的围岩中,并与单独的侵入体具有空间联系;③在剥蚀程度较大(>6km)的情况下,形成宽广且边界模糊的伟晶岩田和岩带,它们分布在花岗岩体与围岩的接触带、岩基顶盖的深部坳陷、混染岩、捕房体、平缓接触带及花岗岩体平面上的弯曲部位。不论在何种剥蚀深度下,伟晶岩田常位于顶盖岩石的走向弯曲部位。

例如新疆阿尔泰地区的阿斯喀尔特矿床,该矿床同时发育花岗岩型及花岗伟晶岩型两类稀有金属矿化,矿床赋存于白云母钠长花岗岩顶部,条带状伟晶岩与白云母钠长石花岗岩呈渐变过渡关系,二者的矿物组成基本一致,形成年龄也基本一致(图7-5)。

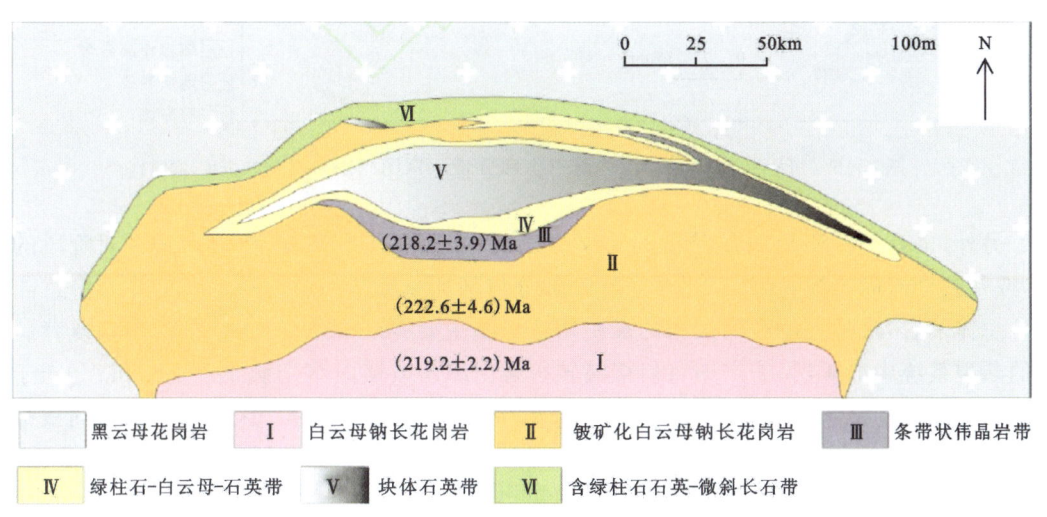

图7-5 阿斯喀尔特Be-Nb-Mo矿床岩型分带图(据陈衍景和韩金生,2024)

有些伟晶岩矿田与花岗岩虽有密切的伴生关系,二者在成矿时代上却相差甚远,或花岗岩的地球化学特征不支持其作为含矿伟晶岩的母岩,但早期岩体的侵入接触构造体系和叠加其上的其他构造组合可为后期伟晶岩的就位与矿化提供有利的空间。

例如新疆可可托海伟晶岩田,伟晶岩脉主要产于变质辉长岩、片岩、片麻岩和花岗岩中,其中3号伟晶岩脉分异、分带性最好,由上部岩钟体和底部缓倾斜体组成"实心草帽"形态(图7-6)。区域上青河-哈龙背斜引起的矿区岩石页理和中等倾角节理是伟晶岩浆上升的有利通道,断裂的叠加导致了岩浆的上浮和顶蚀作用。然而3号伟晶岩脉年龄约为190Ma,其直接围岩变辉长岩年龄为409Ma,附近的花岗岩年龄在409~388Ma之间,从而排除了伟晶岩与围岩的直接成因联系。矿区的阿拉尔黑云母花岗岩虽然形成年龄与伟晶岩较为接近,但从地球化学特征来看属于低分异花岗岩,且与可可托海伟晶岩田相距16km,因而也不太可能为成矿母岩。3号脉缓倾斜北翼新发现了白云母钠长花岗岩,显示出高分异花岗岩特征,并具有较高的Be含量,形成时代为185Ma,晚于3号伟晶岩脉的初始形成年龄,认为白云母钠长花岗岩与可可托海伟晶岩脉间为"兄弟关系",可可托海深部可能存在隐伏的成矿母岩。

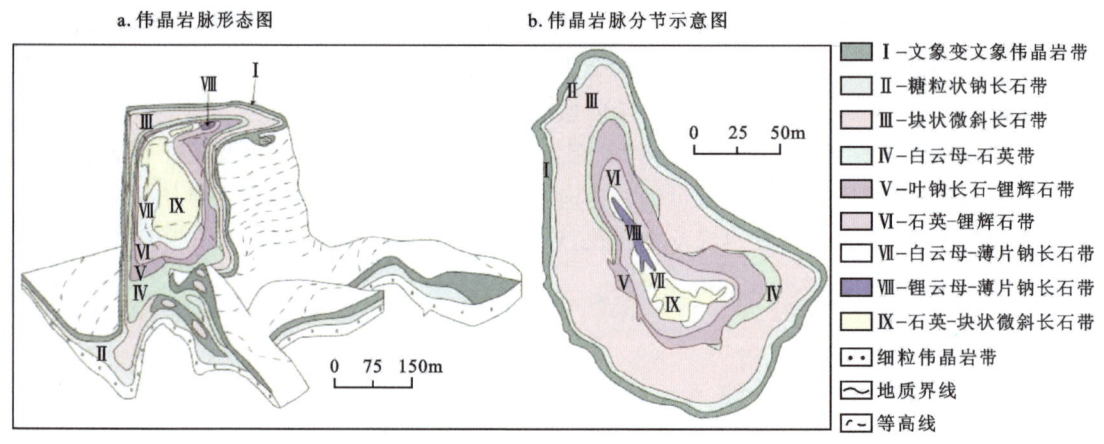

图7-6 可可托海3号伟晶岩脉形态和分带示意图(据陈衍景和韩金生,2024)

另外,也有一些伟晶岩发育在无花岗岩出露的地区,它们或是混合岩化晚期阶段的产物,或是其母岩尚未被剥露。此外,尚有一部分与基性—超基性岩和碱性岩有关的伟晶岩。

总体来看,伟晶岩矿田和矿床的聚矿构造类型主要有以下几种:①产于与区域复背斜平行的断裂系统中的矿田;②产于背斜褶皱转折端由纵向或横向穿切脉组成的矿田;③产于背斜轴起伏地段的链状伟晶岩矿床;④产于侵入岩体中的伟晶岩矿田(床);⑤产于纵向或横向褶皱中由整合和斜交脉组成的矿田(床);⑥产于背斜中由整合的鞍状脉组成的矿田(床);⑦产于花岗岩体顶部穹隆附近的矿田(床)。

伟晶岩矿床的矿体构造类型可分为7类(图7-7):①岩体内几组冷缩裂隙中的矿脉;②岩体顶部矿脉;③岩体内平缓和陡立矿脉;④围岩中陡立矿脉群;⑤围岩中平缓矿脉;⑥层间各种形态的矿脉(体);⑦带状构造的矿脉(叠加)等。

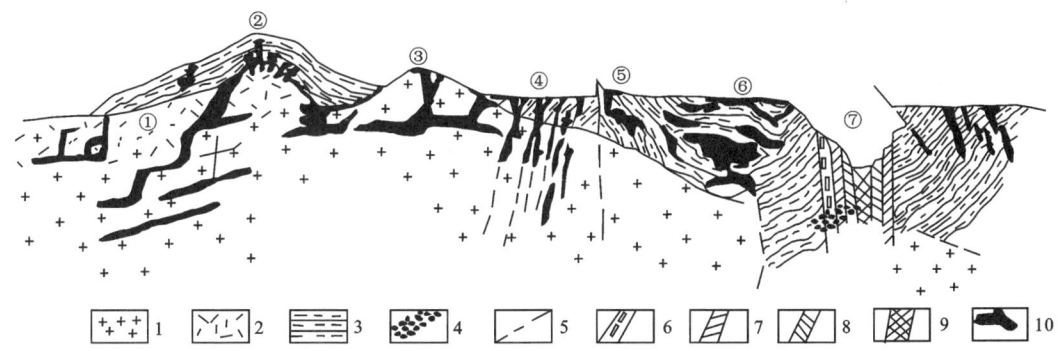

图 7-7 伟晶岩矿床主要矿体构造类型综合示意图(据池三川,1988)

1. 花岗质岩石;2. 岩体边缘相岩石;3. 千枚状板岩;4. 叠加构造;5. 断层;6. 块状微斜长石带;7. 文象带;8. 块状斜长石带;9. 石英块;10. 矿体;图内各数字编号分别代表各控矿构造类型,与文字对应

第四节　矽卡岩型矿床的聚矿构造系统

一、矽卡岩型矿田(床)产出的构造地质环境

矽卡岩矿田(床)常产在中酸性或中基性侵入岩与碳酸盐类岩石及其他岩石的接触带中。它们的形成和分布主要受构造、侵入体及围岩的成分和物理力学性质等因素的影响。

这类矿田(床)经常成群出现,多产在大陆造山带、大陆内部断裂坳陷和裂谷环境以及大洋岛弧区。这些地带在地质历史上曾经历过长期的大幅度沉降,堆积了巨厚的碳酸盐岩建造,构造活动频繁,且常伴有岩浆活动,易于形成矽卡岩型矿床,如我国长江中下游断裂坳陷带的矽卡岩型铁、铜、金矿床,燕辽沉降带的矽卡岩型钼、铜矿床等。

构造对矽卡岩矿田和矿床的分布起重要的控制作用。近年来,对长江中下游铁铜金成矿带的研究表明,一些规模较大的岩石圈断裂是含矿岩浆从上地幔或下地壳向上运移的主要通道,它们决定了该成矿带内几个主要成矿亚带的展布,一些长期活动的基底断裂(壳断裂)则控制了次级成矿亚带的产出,如铜陵成矿亚带(图 7-8)。基底断裂及盖层大断裂交会部位、不同方向褶皱叠加部位、断裂与褶皱复合部位(特别是褶皱倾伏端和褶皱轴弯曲部位)是含矿岩体和矽卡岩矿田(床)产出的有利空间。

二、矽卡岩型矿田(床)的聚矿构造系统类型

矽卡岩矿田(床)产出受侵入接触构造体系的制约(翟裕生等,1981)。而侵入接触构造体系由于多种因素的影响(如岩体的规模、形态、产状、侵位深度、接触性质、围岩岩性、构造及交代作用等)而有多变性。因此,这类矿田(体)聚矿构造类型也多种多样,根据它们的主要控矿构造要素及其组合,划分出下列类型:①中一大型侵入体侧翼接触带聚矿构造控制的

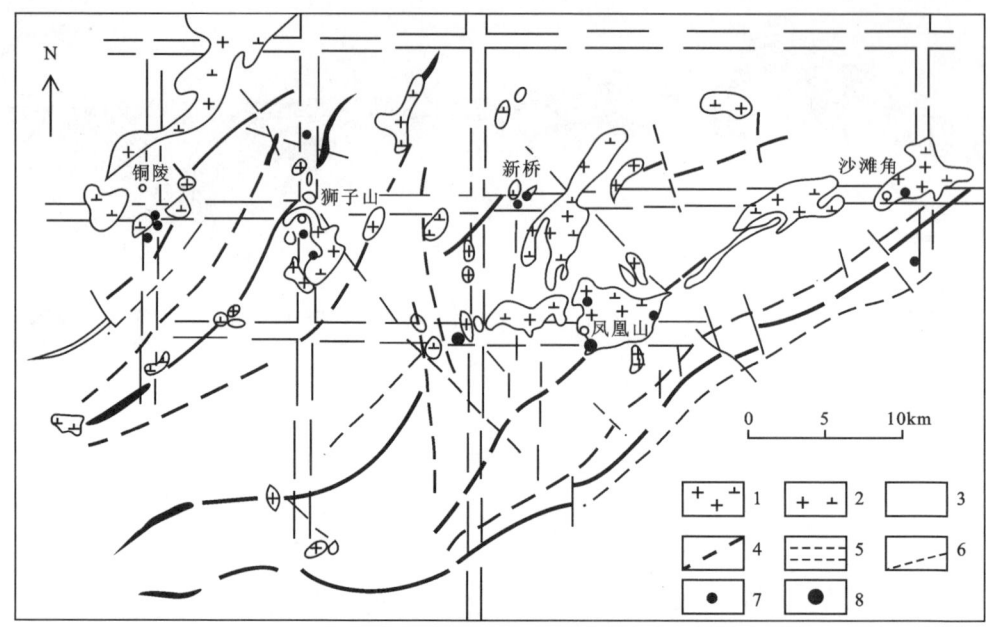

图 7-8 安徽铜陵地区控岩控矿构造简图(据常印佛,1991)
1.花岗闪长岩;2.闪长岩;3.背斜轴;4.向斜轴;5.基底断裂;6.盖层浅部断裂;7.铜矿床;8.铁铜矿床

矿田(床);②中—大型侵入体顶缘接触带聚矿构造控制的矿田(床);③层、脉复合接触带聚矿构造控制中的矿田(床);④褶皱区层间构造控制的矿田(床)。每个类型包括几个亚类。

1. 中—大型侵入体侧翼接触带聚矿构造控制的矿田(床)

这类矿田(床)中岩体出露面积较大,多为几十到百余平方千米。常是遭受较强烈剥蚀的中深成侵入体。在岩体侧翼接触带的有利成矿部位形成矿田(床)。最主要的构造亚类有断裂-侵入接触带构造中的矿床、产在多期(次)侵入接触带中的矿床和产在断裂捕房体中的矿床。

(1)断裂-侵入接触带构造中的矿床:产于这类接触带构造中的矿床数量大,它们受接触带和断裂破碎带的复合控制。因为这些断裂常继承性活动,成为成矿流体的运移通道,赋存矽卡岩及富矿体产出以及控制晚阶段叠加矿化的分布。所以,断裂-接触带构造常是大矿、富矿产出的部位,而矿体形态、产状则受接触带产状的影响,如安徽铜官山矿田(图 7-9)。

(2)产在多期(次)侵入接触带中的矿床:在多期(次)侵入接触带,岩浆多期侵入,围岩热动力变质变形强烈,常出现流变褶皱构造,成矿期断裂构造叠加明显,并伴随多期多阶段矿化蚀变作用,因而是大矿、富矿产出的最佳部位。湖北铁山、程潮等大型铁矿,湖南柿竹园超大型钨锡多金属矿床均产在这种接触带构造中。

(3)产在断裂-捕房体中的矿床:这种构造常发育在岩体内接触带,在一些矿床中它们成为主要的控矿构造,矿体常呈透镜状、囊状、柱状等,如我国的湖北铜绿山大型铜铁矿床、鸡冠嘴铜金矿床及俄罗斯乌拉尔古姆别依白钨矿矿床。

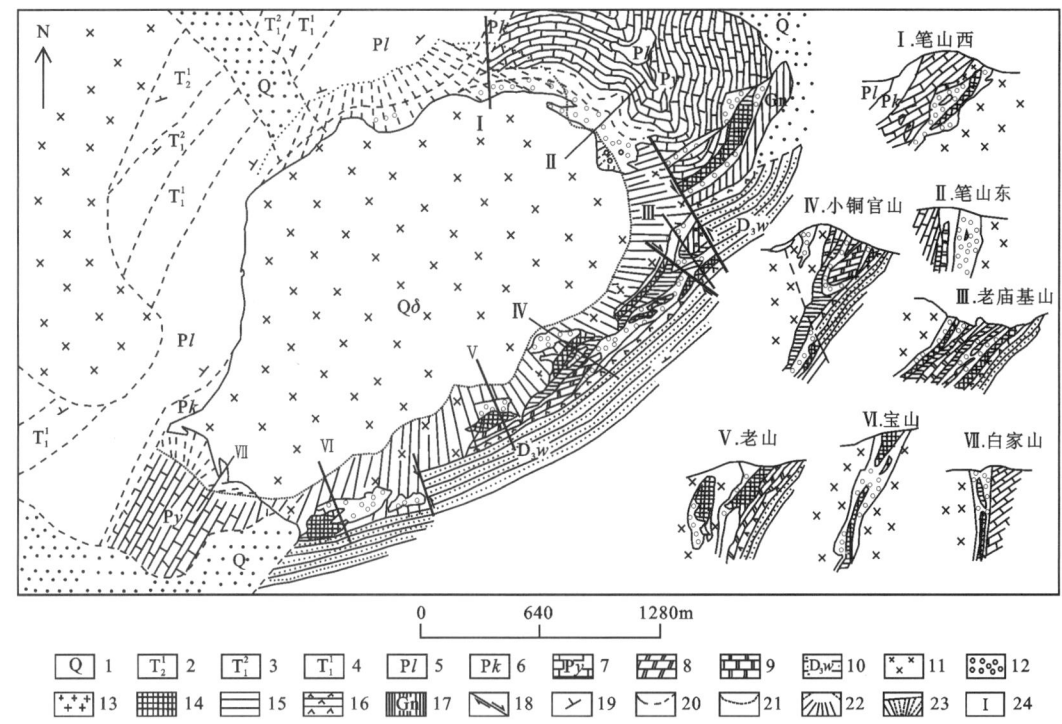

图 7-9 铜官山岩体接触带地质构造图(据翟裕生等,1981)

1.现代沉积;2~4.青龙灰岩;5.龙潭煤系;6.孤峰层;7.阳新岩体;8.白云岩;9.大理岩;10.石英岩及粉砂岩;11.石英闪长岩;12.石榴子石矽卡岩;13.透辉石矽卡岩;14.磁铁矿矿石;15.磁黄铁矿矿石;16.蛇纹岩或蛇纹岩化透辉石矽卡岩;17.铁帽;18.主断裂;19.岩层产状;20.地质界线;21.岩体(-135m)界线;22.岩体内倾接触带;23.岩体外倾接触带;24.剖面线

2. 中—大型侵入岩体顶缘接触带聚矿构造控制的矿田(床)

这类矿田(床)产于剥蚀程度较浅的侵入岩体顶缘部位,捕虏体-残留体构造、叠加褶皱、同步褶皱构造是主要的控矿构造类型,以湖北大冶灵乡铁矿田较典型。灵乡铁矿田(图 7-10)位于灵乡岩体南西端顶缘接触带,分布着大小近 10 个矿床,多位于北东向与近东西向褶皱叠加和断裂复合部位,呈等距离产出。储矿构造有 3 种:①具叠加褶皱特点的大理岩残留体、捕虏体,矿体呈鞍状和燕尾状等,侧向较长,垂深较小;②产于平缓接触带凹兜构造中的矿体,呈扁豆状、透镜状,规模较大;③产在断层裂隙中的富矿脉。总的特点是矿体垂向延深小,矿化较分散。

3. 层、脉复合接触带聚矿构造控制的矿田(床)

产于层、脉复合接触带中的矿田(床),是指有利成矿岩层、断裂、裂隙带及岩墙与岩体组成的复合接触构造体系中的矿田(床)。这类矿田(床)中成矿有利层位较多,形成矿体的形态及规模变化较大,有时可形成"几层楼"式的成矿模式。个旧矿田即有此特点(图 7-11),其成矿有利部位是:①大岩体外围的小岩体中矿化富集;②构造破碎带与接触带相交切处,

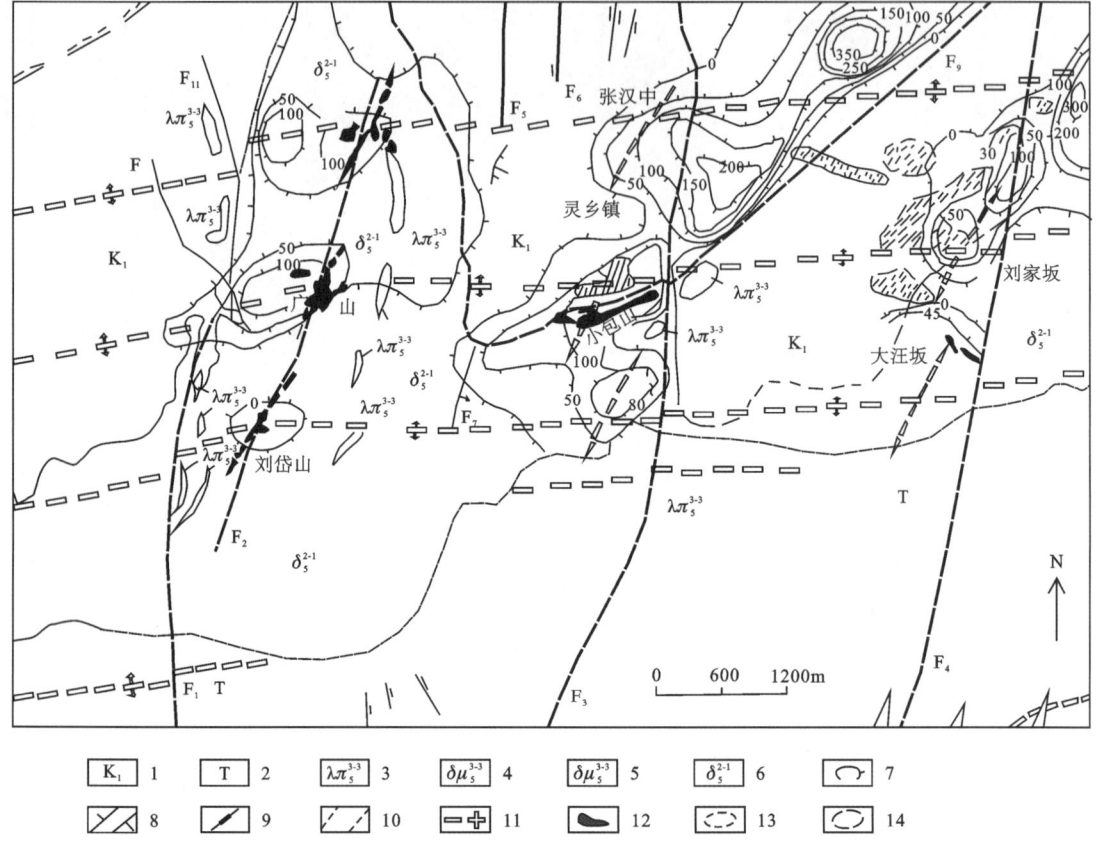

图 7-10　大冶灵乡铁矿田构造地质图（据姚书振，1983）

1.白垩系；2.三叠系；3.流纹斑岩；4.辉绿玢岩；5.闪长玢岩；6.燕山早期闪长岩；7.岩体顶面隆起；8.正断层及逆断层；
9.平移断层；10.实测及推测背斜与向斜；11.早期背斜；12.铁矿体投影；13.采空矿体投影；14.实测及推测地质界线

在接触带形成矽卡岩型矿体，一部分矿液又沿断裂或层间断裂运移而形成脉状和似层状矿体；③复杂（复合）接触带有利成矿，但形成的矿体也较复杂。在安徽铜陵狮子山矿田中，网格状岩墙系统间深部有沿假整合面的冬瓜山、老鸦岭似层状铜矿，三叠系青龙灰岩中有正接触带上的胡村后山铜矿和内接触带的西狮子山铜矿，还有角砾岩筒中的东狮子山铜矿，组成了矿田的"多层楼"成矿模式。

4. 褶皱区层间构造控制的矿田（床）

这类矿田或矿床范围内无岩浆岩体出露，但可见成矿后的脉岩。例如安徽长龙山铁矿田中，长龙山、顺风山等矽卡岩型铁矿床的矿体，沿泥盆系五通组砂岩与中上石炭统黄龙、船山组碳酸盐岩间的假整合面产出，与褶皱同步弯曲。矿田内仅见少量成矿后脉岩。

此外还有一些矽卡岩矿床产在火山角砾岩筒中，如苏联安加拉-伊利姆地区的矽卡岩铁矿等。

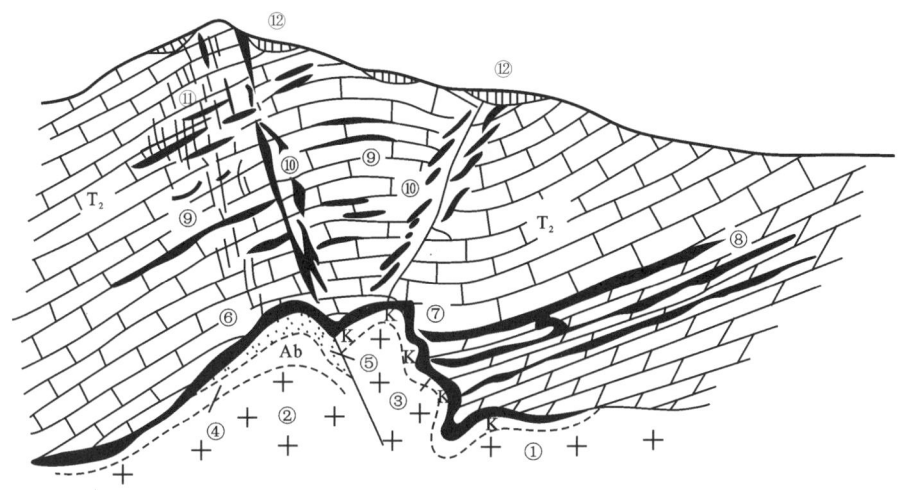

图 7-11 云南个旧矽卡岩型锡多金属矿床模式图(据裴荣富,1995)

T_2.中三叠统白云质石灰岩和石灰岩;①斑状黑云母花岗岩;②中—细粒黑云母花岗岩;③钾长石交代岩,伴有白钨矿(锡石)矿化;④钠长石化花岗岩;⑤云英岩或云英岩化花岗岩,伴有铍、锡、钨、钼、铌、钽铅矿体(化);⑥钙矽卡岩铜、锡(钨、铋、金)矿体;⑦镁矽卡岩铜钨(钨)矿体;⑧产于石英-萤石-磷酸盐岩中的锡铜铅锌(银)矿体(管状矿体);⑨层间交代矿体(锡、铜、铅、锌);⑩脉状交代矿体(锡、铜、铅、锌);⑪电气石细脉带型锡(铬、铍、钨、铜)交代矿体;⑫砂锡矿

三、矽卡岩型矿床聚矿构造的矿体构造类型

矽卡岩矿床的主要矿体构造类型有(图7-12):①裂隙附近矿体;②热液蚀变接触带矿体;③岩舌下矿体;④岩体顶部矿体;⑤岩位超覆部位矿体;⑥捕房体内矿体;⑦断裂-接触带中矿体;⑧岩位凹部矿体;⑨陡接触带矿体;⑩岩体与岩脉交叉部位矿体;⑪小岩体接触带上的筒状矿体;⑫接触-层间破碎带矿体;⑬底部接触带矿体;⑭再侵入接触带上的矿体;⑮岩体原生节理中的矿体。

岩体接触构造特征取决于岩体形成期间所处的地质构造环境、岩浆活动性以及岩浆侵位的深度。它又受到岩体成分、形态、产状、规模、侵位方式、冷凝速度、围岩性质和产状以及热液活动等多种因素的影响。因此,不同类型的矿田(床),其聚矿构造因素是不相同的。在一些大型侵入体和复杂侵入体中,由于构造环境复杂和构造作用长期持续,经常有几种接触构造型式重叠在一起,形成复杂的接触带构造,如长江中下游矽卡岩型铁矿和矽卡岩型铜(金)矿床。

例如鄂东地区矽卡岩铁矿床主要形成在燕山期中酸性侵入体与碳酸盐岩接触带附近,侵入岩体规模大,形成深度也较大,围岩热动力变质作用强烈,不出现隐爆角砾岩体,岩体内接触带裂隙化强度较小,属于中深—中浅成侵入接触构造体系。矿田(床)主要产于中—大型侵入体侧翼接触带和中—大型侵入体顶缘接触带。主要的储矿构造类型有断裂-接触带构造、多期次侵入接触带构造、断裂-捕房体构造、叠加褶皱接触带构造等,不同类型矿床的构造-矿化特征及其空间分布如图7-13所示。

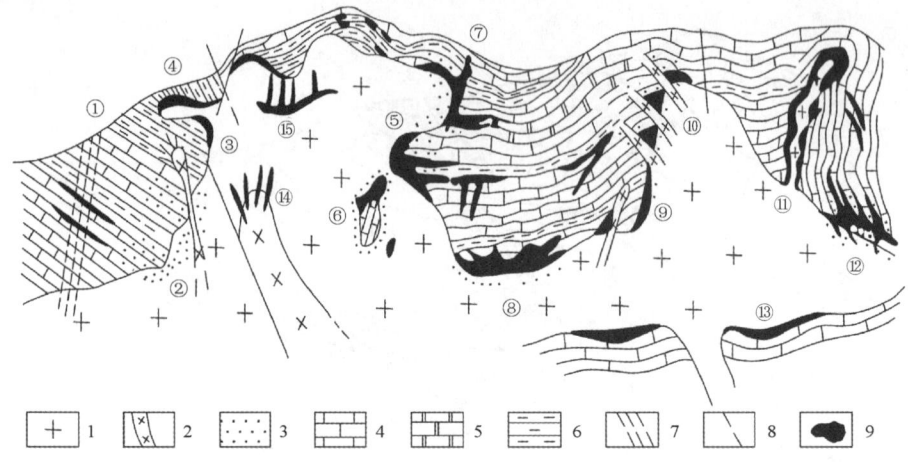

图 7-12 侵入接触构造中矿体构造类型综合示意图(据翟裕生,1984a)

1.侵入岩;2.后期侵入岩及脉岩;3.矽卡岩及其他蚀变岩;4.石灰岩;5.白云质灰岩;6.页岩;7.裂隙带;8.断层;9.矿体(图内符合代表构造类型,与文字对应);①裂隙带附近矿体;②热液蚀变接触带矿体;③岩舌下矿体;④岩体顶部矿体;⑤岩体超覆部位矿体;⑥捕虏体内矿体;⑦接触-断裂带中矿体;⑧岩体凹部矿体;⑨陡接触带矿体;⑩岩体与岩脉交叉部位矿体;⑪小岩体接触带上的背状矿体;⑫接触-层间破碎带矿体;⑬底部接触带矿体;⑭再度侵入岩体伴生的矿体;⑮岩体原生裂隙中的矿体

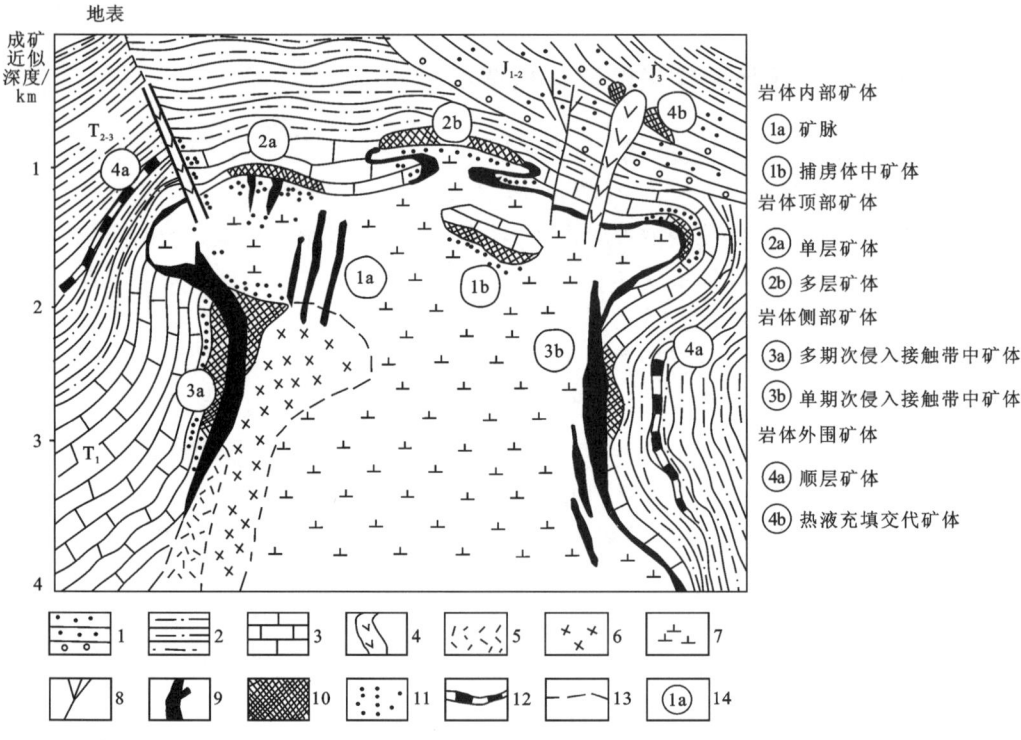

图 7-13 鄂东地区铁矿床构造-矿化模式图(据翟裕生等,1996)

1.砂砾岩;2.粉砂岩和泥灰岩(蒲圻群);3.大理岩(大冶群);4.闪长玢岩;5.正长闪长岩及花岗岩;6.辉石闪长岩;7.闪长岩;8.热液充填交代矿床;9.矿浆矿床;10.接触交代矿床;11.蚀变带;12.沉积-接触变质改造矿床;13.断裂;14.矿体产状类型及编号

在岩体侧翼陡立的单期次侵入接触带(③b)上,易形成矿浆贯入式和矿浆-热液过渡型铁矿,矿体规模大,产状较陡,如金山店铁矿。多期次侵入接触带(③a)利于形成矿浆型(如程潮铁矿)和矿浆-接触交代复合型矿床(如铁山铁矿),这种多期次成矿叠加形成的矿床规模常较大。岩体内的断裂构造是矿浆贯入式矿体产出的有利部位,但矿体规模一般较小(如小包山铁矿)。内接触带的大理岩捕虏体(岩性圈闭)构造(①b)则形成接触交代型矿床(如灵乡广山)。岩体顶缘的矿浆-热液过渡型矿床受断裂与接触带或大理岩残留体(捕虏体)的联合控制(②a,如脑窖铁矿)。在矽卡岩矿床外围的有利层位及断裂构造中,有热液充填交代型矿床的分布(④b)。有时岩体周围还有沉积改造型的矿体(层)分布(④a)。总体显示出一定的构造-矿化分带性,但由于各岩体岩浆活动、岩体形态产状、成矿期构造发育特点及剥蚀深度不同,围绕一个岩体。上述构造矿化类型不一定都出现,常以某两种或三种为主。

第五节 火山-次火山热液矿床的聚矿构造系统

火山-次火山热液矿床系列是在火山喷发和次火山岩浆侵入过程中形成的热液矿床,类型众多。其中,具有重大工业价值的主要有浅成低温火山热液型金、银、铅锌矿床,斑岩型与斑岩-矽卡岩型铜钼矿床和玢岩铁矿床,不同类型矿床的聚矿构造系统各具特色。

一、浅成低温火山热液矿床的聚矿构造系统

浅成低温火山热液矿床,又称为火山-次火山热液型矿床,是全球金、银、铅锌和铜的主要来源之一。

浅成低温火山热液矿床的成矿环境主要为汇聚条件下的岛弧带。世界范围有很多著名的火山-次火山热液型贵金属矿床,如巴布亚新几内亚里尔(Lihir)岛上的 Ladolam 金矿(Au 储量大于 1300t)、斐济的 Emperor 金矿(Au 储量 310t Au)、秘鲁的 Yanacocha Au-Ag 矿(Au 储量 1200t,10 850t Ag)、阿根廷的 Veladero 金矿(400t Au,6700t Ag)、日本的菱刈金矿(265t Au)等。部分矿床成矿并不一定直接与板块消减有关,而往往仅表现为与板块的间接关系或者表现为板内裂陷带等扩张环境的结果。我国浅成低温火山热液型 Au、Ag 多金属矿床主要形成于板块俯冲带上盘大陆边缘和弧后拉张带,如大型—超大型的江西银山铜金铅锌银矿、福建紫金山金矿、新疆阿希金矿、内蒙古额仁陶勒盖银铅锌矿、内蒙古甲乌拉银铅锌矿、黑龙江金厂金矿、山西支家地铅锌银矿、福建悦洋银矿等矿床。

这类矿床主要发育在上叠式或继承式陆相火山岩盆地区。火山岩多为中酸性岩,还可产于双峰式火山岩套中。成矿物质来源单一,以岩浆来源为主,次火山岩体一般为成矿提供了热源和成矿物质。

该类矿床的聚矿构造系统是区域构造与火山活动联合作用的产物。长期活动的基底断裂或岩石圈断裂是该类矿床的导岩导矿构造,它们控制着区域火山-次火山岩浆的活动与成矿作用的发生。破火山口构造是控制矿田产出的最重要的控矿构造,其中发育的火山通道及大型环状、圆锥状、放射状断裂往往起到配(布)矿构造的作用,矿床常围绕火山通道构造

成群出现(图7-14),也有部分矿床产于火山盆地边缘的前火山岩系分布区。

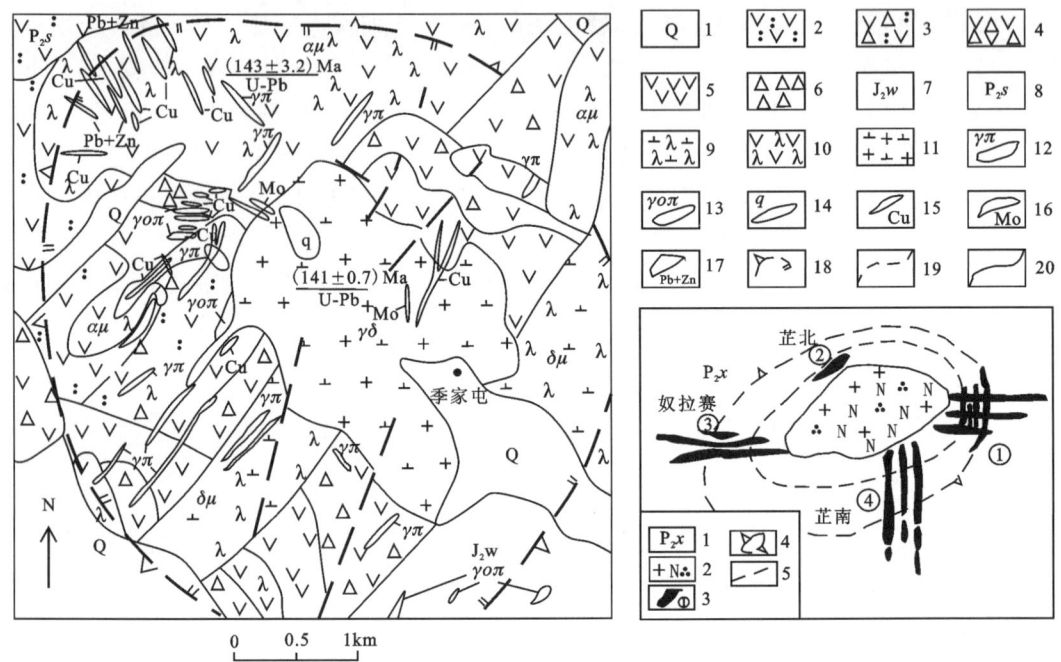

图7-14 内蒙古闹牛山铜多金属矿床火山-次火山穹隆构造与环形和放射状断裂简图(据叶天竺等,2017)
1.第四系;2.玛尼吐组安山质凝灰岩;3.玛尼吐组凝灰角砾岩;4.玛尼吐组角砾安山岩;5.玛尼吐组安山岩;6.玛尼吐组隐爆角砾岩;7.万宝组砂砾岩;8.索伦组砂岩夹砾岩;9.闪长玢岩(Su);10.安山玢岩(aqu);11.花岗闪长斑岩($γδ$);12.花岗斑岩($γπ$);13.石英斑岩($λoπ$);14.石英脉;15.铜矿体;16.钼矿体;17.铅锌矿体;18.穹隆构造;19.断层;20.地质界线

矿床的储矿构造主要有5类:①次级的环状、圆锥状、放射状断裂构造;②隐爆角砾岩筒;③次火山岩体接触带构造;④成矿期叠加的断裂裂隙构造;⑤火山层理构造等。断裂构造和裂隙控制脉状矿体产出,是浅成低温火山热液矿床矿体的主要赋存形式,隐爆角砾岩筒则是形成桶状和柱状矿体的主要构造,次火山岩体接带构造常形成似层状或透镜状矿体,此外,还可见受火山层理构造控制的似层状或透镜状矿体产出。一般而言,最大的筒状和柱状矿体往往赋存在断裂交切处和爆发岩筒中。所以,破火口内的爆发岩筒以及断裂交切处是寻找大矿富矿的构造标志。浅成低温火山热液矿床的矿体空间分布具有"浅-深"二元结构,如浅部为脉状矿体群,深部有次火山岩体接触面附近发育的似层状或透镜状矿体或隐爆角砾岩体控制的筒状矿体。在剥蚀较浅的地区,可见脉状矿体、角砾岩筒状矿体及深部次火山岩体接触面附近发育的似层状矿体共存的"三位一体"的"三元结构"的构型(图7-15),有时可见热泉型矿床(体)。

高硫型金铜矿成矿流体可以岩浆水为主,也可以岩浆水与大气降水的混合为特征;低硫型金铜矿成矿流体以大量的大气降水的参与为特征。铅锌银矿床的成矿流体主要为岩浆水与大气水的混合物。成矿热液中,金以硫的络合物、铜以$Cu(HS)_2^-$的形式迁移;铅-锌-银主要以氯的络合物形式迁移。贵金属以及贱金属硫化物有效富集、沉淀的主要机制为流体沸

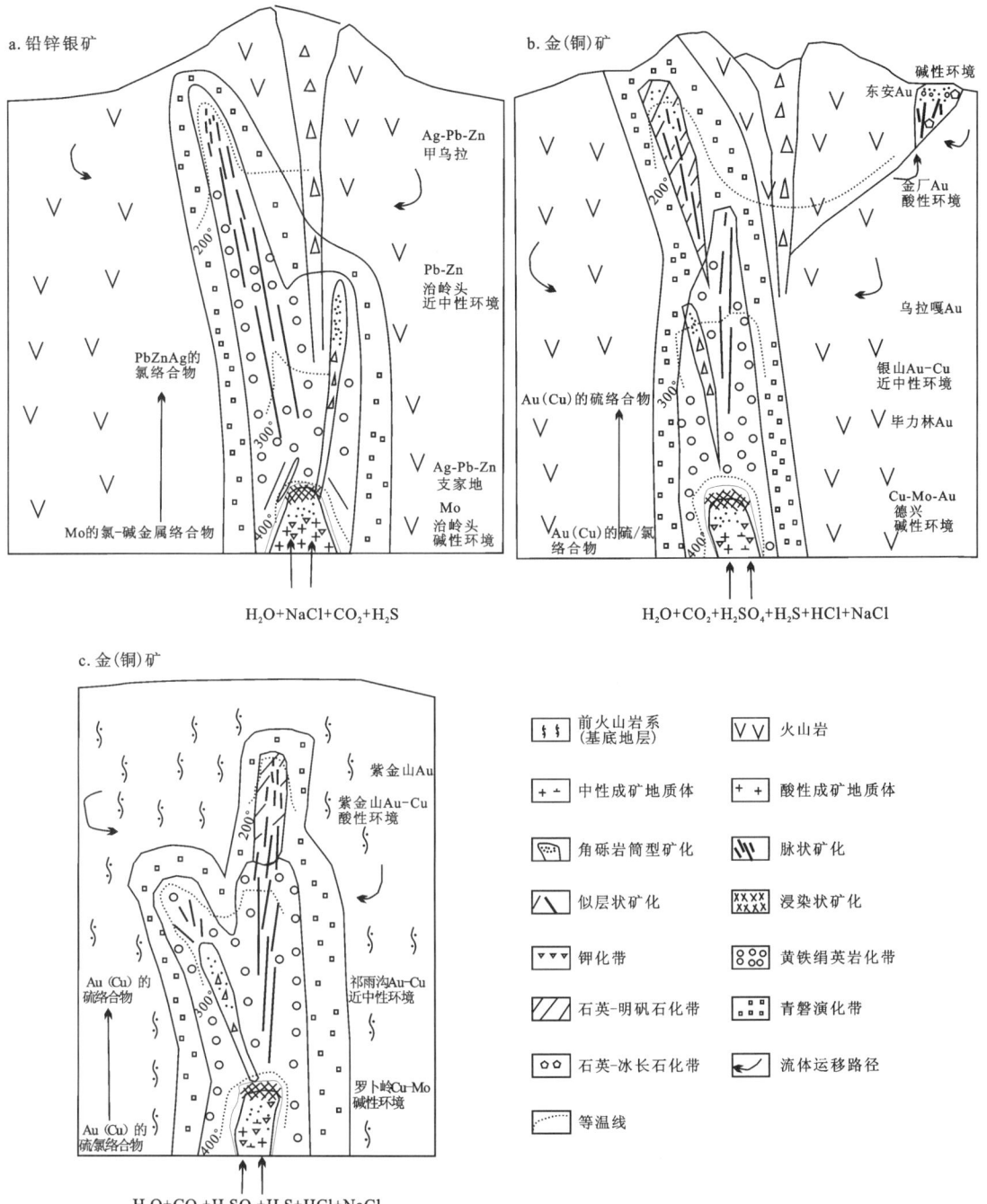

图 7-15 中国浅成低温火山热液矿床构造-矿化-蚀变模式(据叶天竺等,2015)

腾、温度降低、流体混合和水岩反应等。受构造环境与物理化学条件变化的约束,形成明显的矿化蚀变的分带。通常,铅锌银矿床存在"上银下铅锌"或者"上铅下锌"的金属垂向分带,以及中心(铜)锌铅向外过渡为铅锌银,最外侧为银铅的金属水平分带;以及中心为黄铁绢英岩化,外围是青磐岩化的蚀变分带(图7-15a)。金铜矿床存在从浅部向深部的金→金铜→铜金→铜钼的分带。其中,高硫型金铜矿床矿体位于明矾石化带,较深部位则过渡为绢英岩化带,更深的斑岩成矿域则为钾化带;低硫型金矿围岩蚀变仅分布在近地表,以发育冰长石化为特征(图7-15b、c)。

二、斑岩型与斑岩-矽卡岩型铜钼矿床聚矿构造系统

斑岩型与斑岩-矽卡岩型铜钼矿床是最重要的铜钼矿床类型,是全球铜、钼的主要来源,这类矿床成矿系列主要形成在中生代—新生代岛弧区和大陆构造-岩浆岩带上,大型与超大型矿床多分布在中生代—新生代火山岩盆地边缘前火山岩系的隆起带上。

该类矿床的聚矿构造系统属断裂-浅成超浅成岩浆侵入接触聚矿构造系统。其中,岩石圈断裂和基底大断裂是导岩导矿构造,旁侧配套的次级断裂常起布岩布矿作用。成矿岩体受浅部断裂交切褶皱复合控制,包括深断裂旁侧配套的断裂和褶皱控制、产出于背斜轴部或倾伏端产生的虚脱空间。以丰山—九瑞地区为例(图7-16),区内沿岩石圈断裂产出一系列斑岩体,构成北西西向岩浆岩带,该带中岩浆岩系层次结构的基本特点是具有明显的垂向"三层结构"(深部岩基、中浅部岩柱、浅表小岩体),由深至浅岩体规模由大变小,形态由简单变为复杂,数量由少变多,侵位方式由主动向被动转化。受构造-岩浆岩系统控制,成矿系统

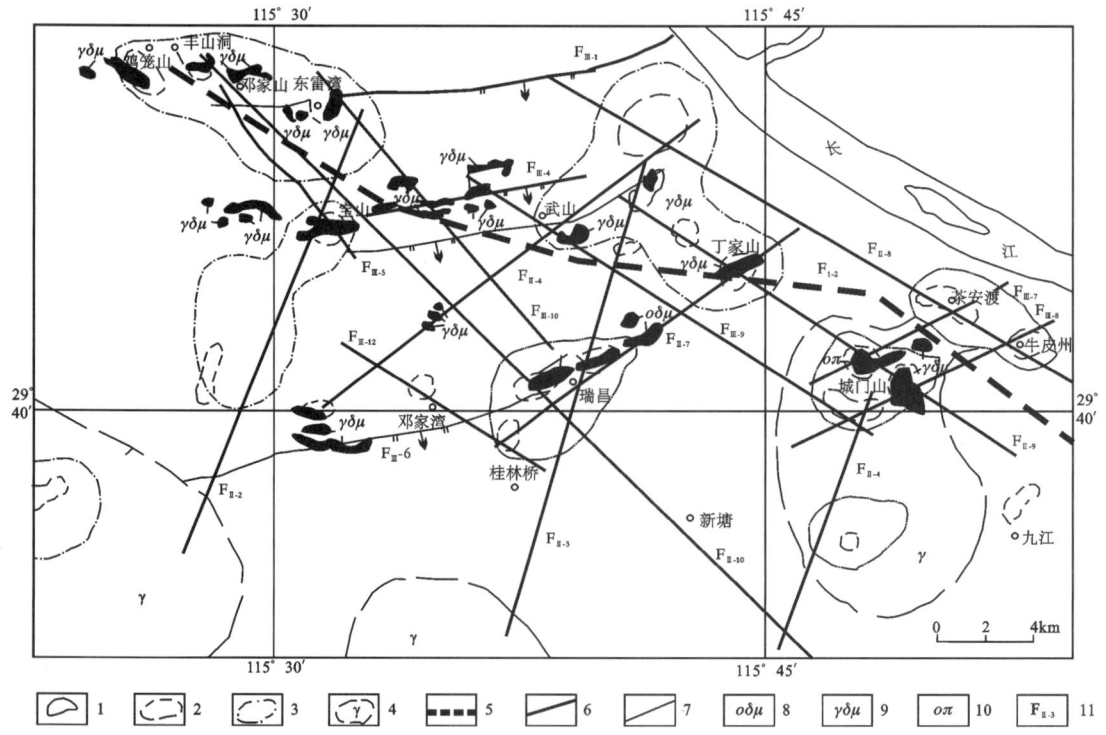

图7-16 丰山-九瑞斑岩-矽卡岩型铜金矿带断裂-岩浆岩分布图(据翟裕生等,1999)

1.浅表成矿岩体;2.中浅部隐伏岩柱;3.中深部隐伏岩基;4.深部大岩基;5.岩石圈断裂;6.基底断裂;7.盖层断裂;
8.石英闪长玢岩;9.花岗闪长斑岩;10.石英斑岩;11.断裂级及编号

也有3个层次，导致矿带、矿田、矿床的形成，且与岩浆岩系统对应，矿化范围由大到小，矿化密度增大。另外，矿床空间位置、分布形式取决于中深部岩浆岩体；矿床的位置、规模、形态产状及分布则取决于中浅部岩浆岩柱与浅表成矿的小岩体。

斑岩型与斑岩-矽卡岩型铜钼矿床的储矿构造主要有斑岩体顶部接触带附近的水力裂隙构造、爆破角砾岩体构造，接触带附近的不整合面、层间破碎带、断裂构造等。围岩的岩性对成矿有一定影响，通常当围岩为渗透性差的硅铝质岩石时，矿体往往发育在斑岩体顶部和附近的围岩中；当围岩为碳酸盐岩时，则出现矽卡岩型矿体与斑岩型矿体共存。岩体顶部流体作用形成的水力裂隙系统是斑岩型矿床的主要容矿构造，网脉状裂隙直接控制着细脉浸染状矿化和面型蚀变，构成主要斑岩型矿床的主体。隐爆角砾岩体也是斑岩型矿床的主要容矿构造之一，多呈椭圆状、不规则的筒状产出，往往控制富矿体的产出，有时成为大型、超大型矿床的主体容矿构造，如沙坪坝、岔路口超大型钼矿床。成矿时叠加的断裂构造则控制斑岩铜矿的外围脉状矿体（化）产出，如朱砂红、多宝山和甲玛等矿床。在斑岩体与碳酸盐岩接触带构造中，形成矽卡岩型矿体，侵入接触带构造与层间构造或岩性界面（硅/钙面）连通时，则形成似层状矿体。我国斑岩型铜钼矿床围岩中的矿量约占2/3，斑岩中的矿量约占1/3。总的来说，斑岩型矿床工业矿化主要产于侵入接触带中，环绕斑岩体产出，一般呈空心环状，只有少数大型和特大型矿床的斑岩顶部才是全岩矿化，如沙坪坝、岔路口斑岩型钼矿床。矿床中储矿构造组合制约矿床的矿化类型及矿体的空间展布，大型矿床矿化类型及矿体空间展布的组合规律如下（图7-17）。

单一的矿化类型：是指矿床的主要容矿构造为单一构造要素，形成单一的矿化类型（其他矿化类型占比很小），如鸡笼山、东雷湾、李家湾等铜矿矿床。矿体主要产在岩体与碳酸盐岩的侵入接触带构造中，形成单一的矽卡岩型矿床，矿床规模一般较小。

"二位一体"组合：斑岩体上部为围岩中沿断裂裂隙构造发育的脉状或层状铅锌或金铜矿体，下部矿体为受侵入接触带控制的矿体，分布于斑岩体顶部及围岩中，为细脉浸染型层块型或筒状矿体，即"上脉下体"的二元结构。这是典型斑岩型矿床的构型，如德兴铜矿床。

"三位一体"组合：矿床形成受侵入接触带构造、隐爆角砾岩体构造和岩体裂隙构造的联合控制，在侵入接触带形成矽卡岩型铜矿，在岩体内裂隙带形成斑岩型铜（钼）矿，在隐爆角砾岩体中形成角砾岩筒型钼、铜矿，构成矽卡岩-斑岩-角砾岩筒复合型铜钼矿床，如丰山洞、铜山口铜矿床。

"四位一体"组合：矿床形成受侵入接触带构造、岩体裂隙构造、隐爆角砾岩构造和层间构造联合控制，典型的矿床是城门山铜钼矿床。在上述4种储矿构造中，分别形成了矽卡岩型铜矿、斑岩型铜钼矿、角砾岩筒型钼矿和似层状铜矿，构成了"四位一体"的成矿特征。还有不同时期成矿系统同位叠加形成的热水喷流沉积-斑岩型复合矿床。例如澜沧老厂矿床，浅部发育早石炭世热水喷流-沉积似层状铅锌银矿体，深部发育与始新世隐伏花岗斑岩有关的斑岩-矽卡岩铜钼矿体和脉状铅锌银矿体，后者叠加在早期热水喷流-沉积似层状铅锌银矿体之上，构成多位一体的矿化构型。类似的还有广东大宝山多金属矿田等。此外，在岛弧背景下，与浅成斑岩有关的斑岩型、矽卡岩型、热液脉状铜金、浅成低温热液型金-银矿床常密切共生，它们是同一成矿系统不同储矿构造及岩性条件下的产物。在一个矿田或矿床范

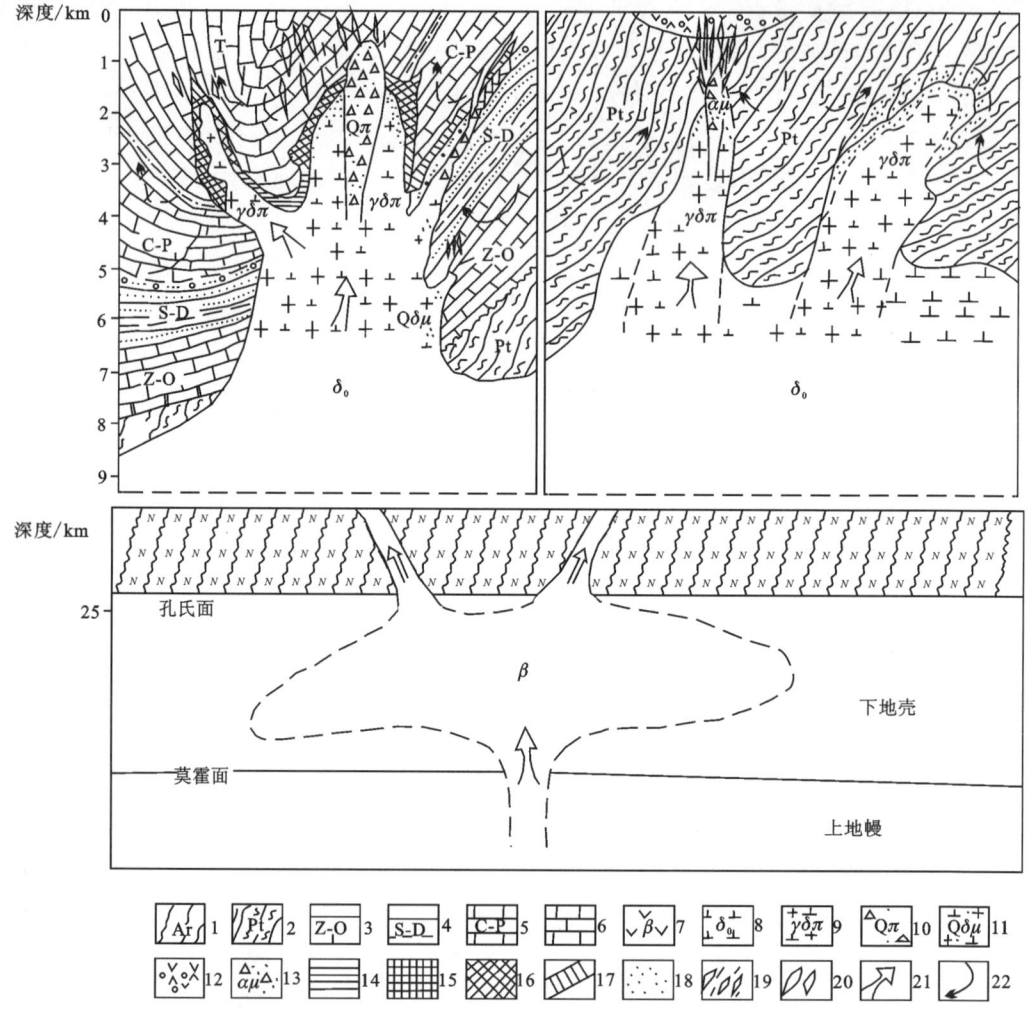

图 7-17　斑岩-矽卡岩型(左)及斑岩型(右)铜金矿田构造-矿化分带模式图(据姚书振等,2020b)

1.太古宇深变质岩;2.元古宇浅变质岩;3.震旦系—奥陶系碳酸盐岩;4.志留系—泥盆系碎屑岩;5.石炭系—二叠系碳酸盐岩;6.三叠系碳酸盐岩;7.玄武质岩浆;8.石英闪长岩;9.花岗闪长岩;10.石英斑岩质角砾岩;11.石英闪长玢岩;12.安山质火山岩;13.安山玢岩质角砾岩;14.矽卡岩型铜(钼、金)矿化;15.矽卡岩型铜铁矿化;16.矽卡岩型金(铜)矿化;17.沉积-改造型铜(金)矿化;18.斑岩型铜(钼)矿化;19.脉状及蚀变破碎带型金(铜)矿化;20.脉状铅、锌、银矿化;21.岩浆上侵方向;22.大气水循环流动方向

围内构造-矿化具有分带性,存在上脉下体的构型(图 7-18),但在成矿强度上往往呈负相关关系,常以某种为主。

近年来,通过区域成矿系列的时空结构和成矿集约性研究发现,大型斑岩型铜钼矿床与斑岩-矽卡岩型铜钼矿床产出有一定的规律性(姚书振等,2020b)。

(1)构造圈闭与浅剥蚀区是大型矿床有利的产出部位。大型和超大型斑岩型铜钼矿床,主要形成于中新生代火山岩盆地边缘的前火山岩系的隆起带上。该部位相对于火山喷发区是更有利的构造圈闭环境,利于成矿物质的聚集和大规模成矿作用的发生,形成大型、超大

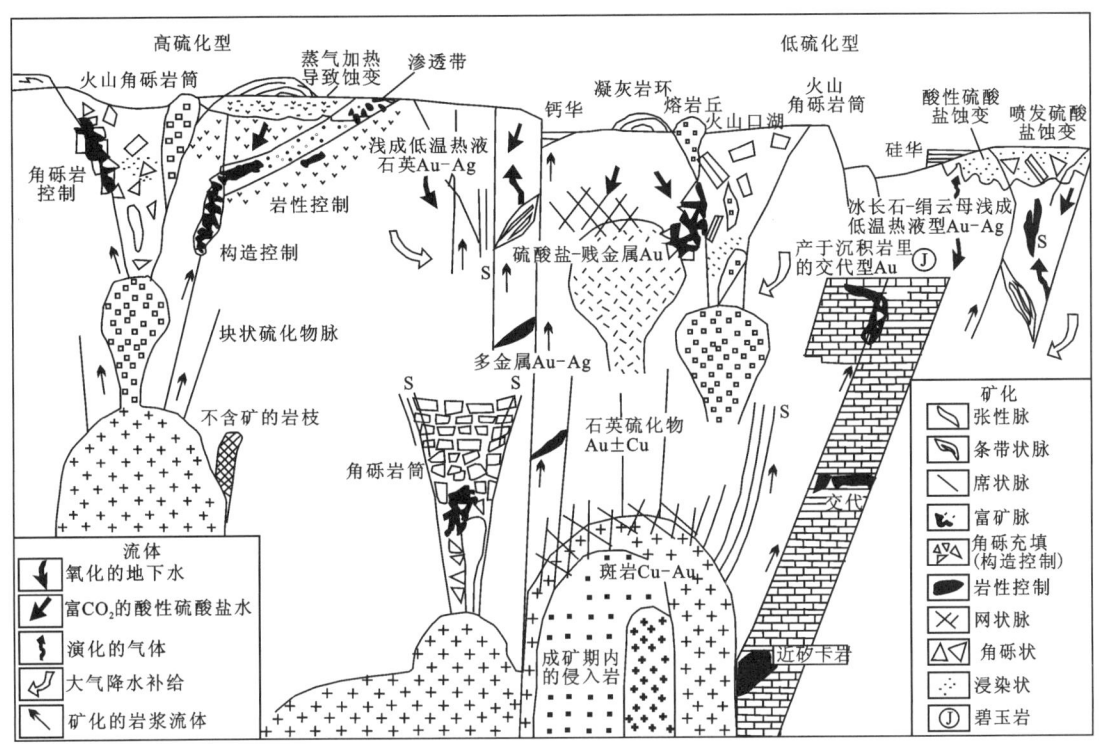

图 7-18 岩浆弧背景下斑岩型铜金矿床、浅成低温热液型金-银矿床和矽卡岩型矿床形成概念模式
（据 Corbet,2002）

型矿床。此外,从大部分大型和超大型矿床的矿化蚀变分带均保存较完整,一般由斑岩体内向外发育钾化带→石英-绢云母化带→青磐岩化带,相应呈现 Mo→Cu→Pb-Zn(Au)矿化带等,表明成矿后剥蚀程度较浅,使其得以较完整地保存。

（2）大型矿床多产出在多期次岩浆活动中心区,表现为矿床中可见多期次岩浆活动,如岔路口超大型钼矿床、多宝山大型铜床等。这暗示成矿部位处于与深部岩浆房长期沟通部位,并有明显的分异作用,也表明多期次岩浆活动中心是大型矿床产出的必要条件。

（3）小岩体成大矿并具有一定的成矿专属性。成矿岩体主要是较晚侵入的小斑岩体,一般出露面积小于 $1km^2$,且具有一定的成矿专属性。花岗闪长斑岩类常形成铜、铜钼矿床,如花岗斑岩、二长花岗斑岩是钼矿的成矿岩体。

三、玢岩铁矿床聚矿构造系统

我国玢岩铁矿床产于宁芜、庐枞等中生代继承式断陷火山岩盆地中,成矿与主喷发旋回晚（末）期的富钠偏基的中性次火山岩密切相关,围岩以陆相火山岩为主,矿化蚀变独具特色,矿化以发育"含钒磁铁矿-透辉石（阳起石）-磷灰石"或"磁铁矿-透辉石-硬石膏"三组合矿石为特色。围岩蚀变自下而上为:①下部广泛发育钠长化;②中部（岩体上部至接触带附近的安山质火山岩中）发育透辉石-磷灰石-磁铁矿-钠长石岩（深色蚀变带）,为主矿体赋存部位;③上部发育浅色蚀变带,包括黄铁矿-硬石膏带、硅化带、明矾石化带、高岭石化带和泥化带,有时赋存硬石膏、硫、铜、铅锌、高岭石、明矾石等矿体。

该类矿床的成矿作用比较复杂且类型较多,根据成矿流体的性质和成矿方式,可将该类矿床分为5个成因亚类:①次火山气液交代-充填型(狭义的玢岩铁矿);②矿浆贯入型;③伟晶型;④次火山气液-接触交代过渡型;⑤热液脉型等铁(磷)矿床,以及与其伴生的黄铁矿矿床(体)。此外,在火山活动晚期,还生成与碱性次火山岩密切相关的铜矿床与铜-金矿床。

成矿地质体主要岩性为辉长闪长岩和辉长闪长玢岩,为中基性次火山岩。以低硅、富碱为特征,Na_2O/K_2O 为 1.5%~5%。火山岩的 $I_{Sr}=0.7047$~0.7074,$\varepsilon_{Nd}(t)=-7.7$~$+1.4$,指示岩浆的地幔来源及地壳物质的混染(邓晋福等,2011)。

该类矿床的聚矿构造系统属断裂-浅成超浅成岩浆侵入接触聚矿构造系统。其中,区域岩石圈断裂是导岩导矿的主导构造,控制着构造-岩浆-铁成矿带(宁芜、庐枞等)的形成。而基底断裂(壳断裂)与岩石圈断裂沟通时,常成为岩浆进入盖层的通道,进而控制浅位岩浆房的就位和金属矿田的形成与展布,起到布矿作用。不同方向基底断裂构成的网格状构造结点处,多为矿田所在部位,如宁芜马鞍山矿田、姑山铁矿田、庐枞罗昌河铁矿田等。盖层大断裂则控制成矿岩体就位和矿床产出。

玢岩铁矿床的矿体产出,主要受次火山侵入接触聚矿构造系统的控制。由于岩体侵位于浅成到近地表的环境中,岩体冷凝收缩及气体隐爆、塌陷等作用十分强烈,形成了较独特的次火山侵入接触构造系统。

主要储矿构造类型有:①原生裂隙构造,包括边缘冷缩裂隙和钟状构造;②角砾岩体构造,包括顶部塌陷角岩、隐爆角砾岩和断层角砾岩;③接触-断裂接触带;④层间裂隙带;⑤断层裂隙构造。

构造与矿化的关系如图7-19所示。

矿浆贯入型及伟晶型矿床(体)受岩瘤顶部的钟状断裂及塌陷角砾岩带控制,如大东山、凹山顶部矿体、梅山主矿体。

次火山气液交代-充填型矿床(体)主要产在次火山岩缓平穹隆顶部的边缘冷缩裂隙带中(如陶村),部分受隐爆角砾岩体控制(如凹山下部矿、吉山等)。

在岩体与火山岩的断裂接触带上,形成以接触交代为主的铁矿床(体)(如梅子山)。若岩体内玢岩型矿化发育,则形成玢岩-接触交代复合型矿床(如南山)。

岩体外围火山岩中的层间裂隙带和断裂是中低温热液充填交代型的黄铁矿矿体、石英-镜铁矿脉(体)产出的有利构造部位(向山、龙虎山等)。

次火山岩体与前火山岩系的断裂-接触带和层间裂隙构造的联合控制次火山气液-接触交代型矿床(凤凰山、白象山等)。

在一些大型岩瘤凸起部位,成矿作用多期次叠加,形成复合型铁矿床,如玢岩-伟晶-矿浆贯入复合型(如凹山)、玢岩-矿浆复合型(如梅山)等。

在一些矿田内,往往以含矿辉长闪长玢岩次火山岩体为中心,出现一套从岩浆晚期矿化开始,经伟晶-高温气液矿化直到中低温热液矿化所形成的一系列铁(磷)矿床(体),以及与其伴生的黄铁矿矿床(体)(如宁芜中段马鞍山矿田)。

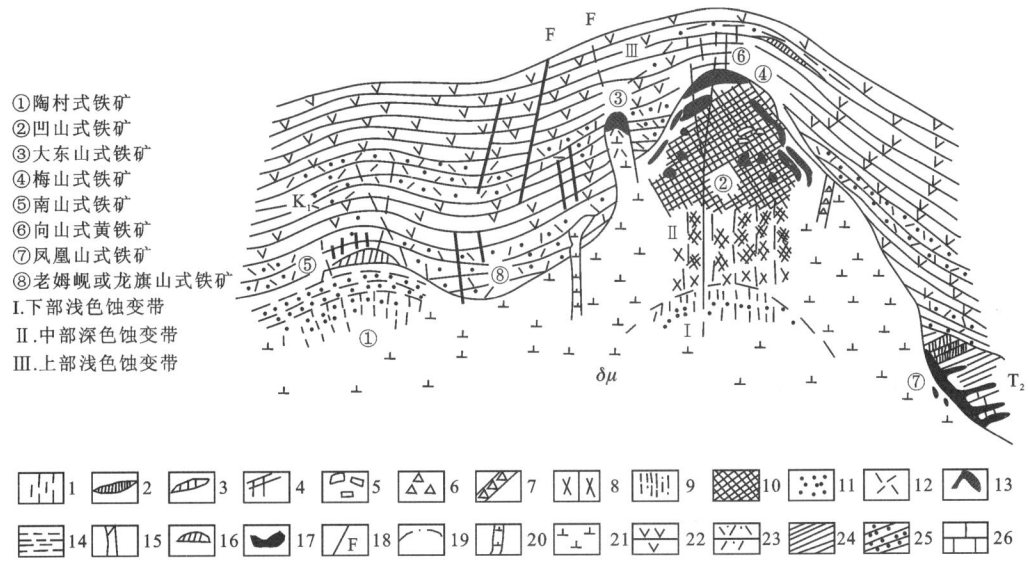

图 7-19 玢岩铁矿床聚矿构造-矿化模式图(据翟裕生等,1996)

1.细脉带;2.层间裂隙带;3.(构造)接触带;4.边缘冷缩裂隙带;5.顶部塌陷角砾岩;6.隐爆角砾岩;7.断层角砾岩带(充填交代成的"假角砾");8.稀疏网脉带;9.微裂隙带;10.块状矿石;11.浸染状矿石;12.伟晶状矿石;13.钟状构造及钟状矿体;14.层带状裂隙带;15.磁铁矿矿脉或镜铁矿矿脉;16.黄铁矿矿石;17.似层状铁矿;18.断层;19.蚀变带分界线;20.细粒闪长岩脉;21.辉长闪长岩;22.安山岩及粗安岩;23.凝灰岩;24.页岩;25.砂岩;26.碳酸盐岩

第六节 热液矿床的聚矿构造系统

热液矿床的类型较多,其中具有重要独立工业价值的矿床有与中深成岩浆活动有关的高温岩浆热液脉状钨锡钼矿床、中温岩浆热液石英脉-蚀变岩型金矿床、低温热液型(卡林型)金多金属矿床和后生盆地流体型铅锌矿床等。本节主要阐述这些类型矿床的聚矿构造系统。

一、高温岩浆热液脉状钨锡钼矿床的聚矿构造系统

高温岩浆热液脉状钨锡钼矿床是由岩浆期后热液通过充填或充填-交代等作用形成的,与其有关的矿产种类多、工业价值大。因此,它们常是矿田构造学研究的主要对象。这类矿田(床)在地壳中分布广泛,但主要产出在地槽演化晚期和地台强烈活化时期形成的断裂-岩浆-成矿带中。成矿母岩以花岗岩类侵入体最为重要。例如我国南岭地区是世界著名的岩浆热液型钨锡钼多金属矿田分布区。区域深断裂起导岩导矿作用,几乎所有成矿带均沿北北东—北东向深断裂分布,北段为钨矿带,南段为多金属、钨、锡矿带。不同方向深大断裂的交会部位明显为矿化集中区,如北北东向于山-恩平深断裂与花山-大东山-三南深断裂的复合部位,形成三南钨矿床密集区,其中有著名的大吉山、岿美山、银板坑等大型矿床。

应该指出,岩浆热液矿床的成矿带、成矿亚带等虽然与深大断裂的分布或断裂交会处有关,但是矿田、矿床并非直接产于其中,一般只产在深大断裂上盘的浅层部位,受次级构造控制。矿床产在其派生的三级或四级构造附近(其距离小于 1.5km),四级、五级断裂的交切处。

高温岩浆热液具有温度较高和易于流动的特点,因而在成矿过程中可沿断层和裂隙远距离迁移,在适当的物理化学条件下沉淀成矿。它们既可产于岩体接触带附近,又可分布在远离接触带的围岩中。部分岩浆热液矿床可与岩浆矿床或矽卡岩矿床伴生。在这种情况下,它们常分布在二者的外围,并且是成矿作用晚期(阶段)的产物。在大多数情况下,矿床以独立的岩浆热液矿田产出,在矿田范围内构造和热液活动有多阶段性,形成明显的矿床分带。

该类矿田(床)按其产出的地质环境和控矿构造特征,基本可划分为两大类:①产于岩体凸起顶部和围岩裂隙带中的矿田(床);②产于断裂复杂化的褶皱中的矿田(床)。其中,又可进一步分出若干构造亚类(图 7-20)。

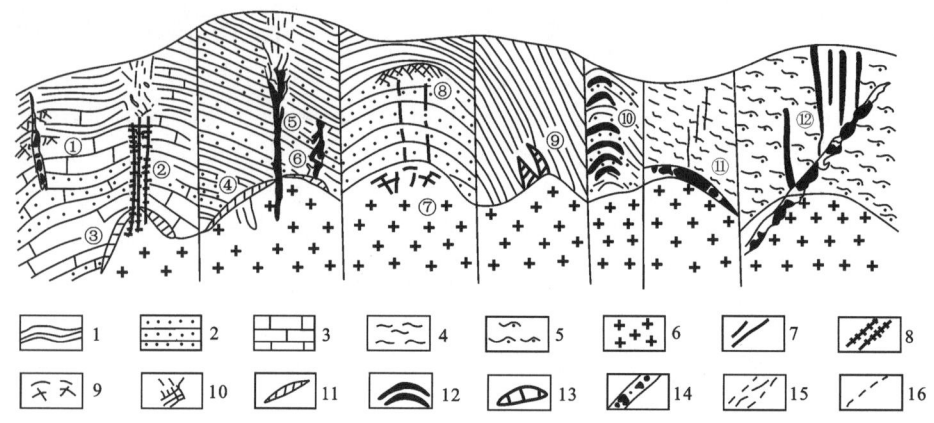

图 7-20 热液矿田(床)聚矿构造类型综合剖面示意图

1.页岩;2.砂岩;3.碳酸盐岩;4.浅变质岩;5.中深变质岩;6.花岗岩类;7.脉状矿体;8.伴有矽卡岩化的脉状矿体;9.受冷缩裂隙控制的矿体;10.充填交代型矿体;11.云英岩型矿体;12.充填型鞍状矿体;13.矽卡岩型矿体;14.含矿张性断裂;15.含矿脆韧性剪切带;16.运矿断裂;图中编号①、②代表各种矿田(床)构造类型,与正文对应

1. 产于岩体凸起顶部和围岩裂隙带中的矿田(床)的聚矿构造系统

该类矿田和矿床通常发育在中深成岩体凸起顶部的接触带附近,多以石英脉型钨锡矿为主,近年来又发现内接触带云英岩型细脉浸染型钨锡矿。矿田级的聚矿构造系统包括基底断裂与大型褶皱构造,前者起导岩导矿作用。矿床级聚矿构造系统属中深成岩浆侵入接触-断裂成矿构造系统,规模较大的成矿期断裂常是配矿构造。储矿构造包括断裂裂隙构造、侵入接触构造、不同岩性界面(硅/钙面)等,断裂裂隙构造是石英脉型钨锡矿的主要储矿构造。

这种类型的矿田和矿床,以发育在花岗岩凸起顶部和附近围岩中的热液型钨锡矿床最典型。当围岩为碳酸盐岩时,形成伴随矽卡岩化的石英脉型矿田(图 7-20①②);有时在接触带上有矽卡岩型矿床(体)产出(图 7-20③),如广西水岩坝矿田较典型;围岩为硅铝质岩石时主要形成伴随云英岩化的石英脉型矿田(图7-20⑤⑦⑫),在我国江西、湖南等地广泛发育;有时在岩体内外接触带发育云英岩型矿床。

云英岩型矿床的矿体是含矿热液沿密集细小裂隙渗透交代形成的,常呈柱状、等轴状及穹状体等,常分布在花岗岩穹隆顶部,简称穹隆型矿体。该类矿床有时还伴有脉状或网脉状矿体(图7-20④⑥),如苏联齐诺维茨锡矿床、哈萨克斯坦钨-锡-稀有元素矿床、蒙古国南兹尔钨钼矿床等。有时在外接触带,呈柱状,不规则状产出。石英脉型矿田和矿床按照构造组合形式可划分为下列构造亚类。

(1)受平行裂隙群控制的矿床(图7-21a):江西荡坪钨矿床较典型,矿区内900余条矿脉成群平行分布于花岗岩内接触带,控矿裂隙具张性或张扭性。

(2)受梯状裂隙构造控制的矿床:常发育在被相邻的两条断层所限的岩层中,如江西大吉山矿床较典型。该矿床含钨石英脉走向北西,相互平行密集成组,各大组大致以等间距沿垂直脉走向的方向分布,两端被互相平行的两条北东向裂隙所限,形成典型的梯状构造。

(3)受斜列(雁行)式裂隙群控制的矿床(图7-21b):石英脉型矿床呈斜列式产出者居多,容矿裂隙属同一产状系列,并具有同一力学性质,甚至还具有大小相近的规模和等距分布的特点,属同期同一应力场的产物,张扭、扭性裂隙均可形成,如广西珊瑚矿田长营岭钨锡矿床、湖南圳口钨矿床均较典型。细脉带型钨矿床也常见细脉带之间呈斜列式产出,如江西木梓园钨矿床。

(4)受两组交叉网格状裂隙群控制的矿床:容矿裂隙是同期构造变形形成的共轭剪裂隙系统,它们呈正交网格(图7-21c)或菱形网格状(图7-21d)产出,控制矿脉的生成和展布。例如江西灵潭矿区含钨石英脉产在北北西向和北东东向两组共轭剪裂隙中组成正交网格状,在矿床北段北东东向矿脉不发育,主要产出北北西向矿脉群,菱形网格状矿脉群在西华山钨矿区可见。

(5)受束状裂隙控制的矿床(图7-21e):主要发育在围岩中,江西峱美矿床是典型实例。该矿床中矿脉产于由浅变质岩组成的次级背斜轴部,矿脉单体和群体均呈北西走向,总体上呈中间收缩、两端散开的束状。它们与褶皱轴方位一致,容矿裂隙具张剪性特征,很可能在其成生过程中与背斜轴部的纵张裂隙叠加复合。

(6)受膝状裂隙群控制的矿床(图7-21f):江西崇义何树岭钨矿产在花岗岩体外接触带中,矿脉群在平面上呈膝状弯曲,接触界线大致平行,可能与岩浆侵入活动期间的应力叠加有关。

(7)受多组交叉裂隙群控制的矿床(图7-21g):有几组裂隙同时存在、彼此相交展布,控制交叉式含矿石英脉产出,尤其在接触带附近表现明显,如江西信丰石骨山钨矿床。

(8)受火炬型裂隙群控制的矿床(图7-21h):见于江西平案脑—墨烟山地区,脉体和脉群走向均为北东东向,岩体主要为稀疏石英大脉,浅变质岩中依次出现密集的细脉和大脉混合带以及主要由石英线脉组成的矿化标志带,总体呈平放的火炬状。

(9)受扇形或钟状裂隙群控制的矿床:这些裂隙群主要发育在岩体内,属原生冷缩裂隙。江西信丰月岭钨矿区矿脉产在花岗岩内,岩体呈向北凸出的半圆形,矿脉群总体呈向北散开、向南收敛的扇形(图7-21i),控矿裂隙是横张冷缩裂隙。

(10)受帚状裂隙群控制的矿床(图7-21j):江西茅坪钨矿是实例之一,在那里含钨石英脉群向北西西方向收敛,向南东方向散开,形似扫帚。含矿裂隙属左旋扭应力场作用下形成的张扭性裂隙群。类似的矿床还有湖南渣滓溪锑钨矿床等。

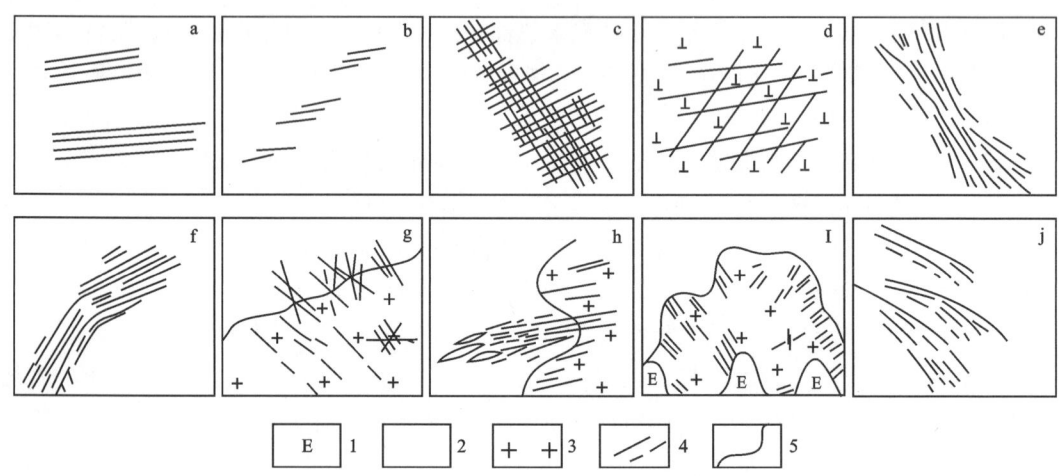

图7-21 脉状钨矿床(田)聚矿构造类型示意图

1.第三纪覆盖层;2.古生界沉积岩及变质岩;3.燕山期花岗岩;4.矿脉;5.地质界线;图中编号a~j代表构造亚类,与正文相对应

(11)受"山"字型裂隙群控制的矿床:容矿裂隙群组合呈似"山"字型。以湖南白云仙钨矿床为例,含钨石英脉群一部分呈向南凸出的弧形分布;另一部分呈近南北向发育在前者的凹面(北面),并在接近弧形脉群时尖灭。总体呈似"山"字型展布。容矿裂隙早期为压扭性,成矿时显示张性特征。

关于高温岩浆热液脉状矿床容矿断裂构造的性质尚有争议,通常认为是区域构造作用为主的断裂裂隙系统,也有人认为是水力断裂裂隙系统。如上所述,大多数矿床的储矿断裂常以一组为主,且成矿具有多阶段性,不具备水力断裂裂隙系统在岩穹顶部呈放射状,且以张裂隙为主的特征。详细的矿田构造应变研究发现,水平的挤压作用和上隆的拉伸作用对矿田构造的形成发展及成矿作用是两个基本的构造因素,前者促使褶皱、断裂的生成,后者则促进构造的张开和充填(曾庆丰,1986)。但成矿期内成矿地段多期次的隆升作用可能性不大,构造的张开和充填更可能是水力致裂作用引起的,其容矿断裂更可能是在沿袭早期区域构造形成断裂裂隙系统的基础上,同成矿期水压作用与区域构造应力交替作用的产物。

值得指出的是,该类矿床中浅部脉体通常具有"五层楼"矿化分带模式:沿断裂构造形成顶部为细脉带,向深部脉体逐渐加大,转化为粗脉和稀疏大脉,发育延伸到成矿地质体内接触带300~500m范围内。此外,部分重要岩性界面及不整合面附近可能出现横向交代作用形成的缓倾斜矿化或蚀变。深部内接触带有时发育云英岩化细脉浸染状矿化而形成似层状矿体,形成矿体空间展布呈现"上脉下体"(华仁民等,2015)的内外"二元结构"特征。典型矿床有赣南茅坪钨矿、广西栗木锡矿。

2. 产于断裂复杂化褶皱中的矿田（床）聚矿构造系统

褶皱构造控矿作用在第三章中已述及。高温岩浆热液矿田产出的构造部位多为断裂交切的背斜构造的转折端、翼部、倾伏端等，褶皱中的层间（状）构造、剥离空洞图 7-20⑩及断裂构造是主要的控矿要素，形成褶皱-断裂复合控制的矿床（图 7-20①⑪）在这类矿床中，断裂既是矿液运移通道又是储矿构造之一，褶皱构造中的假整合面、岩性差异的层界面、层间破碎带、有利岩层等控制似层状、透镜状矿体产出，构成层-脉复合型矿床。其中，广西新路白面山锡石硫化物矿床、云南个旧锡矿田浅部矿体群较典型。

二、中低温岩浆热液金多金属矿床聚矿构造系统

中低温岩浆热液金多金属矿床聚矿构造系统是指与深成岩浆热液作用有关的中低温热液型金多金属矿床，包括石英脉型、蚀变岩型、微细浸染型金等矿床。该类矿床的聚矿构造属褶皱-断裂构造系统。区域性大型背斜（穹隆）构造与大型断裂（或剪切带）复合系统控制了成矿岩体和矿田的产出，大型断裂为导岩导矿构造。矿床主要形成在背斜轴部、转折端，如胶东、小秦岭、黔西南、陕川甘金矿集区。容矿构造以断裂构造、硅/钙面和层间构造为主。

1. 石英脉与蚀变岩型金矿聚矿构造系统

石英脉型金矿床系指含金地质体主要为石英脉的一类金矿床。石英脉型是金矿最重要的工业类型，据相关统计数据，该类金矿床的数量和金储量占金矿床总数量与金总储量的 50% 以上。

蚀变岩型金矿的全称为破碎带蚀变岩型金矿，是指赋存在构造破碎带蚀变岩中的细脉浸染状金矿床。由于此类矿床首先在我国胶东焦家地区被发现，故又称为"焦家式"金矿。含矿蚀变岩主要为黄铁绢英岩，也有少量黄铁绿泥石岩。该类型金矿在胶东西北部广泛发育，构成多个大型—超大型金矿床，在我国黄金工业中占有十分重要的位置。

我国的石英脉型与蚀变岩型金矿在地域分布上主要集中在华北克拉通周缘的胶东、小秦岭、燕辽—乌拉山及辽吉东部等地区，在华北克拉通中部的太行山中北段阜平—恒山地区也有产出。胶东、小秦岭大型矿集区产在太古宙和古元古代角闪岩相"绿岩带"，但成矿时的构造环境为"活化"的克拉通。成矿时代主要为中生代，其中胶东金矿的形成年龄集中在 125～115Ma，小秦岭和太行山中段金矿形成年龄集中在 140～130Ma，并与同时代花岗岩密切共生，属中温岩浆热液矿床。比较适合金矿脉形成的空间位置是成矿岩体 0～3km 的范围内。

石英脉型与蚀变岩型金矿构造活动和成矿作用具有阶段性、脉动性，一般都可划分出 5 个阶段：①钾化阶段，是成矿的前奏；②黄铁矿石英阶段，以形成大量石英为特征，含少量黄铁矿和自然金；③石英黄铁矿阶段，以形成黄铁矿脉为特征，含自然金和少量石英，是主成矿阶段的早期；④多金属硫化物阶段，以出现较多黄铜矿、闪锌矿、方铅矿为特征，是主成矿阶段的晚期；⑤石英碳酸盐阶段，是成矿作用的尾声。石英脉型和蚀变岩型金矿尽管外貌极不相同，但位于同一成矿区带且有过渡关系，并具同一成矿物质来源和同一成矿过程，仅由于控矿构造的规模、性质不同而表现为不同形式，因而它们属同一类型矿床。

通过对胶东、小秦岭、燕辽—乌拉山及辽吉东部等地区大型石英脉与蚀变岩型金矿的研究发现，石英脉型与蚀变岩型金矿床的聚矿构造系统属于由不同规模、不同级别和不同序次韧—脆性变形构造成分复合叠加而构成的断裂系统。

在一个矿集区内，具有构造分级控矿的特征。例如胶东是石英脉型与蚀变岩型金矿大型矿集区，从西向东产出有三山岛矿田、焦家矿田、灵北矿田、玲珑矿田、招平矿田、郭家岭矿田和金牛山矿田。区内的Ⅰ级、Ⅱ级、Ⅲ级断裂共同控制了众多金矿床，胶东矿集区Ⅰ级断裂是主控矿断裂，是主要的导岩导矿构造，控制矿带的产出；Ⅱ级断裂是次级控矿断裂，起着配矿构造的作用，与Ⅰ级断裂联合控制矿田的产出；Ⅲ级断裂是低级的控矿断裂，一般是Ⅰ级和Ⅱ级控矿断裂旁侧伴生的构造裂隙，控制矿床和矿体的产出（图7-22）。

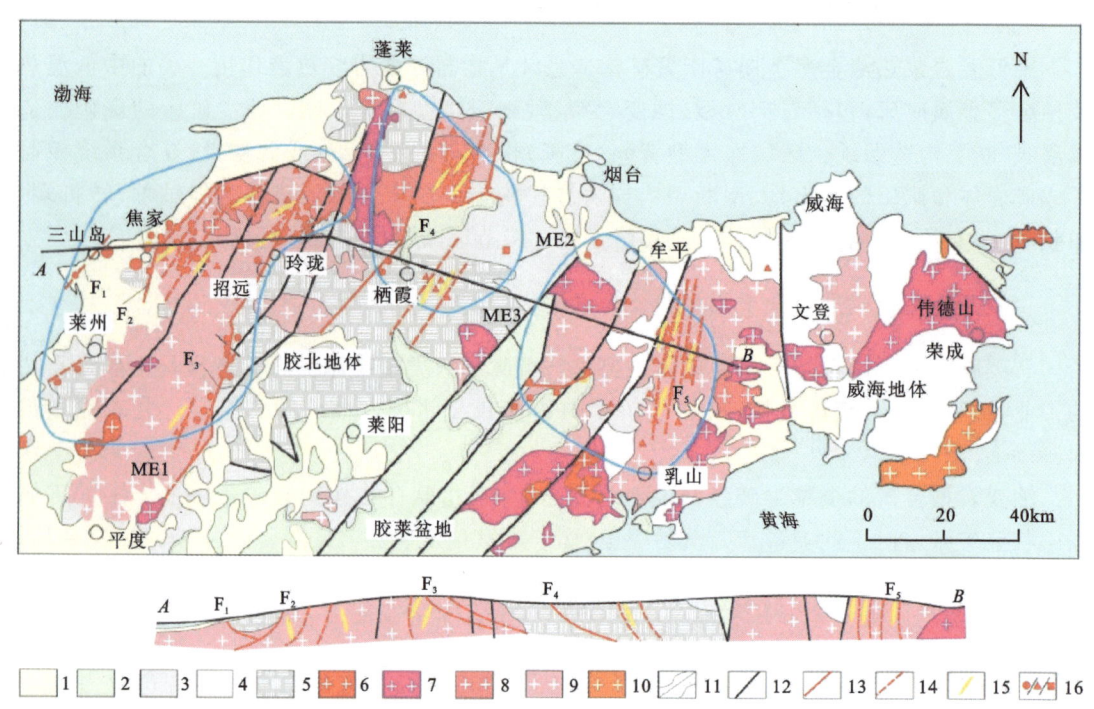

图7-22 胶东金大型矿集区区域地质及赋矿断裂平面图和剖面图（据宋明春等，2022）
1.第四系；2.白垩系；3.古元古界和新元古界；4.含榴辉岩花岗质片麻岩；5.太古宙花岗-绿岩带；6.白垩纪崂山型花岗岩；7.白垩纪伟德山型花岗岩；8.白垩纪郭家岭型花岗岩；9.侏罗纪花岗岩类；10.三叠纪花岗岩类；11.整合/不整合地质界线；12.平直的无矿断裂；13.缓倾角控矿断裂（Ⅰ级控矿构造）；14.陡倾角控矿断裂（Ⅱ级控矿构造）；15.陡倾角张裂矿脉（Ⅲ级控矿构造）；16.蚀变岩型金矿/石英脉型金矿/其他类型金矿；ME1.胶西北成矿小区；ME2.栖蓬福成矿小区；ME3.牟乳成矿小区；F₁.三山岛断裂；F₂.焦家断裂；F₃.招平断裂；F₄.台前-陡崖断裂；F₅.金牛山断裂

矿床级和矿体的聚矿构造系统及矿体空间分布具有一定的规律（图7-23～图7-25）。

（1）在同一矿田中蚀变岩型、石英脉型矿床（矿体）可以共存。如焦家金矿是中国储量最大的金矿床之一，已经达到超大型金矿床规模。它位于焦家主断裂中，走向NE40°，倾向北西，倾角约为30°，断裂蚀变带最宽达200余米。蚀变带下盘发育更宽大，并具不完全的对称性，从中心向两侧依次为：黄铁绢英岩带、黄铁绢英岩化花岗质碎裂岩带、绢英岩化花岗质碎裂岩及钾化花岗岩,矿体与断裂基本平行。蚀变岩型Ⅰ、Ⅱ号矿体位于蚀变带中部主断面之下,呈规则宽厚板状;其下为Ⅲ、Ⅳ号矿体含金石英脉群,赋存于焦家断裂下盘蚀变花岗岩带(图7-23、图7-24)。类似的还有三山岛金矿、小秦岭上宫金矿床。

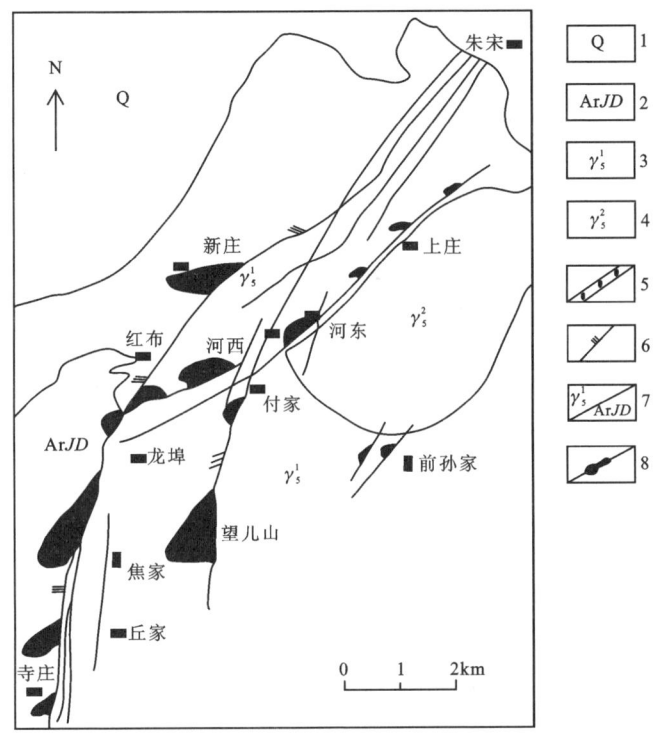

图7-23 焦家金矿田控矿断裂与金矿床分布关系图(据吕古贤等,1996)
1.第四系;2.胶东群;3.玲珑型似片麻状花岗岩;4.郭家岭型似斑状花岗闪长岩;
5.蚀变岩带;6.岩性界线;7.矿体水平面投影图

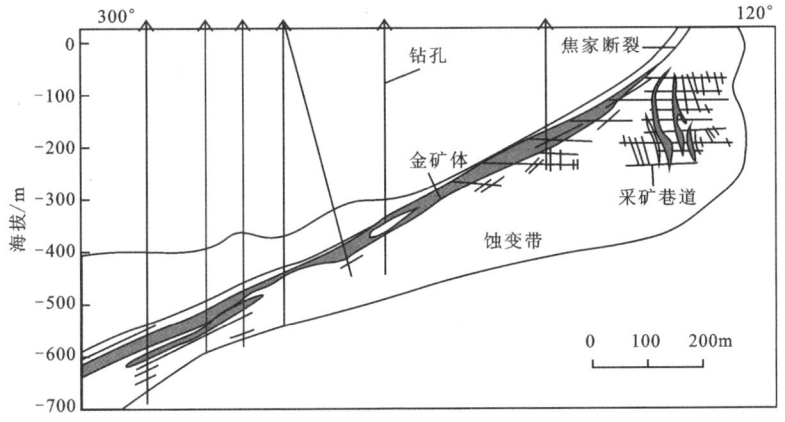

图7-24 焦家断裂及其控制的金矿体勘探线剖面图(据宋明春等,2022)

(2)大型石英脉型与蚀变岩型金矿的储矿构造主要是成矿期的脆性断裂构造,多经历了压扭性到张扭性的变化,在平面和剖面上均呈舒缓波状,延深大于延长,走向或倾向变化之处常是矿体增厚地段。石英脉型金矿常以陡—中等倾斜的脉群产出,如胶东玲珑石英脉型金矿主要受陡倾斜控矿裂隙控制(倾角为55°~85°,平均为70.5°)。而小秦岭东闯、桐峪、杨砦峪等金矿,近东西走向的主要含金石英脉向南倾,倾角35°~60°,变化较大,总体较缓。矿体尖灭再现或侧列再现的现象常见(图7-25)。

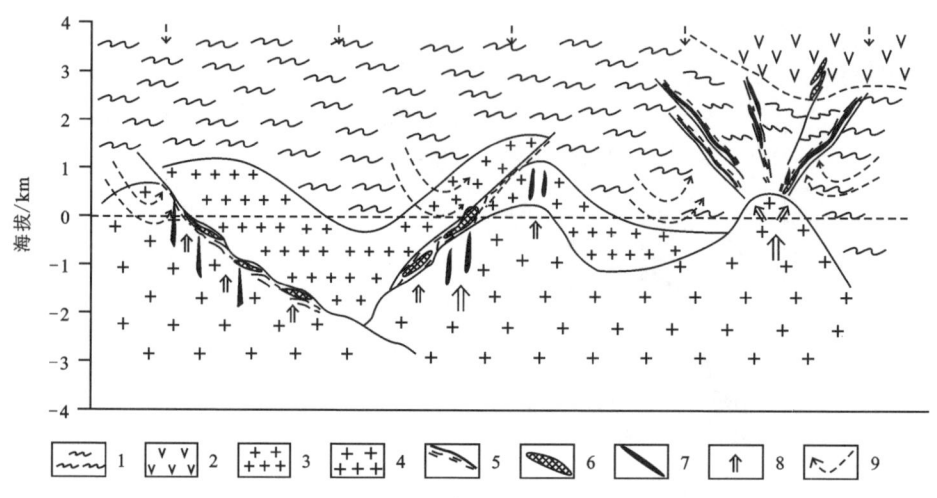

图7-25 石英脉型与蚀变岩型金矿聚矿构造系统地质模型

1.太古宙变质岩;2.元古宙火山岩;3.成矿前侵入体;4.成矿期侵入体;5.断裂及剪切带;6.蚀变岩金矿体;7.石英脉型金矿体;8.岩浆热液运移方向;9.天水运移方向

石英脉型金矿床中矿体(富矿段)主要产于断裂的张性(张扭性)扩容部位,其侧伏有一定的规律性,与容矿构造的产状和运动方式有密切关系。例如成矿期的北东向断裂,一般若断裂面向北西向倾斜,为左行压扭性或右行张扭性断裂时,矿体(富矿段)向南西侧伏;若为右行压扭性或左行张扭性断裂时,则矿体(富矿段)向北东侧伏。

蚀变岩型金矿主要受缓倾斜的Ⅰ级控矿断裂控制,少量赋存于Ⅱ级控矿断裂中,矿带内常见矿体尖灭再现或侧列再现,矿体的倾角(25°~56°)相对较缓,平均为34°。金矿的矿体由浅部至深部一般不是连续出现的,而是断续性分布,构成阶梯式产出特征,倾角较缓的断坪段是有利赋矿部位,而倾角较陡的断坡段则不利于成矿。这反映出控矿断裂早期为压扭断裂带,成矿期转化为张扭性成矿的特点。

(3)在空间分布上(图7-25),大型蚀变岩型金矿形成深度较大,主要产于邻近成矿地质体的主干断裂带上,延深可达数百米到3~4km,而石英脉型金矿形成深度较小,构造张开度较大,延深一般数百米(胶东等);小秦岭矿集区以石英脉型金矿延深较大,甚至达2~3km(如东闯金矿床)。

在矿田(床)范围内,具有二元结构的矿化分带样式。常见蚀变岩型金矿下盘出现石英脉型金矿体的现象。豫西地区也见有产在覆盖于太古宇太华群之上熊耳群火山岩中的蚀变岩型金矿,其形成深度较浅,深部出现石英脉型金矿体(上宫金矿)。此外,石英脉型金矿体向下可过渡为蚀变岩型金矿体(如望儿山金矿床)。

2. 微细浸染型(卡林型)金矿床聚矿构造系统

微细浸染型金矿床是指赋存于广义沉积岩中,金主要呈微细浸染状产出的低温热液型金矿床,又称卡林型金矿。细微浸染型金矿往往发育于地壳活动较为强烈的区域,如不同大地构造单元的结合部位,稳定大陆边缘的裂谷带及造山带。以发育一套巨厚的大面积分布的细碎屑岩、碳酸盐岩和硅质岩建造为特征。微细浸染型金矿的规模大,经济价值高,是世界上重要的金矿床类型之一。目前世界上最大的微细浸染型金矿主要分布于美国的内华达州、爱达荷州,我国滇黔桂和陕甘川金矿集中区内。

微细浸染型金矿聚矿构造主要为褶皱(或穹隆)与断裂(剪切带)复合构造系统,基底大断裂是导矿构造,盖层大断裂是配矿构造。容矿构造主要类型有断裂构造和层状构造两大类,前者包括断裂和剪切带,后者包括岩性界面(硅/钙面)、不整合或假整合面和有利成矿的岩层与层间构造带。此外,还有古岩溶构造、侵入接触构造等。

(1)断裂构造:断裂构造是微细浸染型金矿床容矿构造的重要类型之一。通常大型断裂往往是成矿流体上升的通道(导矿构造),产状陡立的次级断裂构造是主要的运矿和储矿构造。这些储矿断裂早期为逆断层或走滑剪切带,切割较深,成矿时转化为张性或张扭性,利于成矿流体的运移与成矿物质的富集成矿。金矿体常呈似脉状、透镜状产出,矿化垂深较大,可达1000m(如黔西南烂泥沟)。断裂构造是大型—超大型微细浸染型金矿床和众多的中小型微细浸染型金矿床的主要容矿构造。此外,在一些矿床中,见有断裂构造控制着大量中酸性岩脉产出,这些岩脉和围岩接触带附近的断层、裂隙构造是工业矿体的产出部位,如秦岭阳山、寨上、大水等金矿床。

(2)岩性界面(硅/钙面):不同岩石类型的界面是微细浸染型金矿床容矿构造的另一重要类型,特别是碎屑岩与碳酸盐岩接触面(简称硅/钙面)。区域性的硅/钙面与不整合或假整合面具有一致性,局部性的硅/钙面是沉积过程中岩性差异形成的。硅/钙面既是岩性差异面和物理化学界面,又是构造薄弱带,在构造活动过程中往往是大规模的区域滑脱带,在成矿过程中成为矿液运移的通道和重要的储矿空间。沿硅/钙面常形成硅质角砾岩带或硅化角砾岩带,成为大型矿床和矿体产出的有利部位,如西秦岭大桥金矿床、黔西南戈塘金矿床和水银洞金矿床深部(I_a)矿体。

(3)层间构造与有利的岩层:层间构造包括层间破碎带、虚脱空间等,是控制矿体产出的有利空间,是顺层状矿体的重要控矿构造类型。有利于微细浸染型金矿成矿的岩层有泥灰岩、生物灰岩、钙质粉砂岩及含碳质较高的砂页岩与硅质岩等。这些岩层在成矿流体作用过程中因化学性质较活泼、多孔易渗透,或提供还原剂和吸附作用,有利于金沉淀成矿。层间构造与有利的岩层常常在同一矿床中相伴出现,是有利的储矿构造组合。

(4)古岩溶构造:多见于碳酸盐岩发育区,控制囊状、不规则产状矿体产出,在大水金矿和革档金矿见及。

(5)侵入接触构造:侵入体与大理岩接触带控矿现象在地表局部见及(如川西阿西金矿)。此外,美国卡林金矿集区深部已揭露出存在受侵入接触构造控制的矽卡岩型金矿,显示出侵入接触构造可能是微细浸染型金矿深部的重要容矿构造之一,在勘查区深部找矿中应予以注意。

在微细浸染型金矿床中,成矿结构面及其组合类型不同,矿体就位样式有明显差异。大致可分为3个基本类型:层控型、断控型和复合型(图7-26)。

层控型:是指矿体的形成分布受层状构造(硅/钙面、不整合面及层间构造与有利的岩层)控制,并基本与地层整合产出。矿体主要呈似层状、透镜状,如戈塘、大桥、革档等金矿床,在背斜转折端常呈正向多层鞍状(图7-26a)产出(如水银洞、泥堡金矿),在向斜转折端常呈负向多层鞍状(图7-26b)产出(如滩间山金矿)。

断控型:是指微细浸染型金矿受断裂构造控制,斜切地层界面或不整合面,矿液沿断裂运移,并沿构造带中密集裂隙带和碎裂岩块间的空隙渗流并发生水岩反应,形成与地层不整合型矿体。在一个矿床中,断控型矿体常呈似脉状、透镜状成群成带平行产出(图7-26c),在走向及倾向(垂向)上有尖灭再(侧)现的特征,如烂泥沟、紫木函、东北寨、马脑壳、大水、双王、大场等大型—超大型金矿床的主要矿体。此外,产于两组断裂构造交会处的矿体则呈柱状(如二台子)。部分矿床浅成—超浅成中酸性岩脉群发育,矿体产出在岩脉及其附近的断层裂隙中(7-26d),如甘肃早子沟金矿床等。

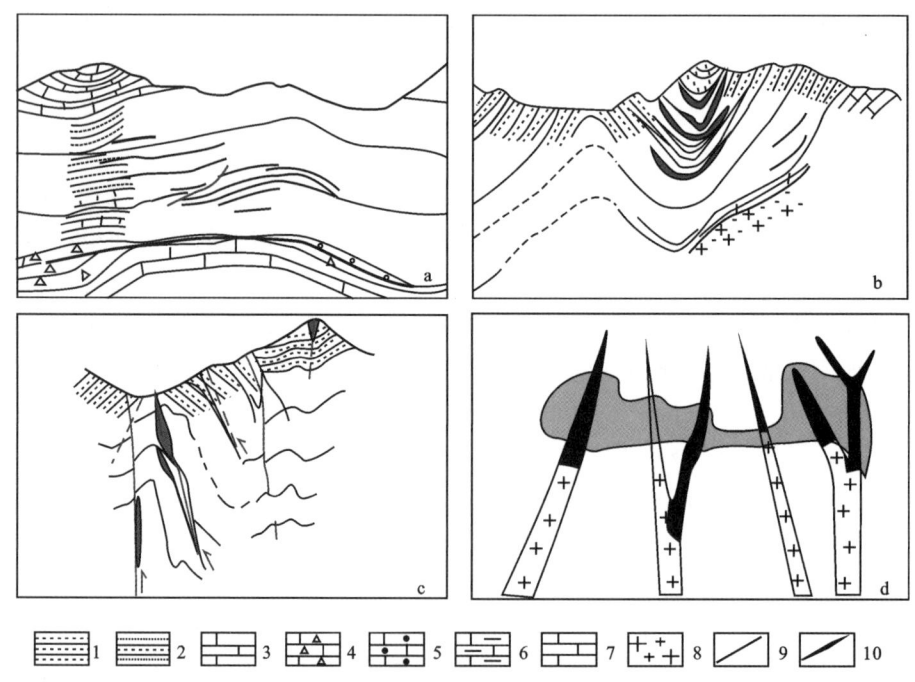

图7-26 储矿构造类型及矿体就位样式

1.页岩、粉砂质页岩;2.砂岩、粉砂岩;3.灰岩;4.角砾状灰岩;5.含生物碎屑灰岩;6.泥灰岩;7.白云岩;8.花岗岩;9.金矿体;10.富矿体

复合型:是指上述断裂与层状构造联合控矿的产物。受切层断裂与岩性层位复合控制的矿体多呈柱状(如拉尔玛)或呈"丁"字型组合,如阳山金矿、大水金矿等部分矿体。

断裂与层状构造联合控矿在矿床和矿田范围内表现更明显,表现出断控型、整合型矿体共存。在剥蚀较浅的矿床和矿田中,可见浅部为断控型矿体,深部为多层控整合型矿体,构成具有二元结构的矿床分带形式(如贵州灰堡金矿田水银洞、紫木凼金矿床)。

根据矿床与成矿岩体在空间分布上远近不同,将我国微细浸染型金矿床划分为近成、中远成和远成式3个基本类型(图7-27)(姚书振等,2020b)。

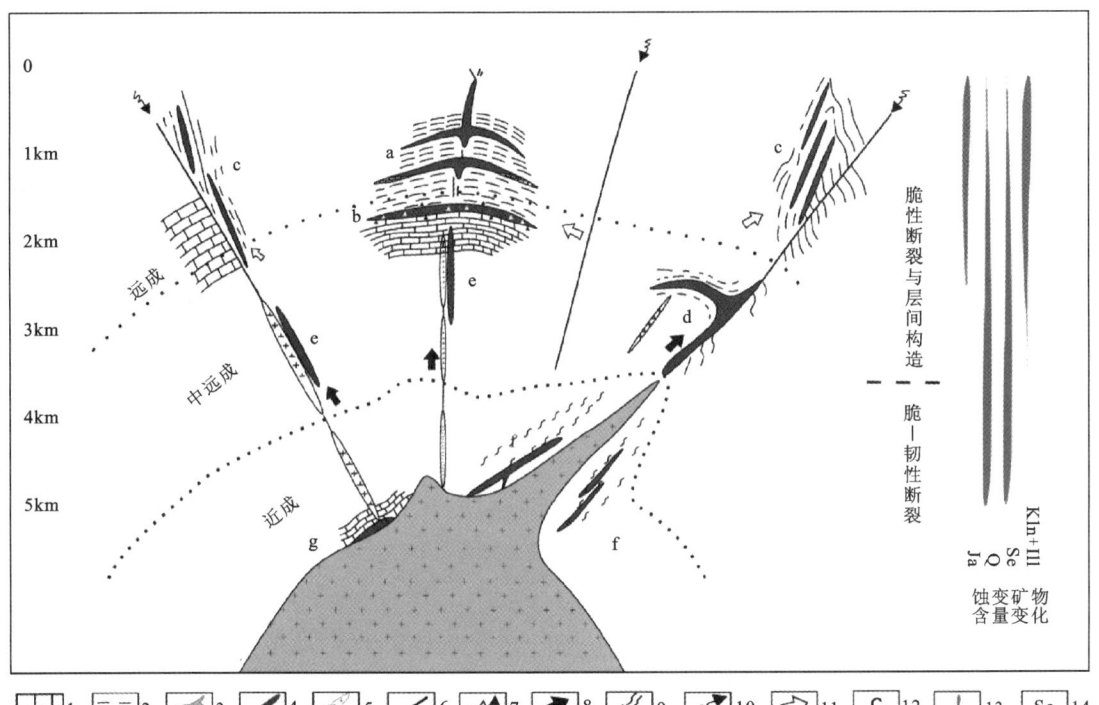

图 7-27 微细浸染型金矿找矿预测地质模型
1.碳酸盐岩;2.页岩、千枚岩、砂岩;3.中酸性岩体;4.金矿体;5.中酸性岩脉;6.断层;7.硅化角砾岩;8.岩浆水;9.脆—韧性剪切带;10.大气降水;11.建造水;12.容矿构造类型及编号[a.岩性圈闭构造,b.硅钙面(岩性界面),c.断裂裂隙构造,d.断裂+层间构造,e.岩脉+断裂构造,f.脆—韧性断裂带,g.接触带构造];13.蚀变矿物分布及相对含量;14.蚀变矿物代号(Ja.似碧玉,Q.石英,Se.绢云母,Kln.高岭石,Ill.伊利石)

近成式矿床通常发育于成矿地质体与围岩接触面0~2km的接触热变质岩(角岩)带范围内,受脆—韧性剪切带控制,并有脉岩伴生,以断控型矿体为主,如李坝、八卦庙、马鞍桥等金矿床;局部发育矽卡岩型矿体,成矿发生在矽卡岩期之后,如阿西金矿床。

中远成式矿床离大侵入体较远,通常发育于接触热变质岩(角岩)带之外,距成矿岩体与围岩接触面2~4km的范围内,矿床内浅成—超浅成中酸性岩脉群发育,矿体受岩脉和脆性、脆—韧性断裂构造控制,以断控型矿体为主,如阳山、寨上、大水等金矿床。

远成式矿床远离隐伏成矿岩体(>4km),中酸性岩脉不发育,层状岩性圈闭构造、硅/钙面和脆性断裂是主要的控矿构造,通常发育层控整合型、断控型和复合型矿体。岩性圈闭构造控矿以水银洞金矿床为代表,硅/钙面控矿以戈塘、大桥及水银洞金矿床较典型,脆性断裂控制的矿床有紫木凼、烂泥沟、东北寨、马脑壳等金矿床。

该类矿床中矿化样式具有二元结构的特点,主要受储矿构造的结构和空间组合关系控制。在剥蚀程度较小的远成式矿床中浅部产出小型断控型似脉状矿体,下部产出受硅/钙面和有利岩性圈闭构造控制的多个大型层状矿体(如水银洞),或者浅部产出大型断控型似脉状矿体,深部产出多个小型层状矿体(如紫木凼)。此外,断控型似脉状矿体,在顶部尖灭带常形成网脉状矿化蚀变带,这一现象在远成式、中远成式和近成式矿床中均有表现,可以作为寻找隐伏矿体的标志。

微细浸染型金矿床矿化有一定的分带性。矿化分带表现为:黄铁矿、砷黄铁矿、毒砂在矿体中下部更富集,金品位亦较高;辉锑矿、辰砂、雄黄、雌黄等低温矿物组合一般在矿体上部和外围更富集,有时可形成汞、锑、砷工业矿体(带)。此外,从近成→中远成→远成矿床辰砂、雄黄、雌黄等低温矿物组合逐渐增加。近地表常出现由氧化矿石组成的矿帽。

围岩蚀变也有一定的分带性。从矿体到围岩由硅化、绢云母化、泥化到碳酸盐化,通常碳酸盐化在矿体顶部和外围较发育。由近成→中远成→远成矿床,石英-绢云母组合有被似碧玉和高岭石-伊利石组合取代的趋势。高温矽卡岩化只存在于接近侵入体的矿床中。

三、后生盆地流体型铅锌矿床聚矿构造系统

后生盆地流体型铅锌矿又称密西西比河谷型(MVT)铅锌矿床,是指赋存于前陆盆地、裂谷盆地碳酸盐岩中,在50～250℃条件下从盆地卤水中沉淀形成的、成因与岩浆活动无关的浅成后生层控热液型铅锌矿床,还包括与底辟(盐丘)有关的矿床及以砂岩为围岩的后生铅锌矿床等。

该类矿床分布全球,主要以北美、欧洲、东南亚最为丰富,提供了世界上约25%的铅锌储量,居铅锌资源首位,且矿床规模大,品位较稳定,易于开采冶炼。主要的矿石矿物为闪锌矿、方铅矿、铁硫化物,脉石矿物常见白云石和方解石,重晶石和萤石少。主成矿元素为Pb、Zn,常伴生有Ag、Cu、Co、Ni、Sb、Cd、Ga、Ge、In、Ba等,Ag含量较低。围岩蚀变类型以白云化作用为代表,热液白云石和(或)方解石取代碳酸盐岩主岩,形成明显的蚀变晕。热液碳酸盐化的白云石大部分以交代碳酸盐主岩方式或粒间孔隙胶结物、开放空间充填物出现。热液方解石蚀变在灰岩作为主岩的矿区常见,总体上有"就地取材"的特点。流体包裹体研究表明,矿床的成矿流体类似于油田卤水,其成矿金属元素可能主要来自变质基底和围岩,而硫则来源于膏盐层,并且存在有机流体参与成矿的现象。

后生盆地流体型矿床的形成主要受成盆构造环境、局部伸展构造和流体得以流动的透水岩性或地层控制。除个别矿床形成于伸展构造盆地环境,由盆缘断裂导通的深部流体交代台地碳酸盐岩成矿外,大部分矿床形成于挤压造山有关的前陆盆地环境,盆地卤水由同造山构造挤压或盆地沉积物压实加载驱动流体向着盆缘碳酸盐礁灰岩体、喀斯特溶洞或张性裂隙、局部构造圈闭运移,并在上述场所与围岩反应或不同流体混合形成矿床。因此,该类矿床的聚矿构造包括区域尺度的伸展裂陷盆地盆缘断裂、前陆盆地的盆缘隆起,局部容矿的

喀斯特溶洞、裂隙、礁灰岩构造、不整合面等扩容带以及连接区域构造与局部扩容带的区域透水层、断层和裂隙系统。

后生盆地流体型铅锌矿也是我国最重要的铅锌矿床类型之一，主要分布于扬子地块周缘，常呈群、呈带出现，如湘西地区、川滇黔接壤区及扬子地块北缘地区。这类矿床主要赋存于台地相碳酸盐岩中，成因上与岩浆活动无明显直接联系的层控、后生的铅锌矿床。除少数属同生沉积（如白鸡河、冰冻山）和喷流沉积型（乌斯河）矿层外，大部分属后生盆地流体型铅锌矿床（姚书振等，2020b）。翟裕生等（2011）将其划属层控热液矿床，叶天竺等（2015）称其为非岩浆后生热液铅锌矿。

盆地流体成矿作用主要发生在造山带前陆盆山边缘-盆山结合带，盆山结合带的断裂-褶皱构造网络系统是控制扬子地块周缘铅锌多金属巨型成矿带形成和展布的关键要素之一。矿化富集带邻近基底穹隆状隆起区附近，该带中构造分级控矿特征明显，长期活动的区域深大断裂带早期活动形成了有利的构造岩相带，后期的活动则为深部成矿物质的排泄和深循环含矿热卤水的迁移，提供了有利的通道条件，总体上控制矿带形成。次级的断裂-褶皱系统控制矿田产出主要有：①基底穹隆状隆起区周缘的矿田，如马元（图7-28）、冰冻山、白鸡河等矿田；②弱断裂-褶皱系统控制的矿田（图7-29），如洛塔、保靖铅锌矿田；③逆冲断裂-褶皱系统控制的矿田（图7-30），如会泽、昭通铅锌矿田等。

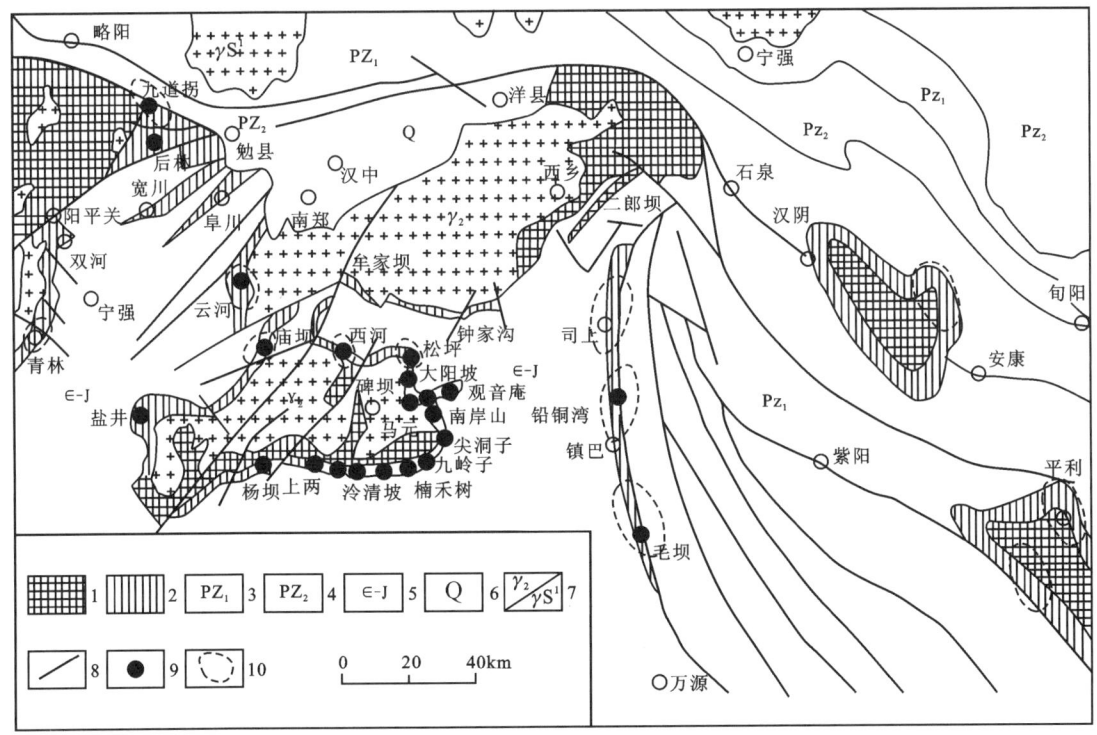

图7-28 扬子地台北缘（陕西部分）地质构造及铅锌矿分布图（据侯满堂等，2007）

1.前震旦系基底变质火山岩系；2.上震旦统灯影组；3.下古生界；4.上古生界；5.寒武系—侏罗系；6.第四系；7.晋宁期—澄江期/印支期花岗岩；8.区域性断裂；9.铅锌矿产地；10.铅锌化探异常

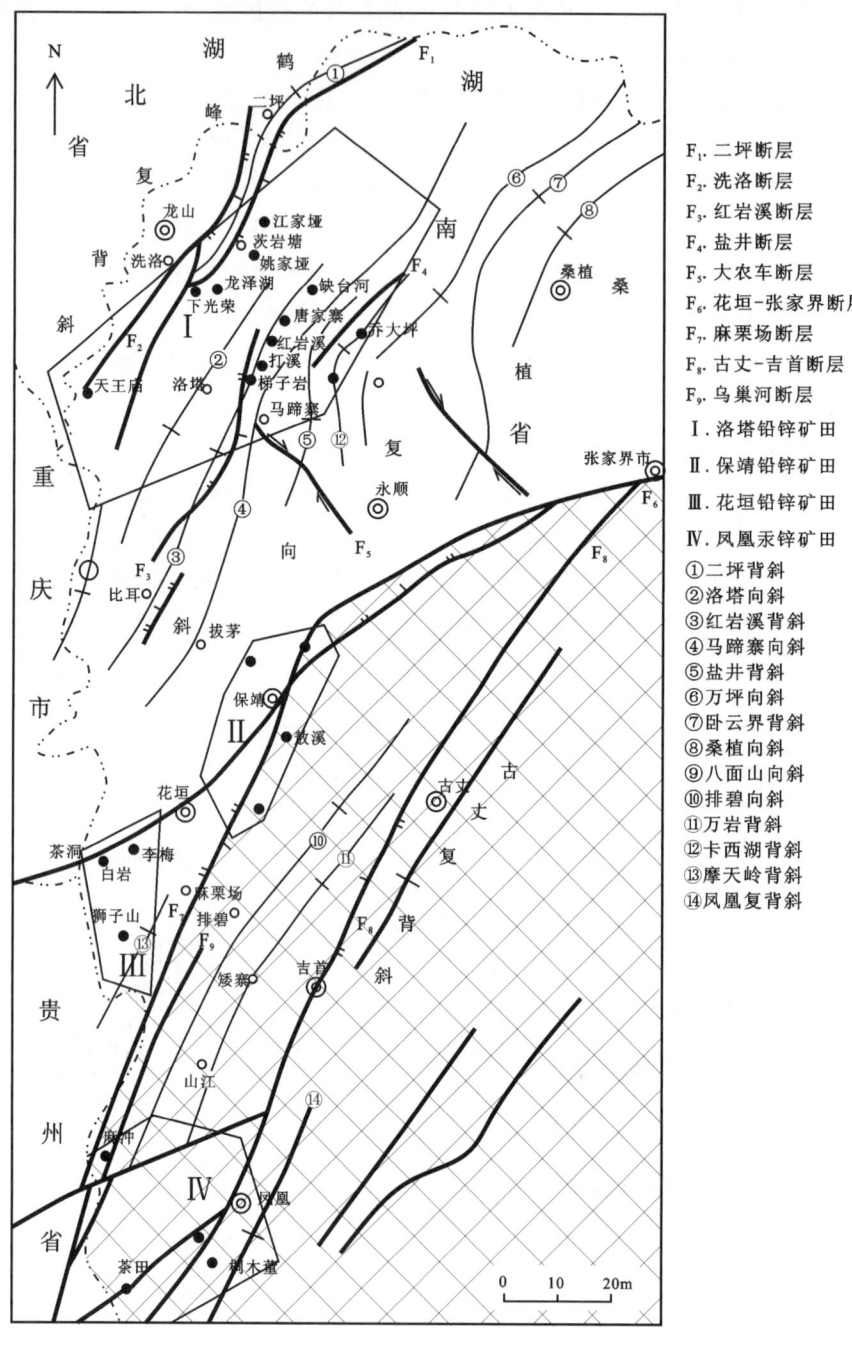

图 7-29 中上扬子地块东南缘构造与铅锌矿分布图
(据中国地质调查局宜昌地质调查中心和湖南省国土资源厅，2008)

矿床(体)定位主要受次级的褶皱、断裂、层位与岩性联合控制，其储矿构造包括沉积岩层界面与有利的岩性、断裂构造、古喀斯特等。

(1)沉积岩层界面与有利的岩性：基底隆起附近发育的不整合面、碳酸盐岩与不透水层

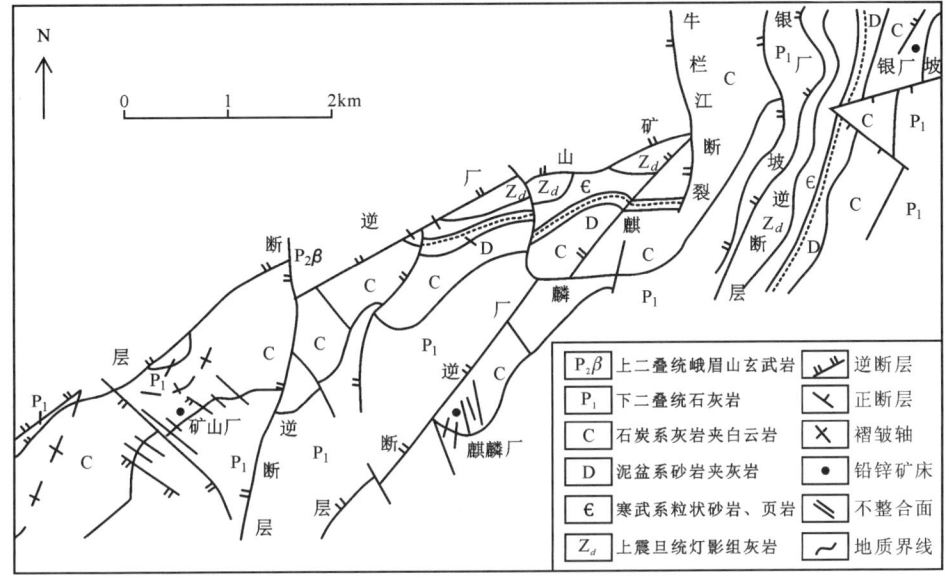

图 7-30 会泽铅锌矿田地质图(据高德荣,2000)

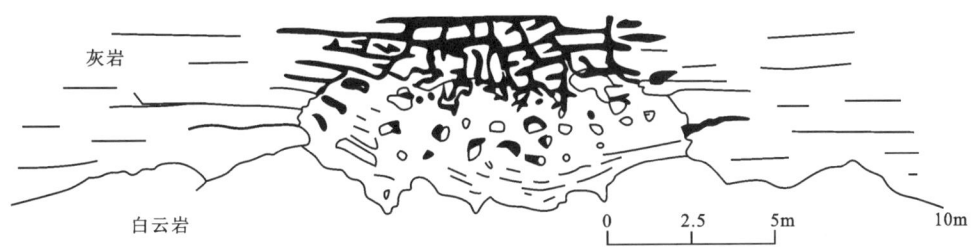

图 7-31 波兰上西里西亚 Zechstein 碳酸盐岩热液喀斯特洞穴通道中的铅锌矿(黑色)
(据 Sass-Gustkiewicz,1996)

(页岩层)形成的硅/钙面是重要的储矿构造。许多矿床产于碳酸盐岩和砂页岩界面附近。矿体产于台地浅海区的台地缘浅滩-藻礁相带和局限台地相带中形成的藻白云岩、藻灰岩或生物碎屑灰岩层中,其上为渗透率小的页岩层等,主要形成似层状和透镜状矿体,如马元、冰冻山等大型铅锌矿床。

(2)古喀斯特:包括岩溶坍塌角砾岩带、不整合面之下溶解坍塌角砾岩礁组合、渗透型碳酸盐岩相和礁灰岩周边的角砾岩带,是流体及矿质重要的储存空间(如湘西花垣铅锌矿床)。同时,盆地热流体与碳酸盐围岩反应,可以形成热液成因的喀斯特,在碳酸盐溶解的同时,硫化物沉淀(图 7-31)。

(3)断裂构造:断裂构造是该类矿床主要的储矿构造之一。包括正断层和逆冲断层的膨胀带。矿体受正断裂控制时,矿体主要富集在构造扩容部位和相邻的层间滑脱带,呈囊状和脉状、网脉状和似层状产出,如马元大型铅锌矿床等。矿体受逆冲断裂控制时,矿体主要富集在构造扩容部位,呈"多"字型、"入"字型产出,如会泽、昭通、乐马厂等大型铅锌矿床。

(4) 褶皱构造：褶皱构造在该类矿床定位中起着重要的作用，背斜构造是该类矿床产出的有利部位。铅锌矿体多产在大型褶皱内次级小背斜中，这是由于背斜构造内存有良好的储、盖岩性组合，构成了构造-岩性圈闭；背斜两翼发育的层间滑脱破碎、层间断裂裂隙构造和轴部的层间剥离虚脱空间等构造，利于成矿物质的汇聚、沉淀、成矿。这也是矿体多产于背斜核部及其两翼部位，总体呈似层状，顺层分布，产状与含矿围岩基本一致的原因。

这类矿床成矿系列产出受褶皱、断裂、层位与岩性联合控制。在不同构造部位发育的特点有差异。在强构造变形区（图7-32a），以强烈的冲断褶皱带发育为特征，矿体主要受逆冲断裂控制，主要富集在构造扩容部位，形成"多"字型、"入"字型产出的富矿体，如会泽、昭通、乐马厂等大型铅锌矿床。中等构造变形区（图7-32b），如湖南落塔、保靖矿田，铅锌矿体多产在大型褶皱内次级小背斜中，背斜两翼发育的层间滑脱破碎、层间断裂裂隙构造和轴部的层间剥离虚脱空间等构造是主要的储矿空间，局部形成受断裂裂隙构造控制的脉状矿体。弱构造变形区（图7-32c），矿床环绕基底穹状隆起分布，区内发育着台地边缘浅滩-潟湖相的藻礁相带的藻白云岩、藻灰岩或生物碎屑灰岩层，产状平缓。例如陕西马元、湖北冰冻山、凹子岗、湖南花垣与凤凰等矿田，主要顺层产出沉积-改造型矿体和热液充填交代型矿体，层间滑脱角砾岩带、岩溶坍塌角砾岩是主要的储矿构造。

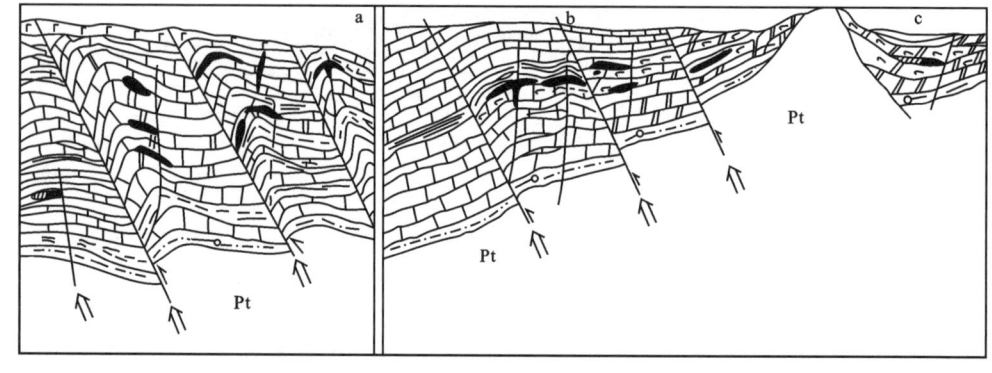

图7-32 中上扬子地块周缘后生盆地流体铅锌矿床成矿系列构造-矿化模式
a.强构造变形区；b.中构造变形区；c.弱构造变形区。1.元古宇变质基底；2.震旦系—二叠系盖层；3.砂页岩；4.藻灰岩与灰岩；5.藻白云岩与白云岩；6.玄武岩；7.沉积与热水沉积-改造型矿体；8.后生热液充填-交代型矿体；9.压扭性断层；10.张扭性断层；11.变质流体运移方向；12.盆地卤水运移方向

值得特别指出的是，造山挤压和隆升有助于流体流动，驱动流体流向前陆盆地边缘，控制矿田（矿床）产出的大断裂，在造山挤压作用过程中，早期多为压扭性或扭性，晚期随着区域挤压应力释放，转化为张扭性或张性，成为深部成矿流体上升到达成矿部位的通道。构造-岩性圈闭条件较好的部位，有利于富矿体的产出，成矿温度亦较高。

四、热液矿床的矿柱构造

关于该类矿床的矿体构造,已在第三、四、五章及本章多次涉及到,不再赘述。下面仅介绍重要的矿柱构造类型。矿柱是指矿床或矿体中那些富矿体或富矿段。有许多学者对热液矿床的矿柱构造进行过研究,将其分为 3 类 12 亚类(Ф. И. 沃尔弗逊和 П. Д. 雅科夫列夫,1989)。

(1)构造因素起主导作用形成的矿柱:这种类型矿柱形成时,其围岩是同一种岩石,构造是矿柱形成的主导因素。根据矿床产出部位可分为 7 个亚类:①富集在张裂隙或在矿化过程中发生张开的剪裂隙中的矿柱;②矿化期相邻岩块沿剪切断层位移,从而使断层弯曲部位张开形成的矿柱;③近平行的剪断层系构成的断裂带中的矿柱;④断层以锐角相接部位的矿柱;⑤羽状裂隙与主干断层相交部位中的矿柱;⑥两组或两组以上剪切断层相交部位中的矿柱;⑦剪裂隙交叉部位中的矿柱。所有这些类型的矿柱其横断面大多数呈等轴状或透镜状、脉状。这些类型中常见和具有重要意义的为②、⑤和⑦三种。

(2)围岩的物理性质起主要作用形成的矿柱:这种类型矿柱常处于产生不同变形的各种片石的接触带或临近接触带部位。根据其产出的部位细分为 4 个亚类:①产在含矿断层被成矿前横向断层构造泥所限制地段的矿柱;②产在被含矿断层切过的不同成分岩层的接触部位的矿柱;③产在被含矿断层切过的侵入体或岩墙的接触带上的矿柱;④产在被含矿断层切过的脆性岩石捕虏体中的矿柱。这些矿柱在平面图上,均呈等轴状或透镜状形态。

(3)围岩的化学性质起主要作用形成的矿柱:这种类型矿柱只有一种,即产在被含矿断层切过的有利于被矿石矿物交代的岩层中的矿柱。这类矿柱通常是缓倾斜,甚至是水平的,一般呈伸长的带状。

第八章 沉积-热水沉积矿床聚矿构造系统

第一节 概 述

沉积矿床成矿过程主要发生于同沉积阶段或成岩阶段。矿体与沉积围岩近乎同时形成，属于典型的同生沉积矿床。在某些海相热水沉积矿床中（如黑矿型矿床、SEDEX 型矿床），则可见到矿石矿物可在同生沉积与后生沉积同时发育。沉积矿床因规模大，矿层沿走向延展分布广，是铁、锰、铝、铅、锌、磷、黏土及能源矿产的重要矿床类型，对国民经济发展具有重要影响。

盆地是矿质沉淀、堆积成矿的重要场所。为了解沉积矿床形成主要控制因素、成矿潜力和保存条件，需要对矿物沉积之时盆地环境及盆地构造-埋藏历史进行解析。盆地分析主要涉及矿物沉积时的古地理学、地球化学、沉积学以及盆地充填历史，其重要的变量包括相关的源岩位置、河流分布样式、海岸线位置、古深度、洋流模式和水柱特征的位置（分层、方解石补偿等）。从构造-埋藏历史中获得了有关堆积速率、保存可能性用于指导同沉积矿床勘探。

沉积矿床一般经历了成矿物质从源区到盆地的"源-运-汇"到沉积成岩富集成矿过程。盆地构造系统及其演化对沉积矿床形成有如下 5 个方面的重要控制作用。

一、对源区成矿物质供给及矿床类型的控制

对沉积矿床而言，源区岩石侵蚀及风化作用是供应成矿物质的引擎，源区的充足成矿物质供给是沉积矿床形成的重要前提。成矿物质的来源主要来自大陆表层风化产物和海底火山活动及热泉。前者为由出露地表的岩石或矿石等经过风化、侵蚀作用的产物，以碎屑、胶体或溶液形式被地表水系携带到下游盆地，在合适条件下沉积成岩、成矿。后者则由海底火山或热泉（海底烟囱）喷出的流体携带成矿物质或以高密度流体形式进入附近的洼地沉积，或以烟囱柱的形式进入海水并随海水流动向四周扩散。两类沉积矿床的聚矿系统具有明显不同的特征。

矿床的形成与一般沉积岩成岩不同，前者需要成矿物质能够在一定空间、时间内有效富集的条件。源区成矿物质的储集情况是沉积矿床能否成矿的重要条件之一。对陆源碎屑沉积矿床而言，构造影响到源区面积、地形起伏和隆升速率，因此对沉积物产生与存储也具有重要影响。除合适的气候条件外，源区相对缓慢的隆升也是源区岩石能够持续进行侵蚀、较充分风化分解，且其产物能够被保存下来的重要条件。长期遭受侵蚀的稳定陆块或古陆为

满足上述条件的源区,所以这类沉积矿床大多沿大陆周缘或古陆附近海相盆地分布。例如华北地区宣龙式沉积铁矿、华南宁乡式沉积铁矿均发育于陆缘浅海盆地,处在不整合面之上的海侵序列中。不整合侵蚀面的存在反映出古陆遭受了长期侵蚀、风化作用过程。华北陆块广泛分布的中石炭系铝土矿层、黏土矿层,也同样发育在奥陶系灰岩风化侵蚀面之上,华北陆块长期稳定的隆升为奥陶系灰岩的化学风化、准平原化过程创造了有利条件,也从整体上控制了华北陆块铝土矿矿床分布。最新的研究表明,贵州省的铝土矿总体上属于风化壳中的异地沉积矿床,铝土物质历经了风化、剥蚀和搬运作用,沉积于海湾环境中,又经分选、淘洗得到初步富集,然后在地下水化学系统中通过脱硅和脱铁再富集,最后通过淋漓作用而进一步得到富集。相对稳定的构造条件,也会大大减少陆源碎屑物质向盆地的供应,从而减小碎屑对成矿物质的稀释和混合影响,有利于成矿物质的相对富集。

对海底热水沉积矿床而言,成矿物质主要来自海底热泉或火山机构的热流体。海底热泉或火山机构受高热异常梯度区及深部岩浆活动控制,主要形成于伸展构造体制下洋内裂谷、陆缘裂谷或陆内裂谷环境。由于地幔上拱或地壳减薄,深部物质或以岩浆喷发形式或以热泉的形式传输到海底聚集成矿。

二、盆内局部的聚矿构造系统对成矿的控制

除在较大尺度上成矿源区、沉积盆地受到构造控制之外,盆地内部局部构造变化引起的沉积环境或沉积相变化对矿床或矿体的时空分布具有直接的影响。不同盆地受控于不同的板块构造边界条件,具有不同的地壳结构、地热特征、不同的沉积充填序列,形成不同类型的聚矿构造系统。例如热水沉积型铅锌矿床,多受伸展构造体制控制的裂谷盆地(包括克拉通内裂谷、洋内裂谷、陆缘裂谷)构造控制,该类矿床的聚矿系统包括了盆内次级同生断裂及次级洼地两部分。其中,同生断裂系统是成矿热流体由深部进入海底的主要通道,同时也是流体与围岩发生强烈水岩反应的地带,形成由断裂系统控制的脉状、网脉状矿体系统。而流体在海底喷口附近的洼地沉积形成层状矿体。

而对大部分陆源沉积矿床而言,成矿物质在不同类型聚矿盆地内卸载、聚集成矿,受到局部沉积环境的直接影响。例如携带成矿元素的胶体溶液被河流带至河口附近与海水混合时,由于胶体电荷中和或凝胶化作用而沉淀,因此海陆交界处成为这类矿床的重要成矿场所。在海侵过程中,由海水汲取的陆源风化物质或携带的来自深海的成矿物质在由远海向陆缘搬运过程中,由于水体的氧化-还原电位(Eh)、酸碱度(pH)、盐度等参数的变化,导致成矿物质沉淀。Eh、pH 的变化对一些变价元素而言影响尤为明显。

三、基底构造格架对聚矿盆地同沉积期物理-化学条件的控制

盆地内部受盆地基底构造格架和同沉积期构造活动控制(图 8-1),形成次级沉积凹陷中心及物理-化学条件不同的局部沉积环境。盆地基底构造格架决定了内部局部次级盆地的形态、分布、地形地貌差异,直接控制着盆地内部沉降中心和沉积物厚度变化,也间接影响到内部不同次级盆地水体的物理化学性质及参数的变化。同沉积期构造活化,会引起不同

次级盆地进一步分化,如局部构造活动引起次级盆地水深变化,会导致其与大洋连通性发生变异,底部水体可能由原先连通条件较好的相对氧化的条件变为相对滞水的还原条件等。

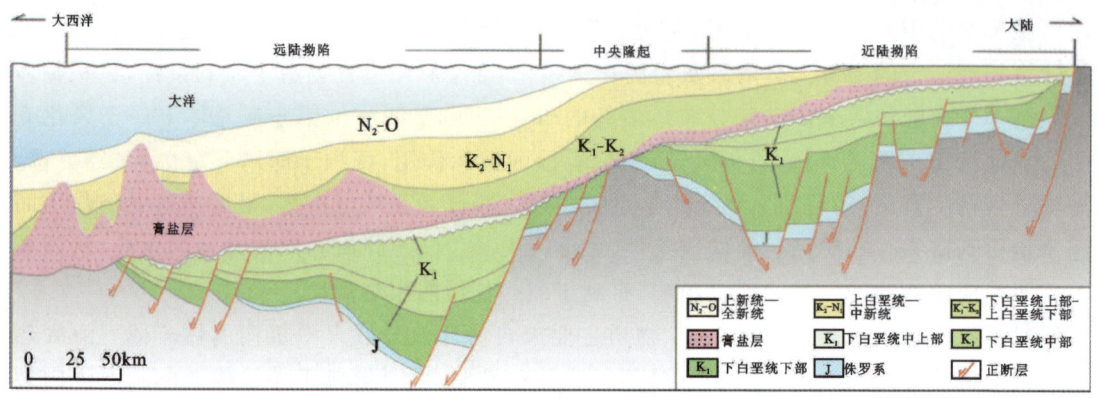

图 8-1　离散型大陆边缘拉裂盆地结构构造模式图(据刘池洋等,2022)

四、流体界面对成矿物质富集成矿的控制

不同类型沉积矿床具有类似的地球化学循环。同沉积及成岩作用形成的沉积矿床,其作为地球化学沉淀物(不是机械浓集),无论是同沉积还是成岩成因的沉积矿床,一般经历了以下演化顺序(Force,1991):①扩散的区域源,包含的成矿组分一般含量较低;②水对某些组分具有一定的溶解能力的组分溶解,并以稀溶液的形式向着盆地或在盆地内输运;③溶液被限制在某一层或通道内;④沿着溶解度降低的界面发生沉淀;⑤在稳定的地球化学环境下保存。对同沉积矿床而言,"成矿溶液"就是海洋、湖泊、河流中特殊的水团或水层。沉淀沿某一界面发生,可以是水体底部,也可以是水柱内部。对成岩沉积矿床而言,溶液运移是通过含水层进行的,流体界面是在盆地充填物内,它可能介于两种溶液之间,也可以跟随固体表面或膜。二者的保存都涉及到埋藏和后续的矿物热力学稳定性变化。类似的情况也适用于机械沉积矿床(砂矿),其演化序列为来源→风化→管道→浓集→保存。

矿物沉淀往往是因溶液间扩散或混合导致过饱和,其中某些组分的浓度超过了其溶解度所致。不同溶液之间的界面因此成为溶液交换、矿质沉淀的重要位置。溶液的界面对矿质沉淀的重要性在于其具有的长寿命和大的溶解度反差特点。只要两种不同溶液的界面长期保持不变且两种溶液保持自身特性,当一种溶液的溶解组分被不断补给之时,必然会导致该组分从溶液中持续不断沉淀析出而形成矿床;相反,由温度、压力或其他因素引起的溶解度降低产生的矿质沉淀则是短寿命的。因盐度、温度差异,海水柱中常形成近水平、不同密度的水团层,水体分层对化学沉积矿床的形成具有重要意义。不同层海水由于扩散或混合而发生沉淀的情况主要有两种:一种是具有较大溶解度的水团层在界面之上;另一种是在界面之下。如果是前者,沉淀物在穿越下伏水体时是稳定的,故可以下沉到海底。例如页岩为含矿主岩的 Pb-Zn-Ba 矿床、含多金属页岩等可能属于该种情形。如果是后者,因为溶解度较大水团通常是不饱和的,除了界面正好位于海底,沉淀物避免再次被溶解的场所外,其他均会被下伏水团再次溶解。因此,后者情况产生的沉淀物分布样式类似"浴缸环",沿着盆地边缘保存,如沉积锰矿可能以此种方式形成。

五、聚矿沉积中心保持相对稳定利于矿床的形成

矿层是成矿物质在盆地内沉淀所形成的堆积物,不仅在平面上具有一定面积,在垂向上也需要有一定厚度。当单一矿层或累计的矿层厚度达到一定要求时才可能成为矿床。成矿物质在相同或近似的空间之上且在一定时间段内连续不断地垂向上加积,需要沉积中心保持相对稳定。由于盆地沉积中心受海陆水体边界、沉降中心、构造活动、地形地貌、海平面变化等因素控制,地壳升降或构造活动会导致盆地沉降速率及海平面相对变化,也即出现海-陆位置变迁或盆地内部水深的增减、沉积中心向陆或海方向的迁移等一系列的反应,也会在沉积建造上记录为海进或海退序列。例如华南宁乡式沉积铁矿随着泥盆纪早期、中期、晚期海侵范围的变化,成矿位置及层位也发生一系列变化。

成矿物质在某个空间范围内垂向上的连续加积、堆叠,需要成矿物质沉积之时海陆位置变化不大,盆地沉积中心迁移量较小;相反,成矿物质则会出现随时间分散在不同位置沉积现象。因此,总体相对稳定的构造环境对厚大矿层沉积较为有利。此外,盆地沉降与沉积物充填相对快慢也会影响到盆地的水深、海陆位置的变化。当盆地沉降速度大于沉积物充填速度时,则前者增加的空间不足以被后者充填,形成欠补偿情形,盆地范围将逐渐变大,水体变深,成矿物质可能在更大范围内分散沉积;当盆地沉降速度小于沉积物充填速度即过补偿之时,则前者增大的空间不足以容纳后者,则盆地范围变小,水体将逐渐变浅,直至萎缩,也不利于成矿物质持续沉积。而只有两者速度接近平衡,即在平衡补偿阶段,盆地范围相对固定,沉积中心基本没有大的迁移,成矿物质才有可能在有限的空间沉积、堆积。

另外,矿床对成矿物质的富集程度有基本要求,只有成矿物质达到一定占比以上才能成为矿床。对沉积矿床而言,需要成矿物质在盆地沉淀之时,其他沉积物对其的稀释或掺合影响较小。因为盆地接受成矿物质沉积之时,也会接受其他来源的沉积物沉积。后者占比越小,则越有利于成矿物质的富集;反之,则越不利于成矿物质富集成矿。一般而言,随着由陆向海方向距离大陆越远,陆源物质供应越少,海相化学沉积相对越多。因此,金属沉积矿床大多形成于海进旋回中。海进意味着海陆边界向陆的方向迁移,盆地沉降、水体变深,陆源碎屑物质影响变小。

总之,构造作用通过对成矿物质源区、沉积盆地演化的控制,直接或间接地控制沉积矿床的成矿过程中。

第二节　盆地构造与沉积矿床

盆地指地球表面相对长时期沉降的区域,因三维空间格架近似于碟形、楔形、板状或其他形状而得名。按照其成因可分为构造盆地和非构造盆地,前者指由构造作用形成的盆地,非构造成因盆地则由地表各种营力侵蚀、喀斯特等非构造作用形成的局部负地形,如风化、

水流侵蚀形成的侵蚀洼地,岩浆冷凝塌陷形成的火山口盆地、喀斯特作用形成的洞穴,地下水及盐类溶解形成的地面塌陷负地形等。

盆地与造山带是地球表面两个重要构造单元,是板块之间相互运动产生的地质响应。造山带是以山脉形式出现在地表地貌单元,是地壳岩石强烈变形和岩浆活动发育的地区;而盆地则是山脉或高低环绕的盆状地形,是主要的沉积场所。造山带主要分布在板块边界上,而盆地既可以分布于造山带之内或附近,也可以远离板块边界而发育在板块内部,受板块边界性质及远场动力学控制。造山带与盆地构成了地表最重要的陆源物质的蚀源区与接收区。

盆地是沉积矿产赋存和聚集成矿(藏)的基本单元。不同类型盆地所蕴藏的矿产资源和地学信息在内容及丰度方面差别较大,剖析沉积盆地的个性特征和厘定盆地类型,是沉积盆地相关研究深化和沉积矿产勘探提效的重要基础工作。

一、沉积盆地类型

前人基于不同依据及侧重点不同,给出了不同盆地分类方案,根据盆地动力的应力性质,可分为伸展拉张型、收缩挤压型、转换走滑型、热力塌陷型盆地等。在板块构造理论提出以后,国内外学者尝试着将盆地形成和板块构造运动相联系,提出了不同盆地划分方案。例如 Klein(1987)综合考虑盆地所在板块边缘类型(活动、被动、转换、碰撞、板块内部)、板块中的位置(内部、边缘、离开边缘情况、缝合带)和盆地方向、地壳性质(大陆、大洋、过渡)、盆地形成的动力学过程(裂谷、拉伸、延伸、弯曲、压缩、平移、热衰减),将沉积盆地划分为板块内部克拉通盆地,被动陆缘环境裂谷盆地、拗拉槽、挠曲盆地,活动陆缘环境下的海沟、沟斜坡、弧前、弧内、弧后盆地,转换边界环境下的拉分盆地、压扭盆地,碰撞边缘环境之下的前陆、叠加或拼贴盆地,不依赖边缘的多历史盆地、继承盆地和复活盆地。Busby 和 Azor(2012)基于盆地形成的构造环境、下伏的地壳类型、构造位置、沉积物供应和继承性等参数,给出了新的盆地分类(表8-1),其中盐体力学盆地、撞击盆地等作为新类型单独划出,主要的盆地类型如图8-2、图8-3所示。

由于不同类型盆地具有不同的基底组成、板块构造位置、构造动力学环境及构造-热演化历史,必然发育不同的充填序列、不同的构造-地层格架和不同的盆地充填历史,不同盆地的沉积矿床的成矿要素必然具有不同的配置,自然构成了不同的聚矿构造系统。与金属沉积矿床关系密切的盆地主要包括克拉通盆地、裂谷盆地、前陆盆地、弧内盆地、弧后盆地等。其中,与弧后盆地、弧内裂谷火山、次火山有关的矿床属于典型的热液矿床,在前述的章节中已有介绍,本章将简要总结与沉积矿床形成有关的克拉通盆地、裂谷盆地及前陆盆地特征。

二、裂谷盆地

按照形成机制裂谷可分为主动裂谷(active rifts)和被动裂谷(passive rifes)(Condie,2016)。前者指由上升的软流圈或地幔柱导致岩石圈破裂和穹隆化形成的裂谷,动力源自下伏的软流圈上涌;后者由岩石圈板块运动或岩石圈底部的拖曳过程中形成的应力所导致(图8-4)。根据形成的构造环境,裂谷可分为陆内裂谷、洋内裂谷、弧后裂谷和陆缘裂谷等。

表 8-1 沉积盆地分类（据 Busby and Azor,2012）

构造环境	盆地类型	定义	现代实例
离散边界	大陆裂谷	大陆壳内裂谷，普遍与伴随双峰式岩浆作用	Rio Grande 裂谷
	初生洋盆和大陆边缘	初期洋盆被洋壳覆盖，两侧为年轻的裂谷化的大陆边缘	红海
板内环境	板内大陆边缘		
	陆架-陆坡-陆隆格架	发育陆壳/洋壳边界附近发育大陆架的成熟、裂谷化的板内大陆边缘	美国东海岸
	转换格架	沿转换板块边界产生的板内大陆边缘	西非南海岸
	陆堤格架	在洋壳之上的进积板内大陆边缘	密西西比河海湾沿岸
	克拉通内盆地	下伏古裂谷的宽阔克拉通盆地	乍得盆地
	大陆台地	薄的、侧向广阔的沉积地层分布的稳定克拉通	巴伦之海
	活动洋盆	形成于与沟-弧系统不相关的、活动、离散边界，以洋壳为底	太平洋
	洋岛、海山、无震洋脊和高原	沉积裙和台地形成于洋内环境，而非沟弧系统	皇帝-夏威夷海山
	休眠大洋盆地	以洋壳为底，既不扩张也不俯冲	墨西哥湾
聚敛边界	海沟盆地	洋壳俯冲带的深海槽	智利海沟
	沟坡盆地	俯冲复合体之上的构造凹陷	中美洲海沟
	弧前盆地	盆地在弧-海沟之间	苏门答腊近海
	弧内盆地		
	洋内弧盆地	沿洋内弧平台的盆地，包括叠加和重叠的火山	伊豆小笠原弧
	陆内弧盆地	沿大陆边缘弧平台的盆地，包括叠加和重叠的火山	尼加拉瓜湖
	弧后盆地		
	大洋弧后盆地	位于洋内岩浆弧后面的洋盆地（包括活动弧和残余弧之间弧间盆地）	马里亚纳群岛弧后
	大陆弧后盆地	大陆边缘弧后面的大陆盆地，无前陆褶皱冲断带	巽他陆架
	前陆盆地		
	弧后前陆盆地	沟-弧系统大陆边缘的大陆一侧	安第斯山脉山麓丘陵
	碰撞的后前陆盆地	形成于大陆碰撞期间上驮板块之上	塔里木
	破坏的后前陆盆地	后前陆盆地环境中，在以基底为核部的隆起期间形成的盆地	潘佩纳斯盆地
	残余洋盆地	在沟弧系统与陆或者陆陆碰撞期间收缩洋盆地，最终消减或者在缝合带内被变形改造	孟加拉湾
	前前陆盆地	在陆陆或陆弧碰撞期间，形成于俯冲板块陆壳部分的前陆盆地	波斯湾
	楔顶盆地	形成于运动的逆冲席之上的盆地	白沙瓦盆地
	内陆盆地	形成于加厚地壳之上、前陆盆地断褶带之后的盆地	阿尔蒂普拉诺高原

续表 8-1

构造环境	盆地类型	定义	现代实例
转换边缘	张扭盆地	沿走滑断层释放弯曲和阶步伸张形成的盆地	死海
	压扭盆地	沿走滑断层约束弯曲和阶步缩短形成的盆地	圣巴巴拉盆地
	扭旋盆地	走滑断裂系统垂向轴附近地块旋转形成的盆地	西阿留申群岛弧前
其他及混合	拗拉槽	与造山带呈大角度古裂谷再活化	密西西比河湾
	内陆裂谷	新生的大陆裂谷,与拗拉槽相比缺少造山前历史	贝加尔湖裂谷
	碰撞破坏的前陆盆地	发育在因远端碰撞作用而发生变形的地壳之上的各类盆地	柴达木盆地
	盐体力学盆地	因盐体变形形成的盆地,大多发育在前陆和陆内盆地	墨西哥深湾微型盆地
	撞击盆地	地外天体撞击在地球表面留下的凹陷	陨石坑
	继承盆地	紧随地裂和造山活动停止之后在山间形成的盆地	南部盆岭（美国亚利桑那州）

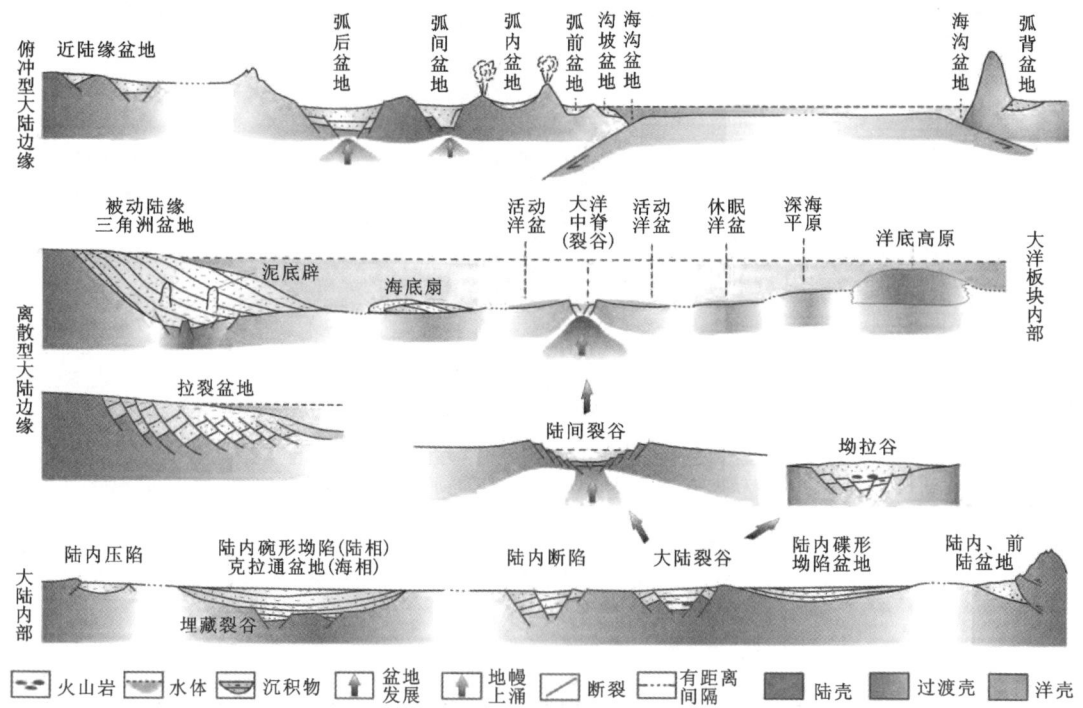

图 8-2 板块内部及离散型、俯冲型大陆边缘盆地类型示意图（据刘池洋等,2022）

大陆裂谷(contiental rifts)是大陆地壳拉伸扩展形成的断控盆地。尽管形成的裂谷最直接的应力为伸展环境,但区域应力环境可能是挤压、伸展或接近中性的,可以形成于不同的区域构造环境。形成于克拉通内的裂谷(如东非裂谷系统)普遍与穹隆状隆起共存。大陆裂谷以发育双峰式火山岩及不成熟陆源碎屑岩为特征。双峰式岩浆作用是很多大陆裂谷的

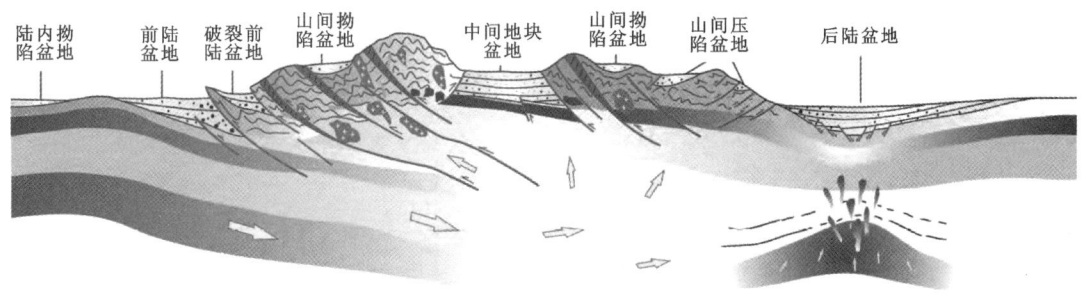

图8-3 汇聚-碰撞型大陆边缘沉积盆地类型分布与深部环境示意图(据刘池洋等,2022)

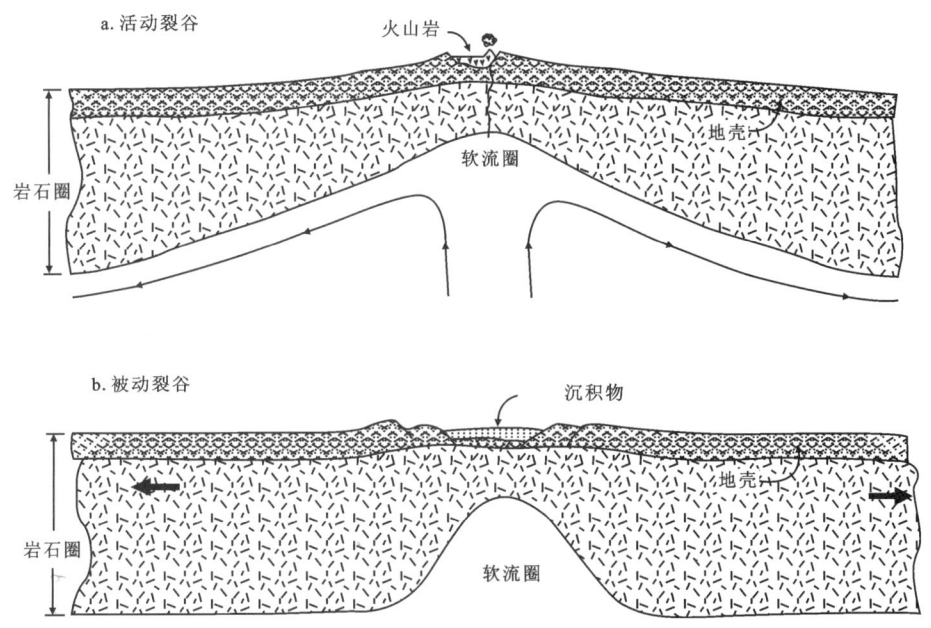

图8-4 活动裂谷与被动裂谷剖面示意图(据Condie,2016)

重要特征,典型的双峰式火成岩为镁铁质、长英质岩石,少量中性组分。裂谷沉积岩主要为断块快速隆升派生出的长石砂岩、含长石的砂岩、砾岩。很多裂谷也发育蒸发岩,裂谷被海水淹没后,也发育海相的砂岩、页岩和碳酸盐岩。

主动裂谷可以是大陆裂谷、弧后裂谷和大洋中脊。主动大陆裂谷和弧后裂谷继续打开,可以演化成大洋中脊。主动裂谷含有大量火山岩,以火山岩为主。被动裂谷沿着大陆边缘断裂带发育。沿碰撞边界形成的裂谷在不规则的陆缘和非正向碰撞过程中由平移正断层形成。被动裂谷主要为不成熟的碎屑沉积物,碎屑沉积岩远远多于火山岩。很多的研究证明,青藏-印度碰撞有关的应力场可以远距离传输进入欧亚板块内部产生平移、正断层,而形成贝加尔湖裂谷、汾渭地堑等。

从上面所述的裂谷特征可以发现,裂谷演化过程中的地幔上涌及盆地的断控特征,为热水沉积成矿系统提供了重要的条件。产于裂谷盆地的矿床主要包括 SEDEX 型铅锌矿床、BIF 型铁矿、热水沉积锰矿、黑色岩系型矿床等(图 8-5)。

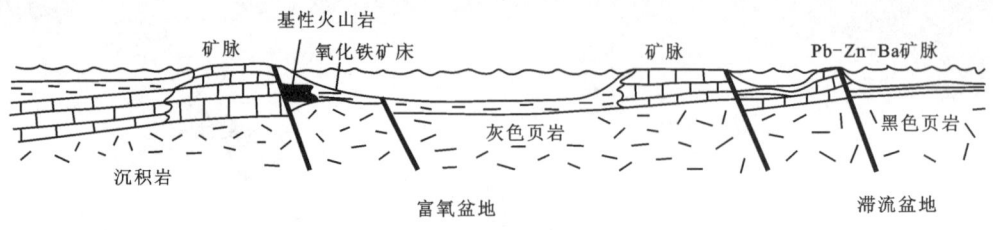

图 8-5 克拉通裂谷盆地型铅锌矿床(据 Maynard,1991)

三、克拉通盆地及被动陆缘

克拉通内盆地(intracratonic basins)、克拉通盆地(cratonic basins)、内部克拉通盆地/陆内凹陷(interior cratonic basins)是对克拉通盆地的不同称谓。克拉通盆地是在大陆边缘内侧、大陆岩石圈长期的缓慢下沉的宽广的沉积场所,普遍充填浅水、陆源沉积岩。克拉通和被动陆缘之上的沉积岩组合为成熟碎屑沉积岩,主要为石英砂岩、页岩和浅海相碳酸盐岩。由于被动陆缘由大陆裂谷发展而来,故裂谷沉积组合一般下伏于被动陆缘沉积地层之下。而发育在被动陆缘和弧之间的弧后盆地,如日本海盆地内克拉通沉积物与弧沉积物互层。克拉通砂岩为相对纯的石英砂岩,反映其源区强烈风化、地形起伏低,以及沿平缓的大陆表面长距离搬运。通常其共生的海相沉积碳酸盐岩围绕盆地边缘呈席状和礁石沉积。在大型克拉通盆地中,海进和海退层序各自反映了海平面上升或下降。克拉通和被动陆缘盆地中火成岩稀少,仅发现一些小的侵入体、岩脉、岩床、火山管道。岩性组成一般为碱性,如金伯利岩。

克拉通盆地在横截面上显示简单的碟形,缺少主要同构造断裂(沉积之后断裂较普遍)、地层厚度相对较小。典型克拉通盆地在水平拉伸应力状态下,借助大陆地表的区域倾斜或淹没开始发育,此时也是相邻板块边缘裂谷作用或漂移时间,盆地萌生与超大陆裂解、大陆碎片的漂离有关,后者可能是前者的诱因。

关于克拉通盆地沉降的机制存在多种不同的解释。归纳起来主要动力学机制包括:①大陆岩石圈的伸展减薄;②岩石圈热冷却收缩;③岩石圈重力载荷及水平挤压导致的弯曲。进一步可将盆地分为内伸展盆地、热凹陷盆地、表克拉通盆地。大陆岩石圈机械伸展形成的内克拉通盆地位于大陆板块区内,以正断层为边界,呈长条形分布。它们均以较高的沉积速率为特点,机械伸展往往是快速的,因而被称为瞬时伸展。裂谷盆地及拆离盆地是两个极端情况,实际的盆地特征往往介于二者之间。在地壳伸展过程中,由于热地幔的上拱,在减薄的岩石圈之下形成一个具有高热流附加值的上凸区域。热收缩实际上是岩石圈减薄热隆升后的必然结果,热沉降机制是内克拉通凹陷盆地的最主要成因机制。热隆升在岩石圈减薄的后期可能抵消了因减薄而导致的垂向沉降,并形成沉积间断。虽然内凹陷盆地往往发育于古老裂谷之上,但二者在形成机制及发育阶段上明显不同。对广阔克拉通区而言,由水平横向应力导致的弯曲及沉降是形成克拉通之上陆表海的主要原因。华北古生代广泛而稳定的、厚度不大的沉积作用,以及无火山活动和低热流的特点均表明,华北克拉通在古生代是一个内部相对均一的稳定板块,陆表海盆地的形成与裂谷及热沉降无关。早古生代早期华北克拉通因大陆解体后的边缘张应力而导致中升、边沉式变形,并首先由边缘向中部沉降区域逐渐扩大形成陆表海盆地。在中奥陶世时,结束边缘张应力,并转为挤压应力场,从而导致华北克拉通从中奥陶世开始直到中石炭世以中凹、边凸式全面抬升剥蚀为特点,并在石炭纪时表现为中凹、边凸式以海陆交互相沉积为特点的表克拉通盆地(图8-6)。

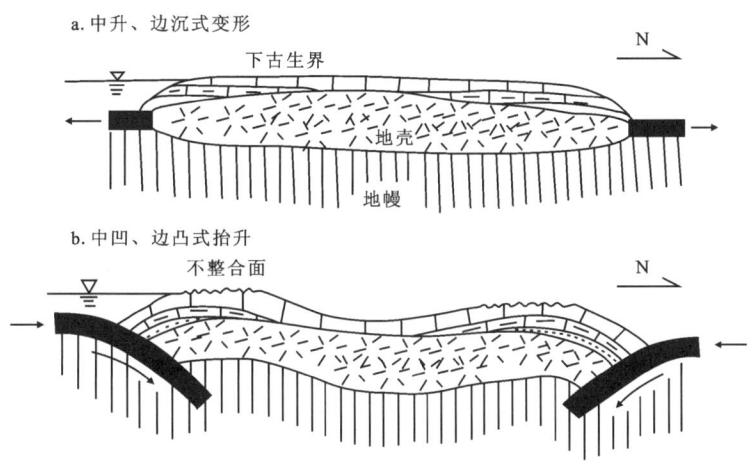

图8-6 古生代华北板块弯曲机制及陆表海成因示意图(据刘波等,1999)

克拉通和被动陆缘盆地沉积体系变化依赖于河流的、风成的、三角洲的、海浪、风暴、潮汐过程的相对作用。沉积物的时空分布受区域隆起、被浅海覆盖的大陆数量和气候控制。假如沉积主要受构造隆起影响,大陆架将是窄的,沉积主要受海浪和风暴系统控制。如果隆起仅限于大陆边缘,则进入克拉通、河流和三角洲体系的沉积物产率增加也许成为主要控制因素。对于海进海相碎屑岩层序,广阔浅海的潮下、风暴控制的及海浪控制的沉积环境尤为重要;在海退过程中,河流的、风成的沉积体系变得相对重要。

克拉通及被动陆缘盆地依托其克拉通长期稳定的构造属性,为充足的矿质来源形成提供重要前提。长期准平原化的地貌条件也为海侵过程中海水从经过强烈风化地壳地表汲取成矿物质,以及河流在长距离搬运过程中较纯的物质提供了保障。克拉通及周缘盆地所产出的矿床类型,主要包括沉积铁矿、锰矿、铝土矿、黏土矿、盐类矿床及金刚石砂矿等。

四、前陆盆地

前陆盆地(foreland basin)是岩石圈与表生过程相互作用的动力学系统,是板块聚敛汇聚过程的产物。按照盆地所在的构造位置可分为前陆盆地(proforeland basins)(板块碰撞,俯冲岩石圈板块之上,也称周缘前陆盆地)(图8-7a)、后前陆盆地(retroarcforeland basins)(发育在上驭岩石圈板块之上的岩浆弧之后,也称为弧后前陆盆地)(图8-7b)。

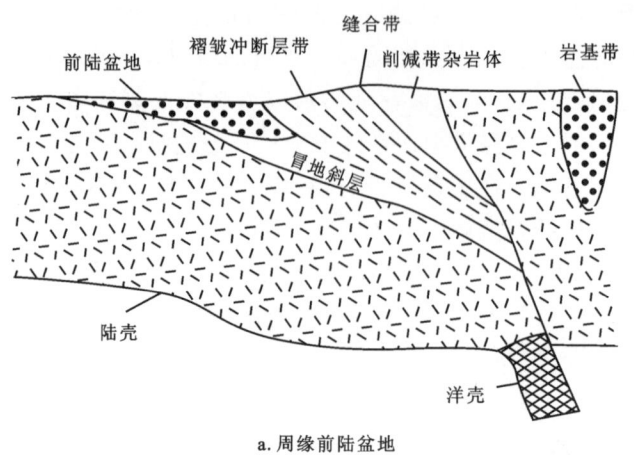

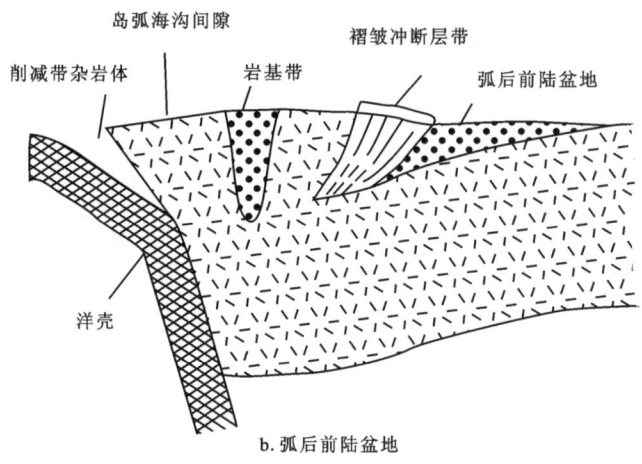

图 8-7　前陆盆地两种基本类型(据 Dickinson,1979)

裂谷化大陆边缘和弧-沟系统俯冲带之间发生大陆碰撞期间,在裂谷化大陆边缘之上产生构造加载作用。前陆盆地是在逐渐施加的动态载荷条件下,弹性岩石圈发生弯曲形成的。前陆盆地挠曲沉降的前提是岩石圈早期的伸展变薄和热沉降,俯冲作用的牵引力和仰冲作用的负荷力促使岩石圈挠曲形成前陆盆地。动态加载的前缘发生正断层,前缘隆起的隆升为动态加载施加到前陆的初始响应。聚敛碰撞之前,前陆岩石圈表现为被动边缘的拖曳弯曲和减薄或裂谷期正断作用继续发育;聚敛之后,首先是俯冲板块刮削物质的堆积和俯冲板块对上覆板块的拖曳使前陆岩石圈弯曲。至碰撞开始时,碰撞带的增生造山负荷给岩石圈加载,同时由于地壳的均衡作用,使前陆区发生弯曲。当造山带的剥蚀产物堆积于前陆盆地中,这时的沉积物对岩石圈而言为沉积负载,对岩石圈的弯曲具有促进作用。另外,前陆岩石圈的弯曲还受到岩石圈力学性质及流变特性的控制。

前陆盆地构造系统为盆地充填沉积物脱水及盆地内流体迁移提供了驱动力,成为盆地卤水运移成矿(藏)的重要场所。与前陆盆地有关的矿床主要为油气藏、MVT 型铅锌矿床等。

需要特别指出的是,上述克拉通盆地、裂谷盆地及前陆盆构造系统,从宏观上控制了不同类型沉积矿床的成矿区带,而矿田和矿床仅发育在次级的聚矿盆地中。这些聚矿盆地具有下列特征:①源区成矿物质能充分供给;②有利于成矿的聚矿构造系统;③有利于物质富集的水动力条件和流体界面;④有利于成矿的物理-化学条件;⑤沉积中心保持相对稳定,并达到平衡补偿阶段。此外,不同类型的沉积-热水沉积矿床的聚矿构造系统又各具特色。

第三节 若干沉积-热水沉积矿床的聚矿构造系统

本节将选择几种重要的矿床类型,如热水沉积型铅锌矿床(SEDEX型)、BIF铁矿、砂岩型铜矿等为例,从聚矿构造系统角度,阐述构造在其成矿过程中扮演的角色。

一、热水沉积型(SEDEX)铅锌矿床的聚矿构造系统

SEDEX型矿床是指从细碎屑中层状、喷流的硫化物矿床,演化到碎屑岩、碳酸盐、变质沉积岩含有层状矿石的各类矿床。SEDEX型矿床被认为是富金属的流体(如Cu、Pb、Zn、Ag、Ba等)沿着地堑边界断裂上升到高处喷流形成的,流体的组成取决于盆地沉积岩岩性特征。有关SEDEX型矿床的总体特征已被很多学者总结和讨论过其关键特征包括:①发育层状矿化的板状Zn-Pb-Ag矿床;②赋存于页岩、碳酸盐岩或者富碳酸盐、有机质的碎屑岩中;③在空间上或成因上有关的火成岩极少或缺失;④形成于克拉通内部或周沿裂谷和被动陆缘环境。

SEDEX型矿床广泛分布于世界各地,在北美、澳大利亚及亚洲尤其多见。该术语最早用于描述那些由成矿流体在海底喷流形成的层状硫化物矿床。SEDEX型矿床的成矿构造背景主要包括:①弧后伸展体制的陆内裂谷系统(图8-8a);②发育初始洋壳的大陆裂谷系统(图8-8b);③裂谷化的被动陆缘(图8-8c)。

SEDEX型矿床之间纵横比(矿体横向长度与地层厚度之比)差异较大,一些矿床纵横比较低(如Red Dog矿床),矿体呈透镜状、楔状、凸状;而纵横比20或更大时,主要由层状硫化物板状矿体组成,厚度可达几十米,横向可达数百到数千米(如Century矿床、HYC矿床)。某些情况下,矿床由十多个堆叠的透镜状矿体构成(如Mt. Isa矿床、George Fisher矿床等)。一些矿床层状矿体之下或附近发育补给带(如Sullivan矿床、Jason矿床)(图8-9)。典型的补给带根植于同沉积断裂中,主要由角砾岩化、蚀变的沉积岩组成,并被主要由石英、Fe-Mn碳酸盐、硫化物组成的脉体或网脉叠加。在补给带之上由硫化物-蚀变岩组成的喷口复合体。在澳大利亚北部几个大的矿床(Century矿床、HYC矿床、Lady Loretta矿床、Hilton矿床、George Fisher矿床)紧靠主干断裂,由一系列富含硫化物的层状堆叠体和中间未蚀变的沉积岩构成,断裂带缺失下盘蚀变带,这些矿床以被解释为形成于远离喷口复合体的远端环境(Sangster and Hillary,1998)。

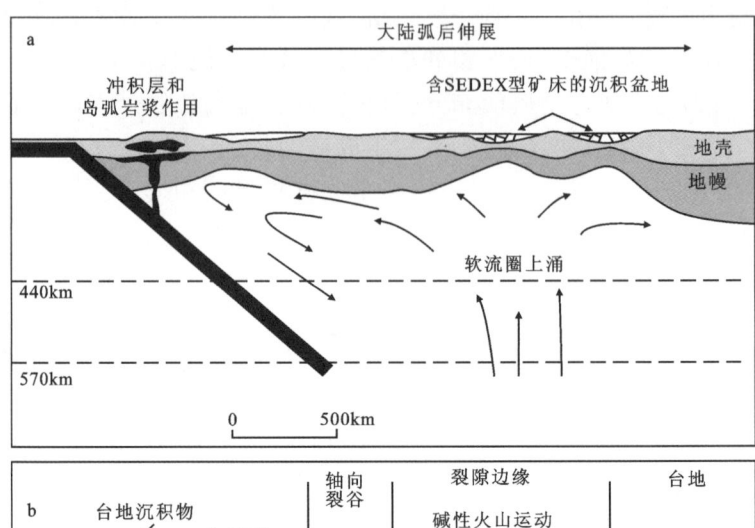

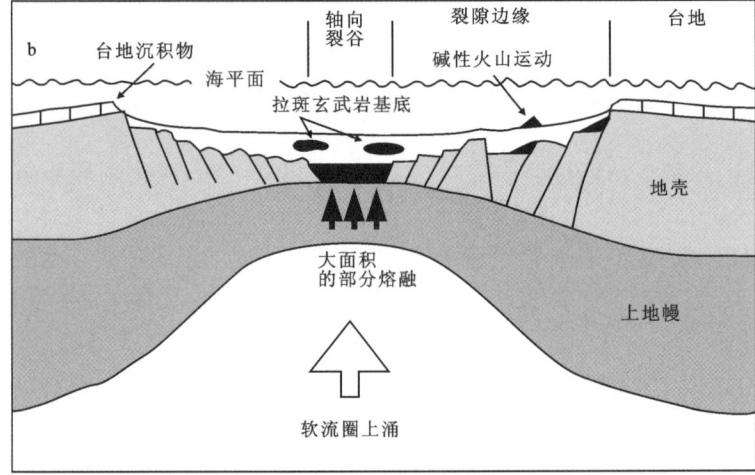

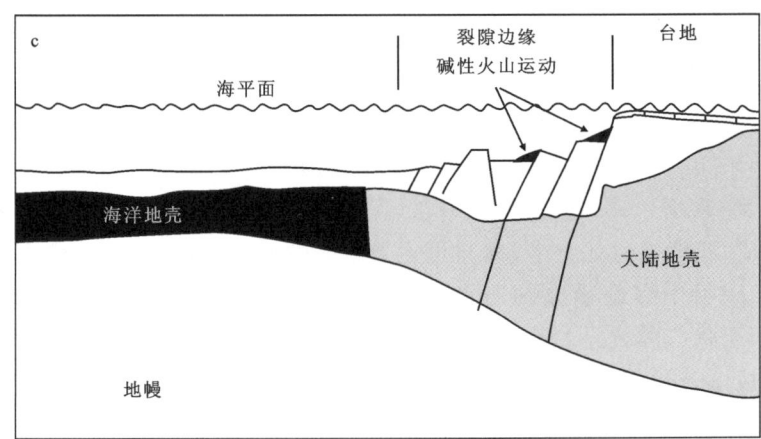

图 8-8　SEDEX 型矿床沉积盆地构造模式示意图

(a 图据 Large et al.,2005;b 图据 Goodfellow,2004;c 图据 Young,2004)

a. 陆内或夭折的裂谷环境,与沿克拉通南缘的北倾俯冲带相关的上驭板块之上发育的伸展盆地(澳大利亚北部);b. 大陆裂谷,底板为洋壳和充填的厚层碎屑沉积物(Selwyn 盆地);c. 被动大陆边缘裂谷,大陆地壳和沉积盆地外侧为洋壳(Alaska 北部)

SEDEX 型矿床矿化从流体卸载点向外具有典型的分带特征,依次发育喷口及补给的管道相、同生近端层状相、远端沉积相(图 8-9)。近端层状相主要由硫化物组成,其中黄铁矿、磁黄铁矿是主要组分,矿石矿物以 Zn、Pb 矿物闪锌矿和方铅矿为主,含少量黄铜矿。燧石、石英、重晶石萤石及各种碳酸盐是常见的脉石矿物。远端相的热液沉积物为重晶石、Fe-Mn 氧化物、赤铁矿-燧石含铁建造。补给管道以发育网脉及喷口为特征。矿床的分带现象同样指示在流体释放带及附近为还原环境,远端相则变得相对更为氧化。

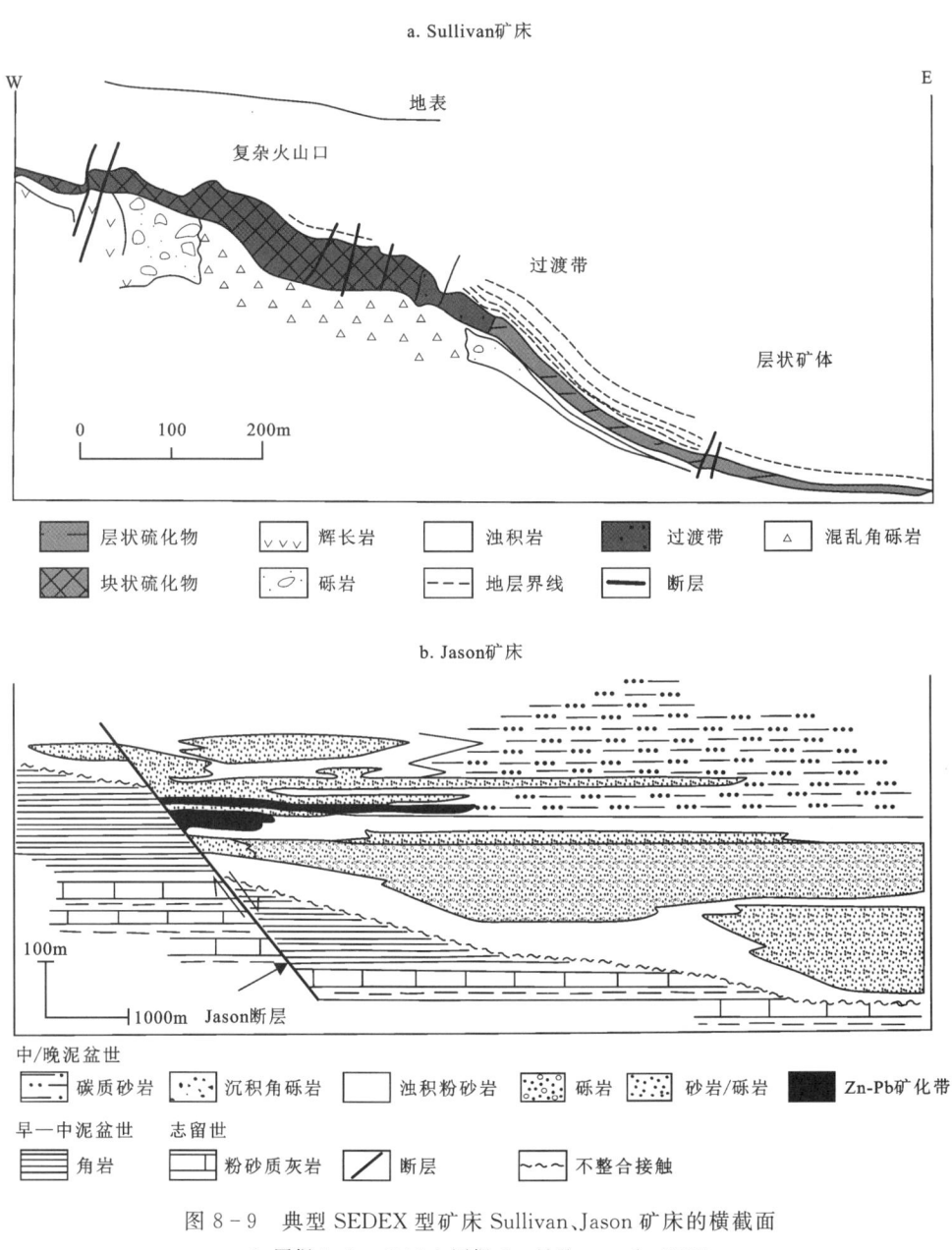

图 8-9 典型 SEDEX 型矿床 Sullivan、Jason 矿床的横截面
(a 图据 Lydon,2004;b 图据 Goodfellow et al.,1993)

SEDEX型矿床所在盆地的沉积层序具有相似性，一般以碎屑岩为主或碎屑岩-火山岩为主的层序为底部，向上叠置泥质岩、碳酸盐岩或蒸发岩。SEDEX型矿床趋向就位在层序的偏上层位的还原沉积岩单元，如页岩、粉砂岩、泥岩或互层的碳酸盐岩中。提供成矿流体热能的热源可能包括高的地热梯度（如地幔热能）、流体循环到更大深度、深部岩浆活动。高的盐度可能与蒸发岩的溶解，或者与受重力驱动卤水下降到盆地下部地层或者卤水向卤水池之下沉积物渗透等机制有关。盆地内随着深度增加盐度也增加，深部水变得咸化及富集阳离子和阴离子。富金属的卤水普遍由深部或浅部高盐度水蒸发环境的蒸发岩溶解衍生而成。盆地演化过程中埋藏、压实和成岩作用导致流体从沉积物中排除。沉积盆地的水被圈闭在沉积物孔隙中，水既可以来自成岩反应期间演出的水也可以是盆地之外的外来水（降水）。成岩作用涉及黏土矿物、有机质、石膏的脱水，如蒙脱石转变成伊利石时蒙脱石的层间水被去除。Hanor(1979)提出黏土矿物脱水发生在两个温度阶段，即90℃和120℃。成岩伴随着埋藏、孔隙度减低，大量水的被排除主要发生在第一种情形，后一种情况涉及变质过程中矿物的脱水。

盆地内流体流动与释放和成矿关系密切，流体排泄的喷口位置直接决定着SEDEX型矿床成矿地点。盆地热卤水趋向于从高流体压力区向低压力区流动，高流体压力区一般在盆地中部和深部，横向穿过可透水层向盆缘或断裂带等低压力区流动。断裂作用可以使流体释放增强，提供了深部流体流动和排泄的主要渠道。驱动地下水流动其他因素还包括地形起伏产生的重力梯度、温度和盐度差异导致的流体的浮力、构造挤压及地震泵等。

导致流体大尺度流动的主要因素中至少有7种需要考虑：①高程变化引起的重力；②成岩反应流体超压；③与埋藏和沉降有关的压实，产生沉积物的加载；④构造挤压与逆冲作用；⑤地壳伸展和正断层作用；⑥由热梯度和盐梯度引起的浮力；⑦由于应力松弛引起的侵蚀卸载。地形起伏是沉积盆地地下水流动的主要原因之一（图8-10a），深部含水层最大流速1～10m/a，在弱透水层中流速较小。流动样式受盆地几何学、地形和渗透性控制。温度、盐度产生的密度梯度驱动的对流环，流速大约0.1m/a（图8-10b）。压实、成岩及构造扩张作用导致异常压力梯度，构造挤压和逆冲作用导致盆地边缘褶皱冲断带出现大尺度的超压（图8-10c），该体制下流体流速每年大约数米。超压也可能发生在快速沉积、沉降和压实之后（图8-10d）。脱水反应、压力溶解和生烃也会产生高压。裂谷断层的地震泵送导致流体快速流动，流速高达10m/a。将地震泵送作为一种机制，它允许大量流体在地震期间沿着断裂面移动，形成热液矿床（图8-10e）。由于岩脉和（或）断层分隔，形成具有不同渗透率的隔室，地下水在每个隔室中形成单独的对流单元（图8-10f）。

SEDEX型铅锌矿床在流体喷流沉积成矿之时，需要一个相对还原的沉积环境。次级盆地受地形或坝体的阻隔，相对富氧的洋盆具有滞流水文条件，可以想成相对还原的局部沉积环境，因此次级盆地是SEDEX型铅锌矿床的主要成矿场所（图8-11）。含金属的盆地卤水沿断裂上升，在海底喷口以热柱（卤水密度小于海水）、高密度流体（卤水密度大于海水）或交代方式卸载，形成不同特征的矿体。矿体形态特征主要反映了当时沉积环境。例如丘状、低纵横比透镜状矿床主要为喷口近端矿床（图8-11a），或者通过部分交代已先存在的丘状、透镜状重晶石矿体形成的矿床（如Red Dog矿床）（图8-11e）；一些矿床主要

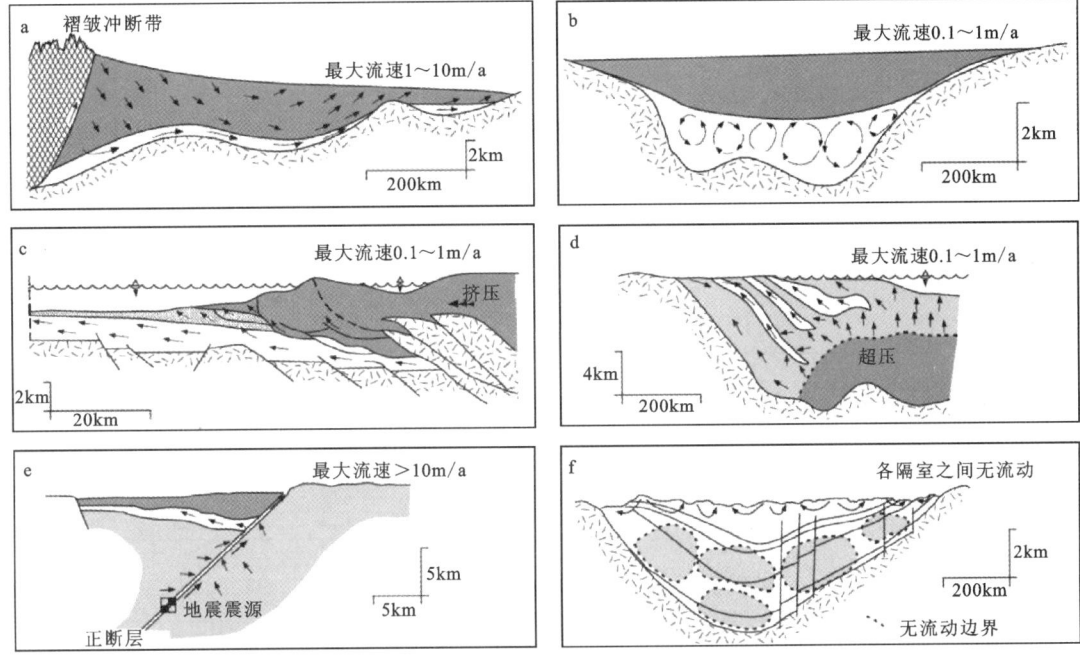

图 8-10 沉积盆地大尺度地下水流动及其相关水文学机制和构造环境(据 Garven and Raffensperger,1997)
a.隆升前陆重力驱动的流动;b.克拉通凹陷/裂谷盆地内热驱动的对流;c.褶皱逆冲带构造挤压有关的地下水流动;d.大陆边缘快速沉降盆地的超压驱动流体流动;e.断裂带中因地震泵导致的流体流动;f.分隔盆地中水流被限制在单个受限的单元内

由一系列拉长的堆叠透镜体组成,被认为形成于分层的卤水池(如 HYC 矿床)或者先存的碳氢储集层中(Century 矿床)(图 8-11b、c),也有可能是对页岩、砂岩中碳酸盐层交代的结果(图 8-11d)。

通过上述简要讨论可以看出,SEDEX 型矿床的形成受到不同级次构造的控制。不同构造背景下的伸展构造体制控制着形成 SEDEX 型矿床的裂谷盆地,伸展构造不仅使地壳拉薄、地幔隆升,也控制着盆地构造格架、盆地流体运移等控制 SEDEX 型成矿的动力学参数,以及区域成矿带的发育;盆地次级构造(包括先存的凹陷、断裂等)控制着盆地内部次级盆地的发育,尤其盆缘断裂或透水层是盆地热卤水运移的主要通道,次级盆地沉积环境及物理-化学条件则是控制成矿的重要地球化学参数,也是热卤水沉淀成矿矿床主要场所,控制着矿床或矿田的发育。不同级次的构造构成了 SEDEX 型矿床的聚矿构造系统。

二、沉积铁矿床的聚矿构造系统

1. BIF 型铁矿床的聚矿构造系统

世界上 75% 以上铁来自条带状硅铁建造。条带状铁矿床是指铁矿层含有大约 30%Fe 和大约 50%SiO_2 化学沉积单元,铁氧化物(赤铁矿和磁铁矿)与燧石和硅胶条带互层,通常

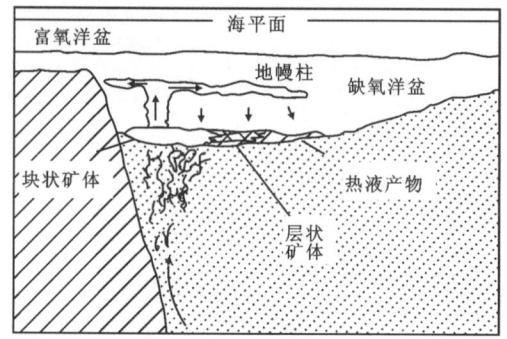
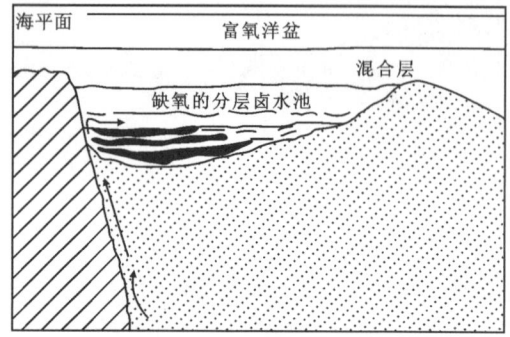
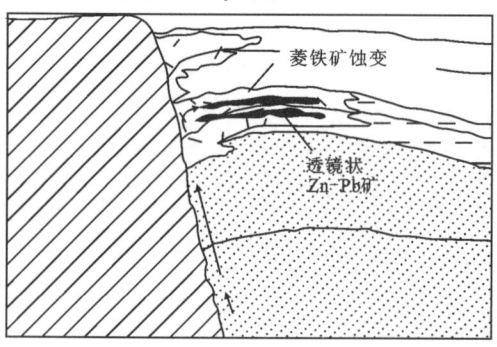
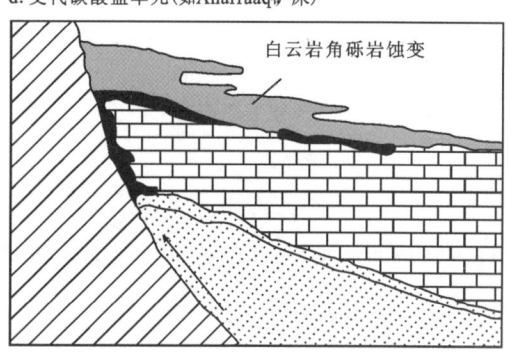
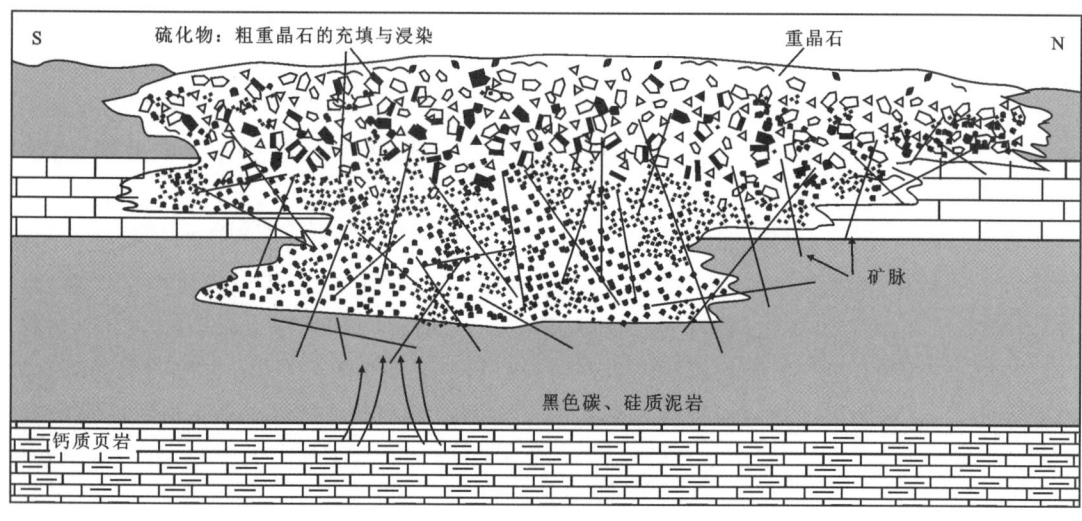

图 8-11 层状 Zn-Pb-Ag 矿床沉积模式

(a 图据 Lydon,1996；Goodfellow et al.,1993；b 图据 Large et al.,2001；c 图据 Broadbent et al.,1998；d 图据 Kelley et al.,2004a；e 图据 Kelley et al.,2004b)

被称为 BIF(band iron formation)。铁质与硅胶交替曾被解释为一种季节变化纹层,铁含量的变化取决于热液源的输入量的多寡。碎屑状铁矿层由 BIF 在浅水地带的再造导致,被称为粒状铁矿层(GIF,granular iron formation)。在前寒武纪,发育两种主要的 BIF 类型:①绿岩带中与火山地层相伴阿尔戈马型（Algoma-type）；②被动陆缘大陆架沉积地层伴生的苏必利尔型（Superior-type）。前者规模较小，广泛分布于世界上所有古老克拉通太古代绿岩带中，但也有产在与古生代和显生宙地层中。后者规模较大，主要产在新太古代—古元古代。从 Algoma 型到 Superior 型的转变可能反映地壳增长以及大陆边缘及稳定陆架的出现，提供了更为一致的沉积环境。这类矿床大多经历了变质变形改造，但其成矿物质的聚集成矿主要发生在沉积期，本节主要讨论这一时期其聚矿构造系统及其控矿作用。

苏必利尔型 BIF 型铁矿床地层的时间跨度从 3.8Ga 到 1.8Ga，峰值年龄在 2.5～2.4Ga 之间。与 2.45～2.2Ga 大氧化事件（great oxidation event，GOE）（Holland，2002）时间上较为接近，成矿可能与大气圈中氧含量的快速升高存在一定的关联。因为 Fe、Mn 化学性质亲缘性，富铁的溶液通常也富 Mn，故元古宙铁矿层通常与巨大的锰矿床相伴，如南非 Kalahari 锰矿田（世界最大，80 亿 t 矿石量）和巴西 Minas Gerais 锰矿床。BIF 矿床中可出现 4 个矿物相：①氧化物相-磁铁矿、赤铁矿；②硅酸盐相-铁滑石、铁蛇纹石和黑硬绿泥石；③碳酸盐相-菱铁矿、铁白云石；④硫化物相-黄铁矿、磁黄铁矿。变质作用可以产生镁铁闪石、铁闪石、单斜辉石、斜方辉石、铁橄榄石、铁铝榴石等。

中国著名的 BIF 型铁矿床包括产于辽宁鞍山—本溪一带的鞍山式铁矿（阿尔戈马型）、甘肃祁连西段的镜铁山铁矿床（苏必利尔型）等。华北克拉通的 BIF 型铁矿绝大多数属于阿尔戈马型，沉积于新太古代晚期（2.55～2.50Ga），主要集中在华北克拉通东部的辽宁鞍山—本溪、冀东和鲁西等地区，构成一个弧形的巨型沉积变质型铁矿成矿带（张招崇等，2021）。BIF 型铁矿床主要形成于 3.8～1.8Ga，通常指示了缺氧、富铁海洋环境（Konhauser et al.，2017）。李延河等（2014）发现 BIF 型铁矿的 δ^{56}Fe 均为正值，而且存在硫同位素的非质量分馏效应，暗示华北地区 BIF 型铁矿的沉积环境为低氧逸度环境，当时的海洋处于大氧化事件的初期，海水并未完全氧化，形成上层相对氧化而下层还原的层化海洋。Li 等（2014）通过对辽宁弓长岭和河南舞阳铁矿的研究，提出 BIF 型铁矿形成于浅海环境。

铁锰矿床的形成需要大量的还原态的 Fe^{2+}、Mn^{2+} 进入溶液，而后在成矿场所被氧化（Fe^{3+}、Mn^{3+}、Mn^{4+}），以氧化物或碳酸盐形式沉淀。整个形成过程主要涉及 3 个问题：金属来源、大气中氧的量、巨大的分布范围及条带的规律性。对于金属来源，有两种可能性：一种是铁来自风化的富铁的岩石（如大陆溢流玄武岩）；另一种是铁通过水下热液排泄进入湖、海洋或红海型窄的裂谷中。两种理论均需要存在密度分层的水流系统，上升流将深部缺氧的还原态的 Fe 带进表面的氧化环境，如大陆架环境，Fe^{2+} 氧化形成氧化物或碳酸盐而沉淀。BIF 型铁矿的形成物源一般认为铁由海洋中热液喷口提供，在陆架或陆坡上部铁氧化沉淀（图 8-12）。

综上所述，BIF 型铁矿成矿需要裂谷或洋中脊相关的热液喷口系统，喷口系统是铁锰等金属的主要输入源，而沉积盆地边缘的陆架及斜坡则是其主要沉积场所，为上升深部还原流体金属元素的氧化及沉淀提供必要条件。洋脊或裂谷中心的热液喷口系统与大陆边缘的陆架、斜坡构成了 BIF 型铁矿成矿的宏观聚矿系统。对某一个具体的 BIF 型铁矿或矿田而言，其内部的矿物相的分带或者矿物相对含量的变化，则取决于矿物沉淀时局部水体的氧化-还原条件，或与矿物沉淀后成岩过程中与周围介质发生的一系列物理-化学反应有关。

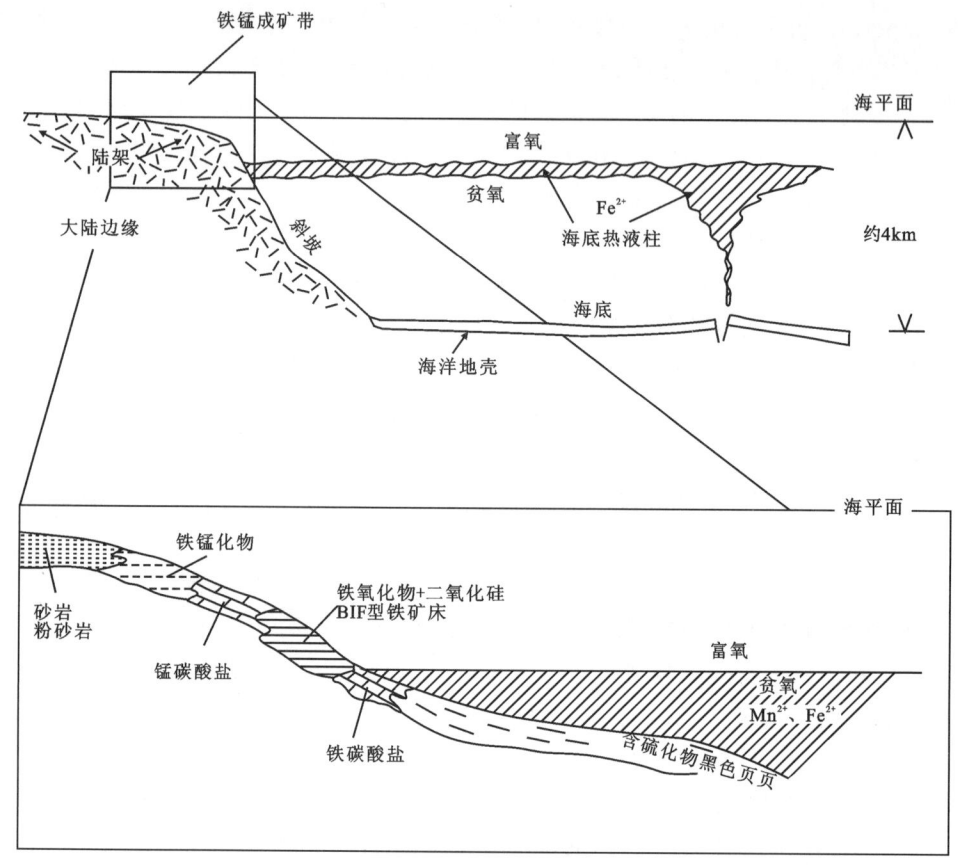

图 8-12　BIF 型铁矿床沉淀模式图（据 Sehissel and Aro,1992）

2. 海相沉积鲕状铁矿床的聚矿构造系统

除 BIF 型铁矿床之外，沉积铁矿还包括海相富铁沉积岩和陆相湖泊沼泽型铁矿。前者多形成于显生宙的浅海，广泛分布于世界各地，而后者规模较小，经济意义一般不大。海相沉积鲕状铁矿是除 BIF 型铁矿之外的另一类重要铁矿类型，其一般形成于浅海或三角洲环境，矿石一般由鲕状或球状、肾状针铁矿、褐铁矿构成，含有少量或者不含燧石，普遍与富铁硅酸盐矿物海绿石、鲕绿泥石相伴。沉积环境指示，铁由河流系统将陆源金属以 Fe^{2+} 溶液形式或胶体形式搬运到成矿场所，地层层序中常出现在主要海侵阶段和大陆洪泛期。此类铁矿地质历史中主要出现在奥陶纪—志留纪、侏罗纪两个峰期。它们的形成似乎与全球构造周期的模式有关，特别是大陆扩散和海平面高位的时期，以及气候变暖和化学沉积速率增加的时期。

富铁沉积岩石成因较为复杂，存在很大争议，争议的焦点在于对铁的富集过程及矿石中普遍出现鲕粒结构解释。其中一种为 Siehl 和 Thein(1989)提出的模式，用于解释鲕状沉积铁矿的形成。铁被认为最初集中在温暖潮湿的气候条件下，受到深度风化和侵蚀的大陆上。

在这种环境下形成的高度氧化的红土可能是铁富集的场所,因为不溶性的 Fe^{3+} 留在原地,而风化层的其他成分被浸出。此外,红土也是响应低温化学及生物介质作用形成铁鲕粒的场所。红土土壤及鲕粒或者通过海侵期间的海泛或者海退期间的侵蚀被转移到浅海环境,在河海三角洲或海滨地区被改造和浓集。化学或生物成因形成的成土鲕粒与浅海环境冲积带中由颗粒机械磨损产生鲕粒是不同的。

我国最具代表性的沉积型赤铁矿矿床包括北方的宣龙式铁矿和南方的宁乡式铁矿,其形成的古地理位置见图 8-13。

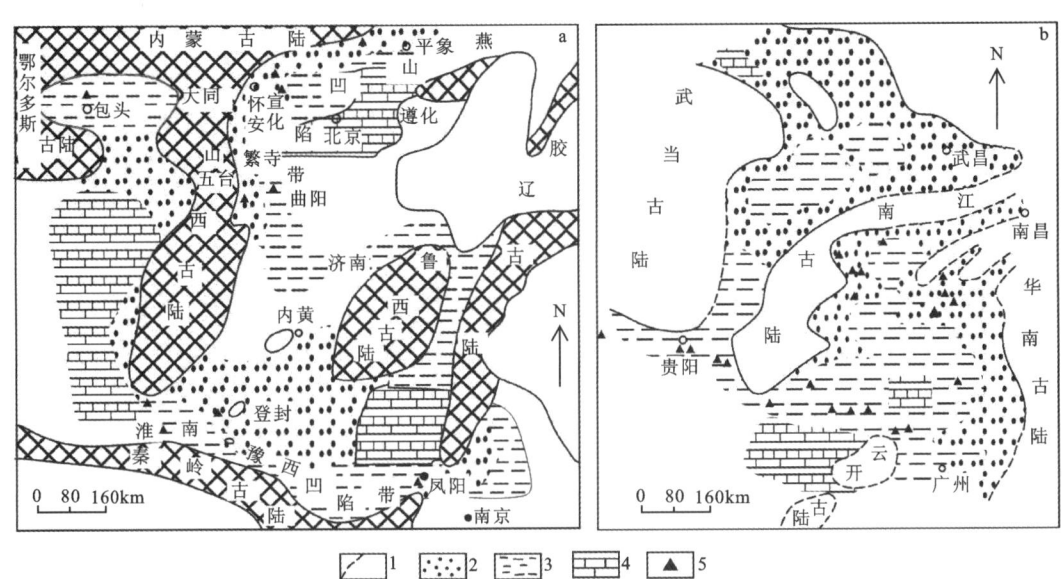

图 8-13 我国沉积铁矿形成的古地理位置示意图(据侯德义,1984)
a.北方震旦纪宣龙式铁矿;b.南方泥盆纪宁乡式铁矿;1.古陆界线;2.碎屑沉积区;3.泥质沉积区;4.碳酸盐沉积区;5.铁矿

宣龙式铁矿主要产出在华北克拉通,赋存于中元古界长城系串岭沟组,含矿地层串岭沟组底部为含铁砂岩,顶部为黑色碳质页岩夹含砂白云岩,是一套以页岩为主,少量碎屑岩、碳酸盐岩的岩石组合,与上、下地层连续沉积。在铁矿发育最好的宣化盆地,串岭沟组下部以砂岩、粉砂质页岩为主,底部为铁矿层,上部为黑色碳质含钾页岩及灰绿色含钾页岩,夹数层含叠层石白云岩,属环陆、半封闭式海湾盆地(宣化海盆)中的滨海-浅海相生物化学沉积地层,厚 11~91m。铁矿赋存于串岭沟组一段底部,区域上分布稳定。宣龙地区的矿体主要为层状,其次为似层状;矿石类型以赤铁矿为主,构成厚大鲕状及肾状铁矿层,其次为赤铁矿、菱铁矿变质后的磁铁矿,少数菱铁矿层仅分布于盆地中心赤铁矿层的顶部;矿层厚度由西向东在庞家堡到大岭堡一带有变厚趋势,且伴有鲕绿泥石、黄铁矿等。矿石以鲕状、肾状为主,尚有块状和角砾状构造。

宣龙式矿床成矿环境为海湾中部浅水盆地的平坦滨岸,属潮下高能环境。成矿末期有少量铁矿生成于停滞闭水环境中。铁质主要来源于周边古陆变质岩中的含铁矿物,经风化、剥蚀,呈胶体或极细小的机械悬浮体被地表径流搬运,周期性地注入海湾盆地中。早期成矿阶段，海底在正常浪基面上下，pH 在 5~6 之间，为氧化环境，介质属中酸性，这一阶段铁矿的主要存在形式为赤铁矿。成矿中期，海水变深，海底沉积物中游离氧不足，开始出现菱铁矿，这一时期形成的矿层主要特点是菱铁矿增多，局部出现赤铁矿、菱铁矿互层。成矿末期，海水进一步加深，pH 呈弱碱性，海底沉积物为弱还原环境。因此，在东部地区开始出现单一的菱铁矿层，部分地区矿层顶部出现黄铁矿。

宁乡式铁矿产于泥盆系含铁岩系中，具有典型的鲕状结构。宁乡式铁矿广泛分布于我国南方，可大致划分为鄂西-湘西北、湘赣、甘南-川北、川中、桂东北、黔西和滇东 7 个成矿区，以鄂西成矿区最为典型。桂东北和鄂西成矿区共计 5 层铁矿，分别产出于中泥盆统信都组、上泥盆统黄家磴组和写经寺组地层中（许效松等，1994）。前人对宁乡式铁矿的含矿建造、成矿作用、沉积环境及找矿前景等方面已进行了一系列研究，其成矿物质来源于古陆风化作用，铁质以胶体悬浮形式搬运至半封闭浅海盆地中，发生沉积并富集成矿，有蓝绿藻等生物参与了宁乡式铁矿的成矿过程。

宁乡式铁矿具有鲕状结构、粒屑结构、砂状结构，以及层理构造、纹层状构造、块状构造。含矿岩系总体为一套砂岩、泥页岩和泥灰岩组合，形成于区域海侵背景下的滨海、滨-浅海转换带；矿石中铁质鲕粒形态多样，粒径多集中在 0.2~0.5mm 之间，少数铁质鲕粒的矿物相和主量元素呈圈层状分布，核心可为石英或生物碎屑充填，外部为赤铁矿、鲕绿泥石及胶磷矿环带互层。研究表明矿石的形成可划分为成矿物质准备期、铁质鲕粒形成期和铁矿沉积期 3 个阶段，强烈的古陆风化作用是成矿物质来源，成矿物质在机械沉积作用、胶体化学沉积作用和生物沉积作用下富集并沉淀，期间经历了复杂的氧化还原过程，最终压实固结为宁乡式铁矿。

除海相沉积铁矿外，华北地区还发育形成于滨海-潟湖环境的山西式铁矿。山西式铁矿赋存于上古生界石炭系太原组，山西、河南等地均有分布。华北地区受加里东运动的长期隆起，至晚石炭世整体沉降，开始接受海侵处于滨海潟湖环境，红土-钙红土古风化壳经水解，被海水搬运到沉积盆地中发生铁的分异沉淀，产出层位为奥陶系灰岩古侵蚀面之上的石炭系太原组下部湖田段，一般发育 1~3 层。第一层呈窝状、囊状、透镜状位于奥陶系灰岩凹凸不平的古侵蚀面上，顶板为铝土岩或铝土质页岩。第二层产出与第一层相距数十厘米至数米之间，矿体呈扁豆状、似层状、透镜状形成排子矿。第三层产出于湖田段上部，矿体呈扁豆状、结核状、透镜状，底板为砂质页岩，顶板为铝土质页岩。上奥陶统马家沟组灰岩沉积之后，经长期风化剥蚀，在碳酸盐岩风化剥蚀过程中和炎热潮湿的气候条件下，因地下水作用 K、Na、Ca、Ma、Si 大量流失，Fe、Al、Ti 相对富集并在原地残留，形成具有一定厚度的红土-钙红土古风化壳。晚石炭世本溪期华北陆块整体下沉，开始海侵，红土-钙红土古风化壳经水解，以碎屑状、胶体状或溶液状被海水搬运到沉积盆地中，铁在适宜的介质与地球化学条件下发生分异沉淀，形成铁质岩（山西式铁矿）和硫铁矿。

综上所述，海相鲕状沉积铁矿聚矿过程主要受到含矿岩系底部不整合构造及滨海局部盆地构造的控制。无论是华北宣龙式铁矿、山西式铁矿，华南宁乡式铁矿，还是世界著名的沉积铁矿床，矿床均产出在长期准平原化的不整合构造带之中，指示基底岩系的侵蚀与风化作用对铁质初始富集具有重要的控制作用。海侵体系则为红土化土壤搬运到浅海、滨岸潟湖盆地或局部凹陷提供了水动力条件,海岸带及局部盆地控制了矿体赋存的空间位置(图 8-14)。

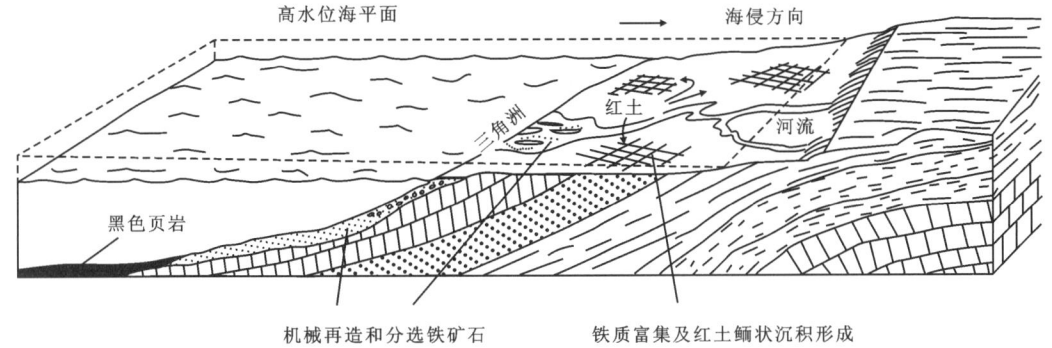

图 8-14　海相鲕状沉积铁矿成矿模式示意图(据 Siehl and Thein,1989)

三、沉积锰矿床的聚矿构造系统

沉积铁、锰、铝土矿及黏土矿床,大都产在不整合面之上海侵体系的地层中,显示成矿与矿质沉积之前的风化作用和沉积期古构造地形存在密切关系,受到区域构造运动和局部构造的控制。铁、锰具有类似地球化学行为,铝土矿与黏土矿堆积关系密切,其成矿作用具有一定类似性,Mn 较 Fe 地球化学性质更为活泼,聚矿构造特征类似。

已有的研究表明,扬子地块之上的锰矿受成矿期裂谷盆地的控制,如贵州南华纪"大塘坡式"锰矿、二叠纪遵义锰矿分别受南华裂谷盆地、黔北裂谷盆地的控制,锰矿形成于次级裂谷的地堑盆地中(杜远生等,2018;刘志臣等,2019),具有"内源外成"特点。

贵州遵义地区黔北裂陷的地垒和地堑中的中二叠统茅口组岩性组合存在差异。含锰建造为一套含锰岩系,局部为黏土质建造或含锰铁建造。含锰岩系主要由浅灰色、灰绿色、暗灰色至灰黑色含黄铁矿的黏土岩、碳酸锰矿石及粉砂质泥岩组成。以龙坪一带为界,以西的西部矿段为含锰建造,以东的东部矿段为含锰铁建造和含锰建造,两者的岩性及其组合存在一定差异。含矿岩系一般厚 1.96～5.95m,锰矿层产于含矿岩系的中下部,与下伏地层之间隔有 0.5～28cm 厚的凝灰岩。与下伏茅口组二段硅质灰岩接触,上覆地层为龙潭组煤层(线)。

黔北裂陷(裂谷盆地)在贵州水城、遵义一带沿同沉积断裂带再次发生断陷,自北东往南西方向为遵义和水城 2 个 Ⅱ 级次级裂谷盆地。遵义次级裂谷盆地由深溪-八里、龙坪-兴隆、团溪-尚稽 3 个 Ⅲ 级断陷盆地(地堑)和喇叭-南北、西坪-苟江隆起 2 个 Ⅲ 级隆起(地垒)组成。这 3 个 Ⅲ 级断陷盆地(地堑)均由一系列的 Ⅳ 级断陷盆地(地堑)和隆起(地垒)等地质单元组成(图 8-15)(刘志臣等,2019)。

遵义次级裂谷盆地中识别出 14 条茅口中晚期的同沉积断层(图 8-16)。其中,一级断层是规模大、控盆控相特征明显的断层,它控制着 Ⅲ 级断陷(地堑)盆地和隆起(地垒)的演化,如 SF$_1$ 和 SF$_2$ 断层是分别控制喇叭-南北隆起(地垒)、铜锣井-深溪断陷(地堑)盆地边界的同沉积断层。二级断层为 Ⅲ 级断陷(地堑)盆地中进一步控制 Ⅳ 级断陷(地堑)盆地与隆起

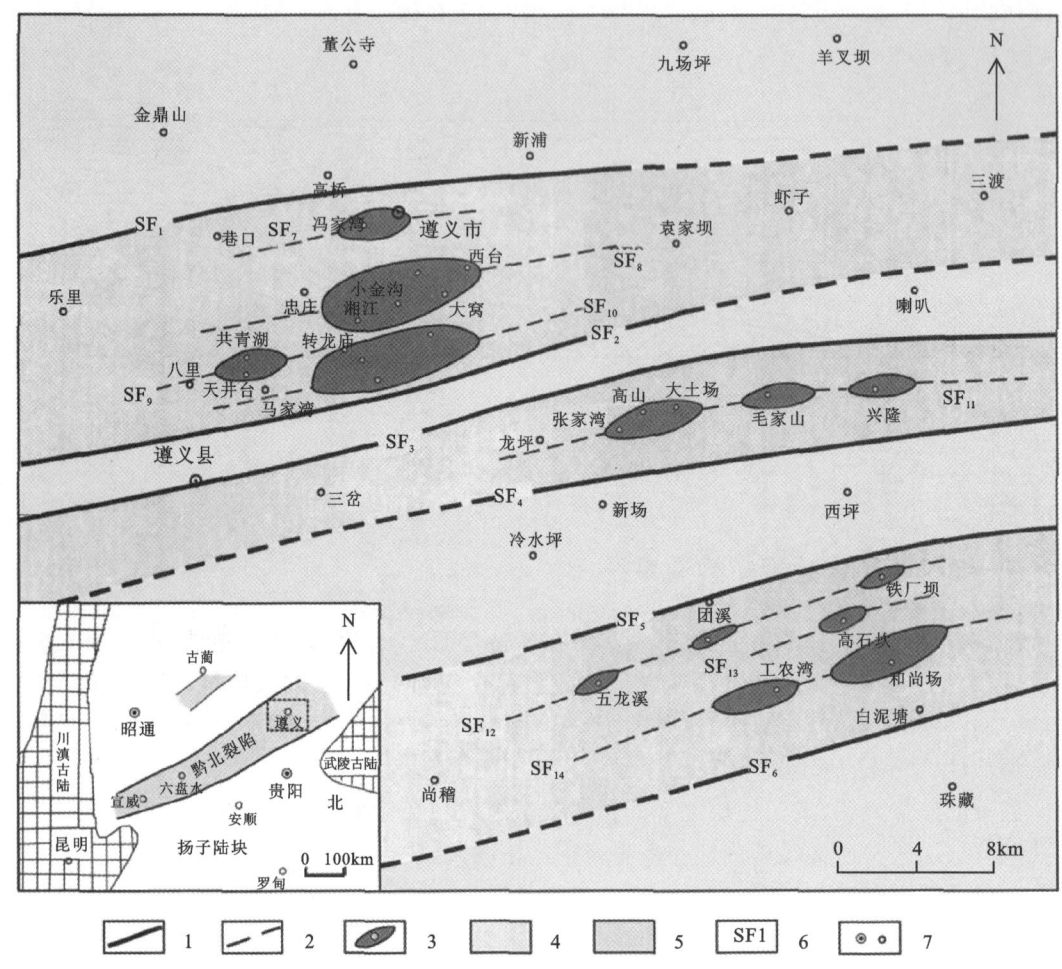

图 8-15　贵州遵义次级裂谷盆地二叠纪晚期构造古地理及同沉积断层分布（据刘志臣等，2019）
1.控制Ⅲ级断陷（地堑）盆地和隆起（地垒）的同沉积断裂；2.控制Ⅳ级断陷盆地的同沉积断裂；3.Ⅳ级断陷盆地及其控制的矿床；4.Ⅲ级断陷（地堑）盆地范围；5.Ⅲ级隆起（地垒）范围；6.同沉积断层及编号；7.地名

（地垒）的同沉积断层，如 SF_7、SF_8、SF_9、SF_{10} 断层等，它们大致呈等间距（约 3km）分布，展布方向为 70°～80°。

茅口晚期，遵义次级裂谷盆地（Ⅱ级）进一步裂解，形成了深溪-八里、龙坪-兴隆和团溪-尚稽 3 个北西-南东向的Ⅲ级断陷（地堑）盆地。在 3 个Ⅲ级断陷盆地中，有规律地分布着菱锰矿带、铁锰矿带、含锰黏土岩带等，它们分别控制了铜锣井-深溪锰矿、蒜叶沟-高山锰矿、和尚场-龙溪锰矿 3 个成矿亚带的形成（图 8-16）。其中，铜锣井-深溪锰矿成矿亚带锰矿的成矿作用最强烈、品位最富，且形成的锰矿资源量最多，已发现了 3 个大型锰矿床、4 个中型锰矿床和多个小型锰矿床。该带是遵义次级裂谷盆地的裂陷中心，是遵义锰矿成矿带的主体。研究区的锰矿床均分布在Ⅳ级盆地中，至少可形成 13 个锰矿床（图 8-16），即Ⅳ级断陷（地堑）盆地控制锰矿床形成。而在喇叭-南北隆起、西坪-苟江隆起 2 个Ⅲ级隆起（地垒），隆起中缺失含锰岩系，无锰矿分布。故遵义次级裂谷盆地结构明显控制了锰矿带的分布，锰矿在断陷(地堑)盆地中沉积成矿,在隆起(地垒)区则无锰矿分布。

研究区同沉积断层从中二叠世茅口晚期开始活动,持续到晚二叠世末,在此期间,黔北裂陷的构造活动和演化一直较频繁,为锰矿床的形成提供了可靠的热源及物源。遵义二叠纪锰矿的形成与同沉积断层活动密切相关,即同沉积断层不仅是沟通深部富锰、硅气液系统的关键,而且不同级别的同沉积断层控制相应级别断陷盆地的形成。其盆地构造聚矿过程可概括为:首先,富硅的气液流体先沿Ⅲ级断陷盆地的同沉积断层喷溢而出,硅质向适合SiO_2形成的偏酸性环境中迁移、富集并交代碳酸盐沉积物,形成硅化岩和硅质岩;其次,Ⅲ级断陷盆地再次发生裂陷形成Ⅳ级断陷盆地,这个过程中富锰流体沿Ⅳ级断陷盆地同沉积层裂喷溢至盆地中沉积成矿(图8-16)。

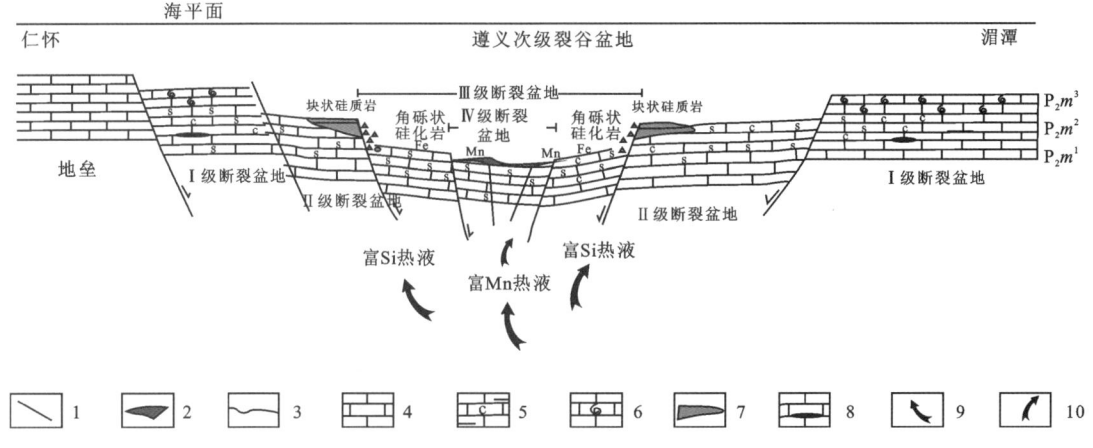

图8-16 贵州遵义裂谷盆地锰成矿模式(据刘志臣等,2019)

1.同沉积断层;2.锰矿层;3.凝灰岩;4.灰岩;5.硅质岩;6.生物碎屑灰岩;7.硅化岩;8.燧石条带灰岩;9.Ⅲ级断陷期富硅流体运移方向;10.Ⅳ级断陷期富锰流体运移方向

四、沉积铝土矿矿床聚矿构造系统

中国铝土矿矿床按成因划分为古风化壳沉积型、堆积型和红土型,根据铝土矿层下伏基底岩性,古风化壳沉积型进一步分为硅酸岩和碳酸盐岩两个亚类。铝土矿的形成过程与红土化作用及其产物红土存在密切联系。根据母岩的类别及作用过程,铝土矿矿床分为红土化作用和钙红土化作用。

对全球铝土矿的系统分析发现,绝大多数铝土矿的含矿岩系形成于湖泊、沼泽、三角洲、河口湾、滨海等不同的陆相或滨海浅水沉积环境。沉积型铝土矿的含矿岩系和铝土矿矿体的形态受基底古地貌控制,以碎屑岩为基底的铝土矿成矿空间主要受构造地貌或沉积地貌控制,一般为平缓的低地或洼地。而以碳酸盐岩为基底的铝土矿成矿空间受喀斯特化作用控制,形态更加复杂。Bárdossy(1982)将喀斯特型异地搬运的地中海亚型(异地沉积型为主)铝土矿(包括含矿岩系和铝土矿层)分为8种形态类型:①层状;②平伏状;③似带状;④透镜状;⑤地堑式;⑥似峡谷状;⑦落水洞状;⑧矿巢或矿袋状。中国的沉积型铝土矿具有相似的特征。其主要形成于石炭纪—二叠纪,基底大部分为碳酸盐岩(如贵州遵义早石炭世"遵义式"铝土矿,黔中修文、清镇早石炭世"修文式"铝土矿,河南和山西晚石炭世"山西式"铝土矿,广西中晚二叠世之交的"平果式"铝土矿),少数为碎屑岩或碎屑岩+碳酸盐岩基底(如黔北务正道地区早二叠世"大竹园式"铝土矿)。河南、山西等地的上石炭统本溪组底部"山西式"铝土矿的下伏地层为中下奥陶统马家沟组灰岩和白云岩。中奥陶世之后,华北经历了约150Ma的暴露风化与夷平作用,已经形成规模巨大的古华北准平原。但由于碳酸盐岩基底易于发生喀斯特化,存在很多溶蚀洼地、漏斗等负地形,形成了含矿岩系的堆积空间。因此,河南、山西等地晚石炭世铝土矿含矿岩系和铝土矿的分布均受控于准平原上的喀斯特负地形地貌,主要为不等厚的透镜状、条带状、峡谷状或落水洞状等。

黔北务正道地区早二叠世"大竹园式"铝土矿的基底在部分区域为上石炭统黄龙组灰岩或白云质灰岩,其他区域为下志留统韩家店组细碎屑岩和泥质岩。古地理分析表明早二叠世务正道地区处于准平原化围限的半封闭海湾,铝土矿主要分布于晚古生代冰期—间冰期海平面变化波动范围的湿地环境,含矿岩系沉积之前的古地貌为零星残留的喀斯特化碳酸盐岩低缓丘的准平原。含矿岩系大竹园组与黄龙组接触时,喀斯特面和含矿岩系可直接接触,甚至含矿岩系向下渗流到喀斯特缝洞中(杜远生等,2013)。含矿岩系与韩家店组接触时,含矿岩系底部平整。铝土矿受微地貌影响,主要呈透镜状分布于湿地的低洼处(图8-17a)。遵义地区早石炭世"遵义式"铝土矿主要形成于喀斯特高地的喀斯特漏斗、峡谷,铝土矿基底为寒武系娄山关组,因此含矿岩系和铝土矿层均呈漏斗状(图8-17c)。黔中清镇—修文地区铝土矿基底也为寒武系娄山关组,基底喀斯特化明显,铝土矿保存于低喀斯特地区的溶蚀洼地中,铝土矿体呈条带状或长透镜状(图8-17b)。广西平果、德保、靖西、乐业等地的中晚二叠世之交的"平果式"铝土矿,分布于晚古生代右江盆地的滨岸台地(平果、德保、靖西)、孤立台地(乐业、凌云、巴马)上,由晚二叠世早期的海退造成孤立台地的暴露,在古风化面上形成。因此"平果式"铝土矿含矿岩系和铝土矿层主要受古喀斯特地貌影响,含矿岩系底面与下伏地层茅口组顶部的喀斯特面直接接触,矿体多为不规则的透镜状、漏斗状、洼地状或落水洞状。

沉积型铝土矿覆盖于不同的底板地层之上,很容易产生铝土矿来自于底板风化残余物的联想。有些学者很早就认识到,铝土矿物质不一定来源于现在能看到的下伏基岩——碳酸盐岩,而是已经被溶解剥蚀的岩石,是它们剩余下来的不溶残积物——黏土物质,逐渐积累在原地或异地堆聚演变改造而来的。越来越多的证据表明,铝土矿的物源不仅仅与底板地层相关,盆地周围已剥蚀的地层是主要的物源。

已有的研究发现:①黔北务正道早二叠世铝土矿(底板地层为石炭系黄龙组和志留系韩家店组)物源主要为韩家店组泥岩和细碎屑岩;②贵州遵义早石炭世铝土矿(底板地层为寒武系娄山关组白云岩)的物源主要为奥陶系湄潭组;③黔中清镇、修文早石炭世铝土矿(底板地层为寒武系娄山关组白云岩)物源也主要来自于奥陶系的泥质岩和含泥的细碎屑岩或碳酸盐岩;④华北河南、山西晚石炭世铝土矿(底板地层为奥陶纪马家沟组灰岩、白云质灰岩)主要来源于南侧秦岭造山带剥蚀的物源;⑤广西中二叠世和晚二叠世之交的铝土矿(底板地层为中二叠统茅口组灰岩)物源为越北地区的岛弧火山岩(德保、靖西)和峨眉山大火山

a. 黔北务正道准平原洼地

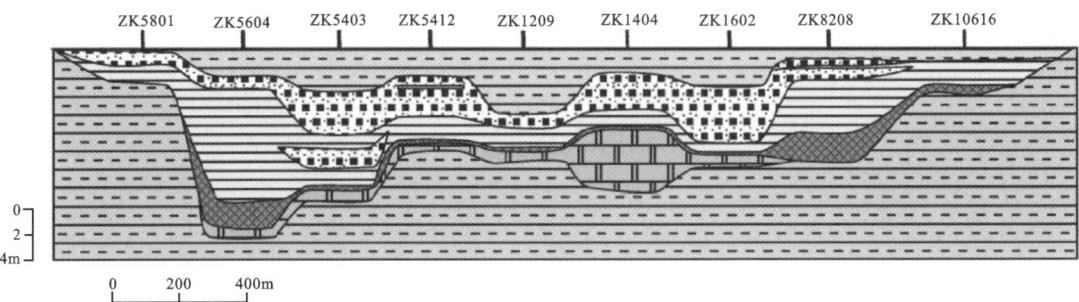

b. 黔中猫场溶蚀洼地

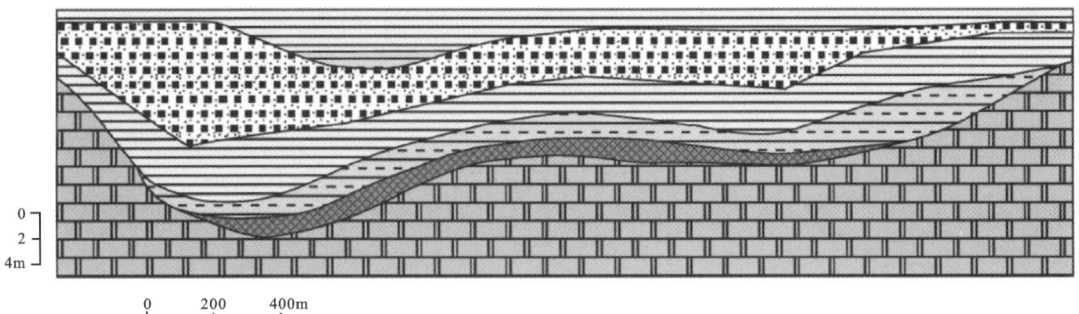

c. 黔北贵州遵义喀斯特漏斗

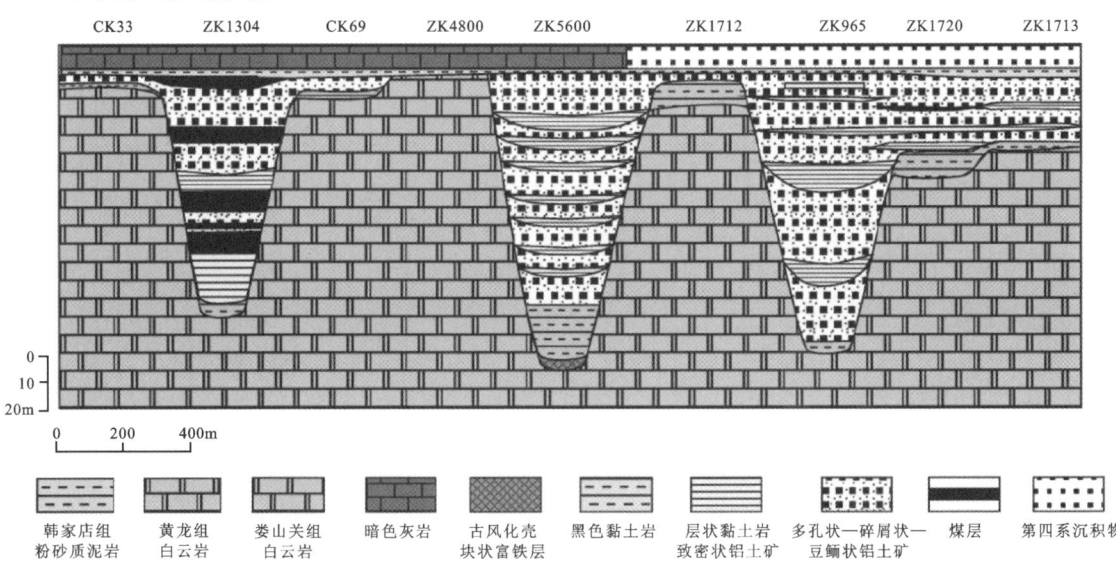

图 8-17 贵州沉积型铝土矿含矿岩系基底古地貌和矿体空间形态(据杜远生和余文超,2020)

岩省的火山灰(乐业)。因此,对沉积型铝土矿,尤其是碳酸盐岩为底板的铝土矿,虽然不排除含矿岩系基底底板的贡献,但其物源主要是周围的泥岩和含泥细碎屑岩、火山岩或火山碎屑岩。

中国铝土矿以古风化壳沉积型铝土矿为主,矿床规模以大、中型居多,成矿时代主要集中在晚古生代（石炭纪—二叠纪）。风化壳型沉积铝土矿分布区，上覆地层常产出煤层和优质石灰岩，而含铝岩系中共生有黏土矿、硫铁矿和铁矿。黏土矿与铝土矿在剖面中交替出现，为相变产物。铁矿通常位于剖面底部、紧邻含铝岩系，为"山西式"铁矿产出层位。

综上所述，沉积型铝土矿主要受含矿岩系之下区域不整合面构造和局部喀斯特化、侵蚀作用形成的各种负地形控制，前者控制着铝土矿堆积，后者控制着铝土矿异地搬运的沉积空间。沉积之后暴露于地表及潜水面附近，会受到表生作用的进一步改造。

第九章　变质矿床的聚矿构造系统

第一节　概　述

变质矿床可定义为在变质岩区受区域变质作用影响而形成的矿床。它们是在区域变质作用及相继发生的混合岩化作用的共同影响下,原岩建造中的含矿建造、矿源层或原有矿床受变质重结晶、变质热液及混合岩化作用产生的混合岩浆及热液的影响,它们之中的含矿组分经过迁移、搬运而形成矿床。变质矿床按成因分为区域变质矿床、混合岩化矿床、接触变质矿床。

区域变质矿床可分为:①变质重结晶型,包括大部分的条带磁铁石英岩、变质硫化物矿床、石墨片麻岩、蓝晶石或刚玉片岩等;②变质热液型包括矿金、铁矿床等。

混合岩化矿床可分为:①原地交代型,主要矿床有伟晶岩型,白云母型,锂、铍、铌、钽型,磷灰石型等;②混合岩化后期热液型:金云母、透辉石化硼镁铁矿及硼镁矿床,受硅铁建造控制的富铁矿床,受铁、铜建造控制的似 Falun 型的堇青石、直闪石型铜矿床等。

接触变质矿床形成于岩体周围,主要形成非金属矿床,如石墨、大理岩、硅灰石、红柱石、矽线石矿床等。

变质成矿是在温压条件跨度较大,从近封闭系统等化学变质特征,以重结晶作用为主,到流体–熔体存在条件下系统变现出开放行为,流体(或熔体)物质带入、迁出,并在构造作用力驱动下,沿剪切带等不同构造发生运移,在扩容带等成矿有利空间富集成矿。由这些变质作用形成的不同尺度的构造,构成了变质矿床的聚矿构造系统,不仅包括了变质岩石或矿床在固态原位发生的变质、变形形成各种定向片理构造及流变构造,也包括变质流体和部分熔融的熔体运动及交代作用形成的各种交代、混合岩化构造。

第二节　区域变质矿床聚矿构造系统

区域(造山)变质作用矿床,既包括受到变质作用改造的矿床,如 BIF 型矿床、火山块状硫化物矿床、受到改造的 SEDEX 型矿床等,也包括由变质作用形成的新生矿床,如金矿床、石墨矿床、金红石矿床等。它们的形成受区域变质变形构造的控制。

一、区域变质热液矿床的聚矿构造系统

(一)区域变质构造对成矿流体运移的影响

区域变质作用除导致岩石发生变质作用之外,岩石发生形变也是造山作用的重要表现形式,包括褶皱、褶皱翼端拉薄和断裂许多典型的变形样式。某些岩石类型发育在褶皱枢纽的增厚以及产生伸长形状的拉伸组构。

渗透性变形是变质岩重要特征。矿物在温度和压力升高的情况下,重新平衡到新的组合,挥发分部分到全部从变质岩中去除,显示颗粒变粗外,在构造应力作用下矿物会发生定向排列,形成各种片理(页理)及拉伸线理构造,以及发育构造作用也影响到变质岩的渗透性及流体在其中运移。

颗粒微裂隙及优选方位受构造控制,影响变形岩石渗透率的各向异性(图9-1)。在纯剪近似共轴平面应变情况下,产生与最大拉伸方向呈高角度的微裂隙,导致平行于中间应变轴的方向具有最好的连通性(图9-1b);而在近似单剪变形情形下,渗透率各向异性平行于与拉伸线理垂直的页理方向,这也是有限应变椭球的 Y 轴(图9-1c)。在高温热液系统中,孔隙度破坏过程,如粒间胶结作用、压实作用以及裂缝的愈合和封闭作用,导致渗透率降低。因此,渗透率的演化是受由变形导致孔隙产生过程和各种孔隙破坏过程之间的竞争控制。在典型的中深部地壳环境条件下,微观结构和实验证据表明,高渗透率微裂缝路径在短的地质时间尺度上愈合(Brantley et al.,1990)。因此,变形是维持热液系统运行过程中高渗透率的关键。

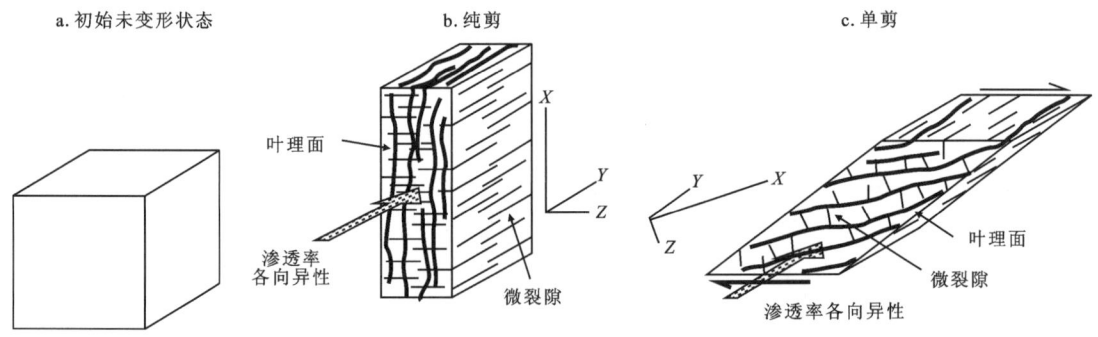

图9-1 变质岩颗粒级微压裂和片理发育的渗透率各向异性示意图(据Cox,2005)

注:微裂缝提高了渗透率,页理阻碍与页理面呈高角度方向的流动。a. 初始未变形状态;b. 对于平面应变同轴变形,沿 X 轴方向拉伸最大,平行于 Z 轴方向缩短最大,平行于 Y 轴方向长度没有变化,ZY 面微压裂和 XY 面片理发育,导致变形过程中 Y 轴方向渗透率最高;c. 在单剪切过程中,微裂缝沿垂直于瞬时最大拉伸方向(即 σ_3 方向)成核。随着单纯剪切的推进,片理和微裂缝顺时针旋转。沿应变椭球的 Y 轴为最大微裂隙连通性方向

短暂的孔隙度增强与高温高压下变质反应过程中的体积变化有关。反应增强的孔隙度变化对于区域变质环境下控制颗粒尺度流体渗透,特别是地壳尺度热液系统上游端具有重

要意义。在热液系统的下游端,如矽卡岩环境和普遍发育蚀变带,与由裂隙控制的流体释放到本质上低渗透的围岩有关。脱挥发分反应在驱动反应增强渗透率方面非常重要。大多数此类反应涉及固体反应产物相对于反应物的体积总体减少,并且在流体生产过程中短暂地产生孔隙空间。例如在全致密蛇纹岩脱水过程中,叶蛇纹石分解为橄榄石+滑石+H_2O,渗透率迅速提高3~4个数量级。

变质流体输运除受颗粒级渗透率控制外,宏观裂缝网络往往对增加渗透率及连通性具有更重要的意义。这些断裂包括伸展断裂、剪切断裂(或断层)和伸展剪切断裂。3种类型的断裂对控制宏观裂缝(断裂)渗透率有重要作用,流体压力和应力状态的变化也可以驱动热液系统宏观裂缝的生长与渗透率的提高。

造山过程会诱发大量的热量、流体的向外流动,可以在地质时间尺度上连续进行。变质流体可以看作与主岩达到平衡的溶液,尽管是稀溶液,但其巨大质量仍允许溶解物质的大量转移。地表岩石中广泛发育的石英或碳酸盐脉、单向溶解的化石和碎屑颗粒,以及形成平行轴面的溶解片理等,均为流体活动留下的线索。这些现象提示需要对变质作用视为等化学过程的原有认识做出适当修正。即便在低级变质岩中,至少20%的原始岩石丢失的情况并不少见,高级变质岩的质量丢失量可能更高。在新西兰,成矿元素(Au、Ag、As、Sb、Hg、Mo和W)在变质岩中相对于未变质的原岩样品是亏缺的,而同样的元素在该地区的造山带金矿床中富集。

(二)变质热液矿床成矿机理及构造控制

变质热液矿床成因解释,有两种基本的模式,即与递进变质作用有关的模式和与退变质作用有关的模式。两种模式(递进变质和退变质)似乎都有科学依据,但具体矿床的成因归属仍然比较困难。

1. 递进变质矿床成因模式

通常情况下变质流体以广泛扩散流的形式被排出到较低压力的区域。大型区域构造(剪切带、伸展断层和逆冲断层)将扩散流集中,构成了渗透率较高的通道。经历递进变质作用的韧性地壳(地表之下10~15km,深度依赖于地热梯度),压力机制为静岩压力,其流体渗透率非常低,只有0.25m/a。然而,即使在中、下地壳,在脆性变形和韧性变形之间的相互作用也可能发生。在脆性上地壳,渗透率高得多,流体沿断层流动达100~1000m/a。当上升的流体进入这种构造体制时,压力被释放并接近静流体压力。下降的水(如大气水)可以渗透到脆性/韧性边界(Ingebritsen and Manning,1999)。由于这些特殊的条件,375~425℃的脆性/韧性过渡带是变质热液矿床形成的常见位置(图9-2)。

2. 退变质矿床成因模式

许多地质观察表明,成矿发生在变质高峰之后很久(甚至与造山变质完全无关)。岩石学研究表明,变质杂岩的冷却和隆升伴随着岩石与渗透流体的退化放热反应(主要是水化)。通常,这些流体为来自近地表储层水(大气、海洋或盆地水)的衍生物。水沿着构造管道下降,并与适当的岩石接触形成含水矿物,氧在氧化反应中被消耗。在反应带中,岩石和多余的水被加热,围岩维持退变质作用。加热的流体充满溶解的物质,导致热流体上升回到地表,热液对流环建立(图9-3)。构造伸展通常为下降的冷水开辟了流动路径,这些水流在深处与热岩石发生反应(反应带),吸收溶质并以热液流体的形式上升到地表。压力状态通常是静流体力,对流系统基本上是开放的。沿着上行通道,流体中溶解物质的沉淀,形成退变质成因的矿床(Pohl,1992)。对流环可能到达脆性/韧性边界,在那里下降的水与深部递进变质流体可以混合。

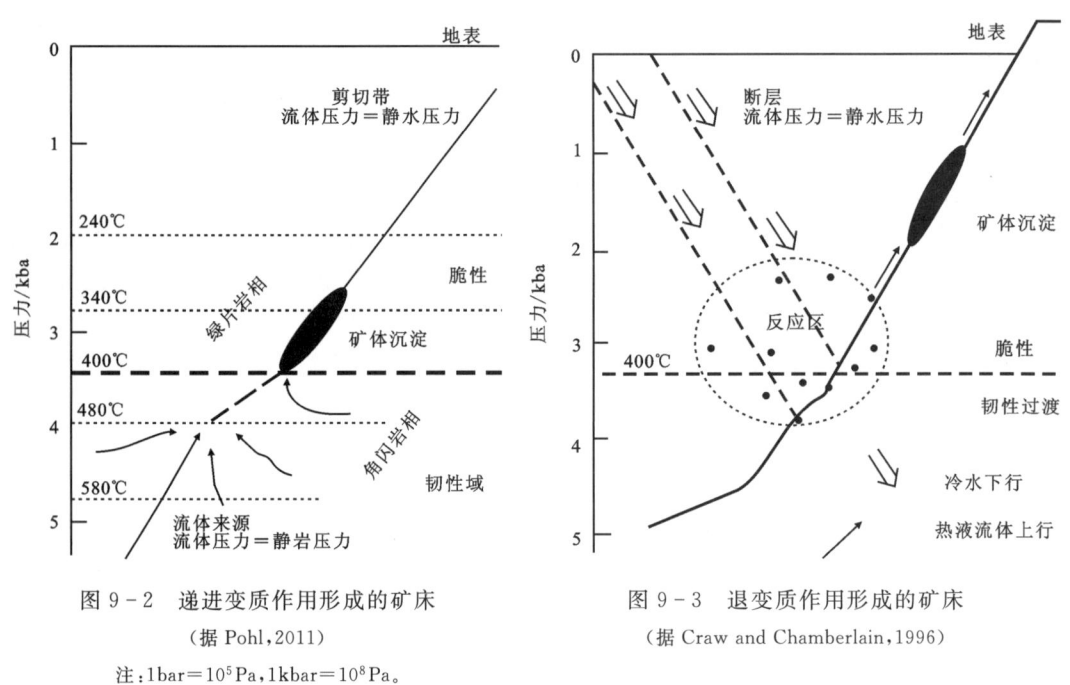

图9-2 递进变质作用形成的矿床
(据Pohl,2011)

图9-3 退变质作用形成的矿床
(据Craw and Chamberlain,1996)

注:$1bar=10^5 Pa$,$1kbar=10^8 Pa$。

3. 侧分泌脉状矿床形成原理

从低级变质岩到高级变质岩中常见的石英、碳酸盐细脉到伟晶岩脉为岩石侧分泌的产物,也是局部流体活动的标志。侧分泌脉多为张性结构,起源于同变质期至晚变质期,可以包含常见及稀有矿物。侧分泌会导致脉与主岩之间平衡质量交换。由于流体和岩石之间的化学平衡,侧分泌物在寄主岩石上没有热液蚀变的印记,稳定同位素反映了平衡特征,即流体是局部衍生的。一个短暂的压力梯度促使原本分散在岩石中的流体向张开的裂缝移动。流动可以沿着晶界或通过扩散进行。这个系统在空间上是有限的,本质上是封闭的,有别于前述的变质流体大尺度运移的情形,应该没有从边界之外流入和流出。在构造静止期,裂缝与围岩温度、压力相同,但当发生伸展活动时裂缝中的压力降低(图9-4)。流体压力是静岩压力,造山应力场的变化导致了裂缝的张开,由此产生的压力梯度迫使变质流体流入矿物沉淀的裂缝中成矿,如很多宝石矿床。

重要的变质热液矿床有造山型金矿床、石墨矿床、BIF型富铁矿床等。以下仅选择这些矿床作为实例来讨论其聚矿构造系统特征。

(三)典型变质热液矿床的聚矿构造系统

1. 造山型 Au 矿床

含砷、锑和铁硫化物的含金石英脉,产于远离火成岩侵入体的黑色片岩、变浊积岩或绿片岩相变质岩中。它们一般形成于造山带的造山运动减弱时期,与晚期变质隆升、侧向扩张、深部剪切带和侵入活动有关。大部分流体和溶质可能是变质成因,但也可能有其他来源的贡献,包括地幔、岩浆和大气水。虽然变质流体中的金含量很低,但通过化学和物理圈闭被集中,形成了许多大型金矿床。大量储存于变质岩中的流体在短的地质时间流出的情况下更有可能形成矿床。这也往往是变质杂岩的隆升、剪切和膨胀时期。大范围内变质矿床同时形成支持构造激活"流体脉动"的概念。太古宙和古元古代绿岩带的大部分金矿床与造山变质作用、岩浆活动和主要的地壳尺度的剪切带有关联,为造山金矿床的原型(图9-5)。

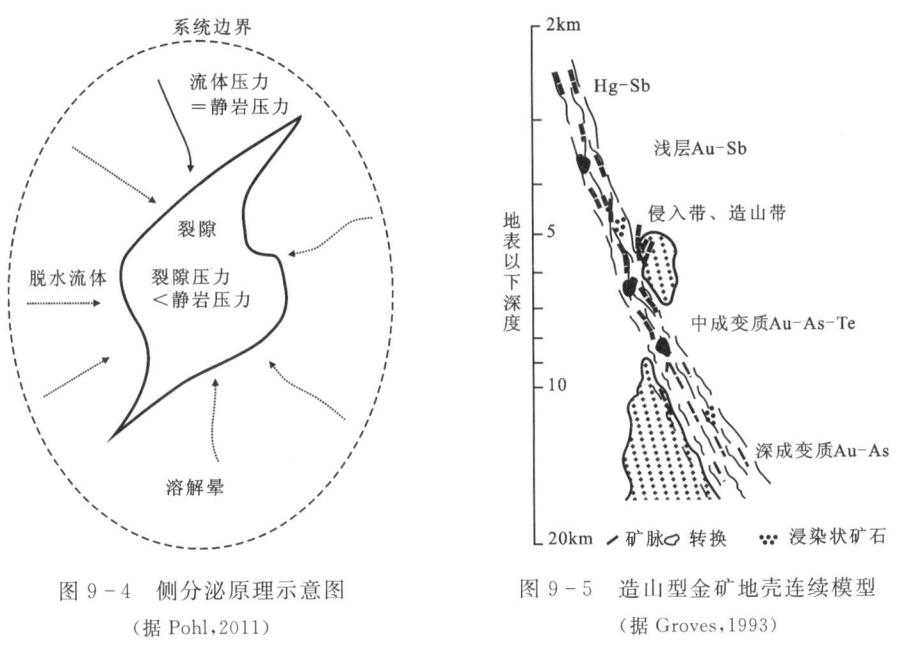

图9-4 侧分泌原理示意图
(据 Pohl,2011)

图9-5 造山型金矿地壳连续模型
(据 Groves,1993)

Kerrich(1999)所建立的模型描述了金从岩石中提取是作为绿片岩相-角闪岩相过渡带含水矿物结晶水在 400~500℃(3.5~5kbar)排出的效应。地壳尺度的断层和剪切带吸纳弥散流体,并将其排放到流体逸出带,这些逸出带通常是构造高点。即使金的浓度很低,巨量的流体仍能搬运相当数量的金。下降的温度(300~400℃)、压力、岩石力学行为从韧性到脆性的转换以及流体与围岩的反应都导致金的沉淀。

由于变质作用和熔融作用同步影响到地壳变质流体与花岗岩类派生出的岩浆流体,二者都可能产生金的富集,被归入造山带金矿床(为了强调成矿系统的一致性,该术语故意避免与过程相关的成因分类)。

在中深变质岩区,大型韧性剪切带控制韧性剪切带型金矿成矿带的形成和展布,其交会部位有利于矿集区(矿田)的产出(图9-6)。韧性/脆性转换驱动变质流体和成矿物质由高压区向低压区运移、传输,脆性域或脆性断裂是矿体重要的赋存空间。

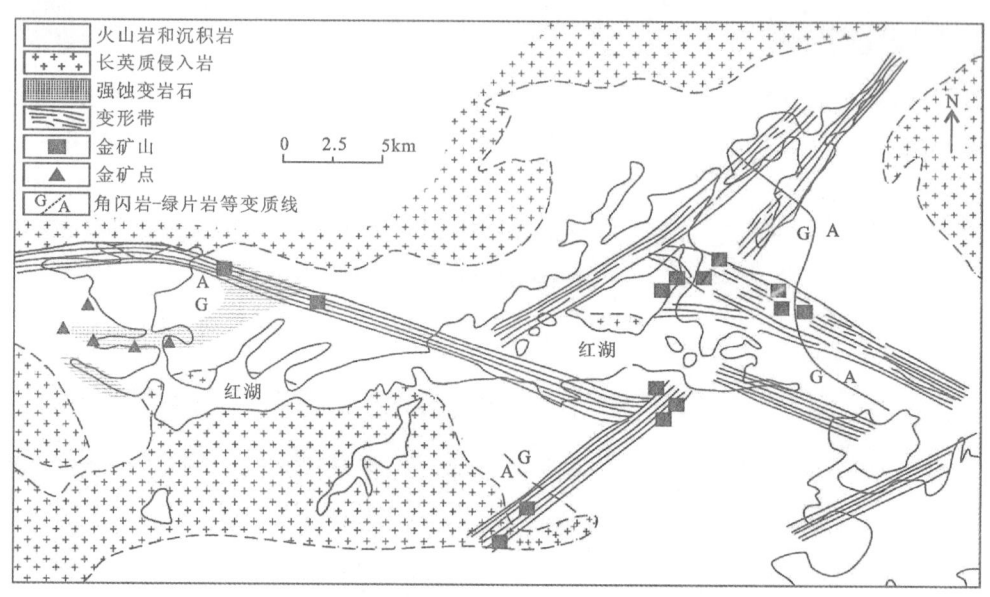

图9-6 加拿大Red Lake地区金矿床与区域蚀变-变形带(剪切带)的关系
(据A.J.Andrews et al.,1986;转引自戴自希和王家枢,2004)

除高级变质岩区金矿之外,在较浅变质程度的泥岩、浊积岩中的金矿床,也是另一种重要类型的造山型金矿。金矿受构造控制明显,在浅变质岩区无论平面还是剖面上,矿体多受主干断裂带的次级断层控制,一般在产状发生变化的部位因为局部扩容产出厚大矿体(如穆龙套金矿)。

2. 变质热液型石墨矿床的聚矿构造系统

石墨矿床通常产在经历了造山或接触变质的岩石中。大多数大型石墨矿床类型有两种。

(1)严格意义上的变质矿床,石墨是由沉积或成岩有机质(包括煤、干酪根和碳氢化合物)几乎等化学转化而成的。虽然在环境压力下合成石墨需要非常高的温度,但在变质岩发育有序的石墨,通常起源于300~500℃,压力2~6kbar岩石(绿片岩相变质作用),非常大的"鳞片"似乎仅限于角闪岩相岩石。在实验中,共剪切应变促进了石墨的形成,而造山变质过程中渗透性剪切增强了天然石墨的形成。除了压力、剪切应变和温度之外,控制石墨形成的因素还包括有机前体的类型、流体相的组成、可用反应时间以及催化反应的矿物存在情形。

(2)石墨矿化伟晶岩、热液脉体和剪切带中的矿床明显是后成或变质成因的矿床,是由含碳超临界流体迁移或富液岩浆形成的。

造山变质的石墨是片岩、石英岩、大理岩、副片麻岩等变质沉积岩中的常见组分。后生石墨矿床可能以横切脉或剪切带物质浸渍的形式存在。产出在斯里兰卡(锡兰)新太古宙紫苏花岗岩地体石墨矿是高价值结晶块状石墨的来源。斯里兰卡石墨矿床由数十到上百个单脉组成，单脉长可达500m，宽3m。矿脉充填物为纯石墨，或者石墨与石英、黑云母、长石、辉石、方解石、磷灰石和黄铁矿等脉石伴生，有些矿脉甚至与伟晶岩同生。粗粒晶质"鳞片"和针状石墨垂直于脉壁，条状石墨反映脉的逐渐生长。与脉壁平行的叶状石墨则是剪切作用的产物。斯里兰卡石墨的反射率R_{max}接近15%，地层温度估计为700~800℃。斯里兰卡石墨的$\delta^{13}C$介于−9‰~−2‰之间，指示碳可能来源于地幔，但不能排除有机碳和碳酸盐碳的混合。深部麻粒岩变质岩或者紫苏岩浆的侵入，可能是活化富碳挥发相的方式(Farquhar and Chacko，1991)。

由以上简单的讨论可以看出，无论是变质作用有机质固态转变形成的石墨矿床、还是由变质热液沉淀形成的石墨矿床，造山作用过程中变质-变形不仅为岩石中有机质转变为石墨提供所需的温压条件，同时变形过程中的剪切、应变，也同样具有重要意义。差异构造应力形成的压力梯度及构造变形，不仅提供了变质热液运移动力，同时韧性剪切带为含碳热液运移及在扩容空间沉淀形成脉状晶质石墨矿床提供了通道和空间。

3. BIF型富铁矿床的聚矿构造系统

国外富铁矿主要为赤铁矿富矿，Morris于1985年提出的经典的BIF"表生风化淋滤"成矿模式曾经被广为接受。但是进入21世纪以来，随着澳大利亚深部铁矿勘查的突破，研究者发现赤铁矿富矿体明显受构造控制，而且成矿流体温度为250℃左右，在此基础上提出了"深成热液交代"模式，认为沿构造通道的深部流体交代是形成大规模赤铁矿富矿的主要因素，而表生风化淋滤作用仅起次要作用。国外的富铁矿多与苏必利尔型BIF有关，这些BIF中含有大量铁碳酸盐，可以发生"去碳酸盐化"形成富铁矿。分两种情况：①酸性还原的流体交代由菱铁矿和氧化铁组成的BIF，菱铁矿被溶解，除去Fe^{2+}，留下氧化铁，形成多孔状的富铁矿；②酸性氧化的流体交代由菱铁矿和氧化铁组成的BIF，菱铁矿中Fe^{2+}氧化为Fe^{3+}，与原有的赤铁矿一起，形成赤铁矿与褐铁矿条带相间的条带状富铁矿体，或条带状、块状的赤铁矿富铁矿体。这类富铁矿在澳大利亚、巴西及我国袁家村铁矿区均存在。

构造是控制富矿体空间位置的最主要的因素。在澳大利亚哈里大斯利(Hammersley)省，先于上Wyloo群的伸展断裂常与古元古界Brockman Iron组地层高品位的赤铁矿矿床共生。最重要的断裂为下伏的Wittenoom组白云岩之间提供了一条流体通道，穿过一系列页岩和燧石层，进入上覆的BIF。南非Kaapvaal省的铁矿石被赋存于与Pilbara克拉通年龄相仿的条带状铁矿床内。Kaapvaal省BIF直接位于白云岩之上，古元古代喀斯特构造对高品位铁矿形成起主要的空间控制作用。相反，低角度逆冲断裂是Hammersley省Marra Mamba BIF大型矿床的主要控制构造。这些构造提供了BIF与上覆白云岩之间更有效的流体通道。在巴西Quadrilátero Ferrífero省，尽管因Brasiliano造山运动期间的成矿后变形单个矿床往往非常复杂，一个非常相似的构造场景控制着非常大的古元古代铁矿床，构造重建表明，早期构造特别是逆冲断裂和紧密褶皱，连接潜在流体源，像Gandarela组白云岩等与下伏BIF层，是该区成矿的最重要控制因素。太古宙BIF中铁矿床了解较少。在巴西Carajás省，来自花岗岩类侵入体的流体被解释为引起了BIF最初的深成蚀变，随后表生流体集中，而最终形成高品位赤铁矿层。连接花岗岩类和BIF的主要构造在富矿体初始富集过程中起到了关键作用。

大多数高品位铁矿形成于古不整合面附近,因此容易受到快速侵蚀。构造环境对这些矿床的保存起着重要作用。在伸展地堑和喀斯特构造的正断层附近的矿床尤其有利于矿石的保存,因为断层通常导致矿化带下落及被较年轻沉积物埋藏。而挤压构造,如逆冲带就不太有利了,因为它们通常会引起其中矿体的隆起和侵蚀。受这些构造控制的矿体需要矿化后的保存"事件",如主要的后造山运动,或者形成于相对较晚的时期,因此侵蚀没有进展到足以侵蚀它们。

BIF 型富铁矿体形成过程中,连接热液、硅不饱流体源与铁矿层之间的构造提供流体进入铁矿层的最有效通道,构造也是允许表层衍生的大气水注入到 BIF 矿层并与之反应、溶解、迁移及富集的路径。构造的另一个重要作用是在变形过程中会产生局部的压力梯度,使流体集中于铁矿层中低应变或膨胀部位。

二、变质重结晶型矿床的聚矿构造系统

变质重结晶型矿床包括,受到变质作用改造的火山块状硫化物矿床、SEDEX 型矿床、BIF 型矿床等。

1. 变质硫化物矿床

火山块状硫化物矿床、SEDEX 型矿床在区域变质改造过程中,硫化物矿体与普通岩石显示类似的反应,硫化物比大部分的含矿主岩趋向于更多的韧性,硫化物矿体通常显示褶皱翼端变薄、枢纽加厚特征。有的矿床经历了两次强烈的塑性变形,形成了复杂的叠加褶皱构造,如红透山铜矿床(图 3-19)。在韧性岩石中的硫化物层,如在黑色页岩或混合岩中,也可能会表现出脆性反应,形成类似香肠状构造。极端的拉长可能导致矿体形状变化成棒状、铅笔状或纺锤状。矿石与蚀变带之间原有的空间关系,往往受到严重扰动,而无法重建,对地质研究及矿床勘查造成巨大障碍。

硫化物矿石化学活性较差,但可据此对变形和热历史做出推断。变质作用引起的颗粒增大,在实践中具有重要意义,可以减小选矿过程中的能耗。硫化物矿物重结晶和变形,受到温度、压力、同期渗透性变形和出现的流体控制。沿某些晶格面由蠕变产生的韧性变形发生于不同温度,方铅矿、辉锑矿(>250℃)、黄铁矿(>300℃),而黄铁矿、磁铁矿、毒砂总显示脆性变形。然而,在峰值变质条件下,脆性结构可能掩盖塑性应变。条带状矿石通常显示由方铅矿形成的褶皱(图 9-7)和贯入脉,而黄铁矿则表现出香肠构造到最终"眼球状"结构。硫化物也可呈页理状,矿石结构与片麻岩类似。上述结构的形成可能与压溶作用有关。如果应变之后紧跟着温度达到高峰,则因重结晶作用到海绵结构将变形痕迹消除。流体的存在有利于硫化物的重结晶和局部活化,在矿体或近矿主岩的裂隙中形成类似伟晶岩矿脉。

相对大多数的硅酸盐矿物而言,硫化物在较宽的变质 $P-T$ 条件下是稳定的,矿物学及化学上的改变不明显。通常,变质重结晶不过是使已存在硫化物矿物均质化,其结果是微量元素活化或这些元素矿物相的新生。造山变质作用也可以导致黄铁矿的硫丢失及形成磁黄铁矿、磁铁矿(脱硫酸作用)。硫主要以 H_2S 形式通过溶解进入变质脱水产生的流体中(水

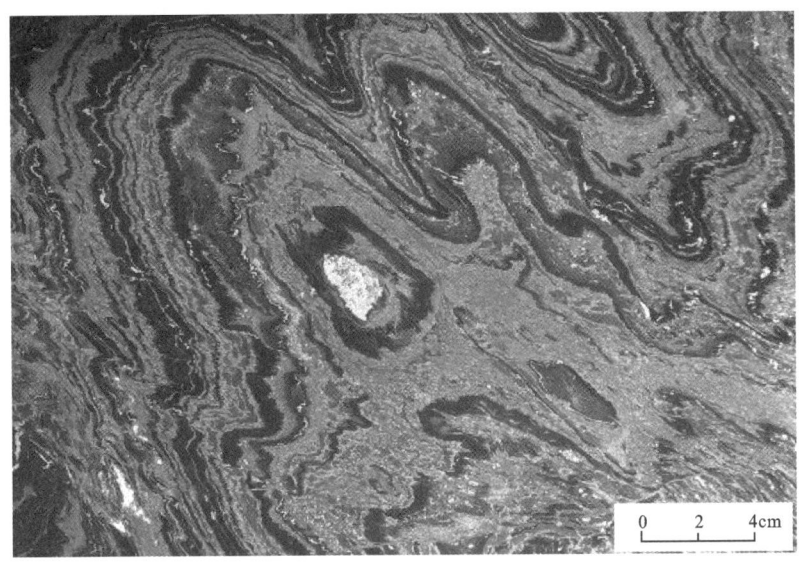

图9-7 在很低级变质的页岩-带状 Fe-Cu-Zn 硫化物矿石韧性褶皱的沉积层理(据 Pohl,2011)
注:发育细的白色白云石纹层(德国拉莫斯伯格关闭矿体)。

来自绿泥石分解)被分离出来,H_2S 与原存在于黄铁矿/毒砂中的 Au、Ag 等络合,使这些金属元素得到活化。当流体遇到含 Fe^{2+} 矿物时,在其近矿围岩中发生沉淀,生成变质磁黄铁矿及金、银矿石。

由低角闪岩相变质作用开始,从已经存在的矿石形成硫化物熔体是可能发生的。金属易熔化成熔体,这些金属包括 Au、Ag、As、Sb、Bi、Hg、Te 和 Tl,其中的一些元素为低熔点的亲铜元素。到目前为止,这只在少数地方得到证实。例如在澳大利亚 Broken Hill(布罗肯希尔),含银方铅矿充填在层状矿体附近矽线石相主岩中。在加拿大安大略省赫姆罗的大型脉状金矿床中,变质之前的浸染型矿石被活化成角闪岩相主岩中的硫盐熔体,熔体集中在裂缝的膨胀域(图9-8)。硫化物熔体的黏度很低,接近水的黏度,具有高的流动性,因此在变质变形过程中,硫化物熔体像其他流体一样迁移到有利的构造圈闭中。南澳大利亚似乎发现了长英质含金熔体,在探孔岩芯混合岩浅色脉体中 Au 品位达 8g/t,圆形乳滴含有自然金、硫化物被认为是冷冻的矿浆。变质岩重熔形成混合岩以及花岗岩的过程,不仅是一重要地质循环过程,同样可能具有重要的成矿意义。

总体上看,变质作用本质上为等化学性质。物质活化影响仅仅只影响到挥发元素及化合物(H_2O、CO_2、O_2、H_2S)。占金属矿床总金属存量仅局部很小部分的金属再活化被观察到。通过溶解→搬运→再沉淀过程将已有矿床发生变质"再生"可能是普遍存在的,尽管某些金属在熔体部分的选择性富集是可能发生的,但目前由变质作用诱发重熔的部分熔融是否可以成为矿床形成的途径还不确定。

2. 变质氧化物矿床

沉积铁、锰矿床在区域变质改造过程中,氧化物矿体在区域变质变形过程中通常显示褶

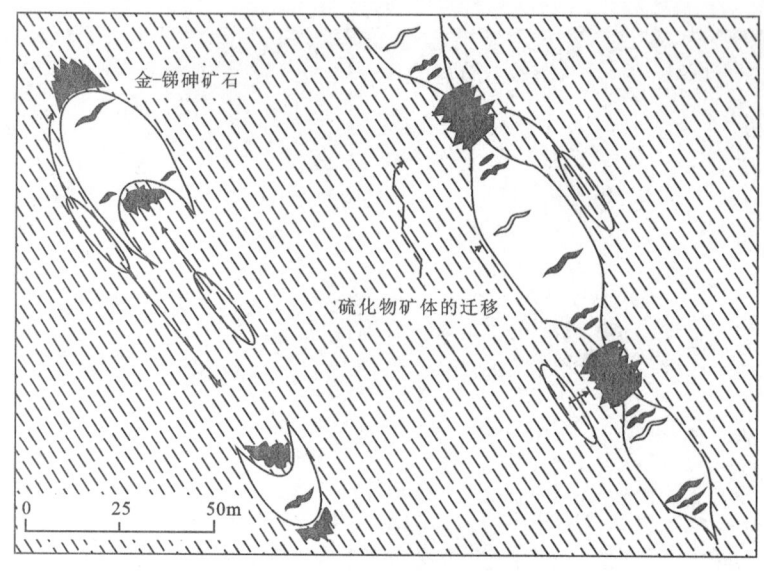

图9-8 加拿大Hemlo金矿浸染状矿石熔体从高应变域向褶皱
和布丁颈部扩容部位迁移示意图(据Tomkins et al.,2004)

皱翼端变薄、枢纽加厚特征。例如冀东沉积变质型铁矿由于经历了复杂的变质变形改造,矿体特征复杂,一般呈多层矿体产出,单个矿层或矿体呈似层状、透镜状或向形状,多受向形构造控制,枢纽处加厚(图9-9),少数受背形构造控制。

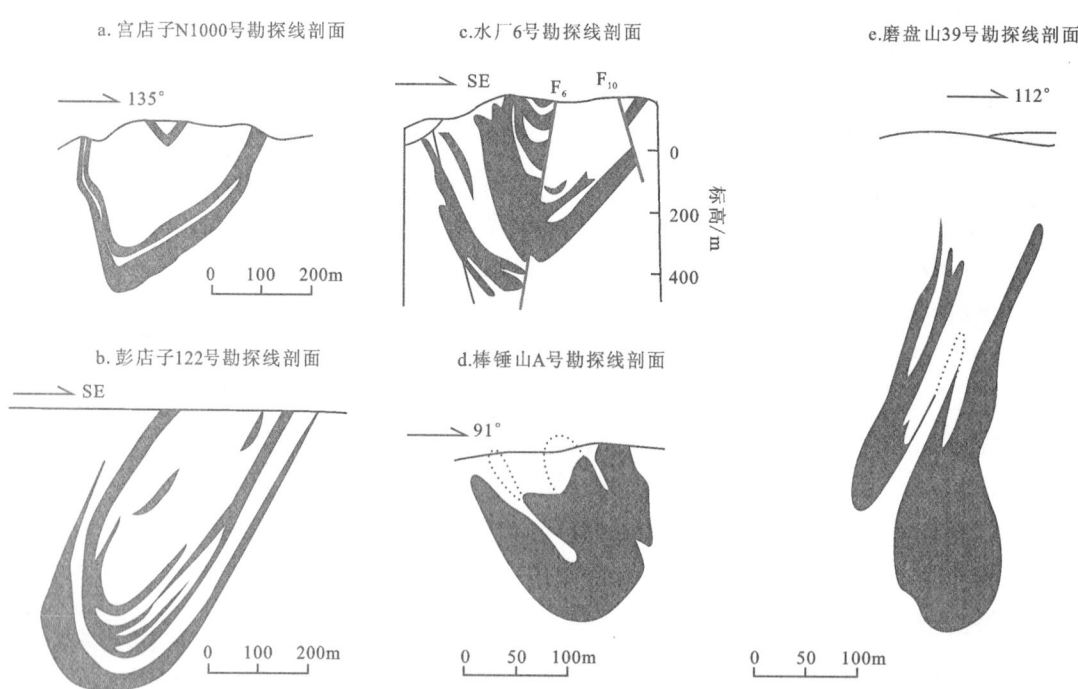

图9-9 冀东地区铁矿层的直立和倒转褶皱构造示意图(横剖面)(据钱祥麟,1982)

氧化物矿石矿物，尤其铁、锰很容易与碳酸盐和硅酸盐矿物反应，形成成岩-变质矽卡岩。前寒武纪 BIF 显示许多令人感兴趣的变质特征，在变形过程中褐铁矿常常重结晶为云母状镜铁矿，形成类似黑云母片岩的岩石。铁硅酸盐和菱铁矿十分活泼，在高级变质作用下，菱铁矿失掉 CO_2 转化成磁铁矿，或者在二氧化硅存在的情况下转化为铁橄榄石（Fe_2SiO_4）。

与 Fe 类似，Mn 也是氧化-还原敏感的活性元素。在递进变质反应中，Mn 进入一系列变质矿物内，形成常见锰铝榴石、富锰铁铝榴石、蔷薇辉石、菱锰矿。由这些矿物组成的岩石构成了形成表生残积锰矿床的原生有利物质。

第二节　接触变质矿床聚矿系统

接触变质矿床较为常见，由于岩体热的影响范围有限，大多数情况下该类矿床规模较小，具有一定经济价值。接触变质矿床主要有石墨、大理岩、硅灰石、红柱石、矽线石矿床等，主要形成非金属矿床。

红柱石一般产在侵入岩体周围的接触变质热晕带的泥质变质岩和低压角闪岩相的变质沉积岩内。红柱石的主要产地是南非，产自 Bushveld（布什维尔德）杂体的宽广的接触带。接触变质作用形成的石墨矿具有很大的储量，但大部分石墨结晶程度较低、颗粒较小。此外，品位分布无规律，残煤和无烟煤的存在给选矿带来了困难。墨西哥 Sonora（索诺拉）州的 La Colorada 是迄今报道的世界上最大的接触变质石墨矿区。白色花岗岩的岩脉、岩床和细脉侵入三叠纪石灰岩中，形成软的非晶质石墨、天然焦炭和无烟煤，石墨层厚度 8m。

接触变质矿床聚矿构造中，侵入岩体与围岩的接触带是最主要的控矿构造。围岩原有的层理、裂隙及岩性界面等构造，均可能影响到岩体向围岩热传导的效率，也构成重要的聚矿构造。

第三节　混合岩化矿床聚矿系统

混合岩是变质岩与中酸性深成岩浆岩之间的过渡岩类。混合岩是由作为原岩的变质岩在较高温度压力下，经交代作用及/或熔融作用形成，其物质成分和组构介于原岩和片麻状花岗质岩之间，矿物大多呈不同形态的平行排列。混合岩由经过不同改造的原岩组分和新生的脉体构成。前者是原岩的残留，多为惰性组分，也称基体；后者多属活性组分，颜色较浅，也称浅色体，主要为长英质或花岗质组成的脉体。脉体可由外来物质交代形成，也可以由原岩分异或部分熔融产生。混合岩化矿床就是在混合岩化过程中，原岩的部分熔融形成脉体，脉体对原岩的交代作用，使一些元素在原岩中得到重新分配，这些元素因熔体或流体对原岩的交代作用而得以富集成矿，也可能随混合岩化的部分熔体演化到末期，在末期浓集而形成伟晶岩型矿床。由于混合岩化是区域变质进一步演化的结果,因此在很多变质型矿床也经常与混合岩相伴,混合岩化作用也可能不同程度参与了这些矿床的成矿过程。例如黄陵背斜核部荒凉河组产出的大鳞片晶质石墨矿,石墨片度与混合岩化关系极为密切,石墨矿体离混合岩越近,其大鳞片石墨含量越高。一些 BIF 型富铁矿床的形成也与混合岩化热液有关。

稀有金属伟晶岩矿床的聚矿构造系统详见第七章第三节。

近年来,在康滇地轴中南段前震旦纪混合岩区发现了以国际上罕见、具有极高科学研究价值的粗粒晶质铀矿和特富铀矿石为特征的铀矿类型。

康滇地轴中南段从北到南分布有新太古代—古元古代磨盘山-米易杂岩、大田杂岩、元谋杂岩(康定岩群、普登岩群),另有大量晚期的辉绿岩脉、花岗岩脉贯入。在这些变质深熔作用形成的杂岩地层内,均有铀矿化发育,由北向南主要有米易海塔 A10、A19、2811 铀矿点、安宁 101 铀矿化点,攀枝花大田 505 铀矿床和牟定戌街 1101 铀矿点。各铀矿床(点)赋矿地层岩性、控矿构造和成矿地质特征基本相似。

大田铀矿床混合岩锆石 U-Pb 年龄为 $(832\pm5) \sim (920\pm4.8)$ Ma,铀矿床晶质铀矿的 U-Pb 年龄集中在 $(841.4\pm4.0) \sim (834.5\pm4.1)$ Ma,认为大田地区赋存于康定杂岩中的晶质铀矿与形成于 Rodinia 超大陆汇聚的造山构造环境及晋宁期挤压造山过程引起的深熔作用关系密切。深熔作用过程中康定岩群富铀岩层的铀被活化,在矿物脱水形成的流体中迁移,在构造裂隙及混合岩基体与脉体的接触部位沉淀富集成矿。呈条带状分布的长英质脉体是晋宁期造山带中下部富铀、碳质泥质岩石(康定岩群、普登岩群)在深熔作用和韧性剪切过程由中低程度部分熔融形成的富铀岩浆异地贯入形成的。

铀矿矿体在空间上主要表现为:①受层位、岩性界面控制,原岩为沉积碎屑岩的含石墨岩层与铀成矿关系最为密切,这套岩石的原岩为富碳、富铀的泥质沉积岩,在变质和深熔作用过程中铀不断活化富集,为后期铀成矿奠定了丰富的物质基础,勘查发现铀矿化主要分布在两类岩性界面(云母片岩与斜长角闪岩)靠近斜长角闪岩一侧;②古老变质岩中的铀矿化最大的特点是与深熔作用有关的长英质脉体关系密切;③铀矿化受构造控制,早期与长英质脉有关的岩浆成矿作用主要受穹隆构造、韧性剪切带控制,晚期高温流体成矿作用严格受脆性断裂带控制。

综上所述,混合岩化成矿作用主要以熔体或流体为媒介,由高级变质岩通过低度部分熔融过程,获得其中某些成矿元素的富集,或者变质岩大量熔融情况下,熔体受构造驱动异地侵位演化为花岗岩及伟晶岩,产生伟晶岩型矿床。另外,混合岩化过程中,含水矿物的脱水会显著影响到岩石固溶线温度,会导致部分熔融作用易于发生,改变深部地壳流变性质。混合岩多与区域变质形成的片理构造一致,多顺层发育,脉体多发育在剪切应变扩容空间,呈透镜状、条带状分布。伟晶岩也主要受大的脆性断裂控制,与此有关的矿床和主岩一致,赋存空间同样受构造控制。

第十章 油气矿床的聚矿构造系统

第一节 概 述

一、油气矿床构造分析的意义

油气矿床和油气矿田是矿床学的术语,在油气地质学界通常定义为油气藏和油气田,本章以后者的定义予以阐述。

油气赋存于沉积盆地内,"没有盆地,就没有石油"。对盆地油气资源远景、油气分布规律和油气富集区带的预测,在很大程度上取决于人们能否正确认识含油气盆地的形成、演化和改造过程。构造运动产生褶皱、断裂等各种地质构造,引起海、陆轮廓的变化,地壳的隆起和坳陷以及盆地的沉降、沉积等。在含油气盆地内,构造直接控制着油气成藏要素与成藏过程,在富烃凹陷的形成和油气生成、运移、聚集以及保存等过程中发挥着关键作用,并最终控制了油气的分布。因此,构造分析无疑是揭示盆地含油气规律、指导油气勘探必须首先考虑的问题。含油气盆地构造的分析及其控油气作用研究也一直是油气矿床领域研究的热点,是油气勘探开发中一项必不可少的工作。

二、构造控油气作用的主要表现

中国含油气盆地大多具有较长的演化历史与多期构造活动特征,受先存构造控制,多期、多方向应力作用于盆地,形成的构造样式也存在较大差异,这使得同一盆地内不同区域可能形成多种构造样式组合的叠加复合,进而形成差异化的控油气聚集条件。含油气盆地内构造控油气作用主要表现在:①盆地的形成与演化主要受构造活动的影响,古构造不仅决定了古地貌的形态,还进一步影响了盆地的沉积相带分布,也控制了富烃凹陷的形成及烃源岩和储层的发育;②在埋藏过程中,烃源岩生成石油和天然气的过程同样受到构造沉降作用的调控;③断裂、不整合面和裂缝为油气运移提供有利条件;④构造应力是油气运移的重要动力之一;⑤构造作用形成的各类圈闭是油气聚集的重要场所;⑥构造活动会对油气储集体的改造产生影响;⑦构造活动不仅影响油气的聚集,还可能导致油气藏的破坏与调整,从而改变地下油气的分布状态。

叠加构造指由不同构造样式组合形成的复合构造。反转构造属于叠加构造的一种类型,可分为正构造反转和负构造反转两种。构造反转可对油气聚集产生有利的影响:①凹陷一般会经历断陷和坳陷两个阶段,期间形成烃源岩、储集层和盖层,从而构成生油凹陷,构造反转作用可以形成反转背斜叠置于生油凹陷之上,为油气的聚集保存创造了优越的条件;②构造反转作用能够在伸展盆地中形成完整的背斜圈闭结构和逆冲高陡断块,生成新的圈闭类型;③相比张性盆地中广泛分布的小规模构造圈闭,反转构造通常具有更大的面积和幅度,形成中型或大型油田的构造条件更加充分;④构造反转引起的断裂活动有助于提高储层的裂隙发育程度,进而提高地层的储集性;⑤构造反转一般具有较好的源-圈匹配关系,且往往发生在油气大规模运移之前为油气的聚集提供了良好场所,但如果构造活动中地层遭受挤压后抬升过高可能会破坏已经形成的油气藏。

第二节　控制油气田的盆地构造

含油气盆地是发生油气生成、运移、聚集等地质作用的基本地质单元,油气田是油气资源开发的主要地质单元。

一、含油气盆地的概念

石油与天然气是一种沉积矿产,主要赋存于沉积盆地之中。含油气盆地(petroliferous basin)是指有过油气生成,并运移、聚集成为工业性油气田的盆地。可见,含油气盆地首先必须是一个沉积盆地,在漫长的地质历史期间,曾不断下沉接受沉积,具备油气生成和聚集有利条件,存在着油气田。实践证明,不同类型盆地的油气分布规律是有差异的。因此,通过含油气盆地类比研究,掌握类似盆地的特点和聚油气规律,可以指导新区油气勘探工作,并为在老区寻找新的储量提供理论依据。

二、含油气盆地的分类

含油气盆地分类原则的不同,可能使同一盆地有不同的名称。如根据盆地规模可分为超巨型(>100万 km²)、巨型(50万～100万 km²)、大型(10万～50万 km²)、中型(1万～10万 km²)、小型(<1万 km²);根据盆地的平面形态则分为圆形、椭圆形、长条形、三角形、菱形等;根据盆地的剖面形态则分为对称的和不对称的盆地;根据盆地边缘性质可分为断陷型和非断陷(坳陷)型(图 10-1),前者又分为单断(箕状)和双断(地堑)型;根据沉积作用与盆地形成时间的配置关系可分为先成盆地、同生盆地和次生盆地,或地貌盆地、沉积盆地和

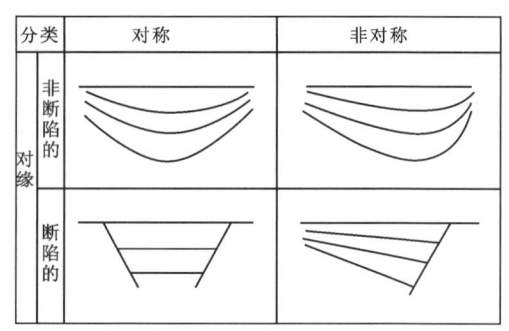

图 10-1　盆地简单形态分类(据 Chapman,1983)

构造盆地;根据盆地形成的地质时代或构造阶段可称为元古宙、古生代、中生代、中新生代盆地等,或加里东期、海西期、印支期、燕山期、喜马拉雅期盆地等;根据盆地下伏地壳结构可分为陆壳、洋壳和过渡壳上的盆地,薄壳和厚壳盆地等;根据盆地发育经历的旋回性可分为单旋回盆地和多旋回盆地等;根据盆地发育时充填补偿情况分为过补偿盆地、补偿盆地和补偿不足盆地(饥饿盆地)。

20世纪80年代以来,许多学者在岩石圈动力学研究基础上提出了相应的含油气盆地分类方案,认为盆地内沉积及构造样式的演化受地球动力学环境控制,含油气盆地在不同地质历史时期遭受各种应力作用,据此将盆地形成环境划分为张裂环境、挤压环境、剪切环境和重力环境四大类,相对应的四大类盆地分别泛称为裂谷盆地、前陆盆地、走滑盆地和克拉通盆地。

刘和甫(1983)认为从含油气盆地形成的动力学系统来看,主要有3种应力环境:①张性盆地(离散型),其最大主压应力轴是垂直的;②压性盆地(聚敛型),其最大主压应力轴是水平的;③走滑盆地或拉分(开)盆地(剪切作用),其最大主压应力轴与最小主压应力轴都是水平的(图10-2)。这种分类与板块边界的3种基本类型和含油气盆地边界的控盆断裂是一致的。

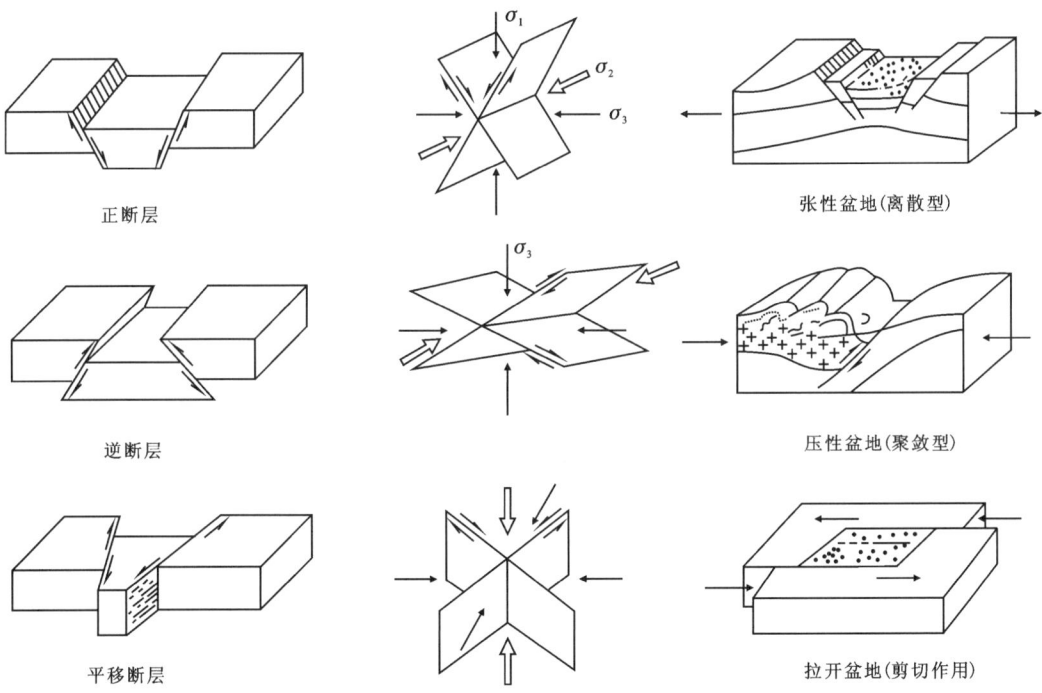

图10-2 断裂动力学模式和盆地形成(主应力轴 $\sigma_1 > \sigma_2 > \sigma_3$)(据刘和甫,1993)

不同的学者提出了多种含油气盆地分类方案,含油气盆地的分类原则一般考虑下列因素:①盆地发育的大地构造环境,如克拉通内、离散边界、汇聚边界和转换边界等,相应地划分为克拉通盆地、离散边缘盆地、汇聚边缘盆地和转换边缘盆地;②盆地的基底性质、地壳类型等,如大陆壳、洋壳或过渡壳等,依此划分为陆内盆地、大洋盆地和大陆边缘盆地;③盆地形成的动力学过程,如拉伸作用、挤压作用和剪切作用等,划分的盆地类型有张性盆地、压性盆地、拉分盆地等;④盆地的沉积充填史、构造古地理,可以划分为海相盆地、陆相盆地、过渡相盆地等。

根据现今含油气盆地的基本特征与板块构造背景的密切关系和盆地形成的地球动力特征,考虑油气资源远景及已有大型油气田勘探的发现,全球含油气盆地一般划分为7类(Frisch et al.,2011)(图10-3):①内克拉通盆地(intracratonic sag basin);②裂谷盆地(rift basin);③被动陆缘盆地(passive continental margin basin);④前陆盆地(foreland basin);⑤弧前盆地(forearc basin);⑥弧后盆地(backarc basin);⑦走滑盆地(strike-slip basins)。其中,内克拉通盆地、裂谷盆地、被动陆缘盆地所处的地球动力环境为离散型,前陆盆地、弧前盆地、弧后盆地所处的地球动力环境为汇聚型,剪切作用控制的地球动力环境发育走滑盆地。大洋盆地(oceanic basin)和海沟(trench)一般不具有油气资源远景。

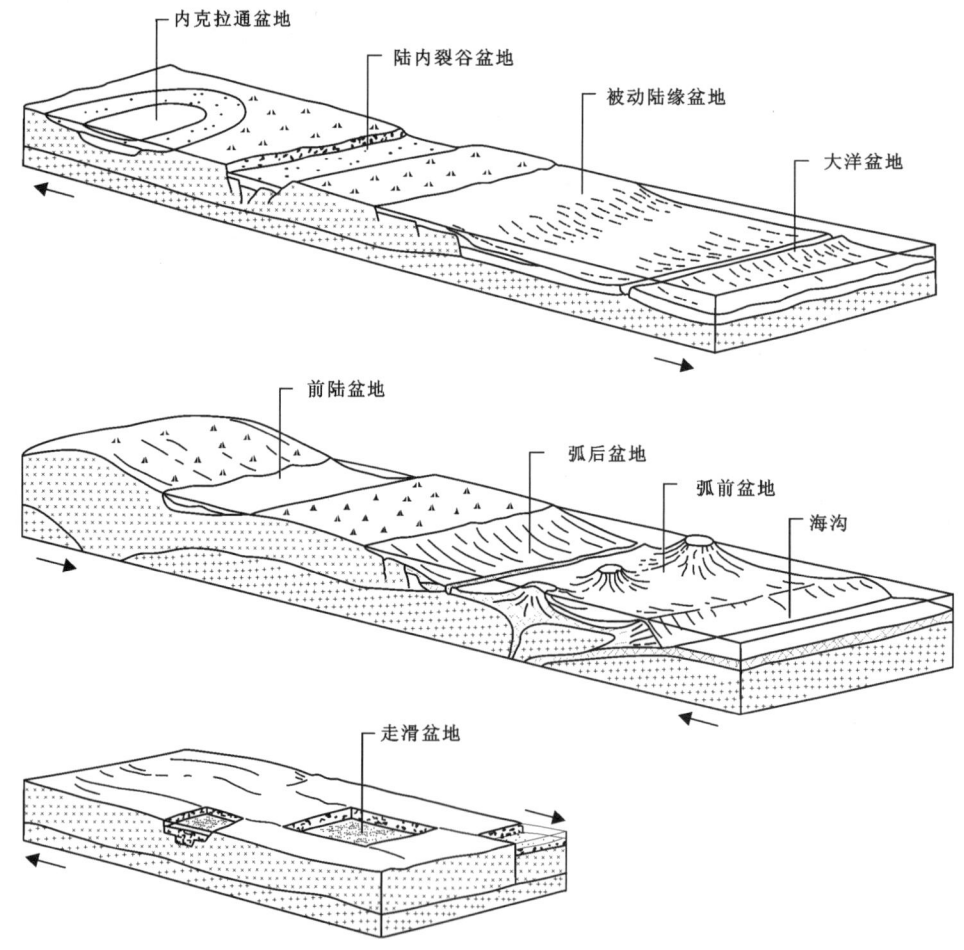

图10-3 全球含油气盆地的主要类型及动力环境(据田作基和吴义平,2019)

三、油气田的概念及分类

(一)油气田的基本概念

油气田(oil and gas field)是指一定(连续)的产油气面积上油气藏的总和,该产油气面积可以是受单一的构造或地层因素控制的地质单位,也可以是受多种因素控制的复合地质单位。若只有油藏,称为油田;若只有气藏,称为气田。

所谓一定的产油气面积,是指不同层位的产油气层叠合连片的产油气面积。在叠合连片范围内不同层位的产油气层,可以存在于同一构造或地层因素所控制的单一地质体中,如背斜、断块、单斜构造中的地层不整合和岩性尖灭等;也可以存在于受多种因素控制的复合地质体,如与礁型、盐(泥)丘及古潜山等与上覆地层的背斜叠合所形成的多因素控制的复合地质体。但有些油气田的若干单个产油气面积并不直接相连,只是位置接近,而且产油气层位、储集层类型和特征以及圈闭形成机理都相似,也常可看作一个油气田。一个油气田可以包括一个或若干个油藏或气藏。

油气勘探实践证明,油气田在地壳上不是孤立存在的,在发现某个油气田后,经常可在其毗邻的构造中找到新的油气田,或在钻井过程中遇到油气显示。这个现象充分说明油气运移是区域性的,常常受二级构造带或岩性岩相变化带控制。当这些二级构造带或岩性岩相变化带与油气源区连通较好或相距较近时,随着油气源源不断地供给,整个二级构造带或岩性岩相变化带的一系列圈闭都可能形成油气藏,造成油气田成群成带出现,成为油气聚集带。

所谓油气聚集带,指同一个二级构造带或岩性岩相变化带中,互有成因联系、油气聚集条件相似的一系列油气田的总和。人们有时习惯上称呼的某某油气田,实际可能代表的是某一油气聚集带,如大庆油田(实际为大庆长垣油气聚集带)。

有利的油气聚集带多位于沉积盆地中长期沉降并接受沉积的低洼区内,有利于石油和天然气的生成与聚集。这种低洼区多分布在沉积坳陷中,坳陷内的地质发展历史和沉积岩系发育特征具有统一性,油气生成和聚集过程也有共同的规律性。在油气地质勘探工作中,将属于同一大地构造单位,有统一的地质发展历史和油气生成、聚集条件的沉积坳陷,称为含油气区。

(二)油气田的主要类型

根据控制产油气面积的地质因素,油气田可分为下列三大类型,各类又可进一步划分为若干亚类。

1. 构造型油气田

所谓构造型油气田,指产油气面积上受单一的构造因素所控制的,如褶皱和断裂。在通常情况下,褶皱常伴生断裂,但以褶皱为主,称背斜型油气田;有时则主要受断裂控制,称断裂型或断块型油气田。

1) 背斜型油气田

背斜油气田中控制产油气面积的地质单位,是褶皱变形所形成的背斜构造。背斜的褶皱变形一般可以垂直穿过很厚的沉积岩层,在背斜范围内的储集层只要上方被盖层所覆,具有良好的封闭条件,都可形成背斜圈闭。因此,多油气层在垂向上叠合,形成巨厚的含油气层组常常是背斜油气田最显著的特点之一。由于巨厚的含油气组可以补偿含油气面积的不足,可使一些面积不太大的背斜油气田成为大型油气田。如果一个背斜油气田,同时兼有巨大的含油气面积和较厚的含油气组,则常形成特大型油气田。基于上述原因,背斜型油气田在整个油气田中占有极为重要的地位。

必须指出,首先,并不是所有背斜构造在垂向上不同深度的构造形态都是一致的,即背斜的高点位置及褶皱的形态可以随深度而改变。其次,背斜油气田的含油面积由背斜的闭合面积所控制。一般来说,它受单一背斜的闭合面积所控制的,但有时相邻若干个在成因上有密切联系的背斜构造,虽然含油面积不完全连片,也把它当作同一油气田,如布尔干油田、大庆油田等,它们实际上是油气聚集带。

背斜油气田的褶皱形态可以是多种多样的。它可以是强烈褶皱,甚至是倒转的;也可以是中等以至平缓的褶皱,背斜两翼的倾角仅几度,甚至不到一度。背斜油气田储集层的岩石类型可以是碎屑岩,亦可以是碳酸盐岩。碎屑岩储集层以中—细砂岩为主,且具有良好的孔隙性、渗透性,横向较为稳定,而碳酸盐岩储集层可以是孔隙型的粒屑灰岩(如加瓦尔油田、泽勒坦油田等),但大多数是孔隙-裂缝型或裂缝-孔隙型储集层。有些油气田既有碳酸盐岩储集层,又有碎屑岩储集层,如伏尔加-乌拉尔含油气盆地中的阿尔兰油田和库列绍夫油田(图10-4)。

背斜油气田中的油气藏类型通常以背斜型为主,但亦常见有其他类型的油气藏,如断裂型、岩性型等。有些油气田仅由单一的背斜油气藏组成,如圣特弗泉油田和乌廉戈依气田。但无论哪一种情况,不同层位的含油气面积在垂向上均以楼房式叠合方式为主。

2) 断裂(断块)型油气田

所谓断裂(断块)油气田,系指在区域背斜背景上,其上倾方向,或各个方向都由断裂控制所形成的油气田。这类油气田常见于:①地堑或半地堑型断陷(或裂谷)盆地,如苏伊士、红海、阿曼地堑、莱茵地堑、马格达莱纳盆地以及我国渤海湾盆地中的断裂(断块)油气田;②盆地斜坡带或挠曲带,如墨西哥湾沿岸的断裂挠曲或同生断裂带、尼日尔三角洲的同生断裂带。这种油气田中的主断裂常常是同生断裂,它不仅构成油气田的一侧边界,而且对生油层和储集层、油气圈闭的形成都起着重要的控制作用。

断裂(断块)油气田一般以中小型为主,如奥菲西纳(委内瑞拉)油田等。但有些在背斜背景上发育的断块油气田也可形成大油气田,如渤海湾盆地的东辛油田和临盘油田。

2. 地层型油气田

所谓地层型油气田,系指在区域水平地层或单斜构造背景上,由地层(不整合和岩性)因素控制的含油气田。一般包括不整合和岩性尖灭油气田、透镜状和不规则岩性型油气田、礁型油气田(只有单一礁型油气藏)。

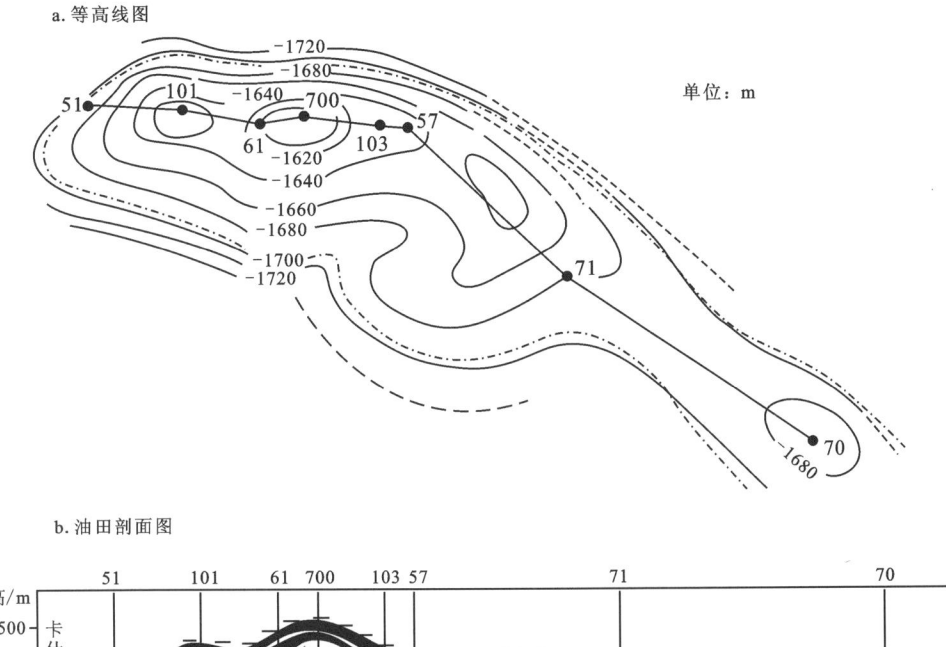

图 10-4　库列绍夫油田等高线图和油田剖面图（据 Максимов，1976）

地层型油气田中，油气藏类型以不整合和岩性油气藏为主，亦可存在断裂和复合油气藏。不整合型油气藏包括不整合面上的支撑砂岩和不整合面下的单斜型油气藏，以及潜山油气藏。岩性油气藏可以是碎屑岩或碳酸盐岩中岩性（上倾尖灭和透镜体）油气藏。由单一生物礁油气藏构成的礁型油气田亦属地层型油气田。对一个地层型油气田来说，油气藏可以全部或主要是由不整合油气藏组成，如东得克萨斯油田（图 10-5）；也可以完全是岩性油气藏，如霍戈登油气田、绿林县的鞋带状油田等；但亦有一些油气田是由不整合和岩性油气藏复合而成的，如玻利瓦尔油田。

3. 复合型油气田

复合型油气田，系指在油气田范围内不同层位和深度的油气藏受构造、地层和水动力诸因素中两种或多种因素控制的油气田，可分为以下几种。

1）盐（泥）丘型复合油气田

在刺穿的盐（泥）丘油气田中，由于盐核刺穿储油气层，除形成盐核、盐帽遮挡及盐帽内的透镜体油气藏外，常使储层断裂、尖灭，甚至削蚀，可形成断裂、不整合和岩性等多种油气藏。这是一种典型的复合油气田。半刺穿的还可在盐丘上方形成背斜。无论刺穿或隐刺穿盐（泥）丘构造，只要存在构造和地层两大类油气藏复合而形成的油气田，都称为盐（泥）丘型复合油气田。如果只在单一构造因素控制下形成多种油气藏，则不能称为复合油气田。

2）礁型复合油气田

在礁型油气田中，有些深部为礁型油气藏，浅部（礁上方）为礁生长过程形成的同生背斜或压实背斜油气藏，或强烈褶皱背斜中形成的背斜油气藏，这种油气田才称为礁型复合油气田，其中以美国二叠纪盆地中礁型复合油气田较为典型。若仅有礁型油气藏，而礁上方没有构造类油气藏，则属于地层型礁型油气田。

3）潜山型复合油气田

潜山型复合油气田的深部为一潜山油气藏，而其上覆岩层则可能由于披覆、压实形成背斜油气藏、断裂油气藏，在不整合面上还可能伴有向潜山尖灭或超覆的地层型油气藏。总之，不整合面下的潜山和其上无论在地质结构还是在油气藏类型上均有重大差别。如果仅有叠合的地质体，而没有不同类型油气藏的叠合，则不能称为潜山型复合油气田。有些油气田在潜山上方（即不整合面之上），存在不同类型（如地层和构造）油气藏的叠合，但潜山中不存在油气藏的亦属于复合油气田，也不能称为潜山型复合油气田。潜山型复合油气田的模式剖面如图10-6所示。

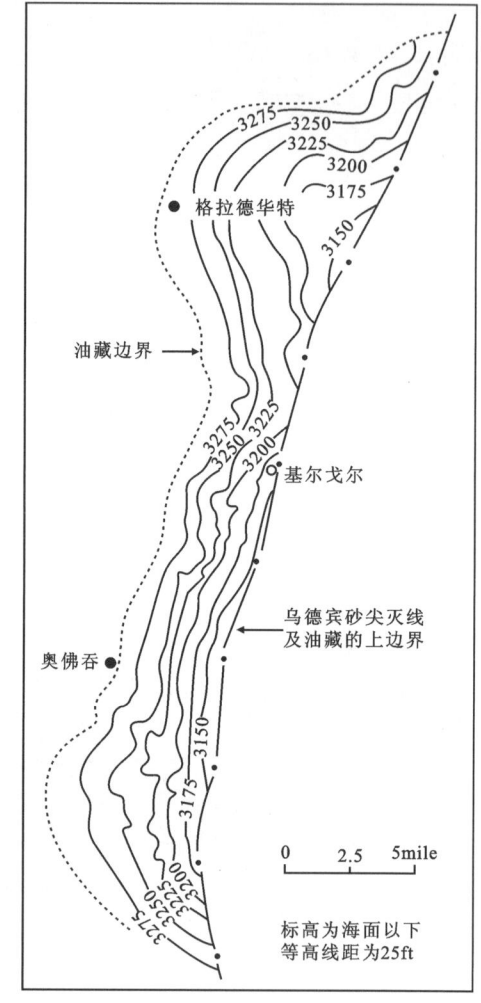

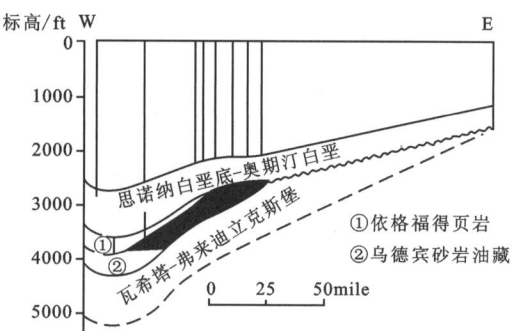

图10-5 东得克萨斯油田构造图及剖面图
（据 Miner and Hauna，1941；转引自何生等，2010）
注：1mile＝1英里＝1 609.34m，1ft＝1英尺＝0.304 8m。

第十章 油气矿床的聚矿构造系统

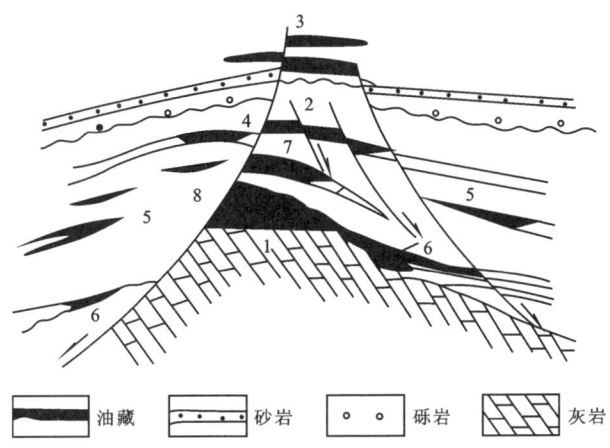

图 10-6 与潜山有关的油田模式剖面图(据华北石油会战指挥部1978年内部资料)

1.潜山油藏;2.潜山上被断裂切割的压实背斜油气藏;3.浅层背斜和断裂油气藏;4.断阶或逆牵引油气藏;5、6.地层退覆油气藏;7.潜山上方压实背斜油气藏;8.岩性油藏

4)侧向叠合型复合油气田

侧向叠合型复合油气田,系指在油田不同层位中以构造型为主的油气藏和以地层型为主的油气藏不是垂向叠合而是侧向毗连,或含油气面积有一定的叠合,而构成统一的油气田,典型油气田为加利福尼亚的日落-中途油气田。该油气田(图10-7)的西南部在不整合面下有斯贝拉赛背斜油气藏(N_1^1)和不整合型油气藏(N_1^2,次要),而不整合面上则为不整合支撑砂岩油气藏。两者含油面积虽未叠合连片但却紧相毗连,存于统一的地质体中,可以定为侧向叠合型复合油气田。

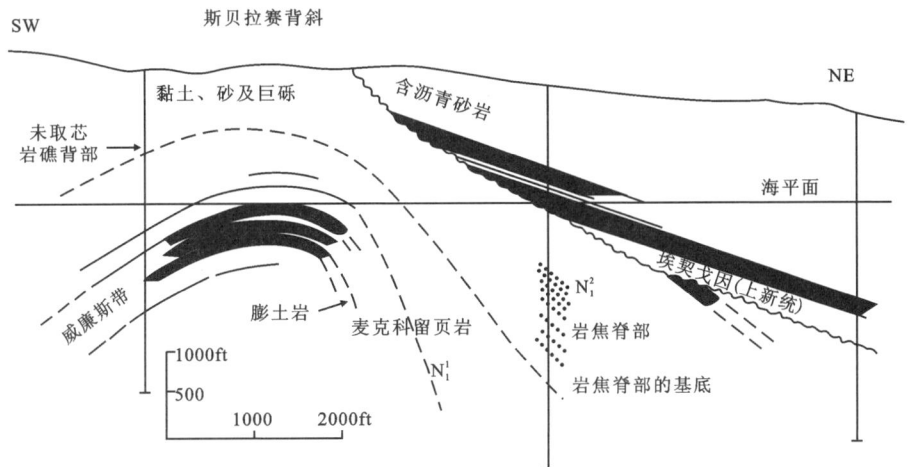

图 10-7 加利福尼亚中途油田威廉斯带及二十五山区构造剖面图(据 Levorsen,1966)

注:上新统中的油藏属于不整合面上的支撑砂岩层圈闭。

四、盆地构造控制的油气田分布

(一)含油气盆地的结构与构造

1.含油气盆地的结构

盆地的基底、周边和沉积盖层是组成盆地结构的三大要素。

(1)基底(basement):定义为相对于某一时期的沉积盆地而言,沉积盖层之下的地层就是基底。它是含油气盆地存在的基础,由盆地形成之前的岩系组成,既可以由古老的结晶岩或变质岩组成,也可以由沉积岩系组成,还可以由二者混合组成。

(2)周边(periphery):是指盆地周围的边界。盆地周边同其边界地质体的接触关系主要有超覆接触和断裂接触两种。盆地周边的性质决定了盆地的基本类型,按照盆地周边的性质,将盆地分为坳陷盆地和断陷盆地(又可分为单断式和双断式两类)。

(3)沉积盖层(sedimentary cover layer):即在基底之上发育的沉积岩层。

含油气盆地的基底和周边的地质特征对盆地的形态、沉积岩系及地质构造的发育都有着重要的控制作用。

盆地基底最老的为前震旦系(国外多为前寒武系),属结晶变质基底,岩性坚硬。这类盆地面积一般较大,属坳陷型者常近圆形—椭圆形,属断陷型者则近长方形或菱形,周缘受大断裂控制。盆地内沉积岩系以古生界为主,有时也发育有中生界、新生界,厚度一般较小,为2000~4000m,最厚处可达上万米。盆地的构造活动性一般较小,盖层构造多受基底活动控制,褶皱平缓,小型正断裂发育。另一类盆地基底为年轻基底,包括加里东期、海西期或中生代基底,多呈长条形,坳陷内的沉积特征和构造特征多受毗邻褶皱带控制,沉积岩系厚度大,一般厚6000~7000m,最厚超过10 000m。褶皱及各种断层活动均较剧烈。

2.含油气盆地的构造

含油气盆地整体上是一个统一的沉降区,但就其内部来说,无论是基底还是沉积盖层,并非都是一个简单的平坦凹面或平面,其基底不仅有起伏,沉积盖层也常有各种变形。由于基底和盖层的性质不同,含油气盆地的构造特征也较复杂。因此,其内部又可进一步划分为若干个次级构造单元。

在一般盆地内,基底起伏形成的隆起与坳陷属一级构造单元。隆起以相对上升占优势,沉积盖层较薄且往往发育不全,沉积间断较多,在毗邻坳陷的翼部容易出现地层超覆和岩性尖灭带,有利于油气聚集。坳陷是盆地内基底埋藏最深的区域,沉积盖层发育齐全,厚度大,岩性岩相稳定,是有利于油气生成的区域,成为含油气盆地的油源区。盆地边缘的斜坡区,也属于一级构造单元,同毗邻坳陷的隆起翼部相似,也是有利的油气聚集区。盆地内最低一级构造单元为背斜、单斜和向斜,俗称三级构造(或局部构造),是形成油气田的构造单元。由局部构造组成的构造带即为二级构造单元,控制油气聚集带的形成。对一般含油气盆地而言,多包括上述三级构造单元。但是,在某些地质构造较复杂的大型含油气盆地内,在隆起、坳陷与二级构造单元之间,还可划分出次级凸起与凹陷单元,因不具普遍性可列为亚一级构造单元(表10-1)。

表 10-1 盆地内各级构造单元与含油气单元划分表(据蒋有录和查明,2016)

基本构造单元	一级构造单元	亚一级构造单元	二级构造单元	三级构造单元
盆地	隆起	凸起	长垣背斜带、断裂带、单斜带尖灭带、超覆带挠曲带、潜山带…	穹隆长轴背斜、短轴背斜、鼻状构造、断块、向斜、潜山…
	坳陷	凹陷		
	斜坡	斜坡		
含油气盆地	含油气区	油气聚集带(二级构造带)	油气田	

(二)主要类型含油气盆地的油气田分布

不同类型含油气盆地具有不同的区域构造和沉积充填特征,决定了不同类型盆地的油气地质特征的差异,也导致了油气田类型和分布的差异。已有的勘探证实,陆内裂谷、被动大陆边缘、前陆盆地和克拉通盆地油气资源最丰富。这里主要阐述这4类含油气盆地的油气田分布特征。

1. 裂谷盆地(rift basin)油气田分布

裂谷盆地的一般特点是:①位于大陆板块内部;②沉积盖层常具有双层结构——下部的断陷期沉积和上部的坳陷期沉积,后者的范围一般超越了断裂的控制范围;③地温梯度高(一般大于30℃/km),裂谷初期常有基性喷出岩;④同沉积正断裂控制着断陷及盆地格架,断裂常为铲型,控制的断陷形态有箕状和地堑式;⑤主要圈闭类型有滚动背斜、抬斜断块、底辟及地层圈闭。当后期受到挤压或走滑应力作用时,可发育挤压背斜或雁列褶皱。我国目前最大的产油区大庆长垣即是在这样的构造中。

不同发育阶段的裂谷有不同的形态特征。例如东非裂谷、莱茵地堑仅经历了裂谷期,而北海盆地、松辽盆地、渤海湾盆地均经过了从断陷到坳陷的演化过程。两类裂谷形态存在明显差异,后一类盆地对油气聚集更有利。

裂谷盆地是极其重要的含油气盆地,国内外在该类盆地的油气勘探中都取得了重大进展,探明了丰富的油气资源。墨西哥湾盆地、北海盆地、锡尔特盆地、第聂伯-顿涅次盆地、库泰盆地、苏伊士湾盆地等均是油气资源较丰富的裂谷盆地。在我国东部地区,中生代及古近纪—新近纪裂谷盆地较为发育,如松辽盆地、二连盆地为中生代断陷盆地,渤海湾盆地、江汉盆地,以及我国近海的东海盆地、珠江口盆地、琼东南盆地、莺歌海盆地和北部湾盆地等主要为古近纪断陷盆地。

裂谷盆地在不同级别的断裂作用影响下,一般多出现坳隆相间、凹凸相邻的构造格局,并且均经历过快速沉降到稳定沉降的转换。通常快速沉降的裂陷期充填了巨厚的沉积物,在具备良好的生储盖条件下,生成的油气进入背斜、断块、不整合及岩性等圈闭中,形成油气藏。

裂谷盆地中的油气运移整体以垂向运移为主、以侧向运移为辅,正向构造带往往以垂向运移为主,凹陷和斜坡区以侧向运移为主。断陷型裂谷盆地断裂构造发育,油气纵向运移十分活跃,有多期运移聚集、重新分配、多期成藏的特点,油气往往沿断裂向上运移,在断裂两侧富集,纵向上含油气井段长,一般可达几十米到几百米,甚至超过2000m,从而在正向构造带形成复式油气聚集。

裂谷盆地中发育有大型的背斜、长垣、隆起、斜坡等二级构造带。由于受周缘影响,一般陡背斜位于盆地边部,平缓隆起和长垣位于盆地中部,斜坡和挠曲则多分布在大单斜带。在盆地中心或边缘斜坡,都可形成巨大油气田。例如松辽盆地属于以坳陷型为主的裂谷盆地,在裂谷发育期经历多次构造运动,形成了多种构造带或局部构造,其中背斜圈闭形态宽缓,面积大,为油气聚集提供了大型圈闭条件。另外,还有多种类型的鼻状构造圈闭、地层圈闭和岩性圈闭。在松辽盆地发育多个生油凹陷,各种类型的油气藏多围绕凹陷呈环状分布,大庆长垣位于两凹陷之间,是油气聚集的最佳场所。每个凹陷自中心到边缘,油气藏呈规律分布:凹陷中部为岩性油气藏,向外以断鼻构造油气藏、断裂-岩性复合油气藏为主,凹陷边部为背斜、断块油气藏或气藏(图10-8)。断裂油气藏主要受复杂断裂带控制,呈带状分布。

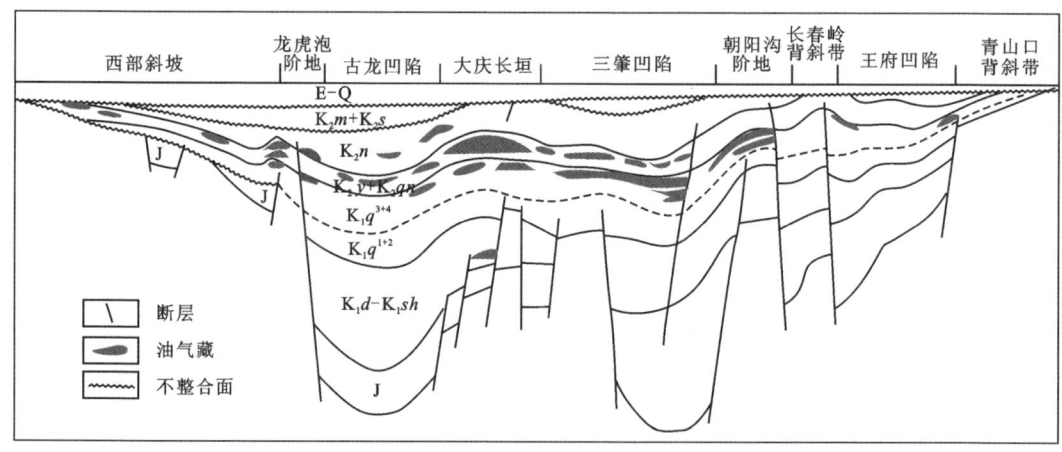

图10-8 松辽盆地油气田分布模式图(据赵文智和李建忠,2004)

E-Q.古近系—第四系;K_2m.明水组;K_2s.四方台组;K_2y.姚家组;K_2qn.青山口组;K_1q.泉头组;K_1d.登娄库组;K_1sh.沙河子组

2.被动大陆边缘盆地(passive continental margin basin)油气田分布

被动大陆边缘盆地位于离散型板块边缘,也称大西洋型大陆边缘盆地,是一个从大陆向大洋过渡的广阔带,地壳稳定。在被动大陆边缘的滨岸区、陆架区和陆坡区,常发育良好的含油气聚集。其下部常为裂谷期陆相沉积,上部为向海推进的陆相或浅海相陆源碎屑、碳酸盐岩、三角洲和水下扇。按照威尔逊板块运动演化旋回的观点:被动大陆边缘盆地的演化经历了陆内裂谷、陆间裂谷、窄大洋和大西洋4个阶段。

被动大陆边缘盆地主要分布在大西洋沿岸,印度洋周缘东非、澳大利亚西北大陆架、南亚,北冰洋周缘,地中海东南缘,南中国海北缘的珠江口盆地和莺-琼盆地,已证明具有丰富的油气资源。被动大陆边缘盆地横向具有分带性,可分为伸展带、底辟带、前缘挤压带,主要受差异压实应力作用影响。不同的构造带控制油气平面分布,勘探重点不同。近10余年来,世界油气勘探领域最具震动性的发现是在大西洋两侧被动大陆边缘盆地深水领域取得的巨大成功。晚侏罗世至早白垩世特富的烃源岩、大型深水浊积扇储集体以及盐构造变形和输导断裂等有利成藏条件相匹配形成的油田规模巨大、储层物性好。在这些盆地中已发现了一系列世界级的大油田,最典型的如巴西的坎波斯(Campos)盆地。坎波斯盆地大油气田分布于盐上、伸展带盐窗发育的地区,桑托斯盆地大油气田分布于盐下、底辟-挤压带(图10-9)。

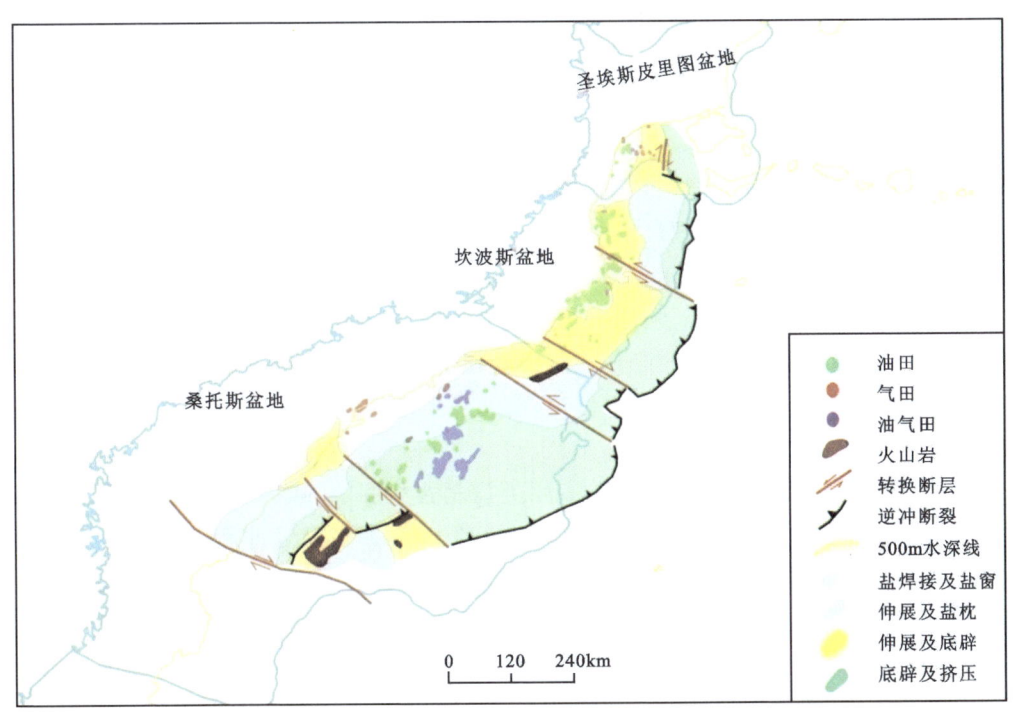

图10-9 巴西坎波斯被动陆缘盆地横向构造分带控制油气田平面分布(据张光亚,2019)

3.前陆盆地(foreland basin)油气田分布

前陆盆地是指呈线性收缩于造山带和克拉通之间、由造山带逆冲负荷引起挠曲并沉降成狭长的沉积单元。压陷盆地、山前坳陷、山前坳陷-地台边缘坳陷、山前坳陷-地台斜坡等概念都属于前陆盆地范畴。前陆盆地的发育与盆地造山带一侧的叠瓦褶皱冲断体构造加载引起的岩石圈挠曲有密切关系,实际上是一种造山作用过程中伴随的地质现象,因而属于造山环境中发育的挤压型沉积盆地。前陆盆地的沉积地层主要包括前陆盆地之前的被动大陆边缘碳酸盐岩沉积,以及前陆盆地期的碎屑岩沉积。前陆盆地的分布与造山带分布一致,呈带状分布;结构不对称,靠近造山带一侧较陡,在其演化过程中遭受变形作用较强;近克拉通一侧较宽缓,与地台层序逐渐合并;垂直于造山带方向,可划分为4个构造带(图10-10),即逆冲楔顶带、前渊带、前隆带和隆后凹陷带,这4个带表示了一个典型的前陆盆地系统及其构造充填分带。在图10-10中,地表可确定的冲断带的前锋构成了前陆盆地结构系统的内边界,即图中的地貌前缘(TF),但是真正的造山带前锋隐伏在盆地深部,位于TF界线向前陆盆地内部延伸的方向上。

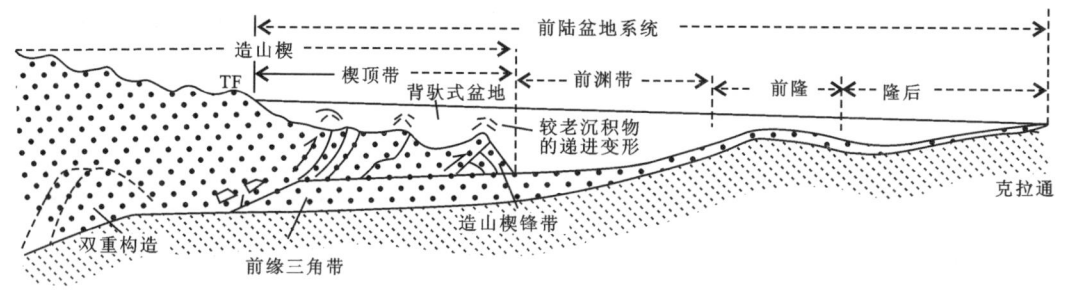

图10-10 前陆盆地的结构单元(据 De Celles and Giles,1996)

前陆盆地是世界上油气资源最丰富的含油气盆地类型之一。国外许多著名的含油气盆地,如波斯湾盆地、伏尔加-乌拉尔盆地、西加拿大盆地、落基山盆地、东委内瑞拉盆地、马拉开波盆地、阿拉斯加北斜坡盆地、阿巴拉契亚盆地等都是前陆盆地。我国的前陆盆地主要发育于西部地区,包括塔北库车石炭纪——三叠纪及新生代盆地、塔西南志留纪——泥盆纪及新生代盆地、准南和准西北二叠纪及新生代盆地、柴北新生代盆地、滇西新生代盆地、川西中生代盆地、鄂西中生代盆地等。

前陆盆地内最为普遍也最为重要的圈闭类型是背斜圈闭、断裂圈闭和地层圈闭。前陆盆地的油气分布主要受圈闭展布特点的控制(图10-11)。在靠近冲断带一侧或冲断带内,主要是背斜和断裂油气藏,如滇西新生代盆地的老君庙构造带就是一个受冲断裂控制的断裂褶皱带,在其中发现了老君庙、鸭儿峡等背斜油田;在靠近克拉通一侧的前缘斜坡带和前缘隆起带,主要分布砂岩体上倾尖灭或地层超覆油气藏和与张性或张扭性断裂有关的断块油气藏;在靠近前渊坳陷的斜坡带和前渊坳陷带主要分布岩性和地层有关的油气藏。在平面上,前陆盆地内的油气围绕生油气中心呈条带状分布于平行造山带的构造带上。由于造山带活动以及冲断带不断挤压,盆地内油气藏会受构造运动而不断调整、改造和再分布,因此,前陆盆地也是油气藏遭破坏比较严重的一类盆地,如西加拿大盆地、东委内瑞拉盆地都是世界上典型的重质油和沥青砂盆地。

4. 克拉通盆地(craton basin)油气田分布

板块构造概念中的克拉通主要是指可以近似作为刚性块体的大陆板块部分,是稳定的大陆块体。在克拉通基础上形成的面积广泛、形状不规则、沉降速率相对较慢并以坳陷为主

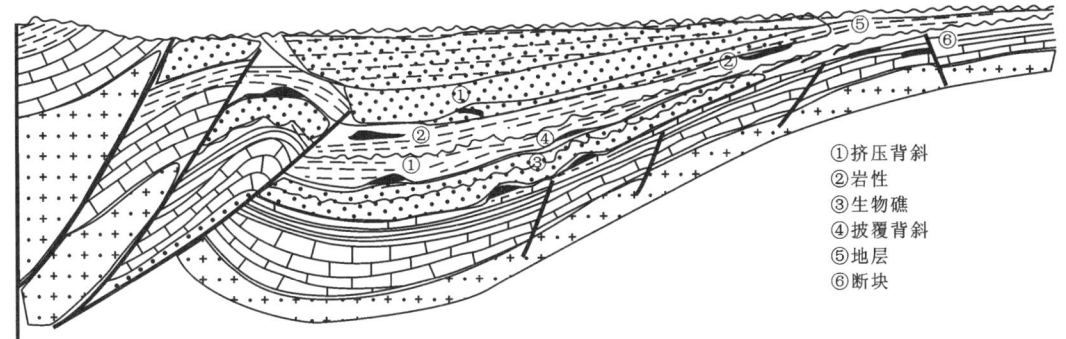

图 10-11 前陆盆地油气田分布模式(据蒋有录等,2024)

① 挤压背斜
② 岩性
③ 生物礁
④ 披覆背斜
⑤ 地层
⑥ 断块

要特征的沉积层序称为克拉通盆地。克拉通盆地按其所处的大地构造位置可划分为两大类:克拉通内部盆地和克拉通边缘盆地,按发育类型又可划分为克拉通单旋回盆地和克拉通多旋回盆地。前者是指以古生代海相沉积为主,其上缺少中生界、新生界覆盖,如鄂西、滇黔桂等地;后者以古生界海相沉积为第一旋回,中生界、新生界为第二旋回,如鄂尔多斯、四川、塔里木等盆地。古生代原型盆地多受后期变形改造,现今保留的多是残留盆地。大型克拉通盆地常常是多期的,各期发育着不同类型原型盆地的复合。

克拉通盆地构造一般比较简单,主要为长垣隆起和穹隆,发育正断裂。盆地宽缓,均匀下凹,剖面对称(图 10-12)。地壳较薄,地温梯度高,热流值高,沉积中心和沉降中心近于一致。沉积特征是:在剖面的最下部和最上部及局部边缘为非海相地层,中部发育典型的浅海相碳酸盐岩和碎屑岩沉积;沉积厚度可小可大。例如美国的伊利诺斯盆地、密执安盆地、威利斯顿盆地等一般为 3000~4000m,而西西伯利亚盆地中新生界就厚达 4000~8000m。底部的凹陷部位富含有机质,油气离心式运移,沿盆地的内部构造带和盆地边缘常具有地层-构造复合类型的圈闭。

约 25% 的世界油气资源分布在克拉通盆地中,且天然气储量的比例远大于石油储量。克拉通盆地中的油气圈闭以地层-构造复合型圈闭为主,还有与基底隆起有关的潜山圈闭、基底隆起之上的(新)构造圈闭以及岩性圈闭等。而在断裂系统存在及海平面相对快速变化条件下,往往发育大量横向不连续储层,使克拉通盆地中的油气相对分散和分隔。

克拉通盆地油气往往发生了较长距离运移,并表现出辐射状、垂向以及长距离侧向等多种油气运移方式。盆地内沉积压实、地形起伏以及长距离运移的运载层 3 个因素的共同作用,是促使油气发生长距离横向运移的主要原因。

典型实例如西西伯利亚盆地,它位于亚洲西北部乌拉尔山与叶尼塞河之间,是世界上最富含油气的盆地之一,也是已知最大的克拉通含油气盆地,盆地面积约 $350 \times 10^4 \text{km}^2$。西西伯利亚盆地是俄罗斯现今的主要采油气基地,石油产量约占全俄罗斯石油产量的 70%,天然气产量约占全俄罗斯天然气产量的 90%。

在大地构造上,西西伯利亚盆地西侧是乌拉尔和新地岛隆起,东侧是西伯利亚克拉通和泰梅尔隆起,南缘是哈萨克隆起和阿尔泰-萨彦岭隆起,北缘是喀拉海,是一个整体向北倾斜的台向斜。盆地基底由贝加尔到海西期的元古宇—古生界地层组成,周缘褶皱山系从不同

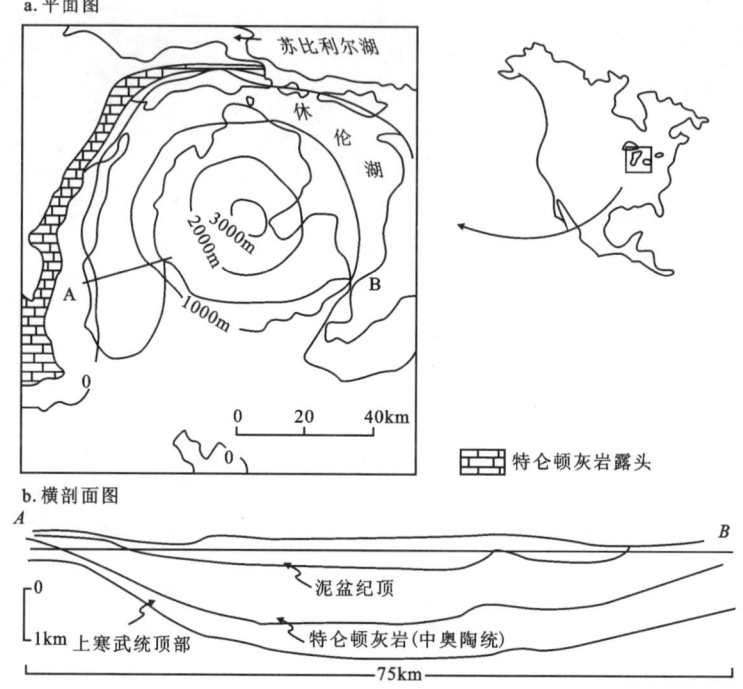

图 10-12　密执安盆地平面图和横剖面图(据何生等,2010)
注:平面上呈近圆形,横剖面表示充填盆地的各时代地层剖面对称。

方向向盆地内部延伸,构成不同时期的基底;盆地在基底基础上经历了中生代—新生代稳定的地台型沉积(图 10-13)。盆地的主力产层以白垩系为主,产出深度分布较广,其中 1500~3000m 深度集中了该盆地 98% 以上的大型油田的石油可采储量。

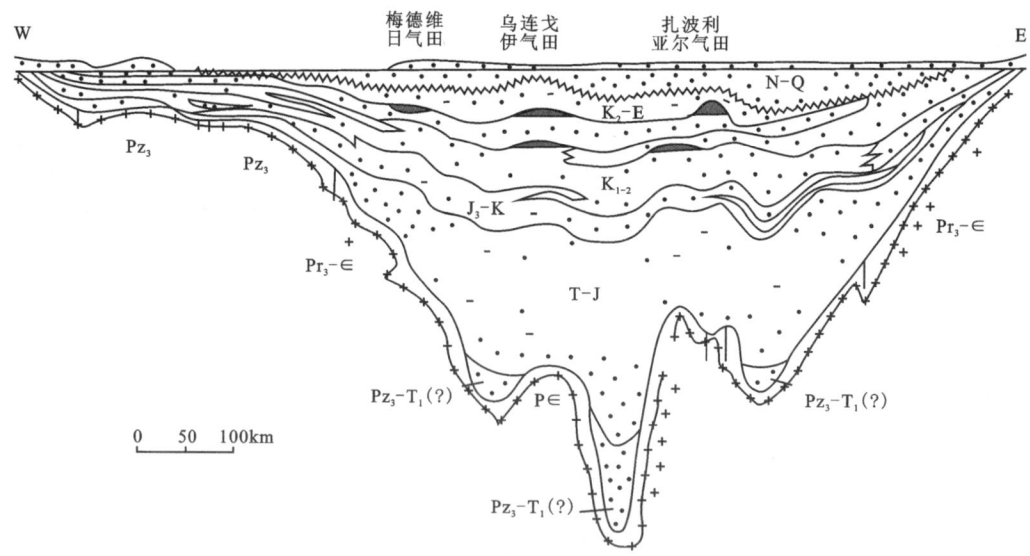

图 10-13　西西伯利亚盆地北部剖面及油气田分布图(据蒋有录等,2024)

盆地内部的有利构造包括大型隆起区、长垣背斜带和局部构造区,其中盆地中部隆起区和长垣构造带油气富集程度最高,是巨型油气田形成的主要场所。在同生构造中,有的储层在构造顶部或其翼部缺失,形成构造-岩性复合圈闭,乌连戈伊、博瓦涅科夫、杨堡气田等皆属于此类。盆地在纵向上主要发育下—中侏罗统、上侏罗统、下白垩统和上白垩统4个含油气组合,前两个含油气组合都是在盆地中部以油藏为主,边缘带为气藏和凝析气藏;下白垩统是该盆地最重要的含油气组合,南部以产油为主,北部以产气为主;而上白垩统是盆地北部的主要含气组合。

第三节 构造油气藏的聚矿构造系统

油气藏是地壳中油气聚集的基本单元,在矿床学中又称为油气矿床,是油气勘探工作的直接目标。目前,世界上发现的油气藏数量众多、类型各异。

一、油气藏的概念及分类

(一)圈闭的基本概念

圈闭的普通概念可理解为储集层中能够聚集并保存油气的场所。这个一般的概念有助于理解圈闭的基本性质。其一,圈闭仅具有聚集和保存油气的能力,但并非每一个圈闭都聚集并保存了油气;聚集并保存了油气的圈闭称为油气藏,而没有聚集并保存油气的圈闭称为空圈闭。其二,圈闭的构成要素包括储集层和封闭条件;储集层的孔隙性和渗透性为圈闭捕集油气提供了储集空间和渗滤条件;但要保存油气还需要有封闭条件,诸如储集层上方的盖层和上倾方向的遮挡条件等。圈闭中能否聚集油气取决于圈闭的有效性即油气生成、运移、聚集和保存等多种地质条件的时空配置。

显然,一个圈闭的大小(最大有效容积)与圈闭的面积、闭合高度、储集层的厚度、有效孔隙度成正比,大容积的圈闭是形成大油气藏的基础,通常具有闭合面积大、储集层厚度和有效孔隙度大的特点。

(二)油气藏的基本概念

油气藏是油气在单一圈闭中的聚集,具有统一的压力系统和油(气)水界面。它是地壳中最基本的油气聚集单元,是含油气盆地中油气聚集的最小单元。换言之,油气藏是在地下岩层中具有统一流体动力学系统的最小油气聚集单元。显然,油气藏的构成要素包括圈闭和油气水流体。如果圈闭中只聚集了石油,则称为油藏;只聚集了天然气,则称为气藏;聚集了油和气,且形成游离气顶,则称为油气藏。

如图10-14所示,同一背斜中有3个储集层,分别组成3个圈闭、3个不同的压力系统、3个不同的油水界面,即存在3个油气藏。如图10-15所示,断裂将储集层错开,但并未完全错开,由断裂泥遮挡形成了靠断裂遮挡的两个油藏。

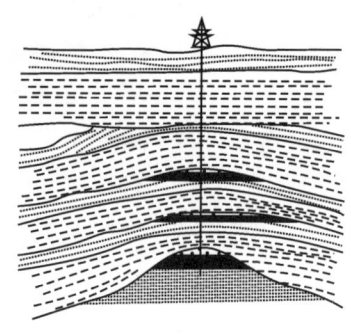

图 10-14 3 个储集层组成的 3 个油气藏(据蒋有录和查明,2016)

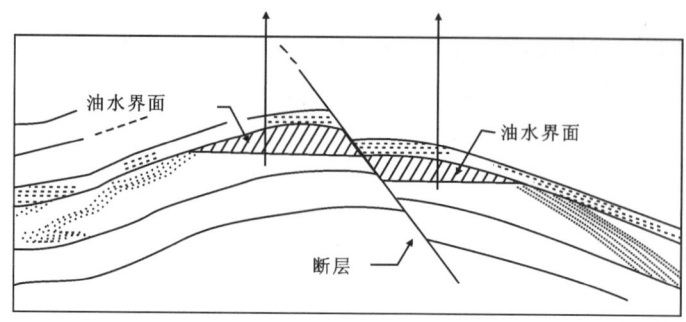

图 10-15 被断层遮挡形成的两个油藏(据蒋有录和查明,2016)

如果圈闭中油气聚集的数量足够大,具有开采价值,则称为商业油气藏。如果油气聚集的数量不够大,没有开采价值,就称为非商业性油气藏。

(三)油气藏的分类

圈闭是决定油气藏形成的基本条件,在不同的构造、地层及岩性条件下,圈闭的成因不同,油气藏的特点不同,油气藏的类型也就不同。只有根据圈闭成因对油气藏进行分类,才能够充分反映各种不同类型油气藏的形成条件,充分反映各种类型油气藏之间的区别和联系。因此,从油气勘探的实际需要出发,以圈闭的成因作为油气藏分类的主要依据,更有利于认识和寻找油气藏,从而科学地预测一个新地区可能出现的油气藏类型,对不同类型的油气藏采用不同的勘探方法及不同的勘探开发部署方案。

根据圈闭成因和油气藏分类的科学性与实用性原则,本教材采用蒋有录等(2024)油气藏的分类方案,分为构造、地层、岩性、复合、特殊类型五大类,再进一步细分为若干类型。关于油气藏的具体分类、名称及其典型示意图,如表 10-2 所示。

构造油气藏系指地壳运动使地层发生变形或变位而形成的构造圈闭中的油气聚集。构造运动可以形成各种各样的构造圈闭,如背斜圈闭、断裂圈闭等。因此,所形成的油气藏类型也不同,但其共同特点是圈闭的成因均为构造作用的结果。

地层油气藏是指油气在地层圈闭中的聚集。这里地层圈闭的概念是狭义的,是指因储集层纵向沉积连续性中断而形成的圈闭,即圈闭的形成直接与地层不整合有关。根据地层不整合与储层的相互关系,可将地层油气藏进一步划分为亚类。需要说明的是,广义的地层圈闭还包括岩性圈闭(何生等,2010)。

岩性油气藏是指由于储集层的岩性或物性横向变化而形成的圈闭。由于沉积条件的变化或成岩作用,使储集层在纵向、横向上渐变形成不渗透的岩层。

各种地质因素结合形成圈闭的可能性是千变万化的,既可形成单一地质因素所控制的构造、地层、岩性圈闭,又可在很多情况下是两种或两种以上的因素相结合,形成复合圈闭。在油气勘探过程中,复合油气藏的勘探方法与构造或地层油气藏有很大不同。因此,划分出复合油气藏有其实际意义。

表 10-2　油气藏分类表（据蒋有录等，2024）

大类	类	亚类	典型模式
构造油气藏	背斜油气藏	挤压背斜油气藏	
		基底升降背斜油气藏	
		底辟拱升背斜油气藏	
		披覆背斜油气藏	
		滚动背斜油气藏	
	断裂油气藏	断鼻油气藏	
		断块油气藏	
构造油气藏	岩体刺穿油气藏	盐体刺穿油气藏	
		岩浆体刺穿油气藏	
		泥火山刺穿油气藏	

续表 10–2

大类	类	亚类	典型模式
地层油气藏	潜山油气藏		
	地层不整合遮挡油气藏		
	地层超覆油气藏		
岩性油气藏	岩性上倾尖灭油气藏		
	砂岩透镜体油气藏		
	物性封闭油气藏		
	生物礁油气藏		
复合油气藏	构造-地层油气藏		
	构造-岩性油气藏		
特殊类型油气藏	裂缝型油气藏		
	水动力油气藏		
	致密砂岩油气藏		
	页岩油气藏		
	煤层气藏		

特殊类型油气藏与构造、地层、岩性三大类油气藏有明显差别,油气的赋存方式和聚集机理也有明显差别。主要包括裂缝型油气藏、水动力油气藏、致密砂岩油气藏、页岩油气藏和煤层气藏。裂缝型油气藏中油气的储存空间及分布主要受控于裂缝,煤层气藏中的天然气主要呈吸附状态。水动力圈闭是靠水动力封闭而成,即水动力油气藏是由水动力与非渗透岩层联合封闭,使通常静水条件下不能聚集油气的地方形成了油气藏,这类油气藏目前发现数量极少。非常规致密砂岩油气藏、页岩油气藏和煤层气藏的形成机理与常规油气藏不同,是一种非浮力作用下的油气聚集,不需要传统意义上的圈闭。

按照圈闭的成因,可将构造油气藏划分为背斜油气藏、断裂油气藏和岩体刺穿构造油气藏3种类型(表10-2)。下文分述各种类型构造油气藏的特点和聚矿构造系统。

二、背斜油气藏的聚矿构造系统

(一)背斜油气藏的主要特点

在构造运动作用下,地层发生弯曲变形,形成向周围倾伏的背斜,称背斜圈闭。油气在背斜圈闭中聚集形成的油气藏,称为背斜油气藏。

背斜油气藏在世界上最终可采储量在7100万 t($5×10^8$ bbl)以上的200多个大油田中,占总数的75%以上,大气田中背斜气藏也占绝对优势。背斜油气藏一直是油气勘探发现大油气田的最重要类型,尤其在盆地勘探早期,其是勘探家们优先寻找的主要类型。

背斜油气藏的油气分布特征为:油气局限于闭合区内;气居上,其下为油,水位于油下;气油、油水或气水界线与构造等高线相平行;烃柱高度应小于或等于闭合度(图10-16)。

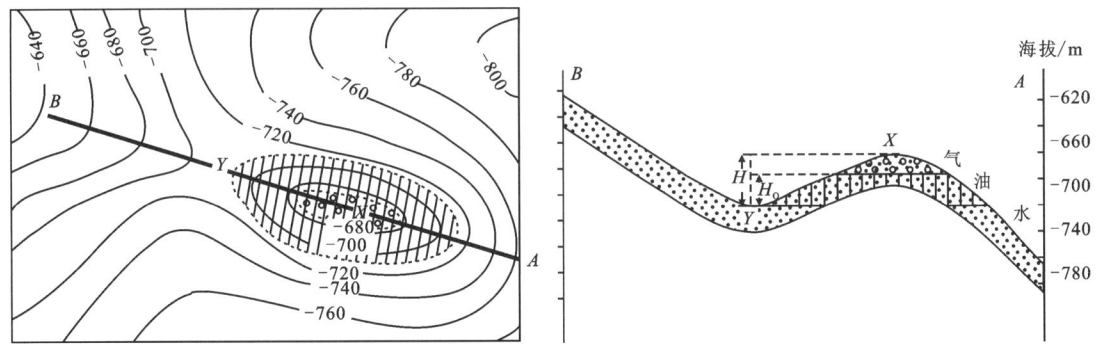

图10-16 典型背斜油气藏中气、油、水的分布(据陈荣书,1994)

注:静水条件下圈闭的溢出点(Y)、闭合面积(斜线部分)、闭合度(H)及其中油气藏的油水和油气界面、油柱高度(H_O)。

背斜油气藏中的储油层应呈层状展布,具有良好的孔隙、渗透性,尽管绝大多数油层的储集性是不均一的,纵向、横向可能存在较大的变化,但应是相互连通的。油层范围内具有统一的压力系统,油(气)水界面是统一的。

当一个背斜腹部存在多层储集层时,如果各油层之间并未完全分隔,而且相互连通,这种相互连通的多油层构成统一的块状储集体,常是形成巨大油气藏的重要条件之一,如乌连戈伊和麦德维热气田的赛诺曼阶中的巨型气田(图 10-17)。如果多层储集层是被非渗透层封隔时,每一个储层均可形成多个独立的单一圈闭和多个油气藏(总体上该气藏类型可称为复式背斜油气藏)。

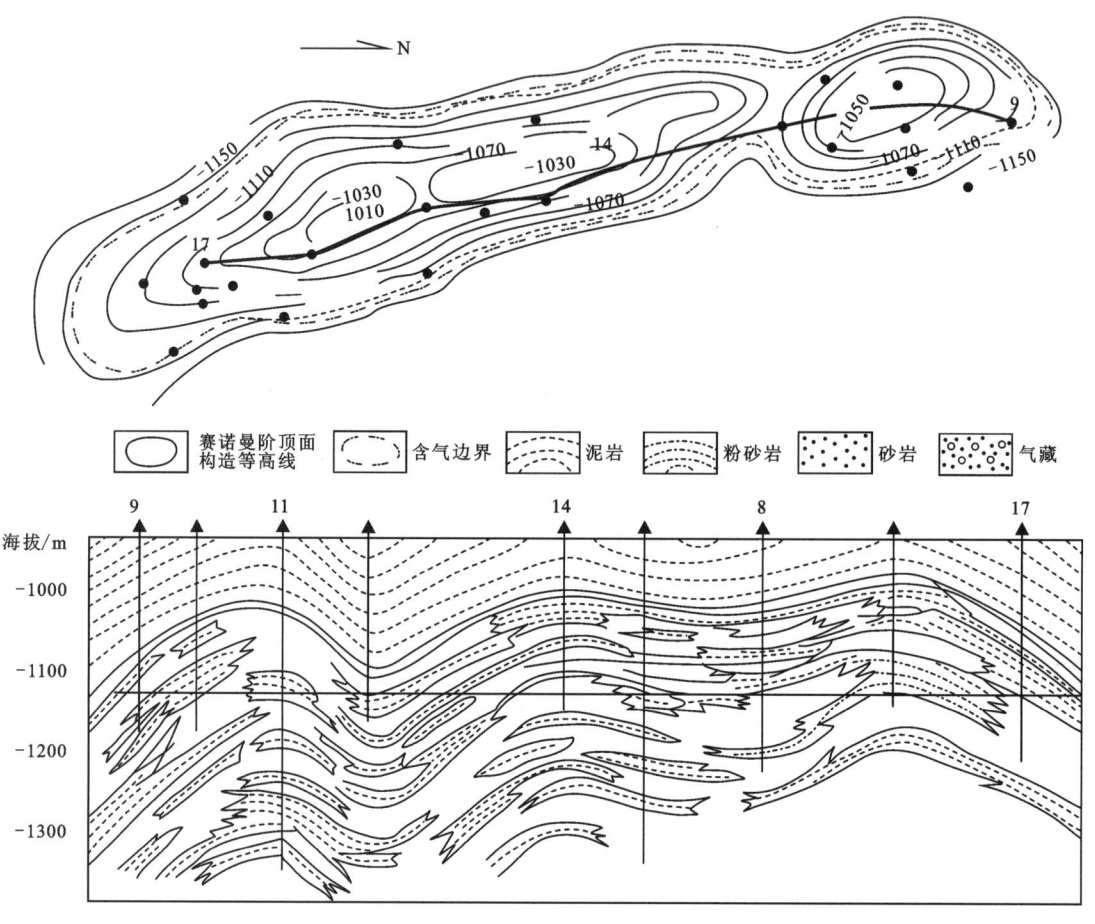

图 10-17　西西伯利亚麦德维热特大气田构造图和剖面图(据 Crenepon,1975;转引自陈荣书,1994)

背斜油气田中圈闭、油气藏与油气层的关系,可以提塔斯气田(图 10-18)为例,图中①～④层彼此连通,构成 A 圈闭和气藏;⑤和⑥构成 B 圈闭、气藏,⑦和⑧各自独立,分别构成 C、D 圈闭和气藏。

(二)背斜油气藏的聚矿构造

按背斜构造成因,聚矿构造分为两大类:一次褶皱形成背斜和同生背斜。同生背斜按形成条件可进一步分为:①同沉积背斜;②差异压实背斜;③塑性流动形成的隐刺穿背斜;④与同生断裂发育有关的逆牵引背斜(滚动背斜)等。同生背斜形成较早,对油气聚集特别是早期聚集较为有利。世界上许多超巨型和特大型油气田,如沙特阿拉伯的加瓦尔油田、科威特的布尔干油田、苏联的乌连戈伊气田和罗马什金油田、我国的大庆油田(图 10-19)都是同生背斜。

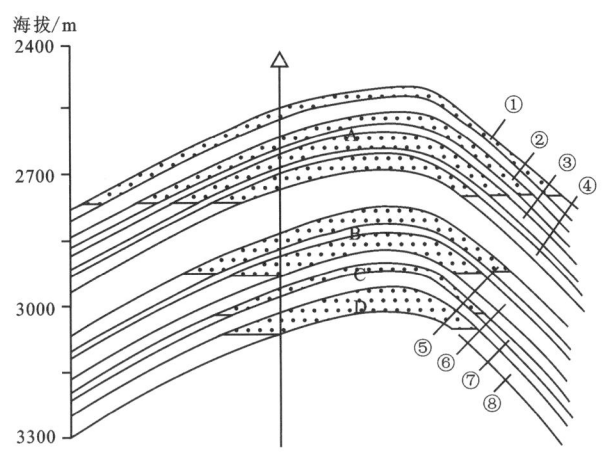

图 10-18　提塔斯气田剖面图(据 Ahamd,1966;转引自陈荣书,1994)

注：①～⑧为含气层,分属 A(①～④)、B(⑤⑥)、C(⑦)、D(⑧)4 个气藏。

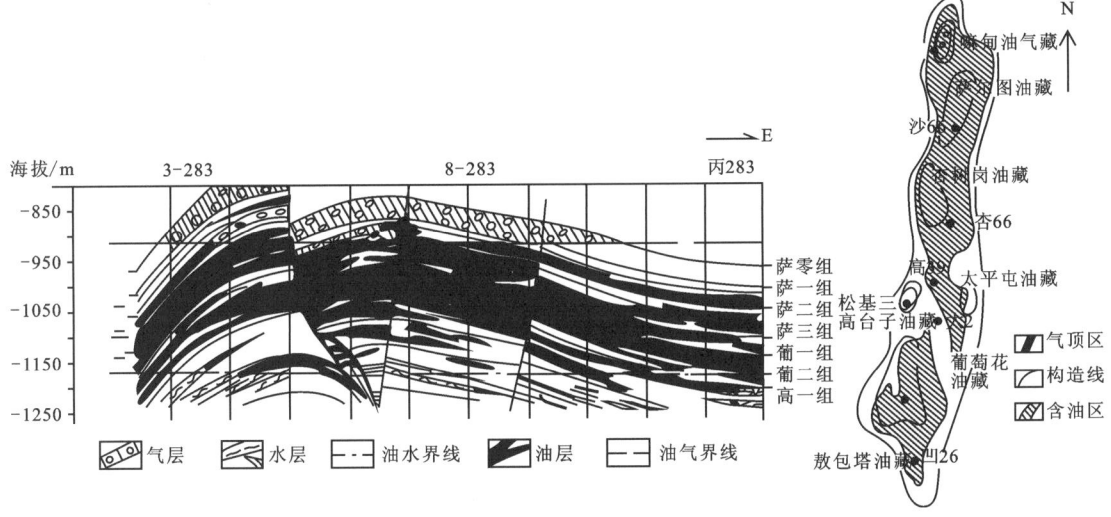

图 10-19　大庆油田构造和剖面示意图(据大庆油田科学研究设计院 1997 年内部资料)

背斜圈闭形态是多种多样的,从穹隆状一直到狭长高背斜;闭合面积可以从小于 $1km^2$ 到 $n \times 10^3 km^2$;背斜圈闭可以是完整的,也可以被断裂复杂化。如果断裂将背斜圈闭切割成彼此不连通的若干部分,各自都有独立的压力系统和油(气)水界面时,就不再将它看成统一的背斜圈闭和油气藏,而是根据各部分圈闭形成的主导因素,分别定名。

还有一类特殊的在裂缝性背斜圈闭中聚集烃类流体后形成的裂缝性背斜油气藏。在背斜构造控制下,裂缝性储集层(体)被非渗透岩层和高油气势面联合封闭形成的闭合低油气势区,称作裂缝性背斜圈闭。它与背斜圈闭的主要区别在于储集层不是呈层状展布,而仅在裂缝发育带形成呈带状分布的不甚规则的裂缝储集体。

裂缝性储集层是指经裂缝改造后才形成的储集体,而未经改造部分为非渗透性岩层。裂缝成因可能有多种,这里主要是指在背斜控制下的构造裂缝,而非构造成因形成的与背斜构造没有明显联系的裂缝性储集层中所形成的圈闭,大多属岩性圈闭,与本类圈闭无关。裂缝性背斜油气藏中油气分布总体上受背斜构造控制,但以裂缝发育带最为富集。油气产量、油气柱高度以及油气层压力分布极不均一。

三、断裂油气藏的聚矿构造系统

（一）断裂油气藏的主要特点

断裂圈闭是指沿储集层上倾方向受断裂遮挡所形成的圈闭。在断裂圈闭中的油气聚集,称为断裂油气藏。这类油气藏是世界各含油气盆地中广泛分布的一种类型。我国的油气勘探实践也证明,无论是在西北古生代褶皱区,还是在东部地台区,断裂油气藏的分布都很广泛。尤其在东部地台区,中生代以来块断运动比较活跃,形成很多断陷盆地,同时在盆地的斜坡带以及背斜带上,也产生了大量断裂,形成了为数众多的断裂油气藏。如在断裂十分发育的渤海湾盆地各含油气凹陷,大量油气藏都是属于这种类型,由于断裂的作用造成多层系含油气。

断裂油气藏的基本特点之一是油气层上倾方向或各方被断裂限制。对于仅在上倾方向受断裂所限的油气藏来说,其下倾方向油（气）水界线与油气层顶面构造等高线相平行。断裂油气藏中的油气层应具有较好孔隙性、渗透性,并呈层状展布。

断裂对储集层上倾方向能否起遮挡封闭作用主要取决于断裂使岩层位移与其相接的岩层是否具有渗透性。完全与非渗透性岩层相接（图10-20中B点）则为完全封闭;上倾方向的上方部分与非渗透性岩层相接,则为部分封闭（图10-20中A点）,与渗透性岩层相接,则为不封闭（图10-20中C点）。对部分封闭的断裂圈闭来说,其溢出点如图10-20中L点所示。此外,断裂的性质对封闭也起一定作用。一般压性断裂的封闭性好,张性断裂的封闭性差。断裂形成的时间对封闭性亦有影响,刚断开时,即使压性断裂,也有一定的开启性;时间较久后,即使是张性断裂,在重力作用下张开的断面可以闭合,或被黏滞性物质填充堵塞。这就不难理解,为什么许多非压性断裂同样可形成断裂圈闭和油气藏。

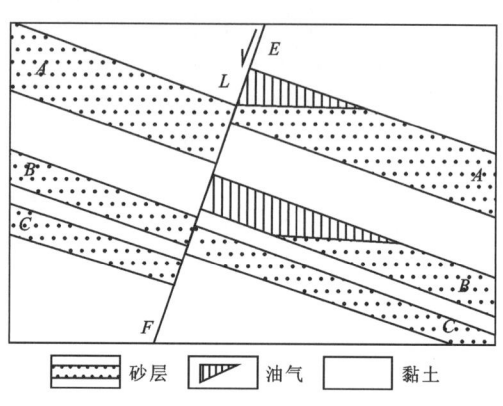

图10-20　断裂对油气聚集的封闭作用

（二）断裂油气藏的聚矿构造

在不同类型沉积盆地甚至同一沉积盆地的不同构造带中,断裂发育情况和特点各不相同。因此,不同油区的断裂圈闭和油气藏都具有自己的特点。油气圈闭往往出现在断裂带的特殊部位,如上盘、下盘、端点、拐点、交会点、分支点或错列部位。由于断裂的成因和特征不同,断裂对圈闭样式的影响也不尽相同。正断裂主要形成堑垒构造和断块、断背斜圈闭,同生断裂逆牵引作用或重力滑动作用可以形成滚动背斜圈闭,逆冲滑脱断裂主要形成堆叠叠瓦、断裂传播褶皱、断裂转折褶皱、滑脱褶皱等构造圈闭,背冲作用主要形成背冲断块、背冲背斜和牵引背斜等圈闭,走滑作用主要形成花状和雁列褶皱。

根据断裂圈闭的形成条件和形态特征,断裂油气藏的聚矿构造系统可分为下列 4 种基本类型:①弯曲或交错断裂与单斜结合形成的圈闭和油气藏(图 10-21a);②3 个或更多断裂与单斜或弯曲岩层结合形成的断裂或断块圈闭和油气藏(图 10-21b);③单一断裂与褶曲(背斜的一部分)结合形成的断裂圈闭和油气藏(图 10-21c);④逆和逆掩断裂与背斜的一部分结合形成的逆(或逆掩)断裂圈闭和油气藏(图 10-21d)。

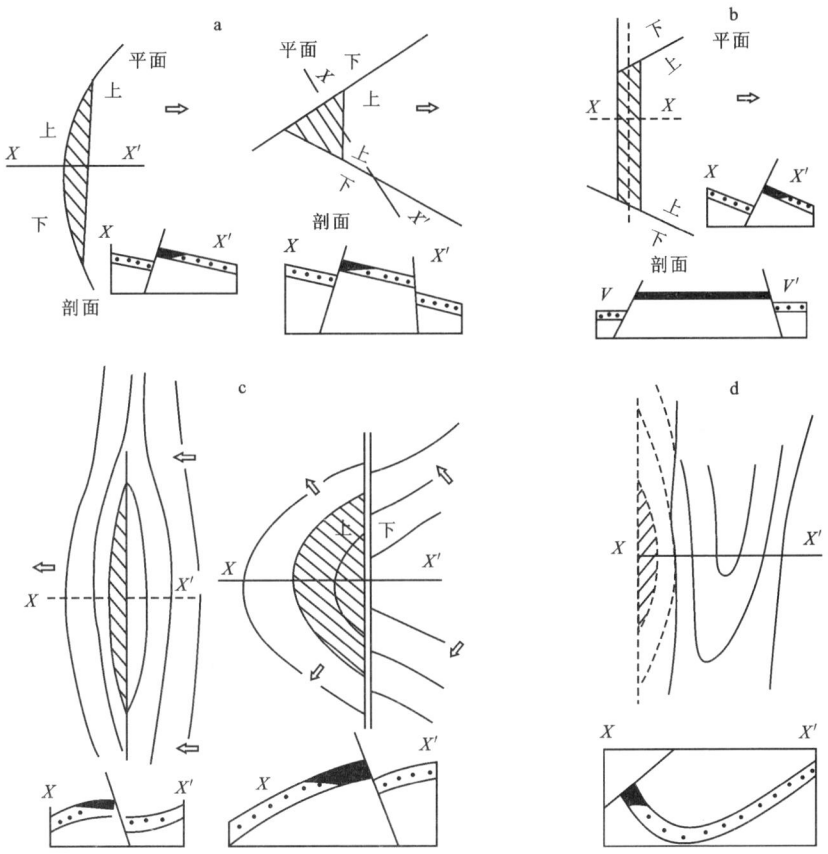

图 10-21 断裂圈闭与油气藏聚矿构造平面图和剖面图(据何生等,2010)
注:图中黑色和斜线代表油气。

在西部褶皱较强烈的山前带,常出现逆或逆掩断裂与背斜一翼结合形成的逆或逆掩断裂油气藏。东部新生代沉积盆地中,常发育与同生断裂有关的逆牵引断裂油气藏、屋脊断块油气藏等。济阳坳陷惠民凹陷大芦家断块构造油气藏就是该类油气藏的典型实例(图 10-22)。

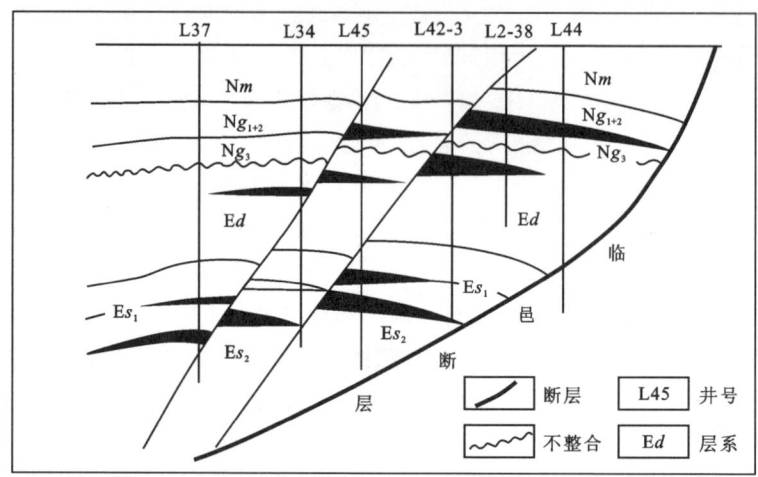

图10-22 济阳坳陷惠民凹陷大芦家断块油气藏(据范立勇等,2007)
Nm:新近系明化镇组;Ng:新近系馆陶组;Ed:古近系东营组;Es:古近系沙河街组

(三)特殊断裂油气藏:断溶(缝)体油气藏

断裂活动是构造应力聚集到一定程度时的突然释放,断裂这种活动可以使其附近的脆性岩石(砂岩与灰岩)产生构造裂缝。这些构造裂缝的发育与分布受断裂发育和分布的控制,表现为:距离断裂越近,裂缝越发育;反之,则越少。这种构造裂缝主要分布在局部构造枢纽或轴的延伸方向、构造高点及其附近、构造枢纽的弯曲部分和地层产状急剧变化的地带。正是由于这些构造裂缝的形成,改善了油气的储集空间及性能。构造裂缝除了可以直接作为油气的储集空间外,还可以起到沟通孔隙或孔洞,使孔隙渗透性增强的作用,而且可以与断裂一起形成断控缝洞型储层,如顺北油气田断控缝洞型储集层(图10-23)也称为"断溶体"或"断缝体"。

断溶体是指发育在巨厚致密碳酸盐岩地层内部,依靠走滑断裂带的构造破裂、岩体错动、破碎形成的增容作用,同时叠加多类型流体改造形成的受断裂带控制的、具有勘探开发经济价值的裂缝-洞穴型储集体(焦方正,2018;漆立新,2020)。断溶体的分布范围明显受走滑断裂带控制,埋藏成岩流体的溶蚀、胶结作用,使储集体内部结构更加复杂化;断溶体的主要储集空间类型为垂向分布的近似板状"空腔"型洞穴及伴生缝网系统,主要表现为侧钻过程中常会发生不同程度的放空、漏失现象;其次为沿着裂缝及洞穴发育的少量溶蚀孔洞及孔隙,其中洞穴和缝网系统为主要的储集空间。在上覆泥质岩区域盖层和致密碳酸盐岩局部盖层,以及侧向断裂带之外的致密碳酸盐岩等良好封挡下,就可形成十分独特的断溶体圈闭与油气藏。例如顺北油气田走滑断裂带具有"控储、控圈、控运、控藏、控富"五位一体的特征(图10-24)。

断缝体是指与褶皱、断裂有关的裂缝和岩石孔隙结合所形成的不规则分布、具有一定规模的、孔-渗性能较好的地质体或地质单元,被视为一种新的油气储集体类型。"断缝体"储层以裂缝网络为主、以基质孔隙为辅,二者相辅相成,构成裂缝-孔隙"储渗体",天然气在"断缝体"内富集,形成"断缝体"气藏,四川盆地须家河组致密砂岩气藏类型就是这类"断缝体"

第十章 油气矿床的聚矿构造系统

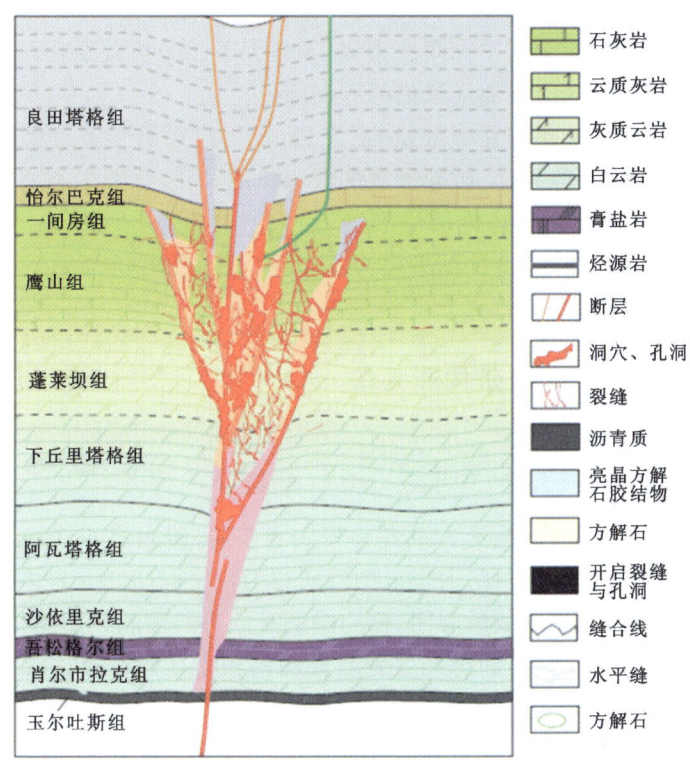

图 10-23 顺北地区断控缝洞型油气藏剖面示意图(据云露,2021)

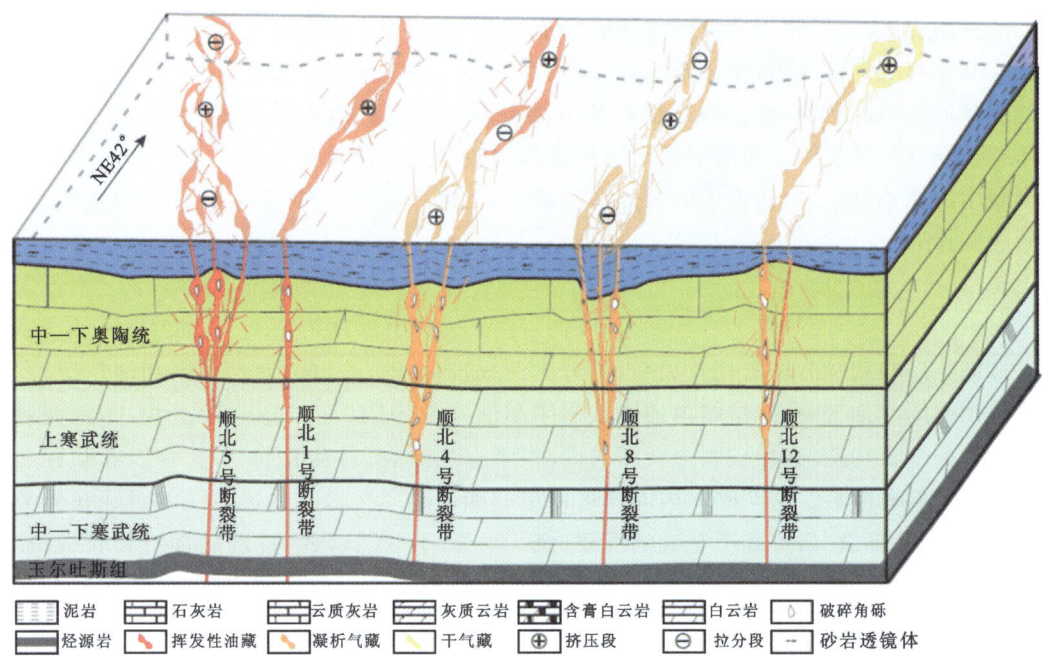

图 10-24 顺北地区断溶体油气成藏模式图(据云露,2021)

气藏。其概念内涵主要集中在 3 个方面：一是"断缝体"发育的背景为致密岩层；二是在"断缝体"内部，断裂及与断裂有关的中高角度裂缝(倾角大于 30°)比较发育；三是"断缝体"内部孔-渗性能较好，是致密砂岩储层油气聚集的有利部位。

断控缝洞型储层的这种作用在碳酸盐岩、泥岩或页岩、火山岩等致密岩层中更为重要。依靠断裂带的构造破裂、岩体错动、破碎形成的增容作用，同时叠加多类型流体改造，形成受断裂带控制的、具有勘探开发经济价值的裂缝-洞穴型储集体。例如我国中西部地区古生界、中生界油气田基本上是以裂缝性储集层为主。盛产石油的中东地区，裂缝性碳酸盐岩储集层也占很大比例。

四、岩体刺穿油气藏的聚矿构造系统

(一)岩体刺穿油气藏的主要特点

地下岩体(包括软泥、泥膏岩、盐岩及各种侵入岩浆岩)侵入沉积岩层，使储集层上方发生变形，其上倾方向被侵入岩体封闭而形成的圈闭称为刺穿圈闭。受岩体侵入影响，使储集层上拱发生变形、变位(断裂)形成的圈闭，称为隐刺穿的背斜和断裂圈闭。在分类上仍属于背斜圈闭和断裂圈闭。刺穿圈闭和隐刺穿背斜圈闭的根本区别在于前者岩体刺穿储集层，而后者则不存在刺穿岩体。

岩体刺穿油气藏则是指油气在岩体刺穿圈闭中的聚集。按刺穿岩体性质的不同，可以分为盐体刺穿、泥火山刺穿及岩浆岩柱刺穿等。目前世界上在这 3 种岩体刺穿圈闭中都已经发现了油气藏，但是从分布的广泛性来看，盐丘刺穿更为重要。例如在罗马尼亚、德国、美国和俄罗斯，都发现有相当数量的盐体刺穿油气藏；而与泥火山刺穿有关的油气藏以及与岩浆岩柱刺穿有关的油气藏，仅在个别地区发现。

刺穿油气藏和刺穿-断裂油气藏的基本特点是油气在上倾方向一侧被刺穿岩体或刺穿岩体-断裂所限，其下倾方向油(气)水边界仍与构造等高线保持平行或基本平行关系。刺穿油气藏中的储油气层，除盐帽中的岩性油气藏外，大多呈层状展布，具有较好的渗透性，孔隙之间相互连通。

(二)岩体刺穿油气藏的聚矿构造

按储集层与刺穿岩体的相互关系，可分为：①盐(膏、泥)栓(核)遮挡圈闭和油气藏；②盐帽沿遮挡圈闭和油气藏；③盐帽内透镜状圈闭和油气藏(图 10-25①~③)。由于盐、泥刺穿构造是一种生长构造，在形成刺穿圈闭的同时，常伴生断裂、岩性尖灭、不整合以及刺穿上方的隐刺穿背斜和断裂。这些圈闭内同样可以形成相应的气(油)藏。这些气(油)藏在分类上分别属于背斜、断裂、岩性和不整合油气藏(图 10-25④~⑦)，其(特别是背斜和断裂)在分布上有密切联系，而且具独特的组合形式，即背斜被一系列地堑式、包心式、放射状或平行轴向断裂切割。这种现象常被用来鉴别深部存在刺穿圈闭的重要特征之一。我国在江汉盆地潜江凹陷和渤海湾盆地东营凹陷都已发现与盐-泥膏岩刺穿活动有关的伴生背斜、背斜-断裂及断裂油气藏。

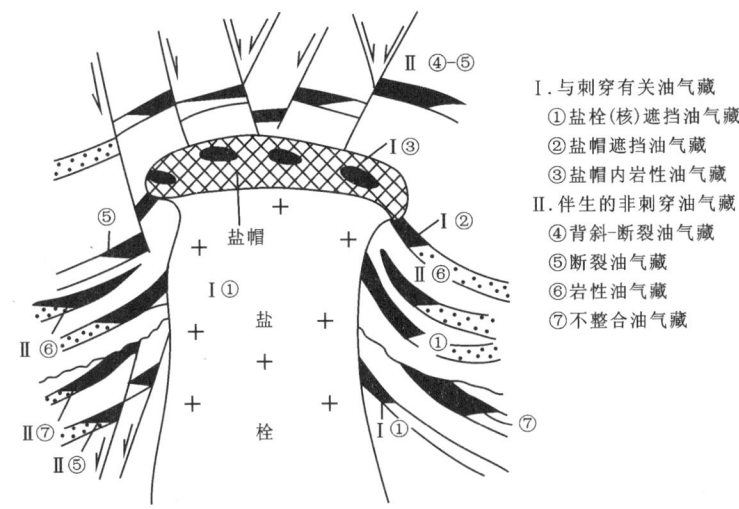

图 10-25　理想盐丘油气田剖面示意图（据潘钟祥，1983）

第四节　地层和岩性油气藏的聚矿构造系统

一、地层和岩性油气藏的概念

（一）地层油气藏的基本概念

凡是储集层四周或上倾方向因岩性变化或储集层上倾方向中断-剥蚀或超覆而被非渗透性岩层或不整合面所封闭而形成的闭合油气低势区称为地层圈闭。在其中聚集工业规模的油气烃类流体后则称为地层油气藏。广义的地层圈闭包括岩性圈闭，本书中所说的地层圈闭是狭义的，是指储集层上倾方向直接与不整合面相切被封闭所形成的圈闭（图 10-26），不包括由于沉积条件的改变或成岩作用而形成的岩性圈闭。

（二）岩性油气藏的基本概念

岩性油气藏是指由于储集层的岩性或物性横向变化而形成的圈闭。由于沉积条件的变化或成岩作用，使储集层在纵向、横向上渐变成不渗透性岩层。

凡是储集层因岩性变化，其四周或上倾方向和顶、底为非渗透岩层封闭而形成的圈闭称为岩性圈闭。储集层的岩性变化如果是在沉积过程中形成的，这种岩性圈闭又可称为沉积圈闭。若是成岩后生过程中形成的，则可称为成岩圈闭，它可以是储集层的一部分变为非渗透遮挡而形成的圈闭，也可以是非储集层的某些部分变为渗透性储集体，其四周或上倾方向和上方被封闭而形成的圈闭。

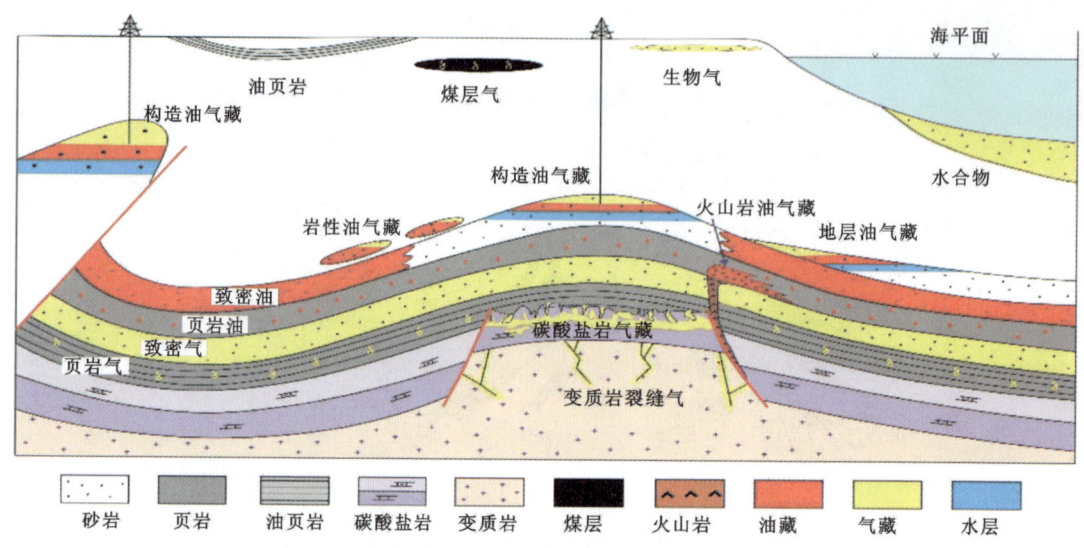

图 10-26　含油气盆地油气藏类型示意图（据邹才能等，2011）

二、地层油气藏的聚矿特征

（一）地层油气藏的主要特点

地层圈闭主要是由于储集层与不整合接触的结果。根据圈闭的成因和储集层与不整合面的空间关系，地层油气藏大致可以分为两类：一类是位于不整合面之下的地层不整合油气藏；另一类是位于不整合面之上的地层超覆油气藏。前者又可细分为潜山油气藏和地层不整合遮挡油气藏，其中潜山油气藏占有重要的地位。而那些储集层在不整合面之上和之下，与不整合没有直接接触，由其他因素形成的油气藏，均不属于地层油气藏。

如图 10-27 所示，B、C 是位于不整合面之上的地层超覆油气藏，D、E 为位于不整合面之下的地层油气藏，分别为地层不整合遮挡油气藏和潜山油气藏；A、F 分别为岩性尖灭油气藏和背斜油气藏。在我国，许多油气地质工作者从油气藏形成特点和勘探评价的角度，常常将潜山内部与不整合面无直接关系或关系不大的油气藏统称为潜山内幕油气藏，

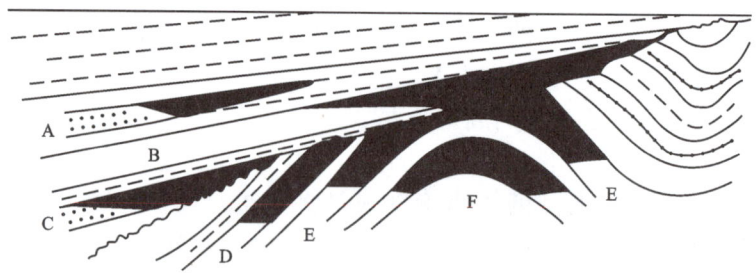

图 10-27　不整合圈闭和油气藏及其与非不整合油气藏区别示意剖面图（据蒋有录和查明，2016）

多为层状油气藏。但从圈闭成因的角度,这些内幕油气藏大多可归为断裂、背斜等类型。例如在潜山内幕岩层中,层状储集层的顶、底被不渗透层封隔,上倾方向被断裂遮挡而形成的断裂油气藏。

(二)地层油气藏的聚矿构造

1. 潜山油气藏

潜山是指被不整合埋藏于年轻沉积盖层之下的盆地基底的基岩突起,包括古地形突起(残丘)和古构造被剥蚀而形成的具有一定构造形态的突起。潜山的形成必须经过较长时期的侵蚀,并被后来新的沉积层埋藏,它相对于周围是一个局部的突(隆)起。潜山油气藏是指这些基岩突起被上覆不渗透地层所覆盖形成圈闭条件,油气聚集其中而形成的油气藏,也有人称"古地貌"油气藏。

潜山油气藏是广义的基岩油气藏,即沉积盆地基底岩石中的油气聚集,包括结晶基底部分和盆地形成前不同时代的岩层,岩浆岩、变质岩和沉积岩均可作为基岩。还有一种狭义的基岩油气藏概念,即只有在沉积盆地结晶基底岩石中形成的油气藏才是基岩油气藏,通常是岩浆岩和变质岩。不论狭义的还是广义的基岩油气藏,因基岩本身无生烃条件,油气均来源于上覆或侧翼新沉积岩层,只是赋存油气的岩石类型差异,广义的概念包含岩石类型更多。本书采用狭义的概念,即基岩油气藏是潜山油气藏中的一种类型。

潜山圈闭的形成与区域性的沉积间断及剥蚀作用有关。在地质历史的某一时期,形成了一系列的潜伏剥蚀突起或潜伏剥蚀构造,也称为"古潜山"。这种古地形突起,由于遭受多种地质营力的长期风化、剥蚀,常形成破碎带、溶蚀带,具备良好的储集空间,当其上为不渗透性地层所覆盖时,则形成了地层圈闭,成为油气聚集的有利场所(图10-28)。按照潜山的形态及形成特点,可将潜山油气藏划分为断块山、古地貌山和褶皱山三大类(图10-29),它们的形成都受差异风化因素影响,断块山、褶皱山还受断裂和古构造控制。

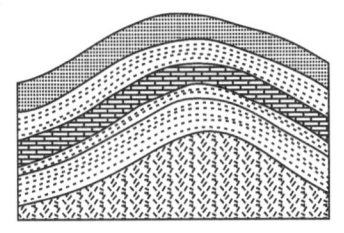
a.地层隆起形成背斜

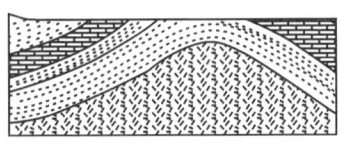
b.背斜遭剥蚀,顶部储层被剥蚀掉

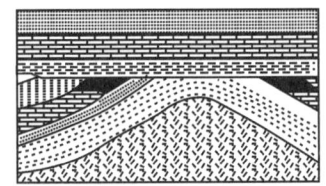
c.沉积物覆盖在角度不整合之上,石油向上运移至构造翼部聚集成藏

图10-28 潜山油藏形成过程示意图(据蒋有录和查明,2016)

组成潜山的岩石经过长期的风化、剥蚀和地下水的循环作用后,次生孔隙和裂缝发育,具有良好的储集性能。

潜山油气藏的类型以及分布特征均受区域地质结构控制。潜山圈闭中聚集的油气,主要是来源于其上覆沉积的烃源岩。因此,潜山油气储集层的时代通常比烃源岩的时代老,即

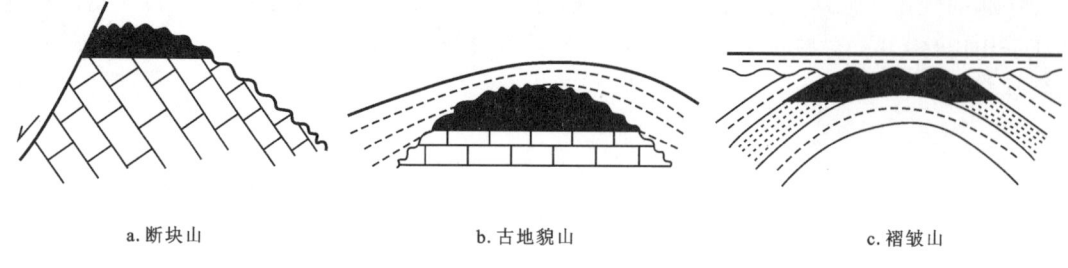

a. 断块山　　　　b. 古地貌山　　　　c. 褶皱山

图 10-29　潜山油气藏类型示意图(据陈荣书,1994)

所谓的"新生古储",也有的潜山油气藏储集层时代与烃源岩时代相同或烃源岩时代老于储集层的时代。油气运移通道主要包括沟通潜山和烃源岩的油源断裂及不整合面两种类型,油气沿不整合面和油源断裂源源不断地运移至潜山圈闭中聚集成藏。

2. 地层不整合遮挡油气藏

广义的地层不整合遮挡油气藏是指位于不整合面之下,由不整合遮挡形成的地层油气藏,包括上述潜山油气藏。这里所说的地层不整合遮挡油气藏是狭义的,指主要在盆地边缘或在古隆起,在一定的构造背景下储集层上倾方向被剥蚀,后来又为新沉积的非渗透性岩层遮挡,在不整合面之下形成圈闭,油气在其中聚集,就形成地层不整合遮挡油气藏。与潜山圈闭不同,该类圈闭的不整合面一般没有明显的地形突起。

地层不整合面不是简单的面,而是一个包含多层结构层的"地质体"。理想的不整合常发育3层结构,即不整合面之上的岩石、之下的风化黏土层和半风化岩石。由于受到剥蚀时间、岩性、地形、气候等多种因素的影响,多数不整合缺失风化黏土层。不整合风化黏土层的存在与否、不整合上下岩层岩性配置情况、半风化岩石的孔渗发育及组合形式,对油气在不整合附近的运移聚集具有重要影响。

如果不整合发育较稳定的风化黏土层或半风化岩石之上发育较稳定的非渗透层(如厚层泥岩)作为区域性盖层,则不整合主要起遮挡作用,油气会在不整合面下适合的部位聚集,并形成地层不整合遮挡油气藏。在此情况下,若不整合面下岩石是容易风化的碳酸盐岩,则油气可沿不整合面下的半风化岩层作较长距离运移;若不整合面下岩石是不易风化的砂岩、泥岩互层,砂岩、泥岩层不能在不整合面下形成连续的输导层,油气很难穿层运移,但由于不整合面上的泥岩层对油气运移起到很好的遮挡作用,油气可在不整合面下各砂层中形成不整合遮挡油气藏(图10-30)。如果不整合面下的半风化岩石或渗透层之上直接与渗透层(如砂岩层)对接,即在不整合面上、下为渗透层对接的情况下,不整合面之下的渗透层由于缺少盖层而容易形成"天窗",油气沿"天窗"穿过不整合面进入渗透层并向其上倾方向运移,形成地层超覆油藏(图10-30)。因此,在砂岩、泥岩互层层系中的不整合,由于不整合面之下的渗透层及顶部非渗透层在横向上连续性差,油气很难沿不整合进行长距离运移。

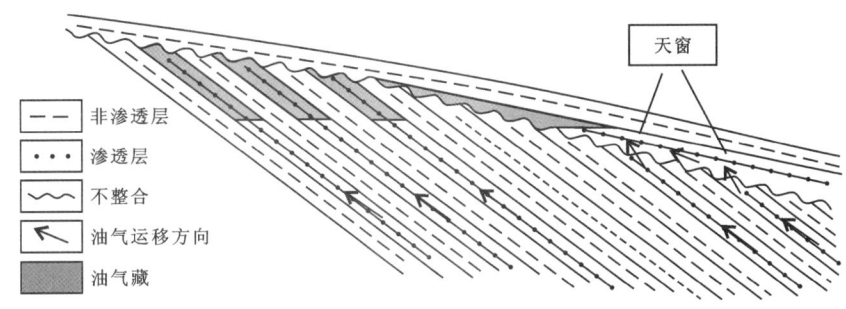

图 10-30　地层不整合遮挡油气藏模式图（据蒋有录等，2024）

3. 地层超覆油气藏

地壳的升降运动及其差异性，常可引起海水或湖水的进退。这种水体进退的结果在地层剖面上就表现为"超覆"和"退覆"两种现象，如图 10-31 所示。地层超覆是指当水体渐进时，沉积范围逐渐扩大，较新沉积层覆盖了较老沉积层，并向陆地扩展，与更老的地层侵蚀面成不整合接触。从剖面上看，超覆表现为上覆层系中每一地层都相继延伸到下伏较老地层边缘之外，并且在同一柱状剖面中，由下向上沉积物越来越细；退覆是在水体渐退时发生的，较新沉积层的范围越来越小。

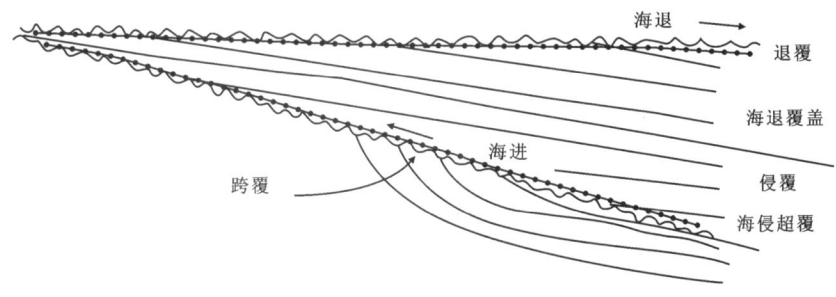

图 10-31　超覆与退覆示意图（据张厚福等，1999）

水体渐进时，水盆逐渐扩大，沿着沉积坳陷边缘部分的侵蚀面沉积了孔隙性砂岩，分选较好，储集性质也好；随着水盆继续扩大，水体加深，在砂岩层之上超覆沉积了不渗透泥岩，其结果形成地层超覆圈闭，油气聚集其中就形成地层超覆油气藏。这种类型的油气藏都集中分布在地质历史上的水陆交替地带，在海相沉积盆地的滨海区、大而深的湖相沉积盆地的浅湖区，都可能找到地层超覆油气藏。地层超覆油气藏一般分布在盆地的边缘，大型超剥带是形成地层圈闭的基础；充足的油源、鼻状构造、油气运聚动力以及由高孔渗的砂体、断裂及不整合组成的复合输导体系是油气远距离运移成藏的必要条件；浅层大气水的作用使原生稠油更加稠化。

目前世界上已发现很多这类油气藏，其中比较著名的有美国东得克萨斯油田的油气藏，如图 10-32 所示。东得克萨斯油田位于墨西哥湾盆地西部萨滨隆起的西侧，上白垩统乌德

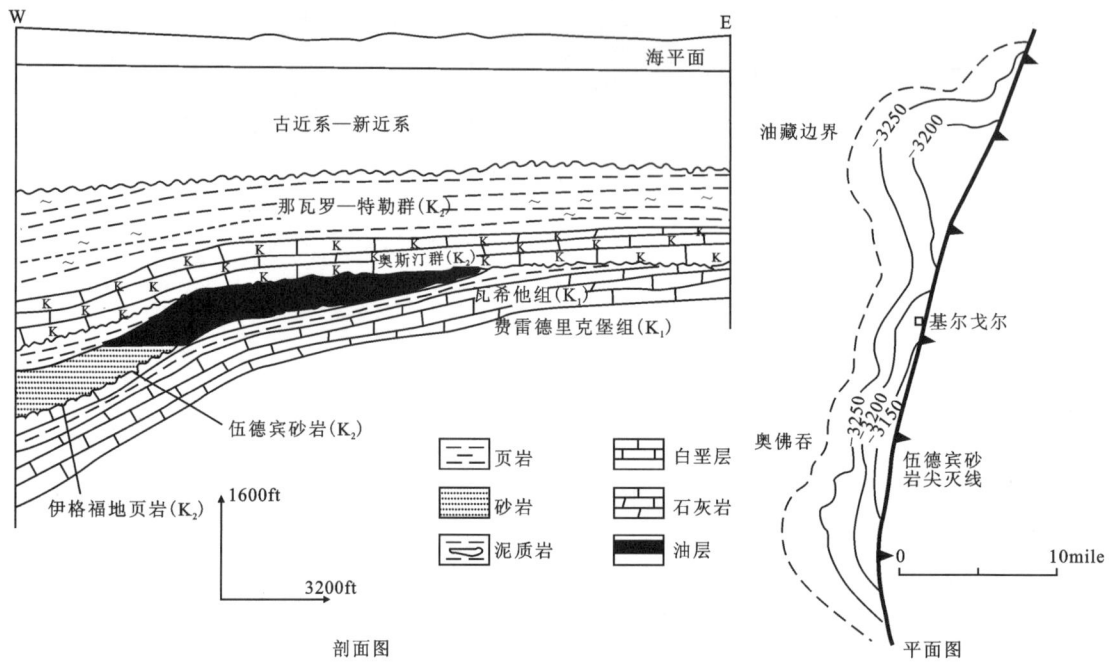

图 10-32　东得克萨斯油田乌德宾（白垩系）产油层顶部构造图及横剖面图（据 Levorson,1967）
注：等值线单位为 ft,1ft＝0.304 8m。

宾组砂岩超覆沉积在下白垩统不整合面上，向东的上倾方向又被其上不整合接触的奥斯汀群超覆覆盖，砂岩顶、底两个不整合面在上倾方向相交，油气聚集其中，形成地层超覆油气藏。该油田的总可采储量为 $7.3×10^8$t，是美国最大的油田之一。

三、岩性油气藏的类型及聚矿特征

（一）岩性油气藏的主要特点

在岩性变化大的砂岩、泥岩沉积剖面中，常见许多薄层砂岩互相参差交错。有的层状砂岩体顶、底均为不渗透泥岩所限，在横向上亦渐变为不渗透泥岩，砂岩体呈楔状尖灭于泥岩中，这就是砂岩上倾尖灭圈闭，如图 10-33a 所示。有的砂岩体呈透镜状，周围均被不渗透层所限，则为砂岩透镜体圈闭，如图 10-33b 所示。这两种砂岩体（或砾岩体）常常伴生于同一剖面中，因为它们的成因相似，是在同一盆地内，由于沉积环境不同，不同性质的物质同时沉积下来，遂在沉积物的横向上出现岩性变化的结果；或为砂岩渐变为泥岩，或为泥岩渐变为砂岩，或为砂岩的渗透性变化不均匀。在砂岩尖灭体的尖灭端部以及透镜体的两端，往往泥质含量增多，渗透性变差；而向砂岩体主体，泥质减少，渗透性变好，形成透镜体、岩性尖灭圈闭或物性封闭圈闭等。除砂岩相变形成岩性圈闭外，碳酸盐岩（如粒屑灰岩）也可由于岩性改变而形成岩性圈闭，如生物礁油气藏。在成岩和后生作用期间，由于次生作用可使原生的岩性圈闭发生改变,并使储层的一部分变为非渗透性岩层,或使非渗透性岩层中的一部分变为渗透性岩层,形成岩性圈闭。如在厚层砂岩中,由于渗透性不均,也可在低渗透砂岩中出现局部高渗透带,如图10-33c所示。

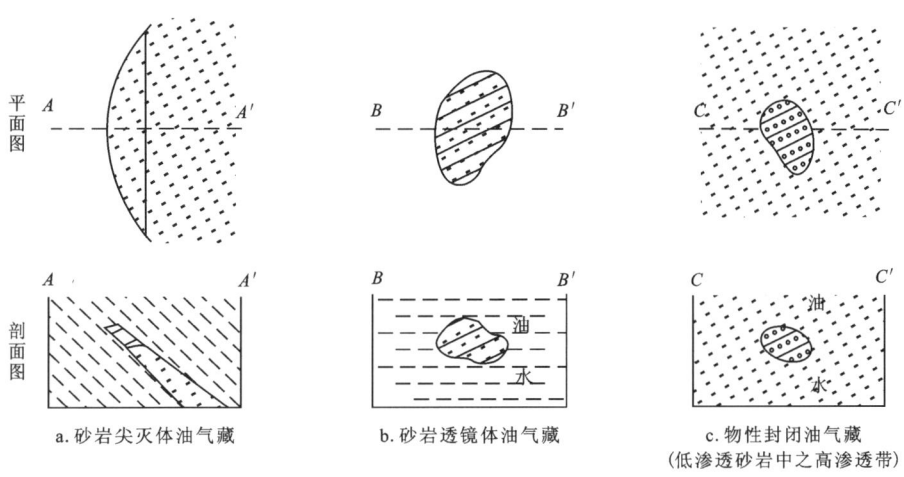

图10-33　砂岩尖灭体及透镜体油气藏(据张厚福等,1999)

根据储集体类型,岩性油气藏可分为4类,即砂岩、泥岩、碳酸盐岩和火成岩岩性油气藏,以砂岩类为主要类型。按圈闭的成因,岩性油气藏可分为砂岩上倾尖灭油气藏、砂岩透镜体油气藏、物性封闭岩性油气藏和生物礁油气藏4种,其主体是受沉积条件控制形成的砂岩上倾尖灭圈闭和砂岩透镜体圈闭,尤其在陆相含油气盆地中。

根据有效烃源岩与储集体的配置关系,可将岩性油气藏分为两类,即接触源岩的岩性油气藏和不接触源岩的岩性油气藏,前者被烃源岩包围或部分接触,烃源岩生成的油气可通过烃源岩中的层理、裂缝及砂层直接进入储集体;后者烃源岩与储集体之间存在几十甚至几百米厚的泥质岩层,只有通过断裂、裂缝等输导通道才有可能成藏。

(二)岩性油气藏的聚矿构造

1.岩性尖灭油气藏

这类油气藏是由于储集层沿上倾方向尖灭形成圈闭条件,油气聚集其中而形成的。在陆相湖盆中各种类型砂岩体的前缘带与大型隆起或局部构造圈闭相配合,使砂岩上倾尖灭线与储层顶面等高线相交,形成上倾尖灭圈闭。这类油气藏的分布和规模大小取决于砂岩体的部位与不同级别的构造相互配置关系。由多个韵律层组合而成的复合砂岩体与凹陷斜坡带或大型隆起带相结合,使多个砂层组上倾尖灭线与构造等高线相切,形成大、中型岩性上倾尖灭油藏,具有含油面积大、含油层组多、油气富集程度高等特点。

国内外岩性尖灭类型的油气藏很多,如苏联北高加索迈科普油区卡杜辛油田渐新统砂岩尖灭油气藏(图10-34)。

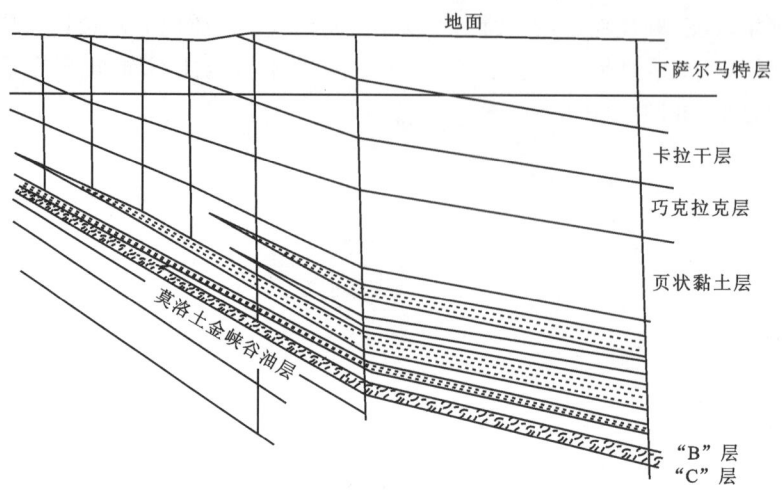

图 10-34　苏联卡杜辛油田渐新统砂岩尖灭油气藏剖面图(据 Levorsen,1967)

2. 透镜体油气藏

透镜体油气藏是由透镜状或其他不规则状储集层,周围被不渗透性地层封闭而形成透镜体圈闭条件,其中聚集了油气就形成了透镜体油气藏。最常见的是被泥岩包围的砂岩透镜体,透镜体油气藏的规模一般都不大。

3. 物性封闭油气藏

物性封闭圈闭又称成岩圈闭,是指由于各种次生成岩作用使原始沉积的岩层孔隙性发生变化形成的圈闭类型。主要包括两种情况:一是由于胶结作用导致渗透层上倾部位的孔隙度及渗透性降低,因渗透层在上倾方向物性变差而形成遮挡条件,从而形成物性封闭圈闭;二是由于次生变化,如白云岩化、溶解作用等,使原来不具有渗透性的岩层的一部分孔隙度、渗透率增大,形成低渗透层中的高孔、高渗段,从而形成物性封闭圈闭。在这些由于物性变化而形成的圈闭中的油气聚集就是物性封闭岩性油气藏(图 10-35)。

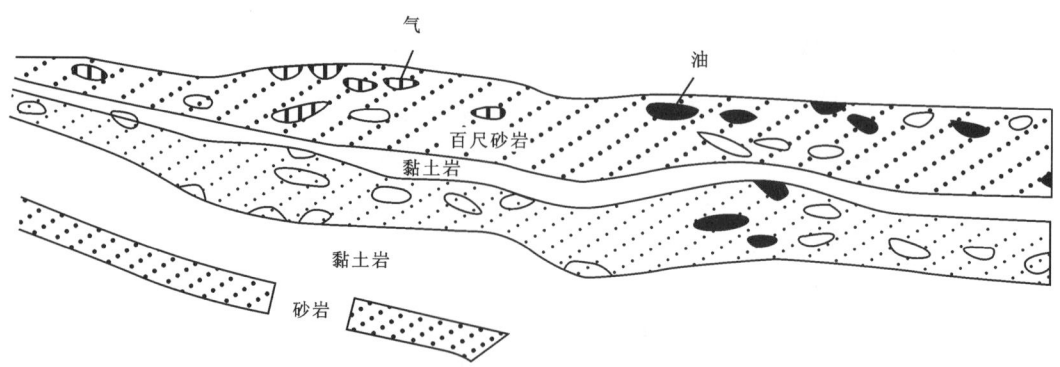

图 10-35　阿巴拉契亚盆地下石炭统"百尺砂岩"油藏剖面图(据蒋有录和查明,2016)

物性封闭油气藏广泛发育于各类砂砾岩扇体中,如水下扇体由于扇根物性致密,在扇体上倾方向形成遮挡。此外,在低渗透岩层中往往存在高渗透带砂体油气藏,储集层的渗透性变化很大,油气聚集在渗透性好的部分,而渗透性不好的部分则为水所充满,也属于物性封闭岩性油气藏。这种油气藏的形状和分布都很不规则。美国阿巴拉契亚含油气盆地下石炭统"百尺砂岩"中的油气藏可作为典型实例,如图10-35所示。

4. 生物礁油气藏

生物礁圈闭是指具有良好孔隙性和渗透性的生物礁储集岩体被上覆及周围非渗透性岩层封闭而形成的圈闭,在其中形成的油气聚集称为生物礁油气藏。生物礁圈闭及油气藏的形态与礁组合中储集体的形态有关。

生物礁是由珊瑚、层孔虫、苔藓虫、藻类、古杯类等造礁生物组成的、原地埋藏的碳酸盐岩建造。生物礁中除造礁生物外,尚掺有海百合、有孔虫等喜礁生物。不同地质时代有不同的造礁生物。

根据礁的形态特征及其与陆地关系,礁可分为:①岸礁(裙礁、边礁),发育于海岸边缘;②堡礁(堤礁、障壁礁),发育于海岸外,与陆地之间隔潟湖,即发育于潟湖与海盆之间;③环礁与马蹄礁,一般发育于碳酸盐岩台地之上,环礁面向海盆,中心有一潟湖;④台礁、塔(尖柱)礁,一般是全部或局部浸没在海水中的孤礁。浸没在海中的称为海中山或海底平顶山,生长迅速的称为塔礁或柱礁。相对应,礁型油气藏可分上述4类。

礁是生长体,可能会因差异压实作用,在礁体上方形成压实背斜。礁型圈闭的闭合面积确定,也有其特殊性。作为生长构造的礁体,礁顶面的构造等高线和礁体等高线大致可以圈定其分布范围,图10-36、图10-37分别为前述两种方法圈闭的礁型圈闭的范围和油气藏分布的平面、剖面图,前者按背斜圈闭,后者按岩性圈闭原则圈定。

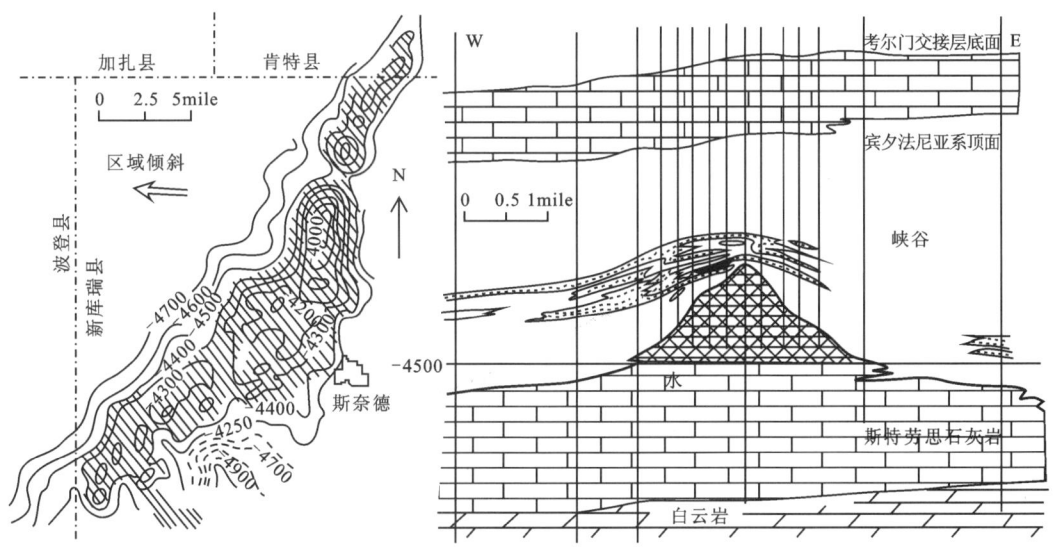

图10-36　得克萨斯州斯库瑞县斯奈德-斯克雷油田构造平面图及剖面图(转引自Levorsen,1967)

注:1mile=1609m,1ft=0.3048m。

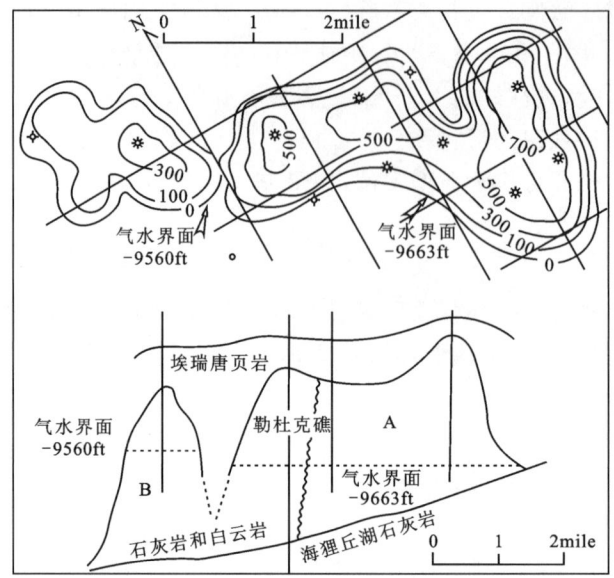

图 10-37　加拿大阿尔伯达盆地斯特赖钱礁型气藏含气礁块厚度及气藏剖面图
（据 Hriskevich et al.，1980；转引自何生等，2010）

第十一章 矿田构造的若干时空规律

任何一个矿床的形成总是经历了漫长的地质构造发展过程。掌握控矿构造的时间演化规律及空间的展布规律,对于矿床、矿体的预测工作具有十分重要的意义。根据构造与成矿作用的时间关系,可将控矿地质构造的发展阶段划分为成矿前构造、成矿期构造和成矿后构造。控矿构造的空间展布规律主要表现在构造的等距性、构造的分带性以及各种构造系统(如侵入接触带构造系统等)的形成。

第一节 成矿前构造

一、成矿前构造的特征

成矿前构造是指成矿作用前已存在的构造要素,它经常是控制着矿田、矿床和矿体总体展布的基本因素。成矿期构造也往往是继承成矿前构造的一部分而发生的。因此,研究成矿前构造对找矿具有很重要的意义。

对于沉积、沉积变质矿床,成矿前构造主要是指控制沉积的盆地以及盆地边缘的断裂。

对内生矿床来讲,成矿前构造包括以下 5 个方面。

(1)控制岩浆-矿化活动的区域构造包括各种断裂、褶皱以及上隆或坳陷等。

(2)成矿前地层的原生成层构造包括岩层的层理面、假整合面、不整合面以及在成矿作用之前业已形成的盐溶角砾岩和古喀斯特等。

(3)成矿前中深成侵入体及次火山岩体的原生构造、接触带构造以及火山机构:①岩体同位素年龄早于成矿年龄;②岩体内有矿化或近矿蚀变;③岩体的接触带(包括复杂接触带)控矿;④矿化或蚀变有以岩体为中心向外的分带现象;⑤岩体中没有矿石的捕虏体或岩体切过矿体的现象,但矿体切割侵入岩体。成矿前深成侵入体和次火山岩体的原生构造以及由于岩体的侵入而形成的环状裂隙、同步褶皱和流变褶皱等构造均属于成矿前的构造。

(4)成矿前脉岩所充填的断裂裂隙以及成矿前脉岩中的冷缩裂隙。

成矿前脉岩的标志有:①脉岩中有矿化或矿化细脉穿入;②脉岩遭受矿化作用前或同时的蚀变作用;③矿脉延伸被脉岩所阻挡,在接触处矿脉多呈喇叭状;④脉岩中不具有矿石的角砾,但矿体中可有脉岩角砾。成矿前脉岩中的冷缩裂隙可以是平行脉壁的裂隙,也可以是垂直于脉壁的冷缩梯状裂隙。

二、成矿前断裂

成矿前断裂包括那些作为岩浆和矿液通道的断裂,其规模大小不一,既有延伸很长的大断裂和环状断裂,又有具体控制岩脉和矿脉的小型断裂。在大多数情况下,侵入体的节理、沉积岩的顺层裂隙和变质岩的顺片理裂隙以及与褶皱有关的或叠加于其上的穿层断裂,均属成矿前断裂。在成矿作用开始前,这些断裂一般是闭合的,或已被各种岩浆岩充填,但它们仍然是最易于后来应力释放的一个薄弱带。临近成矿时,断裂复活,含矿溶液沿之运移,并在合适部位发生矿石堆积。需要注意的是,含矿裂隙并非总是继承成矿前断裂,其中一部分可以是新生的。

成矿前断裂的标志有:①断裂中分布有矿体、矿化、成矿前或成矿时的蚀变,或矿体、矿化带、蚀变带切割断裂;②断裂对矿液流动起阻挡作用,紧靠断裂带(面)矿体呈喇叭状;③断裂中无矿石角砾,但有矿化或蚀变交代成矿前角砾的现象;④断裂控制矿床、矿体的展布格局,或断裂两侧矿脉明显不对应;⑤控制上述断裂的高一级断裂。

第二节 成矿期构造

一、成矿期构造及其研究意义

成矿期构造为矿石形成过程中发生的构造变动。从时间上来讲,应包括从矿化作用开始至矿化作用全部结束之间所发生的构造活动。对于内生矿床,尤其是矽卡岩矿床及热液矿床来说,成矿期构造经常是多期多阶段的。成矿期构造可以继承成矿前构造,也可以是新生的构造。

研究成矿期构造有以下 6 个方面的重要意义。

(1)由于成矿期构造往往直接控制着矿体,因此研究成矿期构造,了解其构造性质、产状、各组成矿期断裂裂隙的组合关系及其与有利层位的交切关系,就能了解矿体的分布、形态及产状。

(2)在矿石沉淀作用过程中经常发生多次的构造活动,由于构造的多次活动,构造间的交错与重叠,矿液也常呈脉动式运动,矿石沉淀具有断续的性质,造成矿体内部结构的复杂性。因此,研究成矿期构造可以帮助了解矿体内部结构产生的原因。

(3)上述的构造-矿液脉动现象,随着时间的推移在空间上有所转移,可形成矿床及矿体的脉动分带现象。因此,了解每一矿化阶段的构造性质、矿化特征及分布范围,则有助于认识矿化分带的特征及原因,这对于找矿有重要意义。

(4)研究成矿期构造可以帮助了解富矿体的分布。富矿体既可形成于某一矿化阶段,如产于两组断裂的交会处、断裂拐弯处、裂隙膨大、分叉处等。也可以由于多阶段的矿化重叠而成,尤其是不同阶段的矿化在同一断裂中重叠,且具有前后一致的有用组分,则更易形成富矿体。

(5) 对叠生矿床而言,研究成矿期构造可以帮助查清矿源层中有用组分的活化转移机制和集中过程;帮助查清原生沉积矿体被改造以及叠加的过程。

(6) 成矿期构造是整个地质发展历史的一部分,因此研究成矿期构造可以帮助了解矿床的发展史。

二、成矿过程中的应力状况分析

在成矿过程中矿液进入含矿裂隙大多是在构造拉伸条件下发生的,即裂隙是在构造作用下发生张开时伴随着矿液的进入。这里存在以下几种情况。

构造裂隙与矿液的进入同步发生,如湖南安化司徒铺白钨矿区,从印支晚期早阶段到晚阶段,每一阶段的构造活动均伴随着矿脉的充填(图 11-1)。

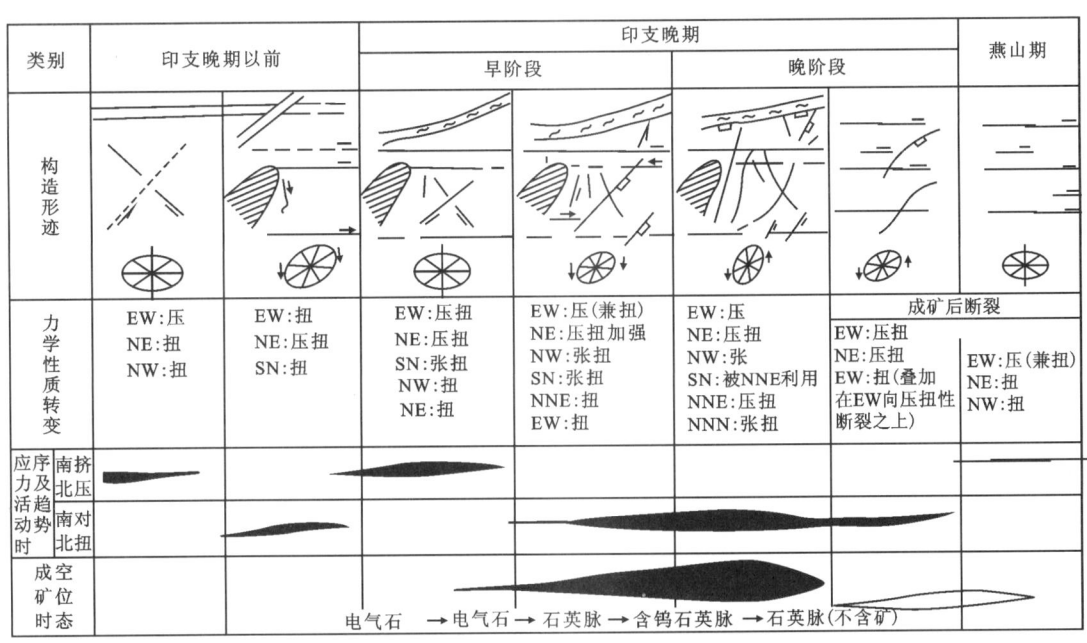

图 11-1　湖南安化司陡铺白钨矿区构造应力场变化简图(据刘钟伟和陈汉中,1983)

构造裂隙的发生与矿液的进入不同步,成矿裂隙的发展可分为第一阶段成生阶段和第二阶段张开充填阶段。

(1) 成生阶段主要是在水平挤压作用下形成的一套裂隙系统,在形成裂隙过程中并不发生矿化。而第二阶段即张开充填阶段才形成矿化。造成裂隙张开的原因在于成矿区域中不均匀的上隆作用或高压流体的液压致裂作用,即由自下而上的垂直应力造成的各个方向裂隙的张开,并伴随矿液的充填(图 11-2)。

(2) 无论是成生阶段还是张开充填阶段都是在不同方式的水平应力作用下发生的,即在不同的构造体系交替作用过程中的某个体系作用时可能不成矿,而在另一个体系作用时则伴随成矿。

发展阶段	立体示意图	应变图(平面投影)	说明
成生阶段	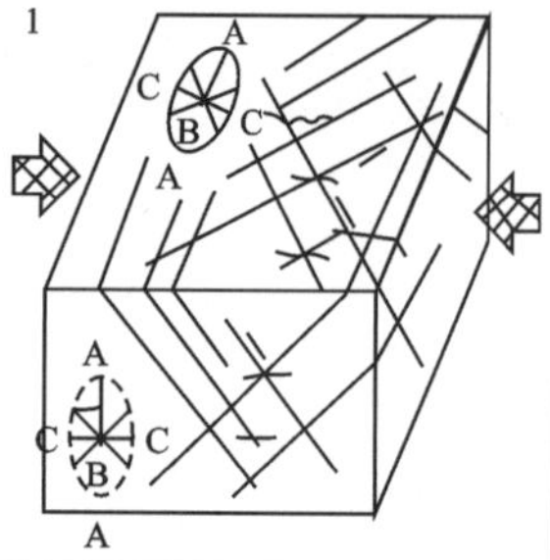 1	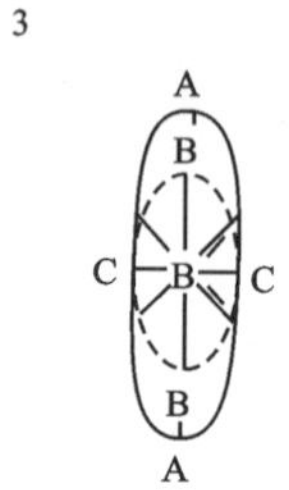 3	矿裂的成生阶段主要是由于水平挤压作用的结果(这里未涉及与褶皱同生的复杂情况)。在平面上形成两组共轭剪性矿裂及一组横向张性矿裂;在剖面上出现两组共轭压性矿裂及一组近水平的张矿裂。形变—破裂过程经常反映空间体形变特点。故可用两个相互垂直的面应变图来表示(以水平C轴为中心),并以主、次相区分(分别用实线、虚线)
张开充填阶段	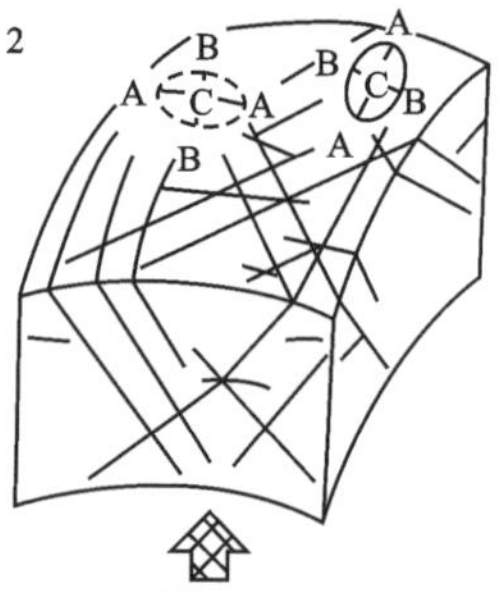 2	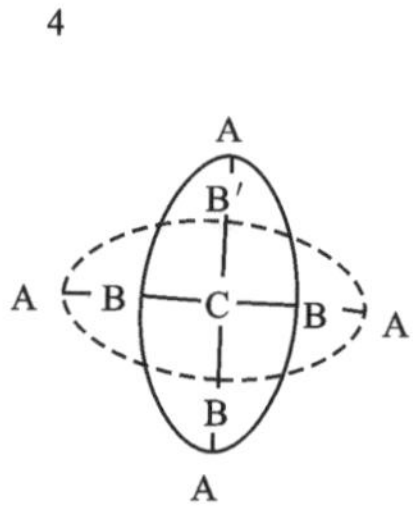 4	矿裂的张开充填阶段主要是成矿区域不均匀的上隆作用的结果(图示成矿时期的隆起作用,并非特指背斜轴部)。这时成生阶段的挤压作用为拉伸作用所代替,从而使纵向、横向和斜向的矿裂张开并为上升的矿液所充填。由于矿脉经常同时产于几个方向的矿裂中,故可用两上相互垂直的应变图表示(以直立的C轴为中心),并以主、次相区分(分别用实线、虚线)

图 11-2 成矿裂隙发展阶段解析图(据曾庆丰,2016)

在成矿过程中,由于构造的多次活动和矿液的多次充填,在空间上可以出现以下3种情况:①同一裂隙多次张开,不同阶段的矿化重叠在一起,形成复杂结构的矿体,并易于形成富矿体;②不同矿化阶段所形成的构造裂隙在空间上总体是接近的,故出现在一个矿化地段多阶段矿脉互相穿插的复杂现象;③不同矿化阶段的构造裂隙在空间上分布不一致(或仅有一小部分在空间上重叠),这种情况下易于形成脉动分带。

第三节 成矿后构造

成矿后构造是指发生在成矿作用以后的构造。对多阶段成矿的矿床而言,成矿后构造系指矿化作用全部结束后所发生的构造。成矿后构造对矿床、矿体起着破坏和改造作用,有时也可起再富集作用。

褶皱构造对沉积矿床及沉积变质矿床的成矿后变化起着重要的作用,它表现在形成一系列褶皱和相应的构造(断裂、裂隙、劈理或拖褶皱等),从而使矿体的产状发生明显的改变(图 11-3)。此外,由于强烈的褶皱经常能使广泛分布的矿层集中在较小的空间范围内,使矿量集中若干倍,有利于勘探和开采工作。

成矿后的褶皱构造对内生矿床的改造主要见于成矿时代较老的矿床中,而中生代、新生代形成的内生矿床少见有成矿后褶皱的影响。

成矿后断裂构造对矿体的影响很大,主要表现在它经常改变矿体的厚度和产状,有的甚至产生大断距位移。成矿后断裂可以是独立的系统,不同于成矿前、成矿期的断裂,也可以是继承和叠加在老的断裂构造之上。成矿后断裂的辨别标志有以下几个方面。

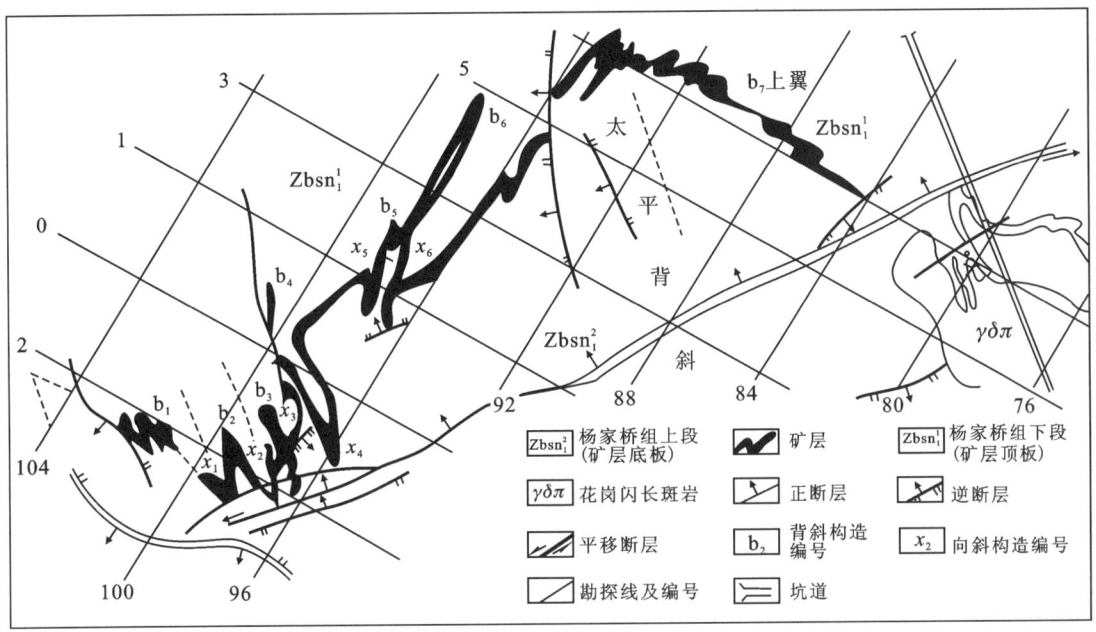

图 11-3 太平山铁矿区山 117m 水平断面图(据戴元裕,1986)

(1)当成矿后断裂横切或斜切矿体时,在断裂两侧一般均能找到其相应的矿体。在断裂中有矿石角砾,并主要分布于两个被错断的矿体之间(图 11-4)。

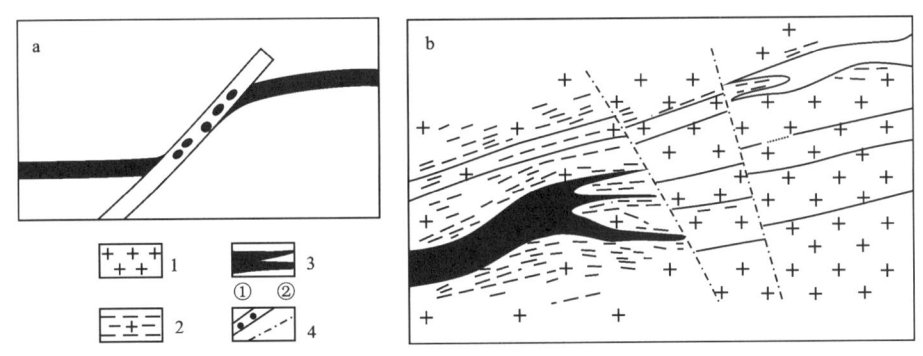

图 11-4 成矿后断裂(据翟裕生和林新多,1993)

a.在成矿后断裂中见到矿石角砾,矿脉在邻近断裂处微微弯曲;b.矿脉发生错位;
1.花岗岩;2.片理化花岗岩;3.矿脉;4.含矿石角砾的成矿后断层①和成矿后裂隙②

(2)矿脉与成矿后断裂交会处常有牵引现象,断裂两侧矿脉的产状与厚度可有变化。

(3)矿体内可见断层滑动镜面、断层泥或擦痕,断裂两侧矿体可见氧化现象,在断裂中可有表生矿物充填。

(4)如果矿体或矿化蚀变带与围岩为断裂接触,而围岩中毫无矿化或蚀变,则该断裂应为成矿后断裂。

(5)穿过矿体的成矿后脉岩所充填的断裂。

(6)在矿体中或附近无胶结物且结构松散的断裂。

第四节 矿田构造发展史

研究矿田构造发展史是矿田构造研究的一个重要内容,对它的研究能够更深刻地认识储矿构造的特征、空间分布规律、成生机理及变化过程。

内生矿田构造发展史的研究大致分下列步骤:①查明矿田形成的地质背景;②确定岩浆热液矿化蚀变史,划分为若干阶段;③分别确定每一个岩浆活动和矿液活动阶段的构造特征;④总结岩浆矿化蚀变构造史。

在实际工作中,必须区别构造形成的先后关系,并对各成矿期、成矿阶段的构造形迹分别加以研究,只有同期次形成的构造才能进行组合配套,进行力学分析,恢复其应力场。在上述工作的基础上,便可按照矿田构造的发展过程由老到新地把应变图串联排列起来,恢复构造控矿作用的发展史和应变史。

以湖南瑶岗仙脉状钨矿床为例,该矿区构造-岩浆-矿化史如图11-5所示。矿区分布的地层有寒武系、泥盆系、石炭系、侏罗系和第四系。矿区附近主要褶皱为北北东向,但在矿区内则转为北东东向,在背斜的转折端有燕山早期复式岩体的侵入。花岗岩分4次侵入,依次形成中粗粒斑状黑云母花岗岩、中粗粒白云母花岗岩,中细粒斑状黑云母花岗岩、中细粒白云母花岗岩。每期花岗岩侵入之后均有矿化作用发生,因此共有4期矿化。第一期矿化以在泥盆系砂页岩中形成大量石英细脉及细脉浸染型白钨矿化和石灰岩中的矽卡岩型白钨矿体为特征,只有少量矿脉穿入第一期花岗岩中。第二期矿化形成含较多辉钼矿和伴少量绿柱石的黑钨矿石英脉,以大脉为主,为本区的主要工业矿脉之一。第三期矿化为成分简

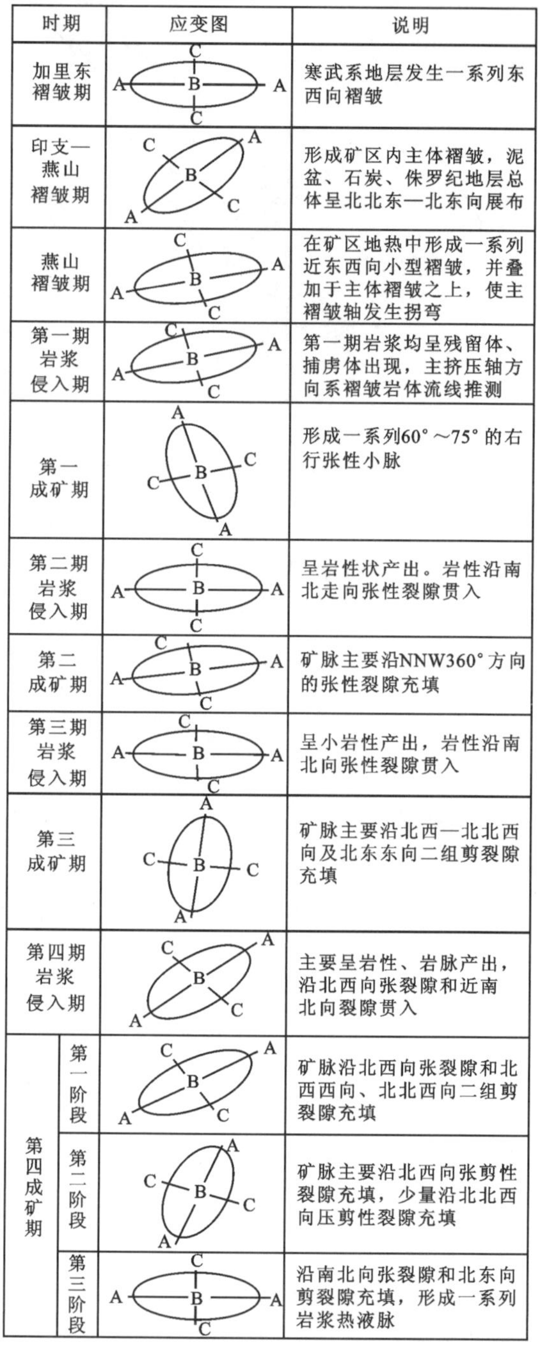

时期	应变图	说明
加里东褶皱期		寒武系地层发生一系列东西向褶皱
印支—燕山褶皱期		形成矿区内主体褶皱,泥盆、石炭、侏罗纪地层总体呈北北东—北东向展布
燕山褶皱期		在矿区地热中形成一系列近东西向小型褶皱,并叠加于主体褶皱之上,使主褶皱轴发生拐弯
第一期岩浆侵入期		第一期岩浆均呈残留体、捕虏体出现,主挤压轴方向系褶皱岩体流线推测
第一成矿期		形成一系列60°~75°的右行张性小脉
第二期岩浆侵入期		呈岩性状产出。岩性沿南北走向张性裂隙贯入
第二成矿期		矿脉主要沿NNW360°方向的张性裂隙充填
第三期岩浆侵入期		呈小岩性产出,岩性沿南北向张性裂隙贯入
第三成矿期		矿脉主要沿北西—北西西向及北东东向二组剪裂隙充填
第四期岩浆侵入期		主要呈岩性、岩脉产出,沿北西向张性裂隙和近南北向裂隙贯入
第四成矿期 第一阶段		矿脉沿北西向张裂隙和北西西向、北北西向二组剪裂隙充填
第四成矿期 第二阶段		矿脉主要沿北西向张剪性裂隙充填,少量沿北西北西向压剪性裂隙充填
第四成矿期 第三阶段		沿南北向张裂隙和北东向剪裂隙充填,形成一系列岩浆热液脉

图11-5 湖南瑶岗仙脉状钨矿的构造-岩浆-矿化史
(据翟裕生和林新多,1993)

单的黑钨矿石英脉,矿脉数少。第四期矿化可分为3个阶段,Q_4^1(代表第四期第一阶段,下同)为该矿床中最有工业意义的矿脉,黑钨矿石英脉中矿物成分复杂,以含锡石为特征;Q_4^2为本矿床最后一个具工业意义的矿化阶段,黑钨矿石英脉中含有大量硫化物;Q_4^3为碳酸盐阶段,无工业意义。

该地区在燕山运动时期存在北北东—北东向、近东西向和近南北向3个构造体系,它们的交替活动造成不同时期的矿脉具有不同的产状和特性。第一期形成北东东向张性小脉,第二期形成近南北向张性矿脉,第三期形成北西向和北东东向两组剪性矿脉,第四期第一阶段主要形成北西西向剪切矿脉。

第五节 构造的等距性

一、构造等距性的控矿意义

地壳中某些构造形迹在空间上的展布具有等距性的特点早已引起人们的注意,并应用于找矿实践,取得了明显的效果。

等距离构造是地质作用过程中的变形产物,它受到多种因素的制约。它的基本特点有二:一是构造带或构造形迹的空间展布具有规律的定向性,这种定向性展布反映了地块所经受的区域或局部应力作用的方式和方向;二是若干构造形迹或构造带呈等距产出,有的甚至呈现规律性的变化。例如河南安林矽卡岩型铁矿,矿田之间距离为8～9km;矿床的间距为4～5km;矿体的间距按矿体的大小可分为:2～2.5km、1.0～1.25km、0.5～0.65km。

等距离构造的排列方式有:①并列式(即平行式);②雁列式(斜列式);③弧形等间距;④菱形格状(两组断裂交叉)等间距;⑤环状等距离多出现在火山岩地区,以断裂的火山机构为中心,呈同心环状等距分布,在一些穹隆构造(岩体上顶构造、底辟构造)中,可能出现以穹隆高点为中心由内向外的等距分布的环形构造;⑥角等距,围绕火山机构可能出现角等距的放射状断裂。

在一个地区或矿床中可以出现多种形式的等距离构造(图11-6)。等距离构造在不同级别、不同序次、不同性质的构造形迹中均可出现,并表现为不同的组合类型。

二、不同级别等距离构造

地壳上不同地区或矿田范围内表现为等距离展布的构造形迹,规模大小相差悬殊,既有巨型构造带等距离,也有小如节理之间的等距离。

巨型等距离构造及其控矿作用在我国、北美大陆、非洲南部表现均很明显。我国境内等距离展布的3条巨型纬向构造带中,间距在8°左右,它控制了我国不同矿产种类的空间分布格局。

类型	空间构式示意图	主要特征	形成机理
平行等距	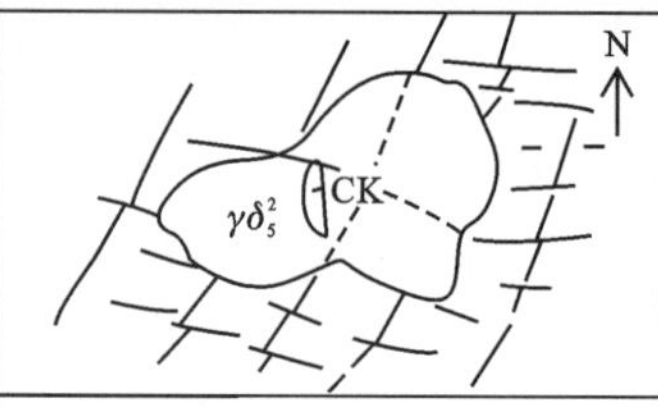	北东向断裂平行等距展布，间距 2~2.5km。具多次活动特征。北西组（或北西西）组形成较晚，规模较北东组小	在剪应力作用下形成
	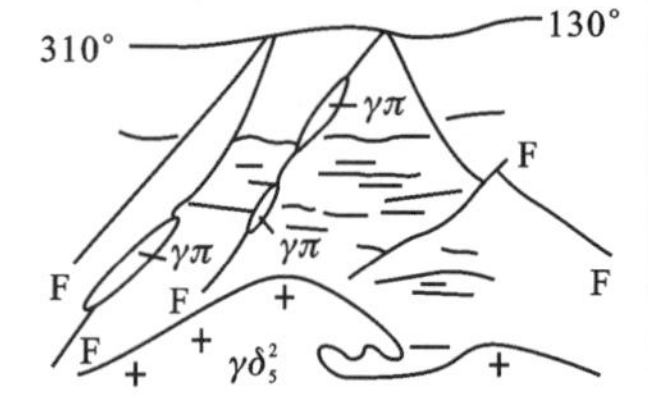	矿脉在岩体凸起上部。平行等距排列，间距为40m左右。次一级矿脉同样略呈等距排列	当应力波进入非均匀介质时，在界面进行反谢和折射；由于波的叠加、双曲线干涉作用而形成
	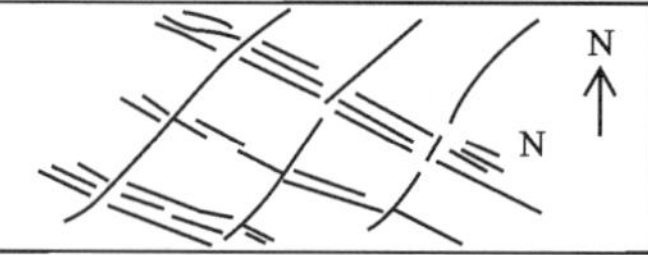	细脉组平行等距细脉延伸较远，平直。脉组间距为40~60m	细脉和细脉组的形成与剪应力作用和波的叠加作用有关
斜列等距		裂隙被方解石脉充填联结单个同列体中点与岩层走向平行	在顺层滑动过程中，形成的剪切斜列
		早期形成剪切裂隙被方解石脉充填，等距展布，与早期裂隙呈直角的为派生的张裂隙	在剪-张力作用下形成，先表现为剪切，而后有张脉叠加
		裂隙被方解石脉充填，不规则，近似等距	在张力作用下形成，受剪切作用改造

图 11-6 铜山岭矿田裂隙构造空间展布构式图（据张湘炳，1986）

天山-阴山构造带：该带西起天山，东到辽南，大致分布在北纬 40°30′—42°30′ 之间，以盛产铁、镍、金为特征，铬、钒、钛、铜、铅、锌等也占一定地位。

秦岭-昆仑构造带：该带西起昆仑山，东止黄海之滨，位于北纬 32°30′—34°30′ 之间。已发现的矿床主要有镍、铜、钼、金及铅、锌等。

南岭构造带：该带包括赣南、湘南、粤北和桂东北地区，位于北纬 23°30′—25°30′ 之间，系多种构造体系复合地带，以盛产钨、锡、稀土、稀有金属为特色，以石英脉型黑钨矿和矽卡岩型白钨矿最为发育。

这种巨型构造的等距分布规律在北美大陆上也有显示，J.库廷纳于1969年发现的美国和加拿大境内最重要的内生矿床（如肖德贝里、布兰德、苏必利尔、比尤特、苏利文等）也都集中分布于每隔10°的3个东西向构造成矿带中。

矿集区内构造带的等距性控制矿床等距分布。以豫西卢氏地区为例，该区的 Fe、Cu、Zn、S、Mo、Pb 矽卡岩型和热液型矿床，严格受东西向和北东向网格状构造控制，在网格状构造结点或结点附近,产出含矿花岗岩类小侵入体及相关矿床。它们等距分布,北东向成带,每两带间隔 8~9km;南北成行,行间距约 6km。在这些间距交点处大多有矿床产出。

矿床中矿体作等距分布的情况较为常见,尤以热液脉状矿床更为明显,如赣南一些钨矿床的黑钨矿石英脉作斜列式等距分布。山东玲珑金矿、浙江武义萤石矿、湖南香花岭锡矿、湖南桃林铅锌等的矿体都有等距分布现象。

作为区域性大构造的等距构造可以我国南岭地区为例。在该地区分布有东西向构造、北东向构造、南北向构造和北西向构造,它们分别控制着与成矿有关的花岗岩带,空间上构成了"米"字型构造格架,其中以东西向构造与北东向构造最为发育,并呈现出等距离构造。

区域构造控制等距离的矿田分布可以湘南永兴-临武矿带为例。在北北东向断裂的西北侧,自北东向南西依次分布有通林远景区、上堡矿区、黄沙坪-宝山矿田和香花岭矿田,它们之间的距离分别为 35km、65km 和 35km。根据等距离规律预测,在曹家田地区应有矿床的产出(图 11-7),经钻孔施工得到验证。

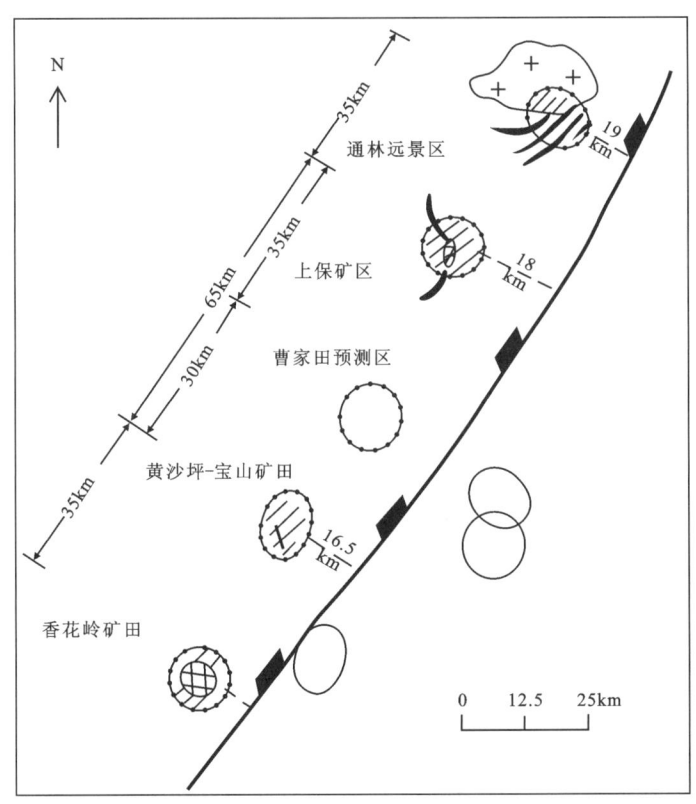

图 11-7　永兴-临武矿带示意图(据湖南地质研究所内部资料;转引自翟裕生和林新多,1993)

在矿床范围内,矿脉带及矿体的等距性颇为常见,如江西大吉山(图 11-8)和湖南铜山岭(图 11-6)等地。

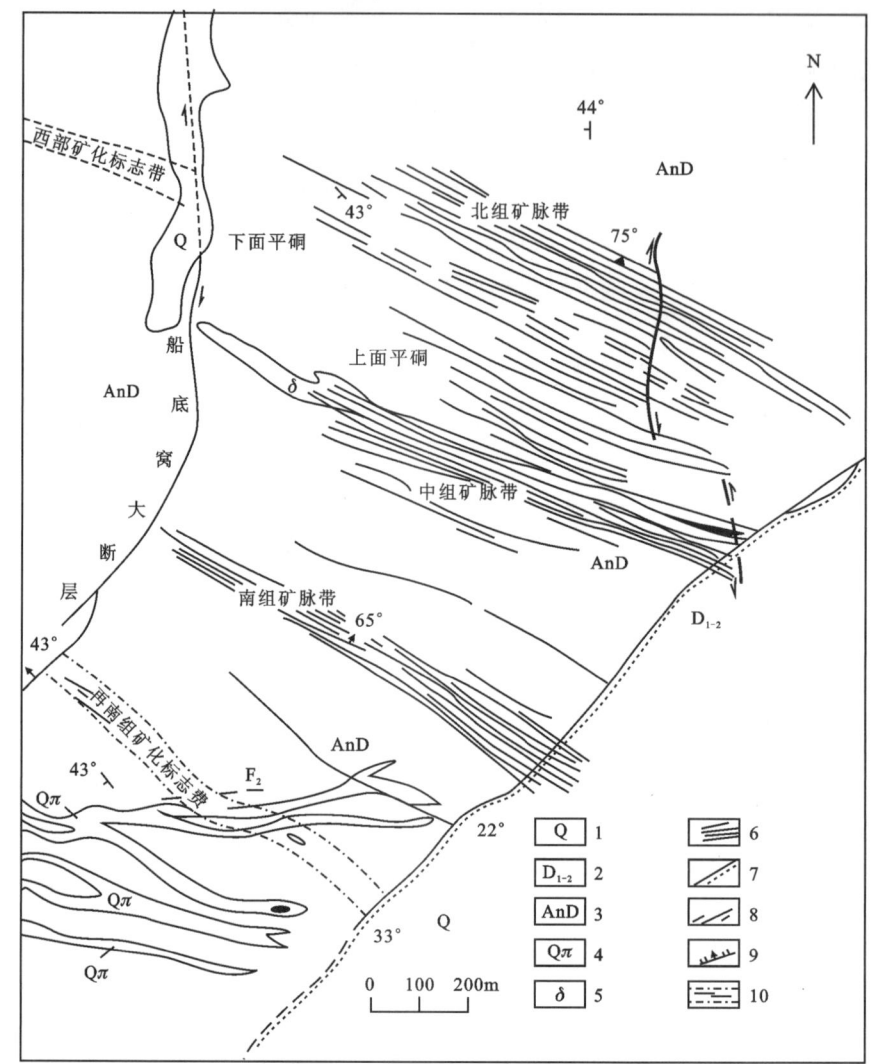

图 11-8　大吉山钨矿地质图（据江西冶金地质勘探公司，1978；转引自赣南构造体系研究组，1978）
1.第四系；2.中下泥盆统；3.前泥盆系；4.石英斑岩；5.闪长岩；6.含钨石英脉；7.不整合界线；8.平移断层；9.正断层；10.矿化标志带

三、不同序次等距离构造

在内生矿田、矿床中常常可以见到在同一方式的构造应力场作用下的同一地块，在其变形过程中出现一连串性质不同、方位不同的结构面而呈现等距离分布的现象。不仅高序次等距离构造能控制矿体，而且低序次派生等距构造也可控制矿石的堆积。

我国赣南地区钨矿床的矿脉数量极多，从研究程度较高的几十个工业矿床来看，这些矿脉在方向和形态上都有十分明显的规律性。就方向而言主要发育 9 个优势脉组，其中右列北西西组、左列北东东组及左(右)列东西组占有主导地位,工业意义最大。

通过详细研究,发现该区主要容矿裂隙属剪切裂隙,容矿裂隙的单体在平剖面中部呈规律的侧列式;部分群体(裂隙带)在平面上也呈侧列状,且单体之间及裂隙带之间常具等距离排列。

根据优势脉组容矿裂隙的产状、力学性质及发生的时间和排布特征,可以看出它们在多数场合是 NE35°方向压扭性断裂带的低级序次裂隙系统。北北东控矿断裂带的多级序断裂结构模式如图 11-9 所示,图中 1、2、3、4 序次断裂裂隙所控制的矿脉均具有等距性。

四、不同力学性质等距离构造

有时在同一矿田内,不同力学性质的构造形迹之间有着不同的等间距,其力学性质可以是压性的,也可以是扭性、张性,或者是过渡类型的。可以是由简单挤压作用形成的构造型式,或者是由对扭运动产生的构造型式。

辽宁杨家仗子钼矿床中,沿花岗斑岩一侧发生的逆断层形成了较平缓的张性裂隙和较陡的剪裂隙,分别控制了矽卡岩和铜矿体的等距离产出(图 11-10)。

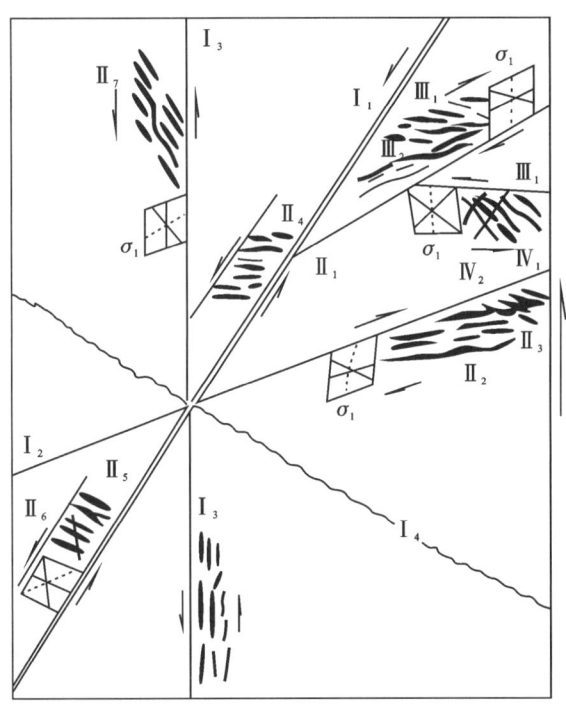

图 11-9 赣南地区优势矿脉组容矿裂隙形成的构造机制
(据钟南昌,1992)

注:Ⅰ、Ⅱ、Ⅲ、Ⅳ分别为第 1、2、3、4 序次断裂(裂隙);平行四边形局部应力方式;箭头示应力方向;黑粗线示矿脉;σ_1 为力偶区最大主应力轨 I_2、I_3 为扭性断裂

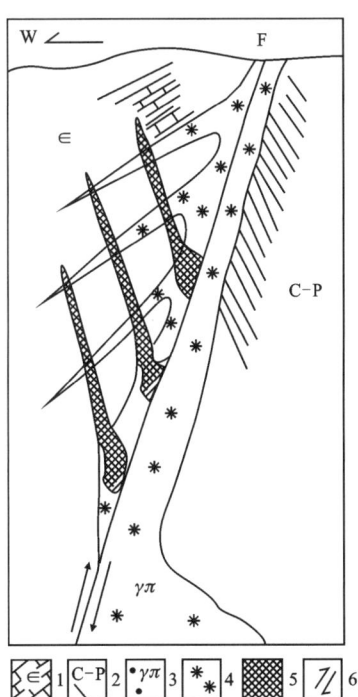

图 11-10 辽宁杨家杖子钼矿床断层侧羽裂隙控矿构造示意图
(据陈国达,1978)

1.寒武系灰岩;2.石炭系—二叠系碎屑岩;
3.花岗岩;4.矽卡岩;5.钼矿体;6.断层

五、复合(叠加)式等距离构造

复合(叠加)式等距离构造主要指两个构造体系的断裂或褶皱复合(或叠加)部位所具有的等距离排列现象。例如河南某地区(图11-11)东西向构造与北北东向构造复合部位等距离地段控制着成矿小岩体的分布,利用此规律进行成矿预测取得了明显的效果。

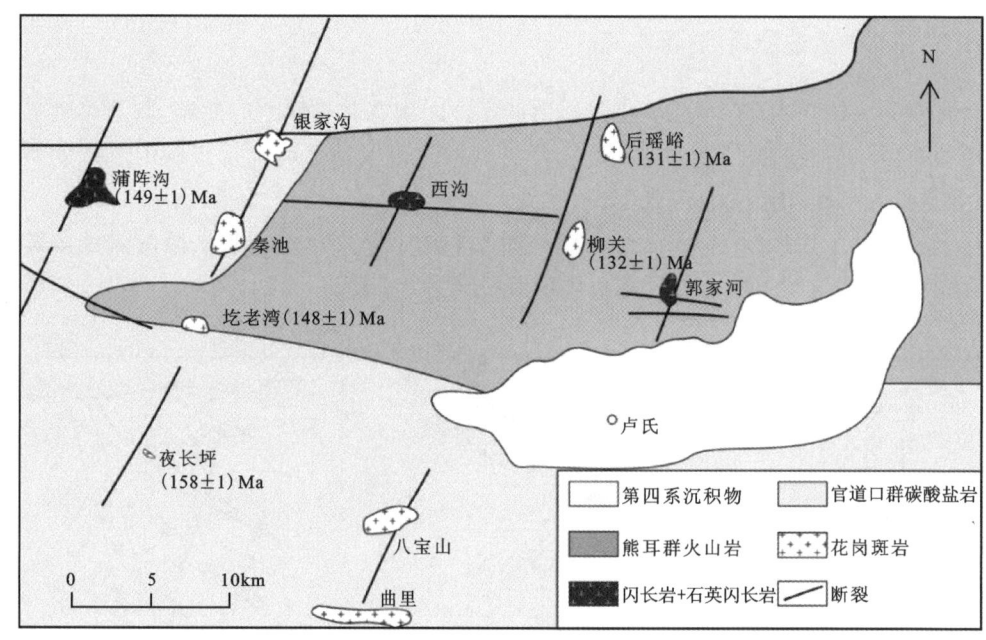

图11-11　豫西卢氏地区等距离构造与成矿小岩体关系略图(据胡浩等,2011)

六、等距离构造形成的机制

等距离定向构造的形成机制是比较复杂的。根据国内外有关的实际资料,产生构造等距离规律的可能原因有以下几个方面。

(1)由于扭应力作用而形成的等距离构造,如雁行褶皱、雁行断裂,以及两组断裂相交而成的网格式构造。这种等距离构造的实质可能是反映了地应力在地块中的等距离释放。有的学者曾根据一些矿床资料的分析,提出等距离构造是受一组应力轨迹网所支配的,并用经验轨迹网对捷克的伊赫拉伐矿区的未知矿脉进行预测,发挥了有效的作用。

(2)由于压应力作用而形成的波状起伏构造,如平行展布的褶皱带中背斜与向斜等距离规律分布。这种构造的成生与地应力的均匀分布和岩块介质均质性等因素有关。从物理观点来看,均质的岩块在地应力作用下压应力的传递具有波动性,大体上是以正弦曲线式进行,所以相应的褶皱变形也具有等距离的趋势。

(3)由于不同构造体系复合(叠加)而成的横跨和交叉点等距离构造。这种构造是不同方向、不同方式的应力叠加形成的。在岩块介质相对均匀的情况下,横跨隆起部位之间或横跨坳陷部位之间的等距离现象较为明显。这种构造形迹复合部位的变形强度大或断裂切割较深,对矿化较为有利。

等递差距规律及其对成矿控制与等距离构造有所不同的是,在自然界还存在一种等递差距规律。它的形成可能与在一定范围内的相同介质中,应力波传递过程的逐渐衰减有关。例如赣南的西华山、荡坪、木梓园、大龙山、漂塘、棕树坑等矿床之间(图11-12),间距分别为3.2km、3.0km、2.8km、2.6km、2.4km,其递差距为0.2km。又如湘南黄沙坪矿床AF_3断裂中的4个矿体群,自南西向北东,间距依次为250m、200m、150m,递差距为50m(图11-13)。

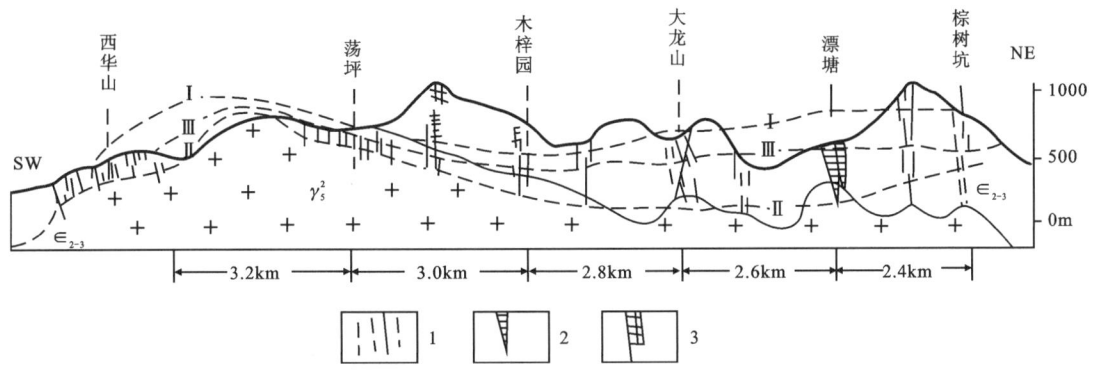

图11-12 赣南亚矿带纵向地质剖面图(据杨明桂和王昆,1994)

1.石英大脉型矿体;2.石英细脉带型矿体;3.矿化标志带;ϵ_{2-3}.中上寒武统;γ_5^2.燕山早期黑云母花岗岩;Ⅰ.各矿床主要工业矿体上界连线;Ⅱ.各矿床主要工业矿体下界连线;Ⅲ.各矿床主要工业矿体最好部位连线

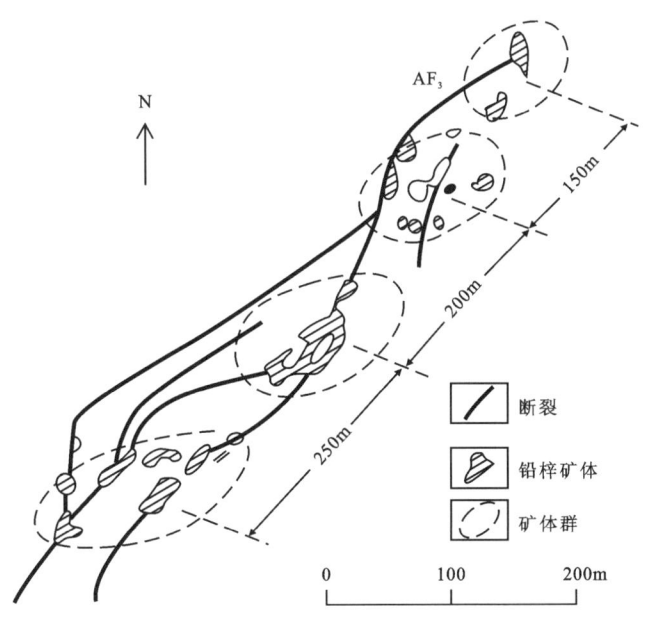

图11-13 黄沙坪矿区AF_3断裂带铅锌矿体分布图
(据湖南地质研究所内部资料;转引自翟裕生和林新多,1993)

第六节 构造的分带性

构造的分带性是研究控矿构造分布规律的重要内容之一,对于预测隐伏矿体具有重要的意义。构造的分带性可表现为水平分带与垂直分带,对深部预测来讲,垂直分带尤为重要。对某些地区或某些矿床来讲,水平分带与垂直分带具有一致性,在这种情况下研究水平分带的规律有助于深部预测工作。

一、单一构造要素的分带

单一构造要素的分带是构造分带中一种常见现象,可表现在单一断裂裂隙、褶皱、矿体、岩体乃至岩石的物理力学性质等方面,它不仅具有规律性变化的水平分带,而且垂直分带也很明显(图 11-14)。例如一个压性(或压扭性)结构面,自破裂面中心向两侧大致可划分为:断裂泥砾带→挤压片理带→构造透镜体带→密集裂隙带,并相应地具有一套构造岩。上述4个带中,前3个带可归为主干构造,第4个带即密集裂隙带可归为派生构造或伴生构造。在很多内生金属矿床中,经常看到从矿化裂隙中心向外,矿石构造依次出块状、角砾状、网脉状逐渐过渡到稀疏细脉,直到矿化消失。这可能就是破裂面的分带在控制矿化作用方面的反映。

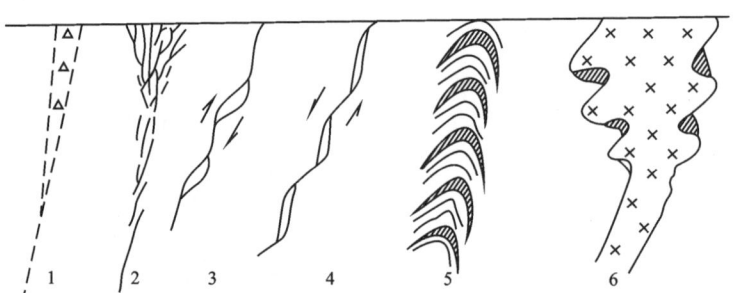

图 11-14 单一构造要素垂直分带综合剖面示意图(据翟裕生等,1981)
1.张性断裂;2.压性、压扭性断裂;3.弯曲断面上的逆断层;4.弯曲断面上的正断层;
5.鞍状背斜剥离空间多次出现;6.弯曲接触带多次出现对矿化的控制

在一些断裂裂隙充填脉型矿床中,断裂裂隙构造的垂向分带直接控制矿化的垂直分带,矿石类型受构造岩的类型所制约。例如一些低序次的断裂在其形成发展过程中,由于应力条件和围岩条件的限制,自下而上断距越来越小,最后形成大量的裂隙而使断裂消失。在这种近于树枝状的断裂裂隙中,充填的矿脉就具有下部为大脉、上部为细脉的分带特点。如果有合适的岩层发生交代形成顺层矿体,就构成了"十"字型或"T"型矿脉。

我国地质工作者对南岭地区含钨石英脉进行了详细研究,提出了"五层楼"分带模式,在钨矿找矿工作中发挥了重要的指导作用。这种"五层楼"分带主要发育在浅变质岩系中,而矿脉的下部则发育在花岗岩体中。矿脉从地表到深部可划分为 5 个带：①微脉（矿化标志）带；②密集细脉带；③密集中脉带；④大脉带；⑤稀疏大脉带。上述各带中除微脉带为矿化标志带外，其他各带均有工业意义。

需要注意的是，不同钨矿床的矿脉分带不尽相同，在实际工作中要具体分析。图 11-15 为湖南瑶岗仙钨矿床 49～501 脉的矿脉垂直分带图。该矿脉系由上部 49 号脉和下部 501 号脉两个斜列脉组合而成，矿化上、下连续，但矿脉形态变化较为复杂。它表现为上部平行矿脉带宽度大，向下变小。按其内部矿脉的分支归并特点，可将矿脉自上而下分为上撒开带、上归并带、中撒开带、下归并带和下撒开带；又据脉幅的宽度可分为线脉(5cm)带、大脉带和细脉带（根部带）。各带形态特征自上而下有以下的变化规律。

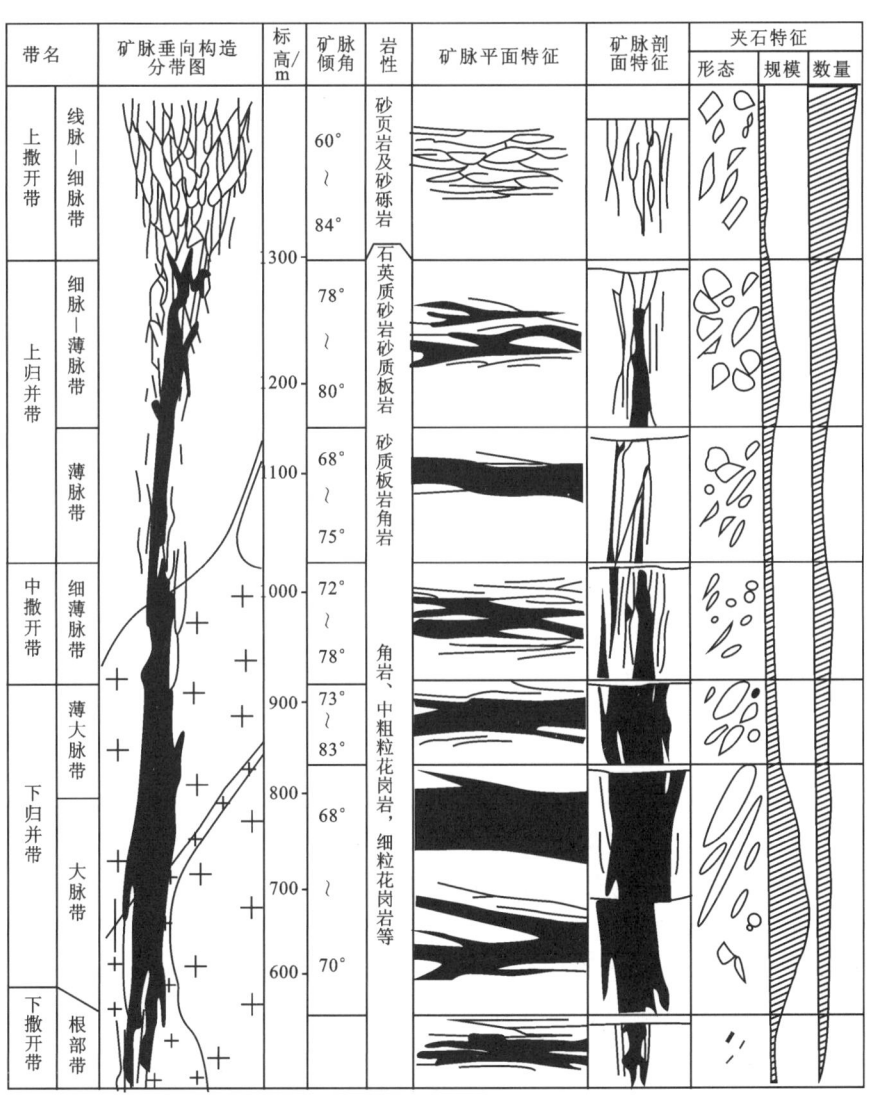

图 11-15　湖南瑶岗仙黑钨矿床 49～501 号矿脉分带图（据翟裕生和林新多，1993）

(1) 上部平行脉条数多,往下变少,至根部又略变多,但在中撒开带的矿脉条数、含脉密度比其上下脉带要多。

(2) 主脉幅宽度是上下小,中间大,但中间撒开带正是两条矿脉头尾相接处,因此脉幅宽度变小,一般矿脉的形态上部复杂下部简单,不受中撒开带的影响。

(3) 含脉率总体上为上部低,向下逐渐增高,至根部带又变低,说明 49～501 号脉是一个整体,即在成矿过程中裂隙的最大张开部位是在 49～501 号脉的中下部。

(4) 该组矿脉上部成矿裂隙具有多组方向,发育北西西向、北北西向的剪裂隙,北西向的张裂隙,北东向的剪压性裂隙,其中以北西向和北西西向裂隙最发育,它们构成网脉状矿体。矿脉中夹石形态各异,也反映了多组裂隙发育的特点,随着裂隙向下延深,北西西向剪裂隙较突出,其他方向的裂隙明显减少,逐渐变成了单方向的矿脉。矿脉中夹石形态主要为棱角状、透镜状。

二、矿床构造分带

矿床构造分带主要表现为矿床中多种构造要素的综合性分带。构造要素的多样性造成矿床构造分带的组合形式繁多,其中包括多组断裂构造控制的矿床分带,与侵入体有关的综合构造分带,与次火山岩体有关的构造分带等。

多组断裂裂隙控制的矿床垂直分带,以湖北程潮铁矿为例,在该矿床形成过程中,由于受南北向的挤压应力作用,形成了多组裂隙。其中主要有两组:一组缓向南倾(倾角 80°)的张性破碎带;另一组向南倾(倾角 50°左右)的压性断裂。在垂向分布上,上部以平缓张性破碎带为主,下部以压性断裂为主,因此,上部为平缓矿体,下部则为陡倾斜矿体。

江西德兴铅锌矿床的构造分带则表现出上部为沿火山岩系的层面和不整合面发育的比较次要的平缓矿体,下部为产在千枚岩陡倾斜断裂中的主要矿体。

与侵入体有关的矿床构造分布比较复杂,总体来看具有体→带→脉→层或体→带→层→脉的构造分带。"体"为岩体内部构造,控制着岩体内的斑岩型或蚀变岩型等矿化;"带"为正接触带构造,控制着沿岩体接触面分布的矿体;"脉"产于围岩中受断裂裂隙控制的斜切矿脉;"层"为受有利岩层或层间断裂控制的矿体。这种体→带→脉→层的分带在不同矿区发育情况不一。有的只有其中 2～3 种,在有的矿区情况更为复杂。

例如广西大厂矿田自岩体接触带向外依次形成:沿接触面发育的似层状、透镜状矿体,沿层间断裂发育的层状、似层状矿体,受背斜转折端控制的细脉—网脉状矿体,受裂隙控制的大脉型矿体,作为找矿标志带的微细矿脉(图 11-16)。

在一些与花岗岩侵入体有关的金属矿床中,构造-矿化分带的另一种形式是:自岩浆岩体向上先是塑性变形带(流变褶皱),再递变为脆性变形带(断裂、裂隙等),最上部为近地表的地下水流动带。其中,塑性变形带即为矿液运移带,而脆性变形带为矿石堆积带,在地下水位以上为矿石指示带。

在多期次岩体侵入的矿床中,脉状矿床的构造分带则表现为多期多阶段不同方向的裂隙的空间组合,如图 11-17 所示。

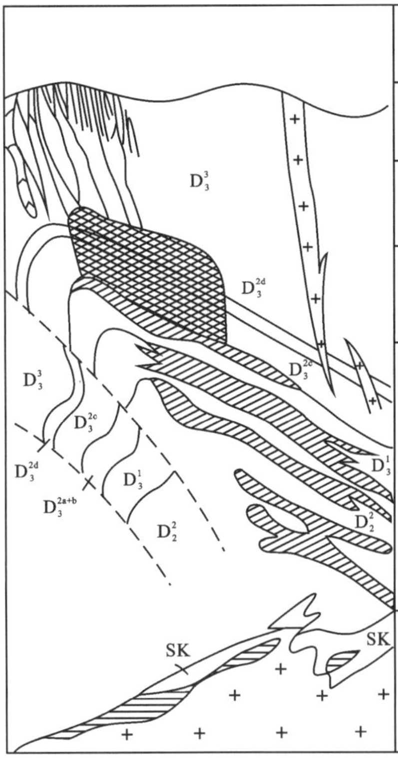

图 11-16 广西大厂矿田矿床模式图（据高志斌，1982）

顺序	矿床类型	矿体形态	矿石矿物	特征元素	Sn/%	Cu/%	Zn/%	围岩蚀变
第一层	找矿标志	微细脉	磁黄铁矿、黄铁矿、褐铁矿		0.1～0.2			硅化、黄铁矿化
第二层	裂隙脉型锡石-硫化物矿体	大脉	锡石、铁闪锌矿、黄铁矿、毒砂、脆性硫锑铅矿	Sn、Zn、Pb、Sb、As	2.065	0.063	4.386	硅化、绢云母化、碳酸盐化、黄铁矿化
第三层	密集细脉交代型锡石-硫化物矿体	细脉带	黄铁矿、铁闪锌矿、脆硫锑铅矿、毒砂、辉锑矿	Sn、Zn、Pb、Sb、S、As	0.77～1.44	0.07	2.10～3.34	硅化、黄铁矿化、电气石化、大型石化
第四层	细脉网脉浸染交代型硫化物矿体	层状似层状	锡石、铁闪锌矿、磁黄铁矿、毒砂、黄铜矿、黄铁矿	Sn、Zn、Pb、Cu、Sb、S、As	0.77～1.44	0.07	2.10～3.43	硅化、电气石化、角岩化、碳酸盐化、黄铁矿化、局部矽卡岩化
第五层	矽卡岩型铅锌矿体	似层状透镜体	磁黄铁矿、铁闪锌矿、毒砂、黄铜矿、锡石、斑铜矿	Zn、Cu、Sn	0.23	0.44～1.00	3.37	复杂矽卡岩化、大理岩化

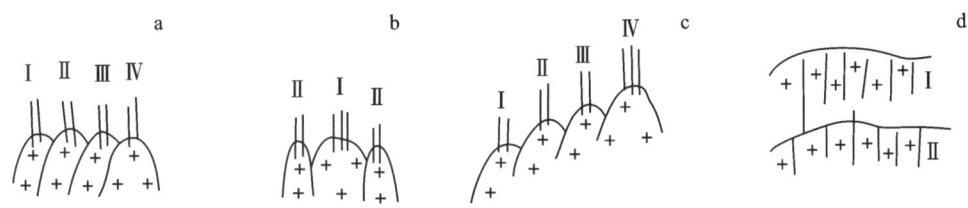

图 11-17 脉状钨矿多期次成矿的若干模式（据翟裕生和林新多，1993）

a. 因为多期次岩体在水平方向依次侵入，并分别形成矿脉；b. 因为早期次岩体在中间侵入，并形成矿脉，晚期次岩体分布于早期次岩体的两侧，并形成晚期矿脉；c. 因为多期次岩体沿侧向依次侵入，并分别形成矿脉；d. 因为早期岩体侵入并形成矿脉之后，晚期岩体在其下部侵入，所形成的矿脉与早期矿脉构成"双层"结构

三、区域构造分带

在区域范围内，由于不同地段所处的大地构造位置不同，分布的区域地层不同、岩浆岩体的侵位深度及剥蚀深度不同，往往表现出控矿构造的类型不同。如图 11-18a 所示，在湘南地区柿竹园一带出露地层为中上泥盆统碳酸盐岩，在岩体侵入之后主要形成接触带上的矽卡岩-云英岩型钨矿，少量为沿灰岩层间破碎带分布的整合型铅锌矿体；而在瑶岗仙一带的地层主要为寒武系、中泥盆统的砂页岩系，少量为中上泥盆统灰岩，在花岗岩侵入后的硅

铝质地层及岩体中主要发育大量的裂隙,充填形成含钨石英脉,而在灰岩中交代形成似层状的矽卡岩型白钨矿体。在桂北地区里松一带为大岩基出露地区(图11-19b),矿化很差,只在新路一带碳酸盐岩地层的顶悬体中形成交代型矿体及水岩坝一带的小型脉状矿床;而在珊瑚一带岩体埋深较大,在岩体突出部位之上的碳酸盐岩地层中发育大量裂隙充填形成含钨石英脉群,矿床有一定规模。

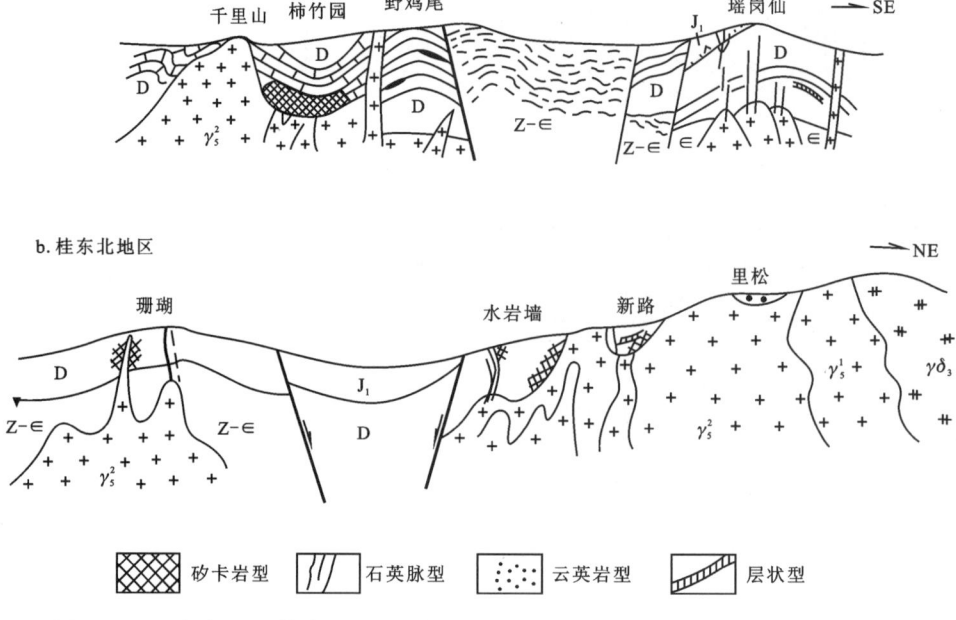

图11-18 湘南(a)和桂东北(b)区域构造-岩浆岩-矿化的综合剖面(据翟裕生,1984a)

区域构造垂直分带表现在褶皱类型、断裂类型及内部结构、岩石破碎特征及其物理力学性质等随深度的变化,这与温度、压力、岩石地层年龄、岩石变质和变形程度有关,一般它们都随深度的增大而增大,而这些因素又与区域中构造层的分布有关。在不同的构造层中,构造特征一般有显著区别,因而其中的内生矿床的分布特征也有重大差别。现以湘中某锑矿为例加以说明。湘中某锑矿区分布前泥盆系和中上泥盆统两套地层,成矿前断裂切过了两个构造层,由于两个构造层中岩性的明显差异和褶皱构造的不同,控矿构造也明显的不同。在加里东期褶皱基底中,褶皱紧密,岩石的物理力学性质差异不明显,锑矿体一般受小型的断裂裂隙控制,形成小规模的脉状矿体。而在印支褶皱带中,各种岩石的物理力学性质、化学性质的差异明显,可以分为透水层和遮挡层,各种构造薄弱面在一定条件下可以发生张开,并且断裂裂隙构造(包括角砾岩)发育。这种情况下在平缓的背斜构造的轴部形成似层状、透镜状矿体,页岩的遮挡层作用明显。

长江中下游地区的区域构造矿化分带,翟裕生等(1996)根据燕山期构造演化与成矿的关系,认识到沿北西西向、北西向岩石圈断裂形成的是铜、金、钼等多金属矿带,沿北东向、北北东向深断裂形成的是以铁、(钴)、硫为主的矿带。在这两个带的重叠、交接处,则兼有铜、铁两种成矿作用,形成复合的矿带,包括3个以铁为主的北北东向或北东向构造矿化带、5个以铜为主的北西西向或北西向构造矿化带(图11-19)。

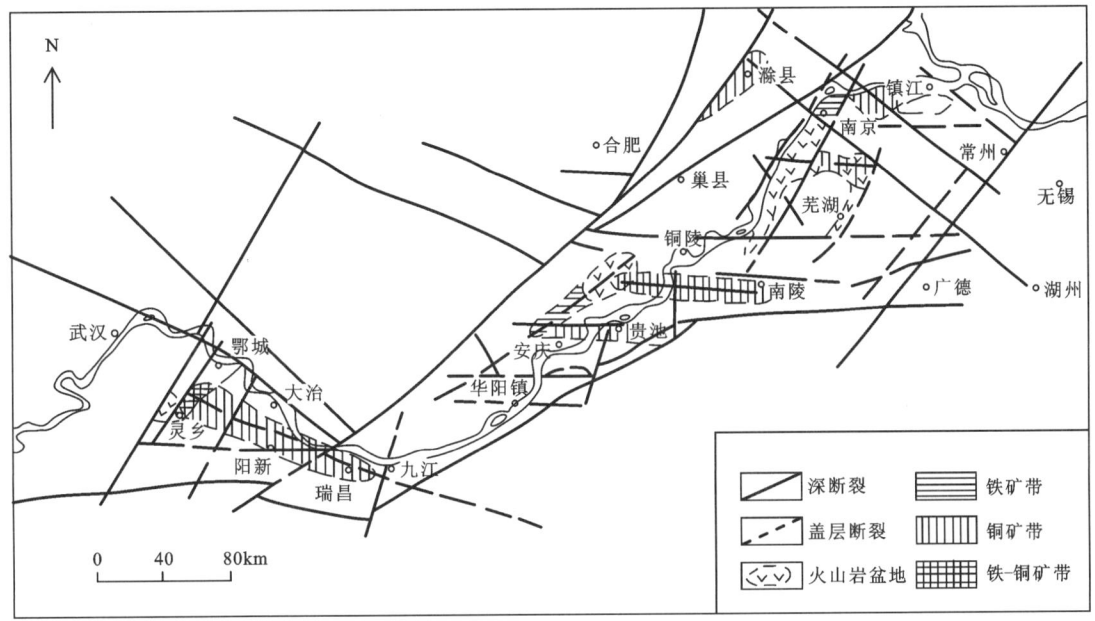

图11-19 长江中下游地区铁铜矿带分布图(据翟裕生等,1996)

第十二章　矿田构造研究方法

第一节　大比例尺矿田构造制图与综合研究

矿田和矿床的大比例尺构造制图是研究矿田构造的基本方法,也是查明构造及岩性特点对金属矿床形成所起作用的基本方法。

一、目的和任务

(一)目的

查明调查区内成矿与控矿构造和矿产资源特征、揭示构造成岩成矿与控岩控矿规律、构建找矿预测地质模型框架。总结成矿构造及相关矿产地质的调查理论和方法技术,解决制约找矿突破的关键地质构造问题,提升构造服务找矿预测及资源潜力评价的能力。

(二)任务

大比例尺矿田构造制图的主要任务是开展调查区构造专项填图,结合典型矿床构造剖析研究,调查与成(控)矿相关的成(控)岩构造、成(控)矿构造、成矿结构面、矿床、矿(化)点的时空分布规律及各类成矿地质作用间相互关系,分析区域成岩成矿构造与控岩控矿构造系统,总结构造成矿控矿规律,填编矿产地质调查构造专项调查数据库及系列图件(表),构建找矿预测地质模型框架,说明何处最有希望找到新的矿体,为圈定找矿靶区和资源评价提供科学依据,从而最终发现这些矿体。大比例尺矿田构造制图具体包含以下任务。

(1)准确查明矿体的形状、产状、规模和数量,矿体与岩石的接触界限,以及矿体旁蚀变带的分布情况。

(2)含矿层的时代、岩性、产状、分布及其构造形态。

(3)矿田内存在的构造要素,包括构造性质、形态产状、规模、形成时代、构造活动期次和顺序,以及构造对成矿的控制作用和成矿后的破坏作用。

(4)矿田内岩浆岩的岩石单元划分,不同岩石单元间的时空关系以及矿体(化)与岩浆岩的时空关系。

(5)对矿田内存在的其他控矿因素进行观测研究,包括成矿流体作用标志(直接指示成矿流体作用的成矿流体特征、矿化蚀变特征、主微量元素组成及同位素组成等特征),成矿地球化学障(温度、压力、酸碱度、氧化还原等地球化学条件相互影响并控制元素聚集沉淀的地球化学动力学界面)等。

(6)构建矿田内的构造-矿化模式,进行构造成矿预测。

矿田构造制图的原则和方法与一般的(通常的)大比例尺地质制图是一致的,只是更加突出构造因素,重点阐明矿田构造对成矿的控制。大比例尺矿田构造制图经常用于研究程度较高地区和很有希望的勘查靶区,以便指导勘探工作及矿区深部和外围的找矿工作。

大比例尺矿田地质构造图是全面反映矿床(体)所处地质构造条件的综合性图件,是以进行勘探和采矿为目的各种施工所依据的基础图件。因此,必须精确、细致、全面地进行调查、观测与制图,以确保图件的质量。

二、填图单元与图件比例尺的选择

填图单元及主要对象的选取:除选取基本的地质填图单元外,还主要应选取与成矿构造有关的一些基本的构造要素作为填图对象。主要有:①矿脉、岩层、岩脉、接触带、热液蚀变带、捕房体、岩浆包体;②各类不同性质的断层、破碎带、节理、劈理、剪切带、不同规模的褶皱、各类线理、面理等;③其他各类与构造和矿床相关的标记(图例)。

主要成矿控矿构造的填图内容,包括褶皱、断裂、岩体、矿(化)体等,一些特殊控矿构造类型(如蛇绿岩带、韧性剪切带、火山机构等)以及一些构造岩相组合等。

根据中国地质调查局《1∶50 000矿产地质调查工作指南(试行)》(2015年发布),已完成1∶50 000区域地质调查,成矿区带内构造较为复杂且有中型以上规模矿床或矿集区,开展1∶50 000矿产地质专项填图;在矿集区周缘或具有找矿潜力区域可部署重点工作区的1∶10 000构造专项填图;对于典型矿床或构造极为复杂的矿化蚀变集中区,可开展1∶10 000~1∶2000甚至1∶2000~1∶500精细构造填图。已完成1∶50 000区域地质调查,成矿区带内构造复杂且有小型以上规模矿床,开展1∶50 000构造专项调查;在矿集区周缘或具有找矿潜力的区域可部署重点工作区1∶10 000构造专项填图。

在矿田构造研究中,首先要根据制图的目的与任务确定图件的比例尺,同时也要考虑矿床的成因类型、控制因素、矿产种类及其分布数量,而且要根据资料的丰富程度和精确程度。一般情况下,矿床地质构造图的比例尺为1∶2000~1∶5000。在这种比例尺的图上应能划分出厚度不小于1m的含矿层。为了查明矿床在整个矿田中分布规律及矿床的地质构造背景,需要编制矿田地质构造图。比例尺一般为1∶10 000,少数为1∶25 000或1∶5000,在这种图上需要标出厚度不小于10m的含矿层和长度不小于100m的线性构造要素。

根据不同矿床成因和不同构造条件,通常采用的编图比例尺如下。

(1)沉积型矿田一般用1∶10 000~1∶25 000的比例尺,大矿床用1∶10 000的比例尺。

(2)内生矿田一般用1∶10 000的比例尺,当构造特别复杂时,用1∶5000的比例尺。

(3)单个金属矿床用1∶2000到1∶5000的比例尺,前者最常用。当矿床的地质构造简单时可用后一种比例尺。

(4)构造非常复杂的矿床制图时可用1∶1000的比例尺。

(5)在对小而又极复杂的矿床制图时,需编制1∶100、1∶200和1∶500的中段平面图或局部地段素描图。

三、地表观测与制图

地表的详细观测是大比例尺制图的基本工作。矿体和岩石、构造的地表露头是认识矿床地质特征的最基本信息。因此,应当运用矿物学、岩石学、构造地质学、地层学和矿床学的原理及方法进行详细的观察、测量、记录、绘图、照相和采样。特别对于有代表性的能说明问题的露头点更应如此。当露头不好,覆盖层较多时,应进行剥土、探槽、浅井等方式获得人工露头进行研究。为了保证编图的精度,对于一些基本的观测点应进行仪器测量标定方位。

在露头和露头之间进行观察和追溯时,应注意矿脉、岩层、断层、破碎带、接触带、热液蚀变带等沿走向的变化,包括形态产状和物质成分的局部变化,并分析造成这种变化的原因。所有观察应在现场加以综合和分析,有矛盾时应反复查证,尽可能在现场加以解决。

除了追溯和描绘那些对了解矿化分布规律特别重要的构造线或岩层外,构造图必须反映整个矿田地质构造的全貌,包括从找矿角度来看似乎没有价值的线性构造。

在大比例尺构造制图过程中,要注意工作区的找矿标志,尽可能利用找矿标志来发现矿体。经验表明,发现矿体是有目的性找矿的结果。如缺乏找矿意识,即使观测点非常密集,发现矿体露头的机会依然很小。

在进行矿田(床)构造制图过程中,要注意利用航片和卫片。因为航片和卫片能全面、准确、动态地反映工作区的多种地质构造和地貌现象,能帮助我们认识矿田及外围的线性构造、褶皱构造、环形构造、沉积岩层和侵入岩体等的整体图像。采用大比例尺的卫片、航片图像,经过有经验的地质勘查人员的解译,再加以实验室各种方法的图像处理,一般能对矿田构造制图提供丰富的有用信息。因此,在矿田和矿床构造制图中必须使用航片、卫片。

四、坑道和钻探岩芯观测与制图

坑道(包括勘探坑道和矿山坑道)观测在矿田构造研究中有很重要的地位。通过坑道观察可以了解矿体和围岩向深部的变化,建立矿田(床)构造的三维概念。如果说地表观测和制图仅以地表现象为依据,是表层认识,是研究矿田构造的初级阶段,那么以坑道观测延伸地表观测,使平面上研究发展为立体的研究,使对矿田构造的认识更为精确,是矿田构造研究的深入阶段或详细阶段。尤其在露头不好和构造复杂地区,坑道观测有更重要的意义。

坑道中的岩石、矿石比较新鲜,构造现象保存较好,尤其在新开掘的探矿坑道中和深部坑道中更是如此,一般未受到或轻微遭受氧化作用,断层面擦痕、断层泥的矿物成分与化学成分都保留了原始状况,因而更便于观察和制图。此外,坑道能提供立体(顶、底、两壁或四壁)的地质现象,能直接观测一些小型构造的产状变化和矿体的空间变化。坑道附近的废石堆上堆集了在坑道掘进过程中所揭露的各种岩石包括矿化蚀变岩石以及具有小型微型构造的岩石,也能提供有益的信息。因此,应充分利用坑道提供的这些有利条件,加深对矿田构造特征的认识,提高制图的质量。

坑道开掘有个过程，尤其是长坑道需要较长时间才能完成。因此，坑道的观测和编录必须随着掌子面的推进及时、经常地进行，以便及时了解所揭露的矿化及构造现象，而不至于因坑道向前掘进面使原有掌子面被剥去或围坑道支护被掩盖而失去观测机会，或因岩石风化或烟熏等污染而使地质现象模糊不清而影响观测。坑道观测的基础工作是对坑道掌子面、顶板、底板和井壁进行地质编录。常采用1∶50～1∶100比例尺进行素描，重要地段可采用1∶10或1∶20比例尺。在水平坑道中不仅测绘顶板，也要测绘两壁，在垂直坑道中（如天井）必须测绘4个壁。将顶板和两壁的编录压平伸展成平面时，称为展视，根据大量展视图的连接可编制出坑道中段平面图。

进行坑道编录时，应尽可能细致观测、详细记录。必要时应照相和采样，要清晰地表示出断层构造、小型褶皱构造、裂隙、角砾岩、破碎带；要查明断层的擦痕强度和产状；记录是否有断层泥的特征；要标出矿体产状及矿体旁侧的蚀变现象。要将各种岩石和矿体的接触带、各种构造要素标于图上。对于矿体与构造、围岩、侵入岩的时间和成因关系显示清楚的坑道，必须将其作为重点进行详细地素描和照相。

坑道观察的主要成果集中在坑道中段地质图上。当矿床构造比较简单时，则地质制图在于把坑道顶板上观察到的主要岩层、构造和矿体直接绘在坑道平面图上。在构造复杂的矿床中，需要更详细的研究，要进行更大比例尺的素描。在上述工作的基础上，可将坑道中编绘的地质构造界面合理地外推到坑道之间的未揭露地段，编制该中段统一的平面地质图。中段地质图实际上是地下不同水平面上矿床的大比例尺地质图，根据矿床构造的复杂性和矿体大小，中段平面图可按1∶200到1∶1000的比例尺绘制。

岩芯观测是了解矿床深部情况的重要手段。岩芯体积虽小，但是连续取样，可以看到岩石、矿化和构造的连续变化情况。当钻孔数量较多时，还可以通过勘探线剖面图、地表及坑道观测资料，可以了解矿床的全貌。岩芯观测除了能了解地层、岩石、矿体（化）和蚀变的总体垂向变化外，对于断层破碎带、角砾岩、裂隙密集带和片理化带等一些构造细节，也能提供很好的信息。由于一般在构造破碎带中岩芯采取率减低，地下水活动明显。岩石、矿石的风化程度加深，因而需要特别细致的观察。不应放弃任何一个细节，并需做出全面的分析。

五、地球物理和地球化学资料研究

在进行矿田构造制图时，必须系统搜集和充分利用地球物理资料，包括磁法、电法、重力和放射性测量等探测成果。这不仅对露头不良地区有重大意义，就是在露头良好地区，也可利用物探资料帮助认识构造及矿化蚀变向地下的延伸和变化，全面认识矿田的构造-矿化特征。在很多金属矿床中，利用地球化学测量的资料，能帮助判断构造（主要是断层、裂隙）的性质、规模、产状和含矿性，研究矿田和矿床的地球化学特征，认识深部矿化的标志，进行矿产预测。

所取得的地球物理和地球化学资料必须立即绘在构造地质图上并对它们进行仔细分析，对发现的矿致异常应当用山地工程或钻探加以验证。

六、综合编图和综合研究

通过上述的地面、坑道和岩芯观测，结合遥感、物探、化探资料的综合分析，可以编制出内容全面的矿田（矿床）构造地质图以及一系列垂直矿体走向的地质构造剖面图、平行矿体走向的纵剖面图或综合剖面图（图12-1），必要时还可以初步编制立体图和构建空间模型来获得矿体的三维产状。

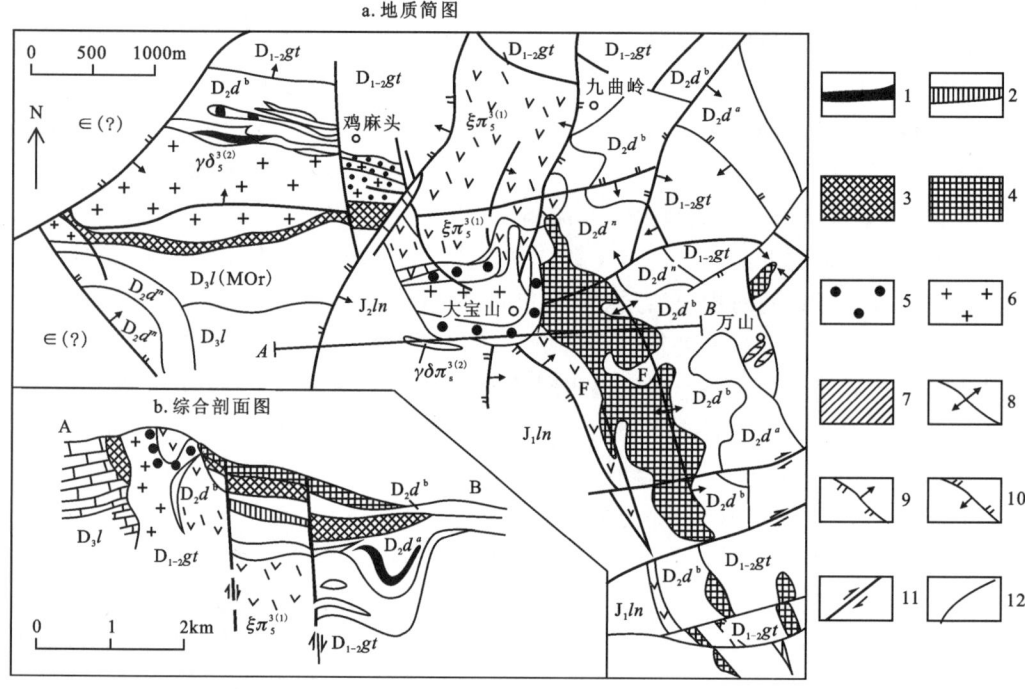

图12-1 广东大宝山多金属矿田地质简图及综合剖面图（据广东冶勘公司937队图件修编）

J_1ln.兰塘群砂页岩；D_3m.帽子峰组页岩；D_3t.天子岭组灰岩；$D_3t(MOr)$.天子山组大理岩化灰岩；D_2d.东岗岭组上亚组粉砂质页岩、沉凝灰岩、火山角砾岩互层；D_2d^a.东岗岭组下亚组泥碳质灰岩；$D_{1-2}gt$.桂头群砂岩、页岩；$\in(?)$.寒武系浅变质砂板岩；$\xi\pi_5^{3(2)}$.燕山五期花岗闪长岩；1.层状多金属矿体；2.层状黄铁矿矿体；3.菱铁矿矿层；4.褐铁矿矿体（铁帽）；5.斑岩型钼（钨）矿体；6.斑岩型钼矿化带；7.矽卡岩型钨-钼矿体；8.向斜轴；9.压（扭）性断层；10.张（扭）性断层；11.平移断层；12.地质界线

在综合编图基础上，深入研究分析矿田内所有构造要素，包括构造性质、形态产状、规模、形成时代，构造活动期次和顺序，以及构造对成矿的控制作用和成矿后的破坏作用。主要包括：①研究岩石的物理力学性质对成矿的影响；②研究各种成矿构造类型，鉴别成矿构造性质、大小及同级构造间距；③研究成矿构造系统和构造分带性，查明成矿构造所属构造系统及其类型，在构造系统复合处，厘清主要成矿构造隶属的构造系统，根据分带等距性等确定战略性找矿方向；④研究成矿结构面所属的构造序次，按照不同序次构造成分的组合特征与走向，明确成矿构造的展布规律，确定成矿构造的演化期次和发展阶段；⑤了解成矿条

件与构造关系,如成矿地质体、围岩的性质与分布、构造蚀变带的地球化学特征与展布,以及这些成矿条件与成矿构造系统的关系,确定各类矿床的构造特征及成矿的构造条件;⑥研究成矿构造系统所表现的活动方式,特别是剪切(旋扭)构造对成矿元素迁移聚焦所起的作用,确定矿液的运移与构造条件的关系;⑦研究矿石堆积的构造末端的空间圈闭条件;⑧研究成矿后构造对矿体的破坏与改造作用;⑨研究矿田构造与区域构造的关系;⑩在获得足够的地质构造和矿化蚀变资料的基础上,在对矿田构造格架和演化阶段有基本认识的条件下,可以拟定该矿田(矿床)的构造-矿化模式(图8-1)或成矿地质体-成矿构造-成矿流体作用三位一体的找矿模型,从而形象地阐明矿田构造的基本特征及构造控矿规律和机理。

在研究以上问题的基础上,可以拟定适用于该矿田和附近地段的找矿的构造标志、成矿地质体标志、成矿流体作用标志。根据成矿构造系统的展布规律,查明在它的什么部位具备成矿条件,提出找矿预测区,然后根据构造系统及成矿结构面不同序次的构造成分的展布,划分多级的成矿部位和地带。

近年来,随着找矿深度和难度的加大及现代找矿方法的发展,开始聚焦聚矿构造,特别重视大、中型矿床的聚矿构造的研究,以期为寻找尚未发现的隐伏矿床(体)服务。在大比例尺矿田构造制图和研究的基础上,识别和分析聚矿构造系统的类型及其控矿规律,在指导新矿床和矿体的发现时具有事半功倍的作用。在识别和分析聚矿构造系统的过程中,运用类比求异的思维。充分利用成矿与找矿新理论和有效的地质物化探方法技术,是取得找矿突破的必由之路。在矿产地质调查和评价中,运用地质异常成矿预测理论,寻找聚矿构造系统发育的有利部位,探讨其与矿床的形成以及时空分布的内在联系是新的方向,在隐伏矿床预测研究中要深入研究。

(一)聚矿构造系统发育的有利部位及特点

矿田和矿床级的聚矿构造系统属于局部性地质异常,是控制成矿区带内矿田、矿床和矿体产出的地质异常,是成矿物质迁移、富集、就位的通道与场所,是"物化"了的构造系统。如前所述,不同矿床的聚矿构造系统各有特色,就控制岩浆期后热液金属矿床的聚矿构造系统来看,它们主要发育在下列有利部位(姚书振等,2020a)。

1. 盖层断裂与背斜(穹隆)构造复合部位

矿床的形成与构造岩浆活动密切相关,其聚矿构造系统有共性,主要有控制岩浆活动和就位的断裂-褶皱构造。其中,断裂(包含基底断裂和盖层断裂)和背斜复合构造控制了矿田与矿床的产出。基底断裂规模较大,控制大型矿集区或矿田的形成和展布,盖层断裂与背斜(穹隆)构造复合常是成矿岩体与大部分岩浆期后热液矿床产出的有利部位。而岩浆期后中低温热液金汞锑矿床也多位于盖层断裂与背斜(穹隆)构造复合部位,地表无岩体出露,近年来的地球物理资料解释表明深部存在隐伏岩体,成矿流体通过陡立的断裂到达成矿部位聚集成矿,并能形成大型与超大型矿床,如黔西南与陕甘川邻接区的水银洞、烂泥沟、马脑壳、大桥等金矿床。

2. 多期次构造-岩浆活动中心

区域成矿系列的时空结构和成矿集约性研究发现,大型和超大型矿床产出在多期次构造岩浆活动中心部位。这表现为矿床中可见多期次岩浆活动,如岔路口超大型钼矿床中,先后有中奥陶世时期花岗斑岩侵位→中晚侏罗世时期(约163Ma)黑云母二长花岗岩侵位→晚侏罗世时期(约147Ma)含矿花岗斑岩侵入→早白垩世时期(约135Ma)石英二长斑岩和闪长玢岩等岩脉侵入。而大规模成矿作用主要发生在晚期花岗斑岩体形成过程中,暗示成矿部位处于与深部岩浆房长期沟通部位,并有明显的分异作用。

在某些大型矿床中,可以见到两期成矿系统的叠加,如城门山铜矿曾经历了燕山中期构造活动所诱发的岩浆热液成矿作用,形成了以矽卡岩型和斑岩型为主的铜矿体,燕山晚期的构造-岩浆活动又导致斑岩型和角砾岩筒型钼(铜)矿体的形成。两期成矿作用产物在空间上毗邻,并有相当程度的重叠,使得矿质在一个不太大的空间内汇积成巨大的矿床,也表明多期次构造-岩浆活动中心是大型、超大型矿床产出的有利构造环境。

3. 岩体的岩凸和小型斑岩体的顶部

矿田(床)级聚矿构造发育的有利部位有:①大型深成岩体的岩凸部位,如个旧锡多金属矿田,矿床发育在"上有背斜(穹隆),下有岩凸"的部位;②侵入前峰带,如铜绿山铁铜金矿田发育在阳新大型岩体西端侵入前峰带,有多期构造岩浆侵入和成矿作用发生,形成大型铁铜矿床和斑岩型金(铜)矿床;③小型浅成斑岩体的顶部是矿床级聚矿构造发育的有利部位,也是大型、超大型斑岩型铜钼矿床的产出部位。

4. 构造圈闭与浅剥蚀区

通过区域成矿系列的时空结构和成矿集约性研究发现,构造圈闭与浅剥蚀区是大型矿床有利的产出部位。例如大兴安岭北段大型—超大型斑岩型铜钼矿床和长江中下游丰山-九瑞大型—超大型斑岩-矽卡岩型铜金矿床均布在古生代隆起带与中生代火山岩盆地的过渡带上。该部位是有利的构造圈闭环境,利于成矿物质的聚集和大规模成矿作用的发生,形成大型、超大型矿床。此外,这些大型和超大型铜钼矿的矿化蚀变分带均保存得较完整,一般由斑岩体内向外发育钾化带→石英-绢云母化带→青磐岩化带,相应呈现 Mo→Cu→Pb、Zn(Au)矿化带等,表明成矿后矿床处于浅剥蚀区,剥蚀程度较小,使其得以较完整保存。

5. 聚矿构造系统发育部位常有矿致地球物理与地球化学等异常

聚矿构造系统是"物化"了的构造系统,在岩浆侵入、流体活动与成矿过程中会形成一系列的矿致异常,如岩体引起的磁异常和重力异常,铁矿引起的磁异常和重力异常,铜钼矿床引起的激电异常和 Mo、Cu、Pb、Zn(Au)化探异常,金矿伴随的 Au、As、Hg、Sb 异常等。

此外,在成矿过程中构造-流体-成矿作用具有同步性和脉动性,表现在成矿具有多阶段性。通常从早到晚依次发育高温中温—低温阶段的蚀变与矿化,浅部或地表常发育外带的热液蚀变岩石与矿化脉体,也是重要的矿致异常。通常这些矿致异常发育部位显示深部有隐伏的聚矿构造系统和隐伏矿床(体),而无矿致异常发育的地质异常地段则非聚矿构造系统和隐伏矿床(体)发育的有利区。矿致异常可以作为聚矿构造系统是否发育及能否找到隐伏矿床(体)的判断依据之一。

(二)矿床聚矿构造识别与应用

构造运动不仅控制地史时期地壳上的沉积建造展布、岩浆活动、火山喷发及区域变质作用,同时聚矿构造还为含矿流体的运移、沉淀提供通道和堆积场所。因此,在聚矿构造研究中,综合运用地质、地球物理与地球化学相结合的方法识别聚矿构造类型及其特征,以类比求异的分析思路,指导隐伏矿床(体)的发现,这是寻求找矿突破的有效途径。

通常,一定地质过程所产生的聚矿构造系统及其控制矿体的空间构型往往会呈现空间自相似性或统计自相似性,一定成矿系统所产生的矿床(田、带)也往往具有自相似性,这是成矿动力学系统的自组织现象的表现。如前所述,岩浆期后高温热液钨锡矿床聚矿构造系统控制的矿体空间构型呈"上脉下体"的内外"二元结构"特征,热水沉积-改造型矿床的聚矿构造系统控制的矿体空间展布上具有"界面控矿"和褶皱圈闭构造控矿的规律性,可以运用相似类比的方法指导隐伏矿床(体)的发现。例如姚书振等2004年曾到甘肃省祁连山小柳沟钨矿田进行调研。该矿田位于一个北西向由长城系朱龙关群组成的穹隆构造中,其周边已探明有小柳沟、世纪、祁宝、贵山矽卡岩型钨矿床,尚未对中部发育的多组石英脉进行评价,地表无岩体出露。调研中,他们与甘肃省有色金属地质勘查局高兆魁总工程师研讨时发现,该穹隆构造与祁连造山带主体构造不协调,可能是由隐伏岩体引起的,根据岩浆期后热液钨钼矿具有"上脉下体"的空间分带规律,提出石英网脉带可能是含矿的,深部隐伏岩体中可能存在斑岩型钼钨矿化,建议进行高精度磁测,查明隐伏岩体的顶面,进行进一步的勘查与评价。此后,甘肃有色地矿局进行了高精度磁测和深钻控制,发现穹隆构造中部的石英脉型钼矿储量已达大型规模,深部岩体顶缘内接触带存在厚大的细脉浸染型钼矿体已达到大型规模,取得了找矿的新突破。认定该矿田为构成了矽卡岩型、斑岩型和石英脉型"三位一体"的大型钨钼矿田。

在已有矿床深部找矿中,需要在总结矿床聚矿构造的构型和矿体空间展布规律的基础上,深入研究储矿构造特征和向深部的变化趋势,这对新矿体的发现有重要的指导意义。往往需要运用构造地球化学与有限元分析方法,查明矿液流向和矿体侧伏规律,为深部隐伏矿体定位预测提供重要的依据。

此外,采用现代物探技术方法(如2.5D/3D定量反演等),提取和定量评价矿致异常,揭示容矿构造和矿体的空间分布规律也是发现新矿体的有效途径。例如姚书振等(2018)在研究了黑龙江省翠宏山铁多金属矿田成矿地质体、成矿结构面和成矿作用特征标志的基础上,运用2.5D/3D定量反演技术,揭示出翠中矿段容矿构造与矿体分布具有"多层U形"分布的规律,圈定了深部找矿靶区。后经钻探工程验证发现的新矿体与物探解译结果较为吻合。

在深部矿产、隐伏矿产、覆盖区矿产等非传统矿产预测中,相似类比准则的应用会受到一定局限,求"异"显得尤为重要,将地质异常理论与奇异性理论相结合,来探讨地质异常的非线性特征,利用非线性动力学理论和非线性数据处理技术定量圈定与识别深部源致矿地质异常(成秋明,2011),通过对矿床聚矿构造系统与矿致异常的定量化研究,提高对隐伏矿床(体)定量预测的效果,是矿床聚矿构造系统及其应用研究的新方向(姚书振等,2020a)。

第二节 深部构造研究及制图

一、深部构造研究意义

矿产资源虽然主要就位于地球的浅表层,但其驱动力来源于地球深部。地球深部过程是大规模成矿作用的"发动机"(提供能量和动力)、"供应源"(提供金属和流体)和"开拓者"(提供矿质输运通道和汇聚空间)。要从根本上回答我国矿产的分布格局与资源潜力,从深层次上揭示区域成矿规律和金属巨量堆积过程、开辟新的找矿空间和深度、预测找矿战略新区,就必须深入理解地球深部过程,深刻揭示地球深部物质、结构和层圈相互作用,特别是深部物质—能量交换—传输的地球动力学过程,创建全新的成矿理论体系。

地球深部过程是指地球内部(从地壳到地核)壳-幔物质与能量交换、物质运动行为、轨迹及其动力学响应。地球深部过程与成矿,是指在不同力系作用下,深部物质重新分异、调整,并在特定壳-幔结构空间驱动含矿热液流体运移、富集并在地壳介质的适宜部位,特别是在深部空间(500~3000m)形成大型、超大型矿床或矿集区的作用过程。主要包括岩石圈尺度(背景场)、莫霍(Moho)界面(壳-幔物质与能量交换界面)、小于5km的"透明"上地壳(理解导矿控矿构造与层序和矿化分带)、500~3000m深度。地球深部过程及其对成山、成盆、成岩、成矿(包括能源)、成灾的制约和影响,是深化认识地球本体的核心科学问题。迄今,我国对矿产资源的利用和勘查工作主要在500m以浅,对深部的成矿规律了解得很不够。根据中国大陆所具备的独特地质条件,针对国内外研究现状和存在的问题,下述三大关键科学问题需要阐明:①深部物质组成、结构的不均一性和演变及差异成矿作用;②深部流体过程与物质能量交换过程;③成矿系统的深部过程驱动机制。这需要更新现有的技术和方法,补充新的分析手段。

二、深部构造研究方法

岩石圈深部探测与研究已经成为固体地球科学发展的前沿之一,而了解深部物质组成、分布和时空演化是探索地球深部组成及动力学的关键。国内外学者已进行了较系统的探索,包括岩石探针、同位素示踪、地球物理探测和实验模拟等。

王涛等(2022)逐步形成了一套以"岩石探针+同位素示踪"为核心的、结合地球物理和实验模拟的、揭示三维岩石圈物质架构的方法体系框架(图12-2)。

(一)岩石探针

岩浆岩及其携带的深源岩石包体或捕虏体可以直接带来深部岩石圈组成结构的信息,

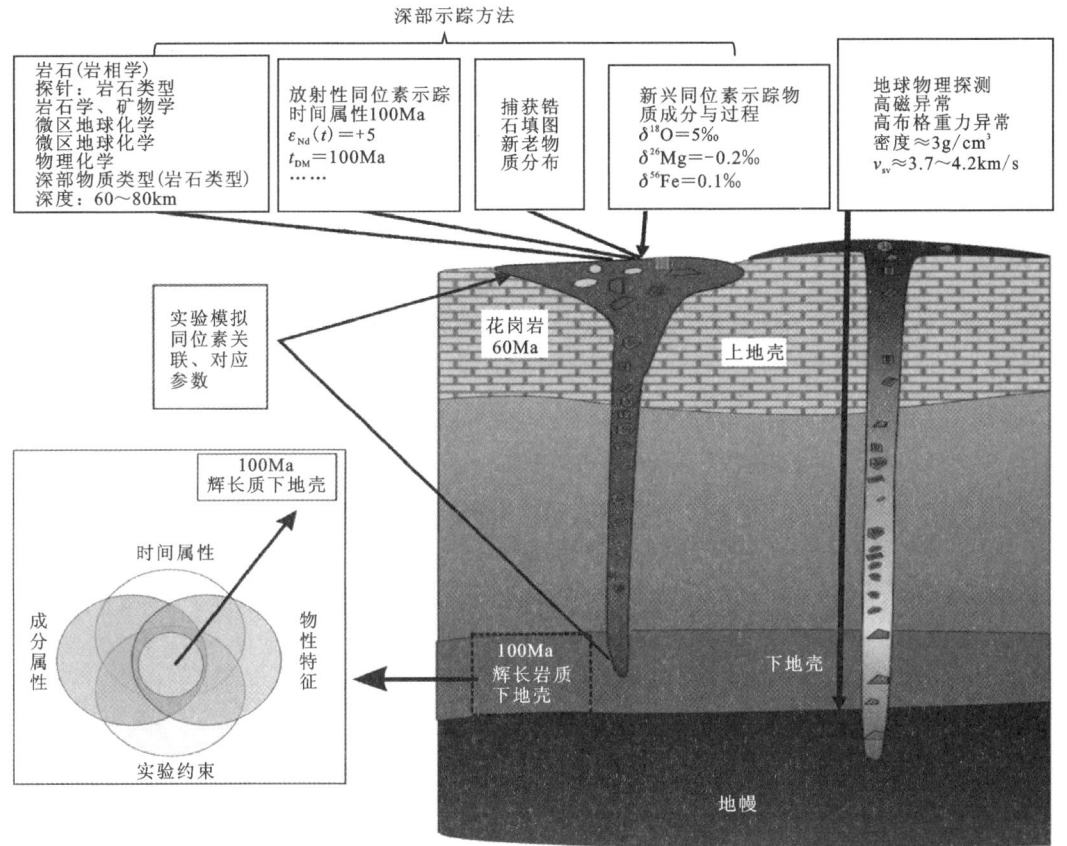

图12-2 以岩石探针和同位素填图为核心探索岩石圈三维物质架构方法体系原理示意图(据王涛等,2022)

包括物理化学条件与参数以及岩石圈随时间演化过程。特别是"跨越"不同圈层的物质样品(岩石、矿物等),是"窥探"地球深部的"超深钻"和"望远镜",提供了透视深部物质及其演变、揭示地球深部地质作用及成矿效应等深部过程的直观证据,也是地球深部演化过程的重要物质记录。因此,它们被称为探测地球深部的"探针"(lithoprobe 或 rock probe)和"窗口",可以应用于探测深部物质组成、架构,重建板块构造过程中的大洋与大陆演化历史,揭示壳幔相互作用、地球深部高级变质作用和成矿过程等方面。

岩浆岩深源岩石包体或捕虏体是深部岩石样品的直接代表,主要来源于地球深部的火山或岩浆所携带的深部岩石圈碎块,是深部物质探测的"金钉子"。地幔岩捕虏体及捕虏晶直接带来地幔的物质信息,通过对其中矿物特征及成分、形成温度和压力条件等的深入研究,可以确定岩石圈的厚度、组成、物理化学性质及其长期的演化特征,是示踪地幔物质与物质状态的常用方法,故称之为"以捕虏体为基础的方法"。

依据包体或捕虏体来源地幔、地壳等不同深度和物源,可以分别探测地壳和地幔的深部物质组成、物理化学属性等。例如在一些古老克拉通,利用众多的地幔岩捕虏体探索大陆岩石圈地幔的特性,这方面国内外有大量研究实例。在华北克拉通,利用这类捕虏体结合地球物理反演出深部的结构和状态,取得了很好的效果(郑建平等,2021)。在一些造山带如青藏高原,依据来自下地壳的麻粒岩、斜长角闪质捕房体直接确定了下地壳的组成、状态及深度。

岩浆岩除结晶形成主要矿物和副矿物外,在岩浆形成和上升过程中还携带继承性或捕房来源的矿物,如捕获锆石、继承锆石(核)等。继承锆石直接带来了岩浆源区的信息。捕获锆石较复杂,可以来自岩浆源区,也可以来自岩浆岩围岩。对于深成岩而言,基本可以了解岩体定位层次之下的物质,但对于火山岩而言,不排除来自上地壳及地表围岩的可能。近年来,随着测试手段的不断进步,有学者还开展了区分岩浆锆石、独居石、磷灰石与继承锆石、继承独居石和继承磷灰石等相关信息的研究。

除了深源岩石捕房体外,对岩浆岩及其组合开展系统岩相学和岩石成因研究,排除其他因素干扰,也可以推断源区特征,如源区基本的岩石类型或组成等;再结合年代学、地球化学(包括同位素等)和区域地质背景(如流变学、变质作用等)研究,可以示踪岩浆岩的源岩性质与演变,从而示踪地球深部物质特征。一般而言,通过中酸性岩浆岩研究,可以推测下地壳的物质特征,包括可能的岩石类型;通过镁铁质—超镁铁质岩石类型、组合研究,结合深源捕房体和高压矿物及地球化学示踪,可以示踪地幔(岩石圈或软流圈地幔)组成。

莫宣学(2011)提出,岩石探针至少可以提供以下深部信息:①壳幔物质组成与结构;②壳幔的热结构和热状态;③地壳及岩石圈厚度及其空间变化;④软流圈顶面埋深、温压、物质状态、流体或熔浆含量;⑤壳幔氧化-还原状态;⑥深部流体特征;⑦可以提供壳、幔上述各种性质和参数随时间的变化,从而反演壳幔深部过程,这个优点是其他深部探测方法不具备的。

(二)多元同位素填图

岩浆岩同位素研究可以示踪源区的某些特征,如深部物质富集与亏损、地壳物质的新老信息及演化过程。特别是可以充分利用岩浆岩分布广泛的优势,开展区域性的同位素示踪填图工作,了解中下地壳、岩石圈及地幔各类物质目前的时空分布特征。国内外学者开展了这方面的探索,近年来各类同位素数据(如锆石 Hf-O 同位素)大量涌现,加之 GIS 成图技术的进步与推广,依据大量同位素数据时空变化特征,了解深部物质的分布及物质架构。同位素填图形成了有效的、相对独立的研究方法。

利用放射性同位素示踪填图分为两类:一类是全岩放射性同位素的数据分析与填图;另一类是单矿物的方向性同位素的数据分析与填图。全岩 Nd 同位素填图是 Sm-Nd 同位素体系较早应用于岩石地球化学领域相对成熟的方法,可客观反映样品的总体特征,有利于开展区域同位素填图和对比。利用 Nd 同位素开展区域变化分析,可以提供源区的信息和岩石上升及定位过程中不同岩石圈层次的围岩信息。故全岩 Nd 同位素反映的信息较锆石 Hf 同位素往往更富集,模式年龄偏大;此外,Nd 模式年龄的计算还受到计算过程中参数取值等因素影响,有时误差较大。

全岩 Sr 同位素应用较早,常常与 Nd 同位素一起示踪岩浆岩源区特征。但全岩 Sr 同位素体系易受到岩浆分异和流体作用的影响,常常出现异常值。近年来,斜长石、磷灰石等矿物原位 Sr 同位素分析技术的开发,为解决这一问题提供了新的思路。Pb 同位素较早应用于区域同位素示踪分析。朱炳泉和常向阳(2001)利用 Pb 同位素等地球化学区域分析提出了地球化学激变带,成为区域同位素填图工作的典范。近年来,关键区带岩浆岩 Pb 同位素数据量不断增加,有望开展岩浆岩 Pb 同位素填图实践。由于大陆地壳中 Pb 同位素丰度远高于亏损地幔和洋中脊玄武岩,如果古老地壳中加入亏损地幔属性的物质,其 Pb 同位素不会明显变化;反之,会使得地壳中 Pb 同位素发生显著变化。根据这一特性,Pb 同位素体系在示踪以年轻地壳为主区域内零星分布的古老物质方面有望取得较好的效果。

锆石 Hf 同位素性质更稳定,能反映锆石不同部位的原位特征,有利于示踪卷入岩浆事件的年轻和古老物源。开展区域锆石 Hf 同位素填图需注意:①一个样品的 Hf 同位素值变化极大,需要取代表性数值(如算数平均值、中位数、加权平均值);②测试锆石或锆石部位及最终数据结果受人为因素影响,常丢失古老的物质信息,这是造成锆石 Hf 与全岩 Nd 同位素参数间解耦的原因之一。因此,在同位素填图中,最好将 Nd、Hf 两者结合起来分析。在开展区域岩浆岩 Hf 同位素填图时,一般以样品为基本单位,以每个样品中自结晶锆石的平均值/中位数值代表该样品的 Hf 同位素特征。在很多样品中,岩浆期自结晶锆石的 Hf 同位素可能变化较大,且会有少数锆石测点结果显著地偏离主体测试结果。此时,必然涉及两个问题:是否需要剔除异常值?以什么方式判别异常值?这取决于填图或示踪研究的目的。若是区域 Hf 同位素填图,特别是需要了解岩浆事件主要的物源特征,需要寻找样品代表性的特征值,可以选用箱线图(Box Plot)的方法进行异常值的筛查和剔除。而涉及锆石 Hf 同位素相关参数的平均值或中位数值时,仅"正常数值范围内"自结晶锆石的相关参数参与计算。若需要示踪了解深部古老物质,则不仅需要特别关注老的继承锆石或捕获锆石,自结晶锆石中"异常点"的影响也不应忽略,以期和 Nd 等全岩同位素(含有古老物质信息)对比。在具体的岩体和火山岩研究中,少数离群值的出现,可能对应某些特殊的深部物质和深部过程;但是在涉及大区域、海量样品的锆石 Hf 同位素数据时,需要先去除这些统计学意义上的异常值,否则会对样品层面总结的平均值、中位数、均方差等参数产生过大的影响。

岩浆岩中另一类锆石的 Hf 同位素信息在实际研究中常被忽略,即岩浆岩中古老的继承/捕获锆石。若需要示踪了解深部古老物质或探索锆石 Hf 同位素与全岩 Nd 等同位素体系(含有古老物质信息)的对应关系时,捕获锆石中的同位素信息应予以充分考虑。在区域尺度同位素填图中,还可进一步开展捕获锆石填图。磷灰石作为岩浆岩中常见的副矿物,广泛分布在各类火成岩中,是探究不同体系同位素对标的理想矿物。同时磷灰石相较于锆石含有更多的微量元素,并且晶格中存在与矿床相关的挥发分元素,如 Cl、S,在演化程度较低的岩浆系统中对岩浆过程非常敏感。因此,磷灰石中的主量和微量元素及 Sr - O 同位素数据可以对锆石 Hf - O 同位素信息进行补充。通过建立不同磷灰石 Sr - O 同位素的标准物质,厘定磷灰石 Sr - O 同位素和挥发分(如 Cl、S)含量的地球化学指标,与锆石 Hf - O 同位素相结合,可以更好地认识岩石成因和成矿过程。例如 Xu 等(2020)通过对多个天然磷灰石样品采用红外-拉曼光谱、X 射线衍射、激光烧蚀电感耦合等离子体质谱(LA - ICP - MS)、电子探针(EMPA)、显微 X 射线荧光光谱(micro - XRF)分析技术及 LA - MC - ICP - MS 和同步辐射技术(micro - XANES),厘定出不同产地的磷灰石矿物学特征,为探讨天然磷灰石的化学成分、同位素特征和氧化还原状态奠定了基础。通过对特提斯成矿带的含矿斑岩和贫矿岩浆系统内磷灰石的矿物学地球化学研究,揭示碰撞环境下成矿斑岩中磷灰石具有更高的 Cl 和 S 含量,指示斑岩体具有较高的成矿潜力。

相对于放射性同位素,O-Li等稳定同位素在示踪地表到地幔的熔/流体与矿物直接的相互作用过程中有着独特的优势。O同位素可以用来鉴别高温或低温条件下水-岩相互作用中再循环陆表组分的贡献。尽管洋壳的不同部位具有不同的O同位素组成,但是具有相似的放射性同位素组成。因此,利用O同位素与放射性同位素(如Hf同位素)的相关性可以判断俯冲的板片和岩石圈之间的流体作用。

原位锆石O同位素是近年来一种新兴的分析手段。相对于其他稳定同位素体系,锆石O同位素具有分析快速的特点,有望广泛应用于区域性同位素填图中。原位锆石O同位素组分主要受地表过程的水-岩相互作用影响。而锆石是一种高温、难熔、化学性质稳定的副矿物,受后期岩浆结晶和变质作用的影响较小,可以很好地保存原始岩浆中锆石的O同位素组分。正常幔源岩浆结晶出来的锆石具有非常一致的$\delta^{18}O$值[$(5.3\pm0.6)‰$],该比值受岩浆分异的影响很小(Valley et al.,1998),而经历表壳过程的物质,其O同位素值显著增加。因此,O同位素可以用来鉴别高温或低温条件下的水-岩相互作用的含水组分(陆表组分或幔源),对于分析陆表物质(低温/高温下的水岩反应)的贡献具有重要的意义。尤其在一些典型的新生洋内弧背景,所有的物质都具有相似的亏损Sr-Nd-Hf同位素特征,接近亏损地幔值。在这种情况下,传统的放射性Sr-Nd-Hf同位素很难识别岩浆源区组分,尤其是循环的表壳岩组分。最近,有研究者对西准噶尔、东准噶尔等地区的花岗岩开展了锆石O同位素研究,很多碱性花岗岩含有非常高的锆石O同位素值($\delta^{18}O>8‰$),表明源区含有大量的表壳岩。

此外,全岩Li-B稳定同位素可以进一步甄别陆表到地幔之间的流体作用(俯冲板片或海水或沉积物),如相对地幔或海水,轻的Li-B同位素指示了岩浆源区陆壳沉积物的加入。因此,可以通过全岩Li-B等稳定同位素剖面研究,进一步揭示俯冲板片相关的沉积物、流体或熔体作用。随着测试技术的提高,一些新兴同位素测试数据也将急剧增长,也可能发展为新的同位素示踪填图技术。

实现多元同位素联合示踪填图,需要研究和了解不同放射性同位素体系方法的相关性与解耦性。在实际研究中,不同放射性同位素体系都具有一定的相关性,但也常出现一定程度的解耦现象。Nd-Hf同位素解耦引起的源区示踪不一致,导致不同学者对花岗岩类代表的构造意义的解释存在明显差异。由于Nd同位素主要来自于样品全岩组成,而Hf同位素主要来自于单颗粒锆石,且锆石稳定性高,即使在后期高温事件中依然可保持良好的封闭性,锆石反映的Hf同位素组成有时可能不(完全)代表其初始岩浆Hf或寄主岩石的Hf同位素特征(吴福元等,2007)。

在同位素填图中,可以以公认的、更广泛应用的Nd同位素为基础,刻画同位素省的特征。例如依据中亚造山带的研究,以Nd同位素为特征,可将同位素省分为6类:Ⅰ极度初始[highly or extremely primitive, $\varepsilon_{Nd}(t)>+6$];Ⅱ初始[primitive; $\varepsilon_{Nd}(t)=+6\sim+4$];Ⅲ轻微初始[slightly primitive, $\varepsilon_{Nd}(t)=+4\sim0$];Ⅳ轻微演变[slightly evolved, $\varepsilon_{Nd}(t)=0\sim-4$];Ⅴ演变的[evolved, $\varepsilon_{Nd}(t)=-10\sim-4$];Ⅵ强烈演变[highly evolved, $\varepsilon_{Nd}(t)<-10$]。对地壳而言,这些同位素省分别示踪和刻画了地壳的类型与特征:非常年轻(highly juvenile)、年轻(juvenile)、略微年轻(slightly juvenile)、略微再造(slightly reworked)、再造(reworked)、

强烈再造(highly reworked)。以此为基础,依据其他同位素如 Hf 同位素与 Nd 同位素的关系,可以换算参数,共同刻画这些同位素省的特征,如相应的 6 类同位素省的 Hf 同位素特征是:Ⅰ极度初始[highly or extremely primitive,$\varepsilon_{Hf}(t)>+12$];Ⅱ初始[primitive,$\varepsilon_{Hf}(t)=+12\sim+10$];Ⅲ轻微初始[slightly primitive,$\varepsilon_{Hf}(t)=+10\sim+6$];Ⅳ轻微演变[slightly evolved,$\varepsilon_{Hf}(t)=+6\sim+2$];Ⅴ演变的[evolved,$\varepsilon_{Hf}(t)=+2\sim-4$];Ⅵ强烈演变[highly evolved,$\varepsilon_{Nd}(t)<-4$]。Wang 等(2023)对北疆基性岩开展同位素填图,示踪地幔的物质特征及其分布,应用 Nd、Hf 两种数据[将 $\varepsilon_{Nd}(t)$ 值减小 6,位置等同于 $\varepsilon_{Nd}(t)$]联合示踪填图,取得了较好的效果(图 12-3)。

(三)地球物理方法填图

地球物理方法是地球深部探测的最主要和最常用的方法之一,主要包括重(重力)、磁(航磁、区域高精度重磁等)、电(激发极化、频谱激电、大地电磁)、震(天然地震层析成像、接收函数成像等;人工源地震的深地震反射、宽角反射/折射地震等)。这些方法可以获得地球深部的物理性质和有关物性参数。

利用人工地震和天然地震,为地球做"CT"是地球岩石圈深部探测的主要手段,目前已有长期的研究和成熟的技术。地震方法可以获取深部物质(如大陆岩石圈地幔)的密度和弹性性质在水平和垂向方向上的差异,可以构建现今岩石圈的大范围物理结构(如速度、厚度)等模型。

近年来,噪声成像技术是最具革命性的地震成像技术,特别适合探测地壳上地幔顶部精细波速结构。与传统地震成像方法相比,背景噪声成像方法具有以下优点:①场源丰富,不依赖于震源位置和震源机制信息,背景噪声场无处不在无时不有;②拥有大量的空间采样方向;③分辨率高,横向分辨率主要依赖于台站密度,地震台网密集区域,成像结果具有较高分辨能力,从而可以通过提升台站分布密度来提高成像质量;④能够约束浅部速度结构,当噪声传播路径较短时,可以提取短周期(<20s)的面波及体波信号,对浅层结构具有更好的垂向分辨能力。最新噪声面波成像显示,准噶尔盆地中下地壳横波速度为高速异常,反映其基底铁镁质成分较高,可能为洋壳性质。

大地电磁成像通过揭示地球深部电导率异常,可为研究区域地质演化及构造变形过程提供较好的约束。深部电导率主要受流体、熔体及电导率高的矿物(如金云母等)控制,而流体、熔体等的产生与构造演化及变形过程的关系十分密切。Xu 等(2020)在西准噶尔进行了三维大地电磁成像,发现 120~220km 深度范围存在一北东向的地幔高导体,主要由金云母等矿物导致,该高导体可能指示了该区在古生代大洋俯冲和大陆增生过程中残留的大洋板块。

航磁指通过观测由岩石、矿体等探测对象的磁性差异而引起的磁异常特征,对探测区的磁性物质分布规律、地质构造等开展研究的一种探测方法。结合地质、岩矿石磁性资料,根据观测的磁异常特征判断引起磁异常的地质体性质,确定其空间展布特征,圈定断裂构造和侵入岩体,推测地质构造特征。例如区域航磁图显示准噶尔盆地具有高的磁异常,这一特征也支持其深部基底为洋壳的认识(图 12-4)。

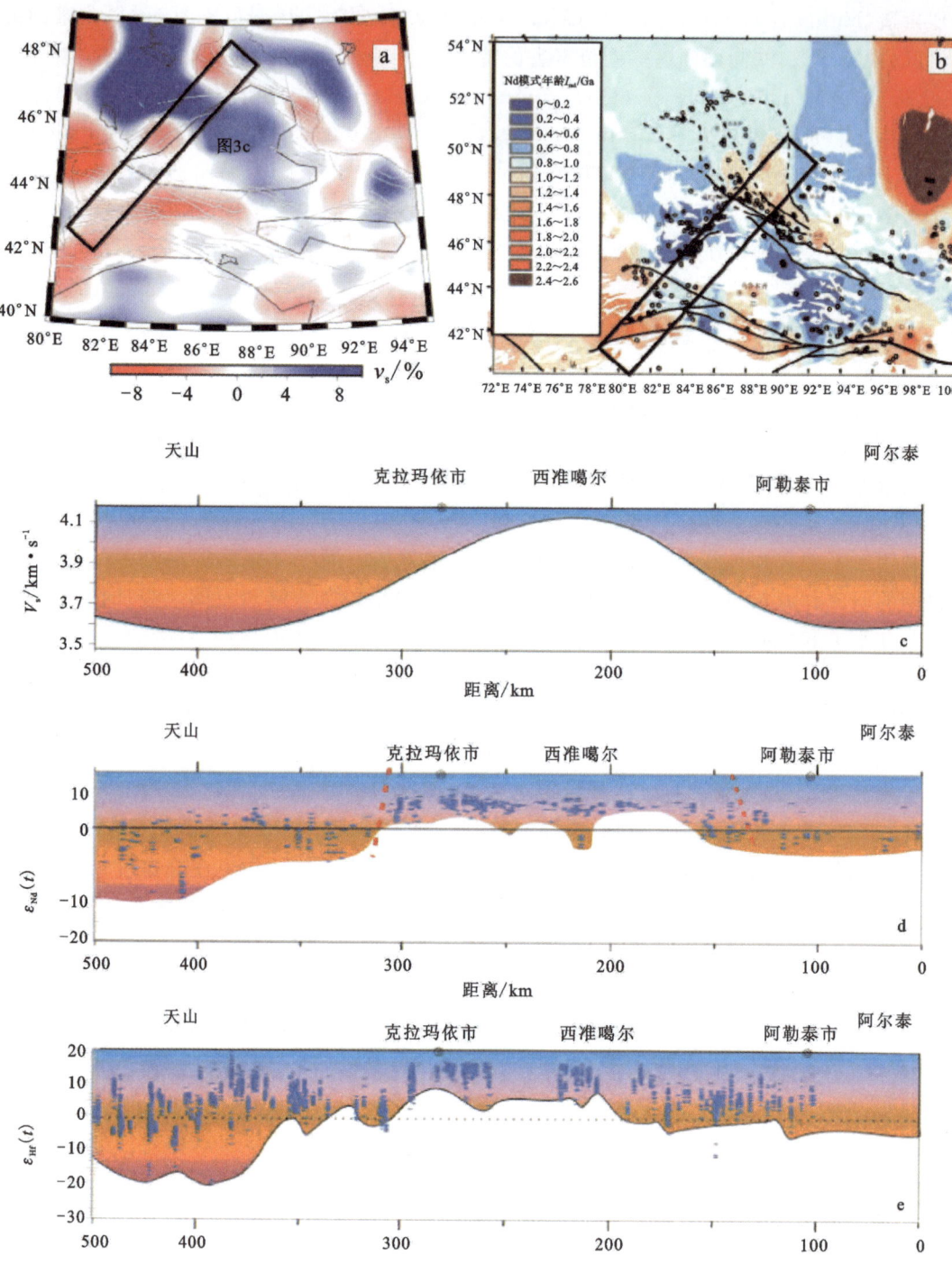

图 12-3　北疆阿尔泰—西准噶尔—天山全岩 Nd、锆石 Hf 和捕获/继承锆石廊带
填图及剖面对比(据王涛等,2022)

注:西准噶尔为年轻地壳,阿尔泰、天山为较古老地壳,与在 30~40km 深度的地球物理面波 v_s 探测结果和参数可对比。

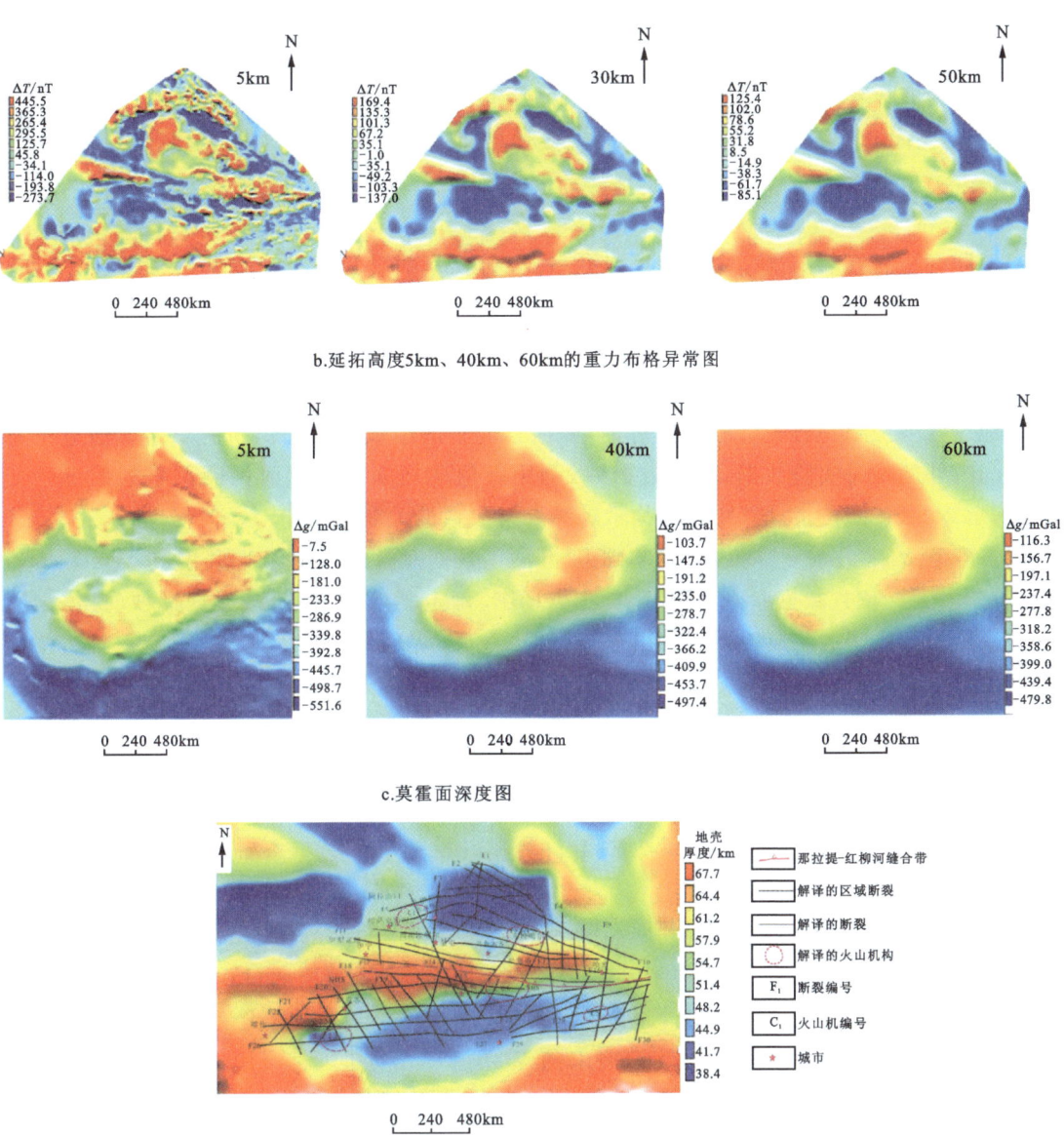

图 12-4 新疆准噶尔—天山地区航磁、重力布格异常图及向上延拓图以及莫霍面深度（据王涛等，2022）
a.延拓高度 5km、30km、50km 的航磁异常图；b.延拓高度 5km、40km、60km 的重力布格异常图；c.莫霍面深度图

重力测量是利用组成地壳的各种地层、岩体、矿体的密度差异引起的重力变化而进行探测的一种地球物理方法。通过对重力数据进行校正和处理，消除各类误差，从叠加场中分离或突出目标地质体的异常场，使隐含在数据中的有用信息更易于被识别、比较，以及用于定性和定量解释。通过重力探测方法可以推断地区不同级别和规模的地质构造、划分构造单元，追索、圈定与围岩有明显差异的隐伏、半隐伏岩体或岩层，探测覆盖区基岩地质、沉积岩系各密度界面的起伏及沉积盆地范围，研究深大断裂的展布及火山结构，研究地壳、上地幔

结构及地壳厚度变化(Zhu et al.,2022)。例如准噶尔盆地具有相对高的重力异常,这一特征与其深部基底为高密度的铁镁质洋壳较一致(图12-4)。此外,重力和地形的综合建模常用于揭示不同岩石圈弹性厚度的变化。

地球物理学家利用地震探测等方法,构建现今深部地壳的大范围物理结构(如速度、厚度)等模型,但空间分辨率通常较低,且难以对特定地点/小尺度的地壳结构进行高精度的约束。

(四)实验模拟方法

不同类型岩石的高温高压实验可以获取其密度、地震波速、泊松比、弹性模量等物性参数。但不同岩性的地震波速、密度等物性参数常存在一定程度的重叠,同时岩石的物理性质受到岩石矿物、化学组成及其所处深度和温度的影响,导致岩性识别困难。综合利用波速、密度、热流等多种物性参数递进式约束岩石组成模型,对岩石物理实验结果进行温压校正,实现地球物理探测与岩石组成原位对标,为探索岩石圈组成架构提供新的思路。通过汇总目前国内外的相关实验数据,建立数据库,利用数值建模来预测放射性同位素的系统性变化,揭示Nd、Hf同位素深部物质架构示踪结果与参数的关联性。

王涛等(2022)在前期需求分析的基础上,开展了数据库概念模型设计,利用Power Designer 6.5绘制多元同位素数据库概念模型,即E-R图,确定了数据库实体、数据集项、实体之间的关系及实体之间的集成关系。利用Power Designer提供的转换工具,依照E-R图,按选定的关系数据模型转换成对应的逻辑模型。在完成数据库逻辑模型的基础上,利用Power Designer转换工具,选定使用的数据库(My SQL 8.0)自动生成物理模型。经过上述3个步骤之间的依次迭代完善,构建较成熟的数据库物理模型,确定所有的表和列,定义外键用于确定表之间的关系,最终实现数据在数据库中的存放。基于开源的Django Web框架及Bootstrap响应式页面布局工具,开发了项目数据共享平台。数据查询页面使用高德地图Java Script API 2.0,初步实现了数据的框选查询(包括矩形、多边形、圆形)、显示数据点聚合、数据保存下载(Excel格式)等功能。同时,平台集成了开源D-tale可视化库,初步搭建了在线数据可视化应用,目前实现了基本功能,个性化需求还需要通过代码裁剪定制完成。D-tale存储数据使用了全局变量,通常是最优的,数据在内存中不需要任何序列化/反序列化。但将D-tale部署在多用户处理请求的Web服务器上时,每个用户都有一个单独的Python进程和一组单独的全局变量,需要用户配置Redis或者Shelve解决数据存储和全局状态问题。目前,在中亚增生造山带(北疆)、青藏高原碰撞造山带(拉萨地块)和华北克拉通(破坏区、稳定区),开展了多信息填图,很好地联合反演和揭示了这些地区的三维岩石圈架构(图12-5、图12-6)。

值得指出的是,虽然深部构造研究及制图已取得了重要进展,从深层次上揭示区域深部物质、结构和层圈相互作用,特别是深部物质→能量交换→传输的地球动力学过程及成矿规律,对创建全新的成矿理论体系有重要的价值。但如何将其与地壳浅部成矿条件和成矿规律研究的成果相结合,且运用到预测找矿战略新区及在矿集区开辟新深度找矿空间等方面,尚待深入研究。

第十二章 矿田构造研究方法

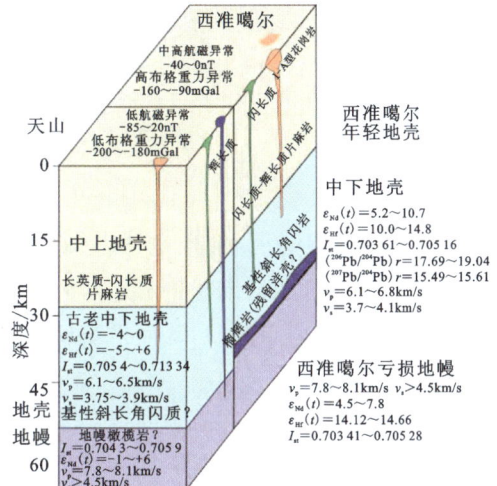

图 12-5 北疆岩石圈三维物质架构（据杨立强等，2023）

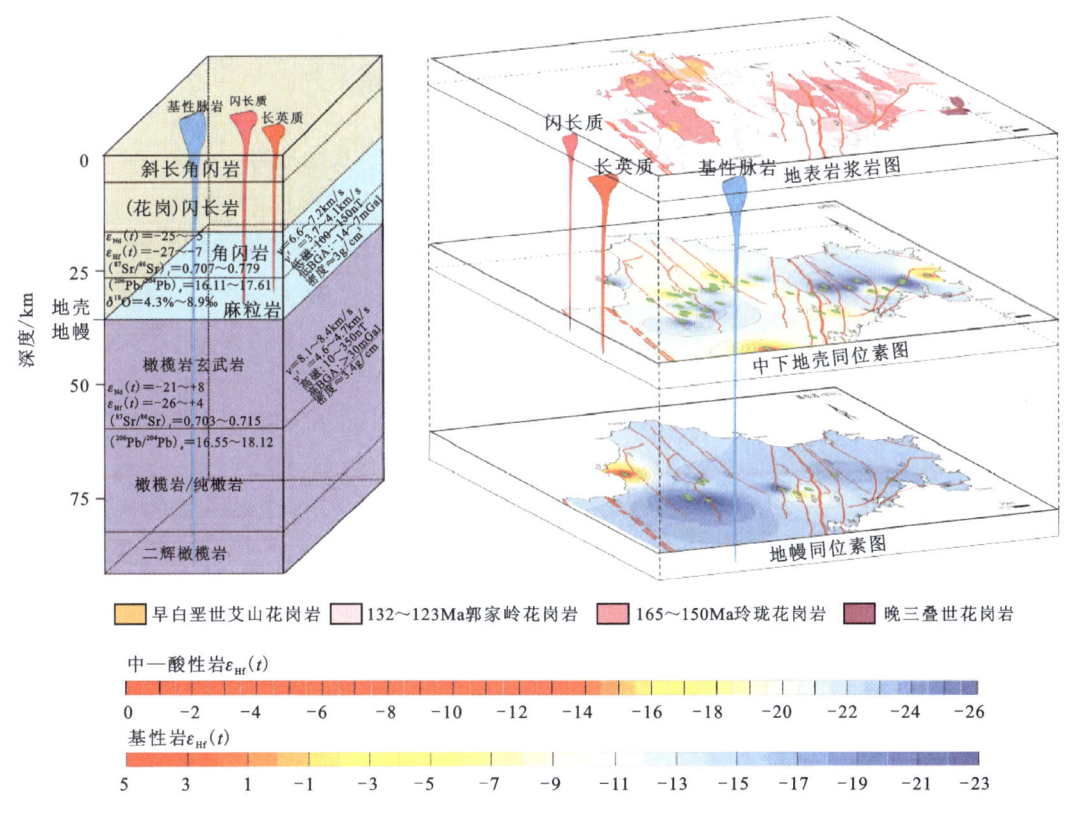

图 12-6 胶东半岛岩石圈三维物质架构（据杨立强等，2023）

第三节 控矿构造的岩组分析

一、概述

岩组分析主要是测量、统计岩(矿)石中矿物颗粒原生或后生的向量性质,形成岩组图,分析其成生条件或后期构造形迹的应力状态、性质等要素,将微观形变与宏观的构造应力场统一起来(曾庆丰,1986),从而推演地质构造的成因、演化,岩组分析在岩石学和控矿构造研究中均有应用。

岩组分析要建立在对定向样品系统且精细的研究基础之上,必须与野外实际情况严格相符,并区分出成矿前、成矿期和成矿后构造,否则就不能得出正确的解释。定向薄片切制及岩组图编制的具体工作程序有专门文献介绍(何绍勋,1977),此处从略。岩组分析一般采用 a、b、c 直角坐标系来表示物质的空间和运动关系,a 轴指示运动方向,如层间滑动或剪切方向等;b 轴常为旋转轴或几组结构面的交线;c 轴垂直于 a 轴和 b 轴。因此,ab 面一般为岩石的滑动面,以 S 面表示。

岩组分析须确定极密类型、构造岩组类型、岩组对称性和主应力轴方位等。极密类型一般有点极密、大圆环带极密、小圆环带极密及组合型,桑德尔将构造岩组划分为 S 构造岩、B 构造岩和 R 构造岩。有一组明显面状构造但缺少线理的构造岩称 S 构造岩,在岩组图上常为明显的点极密,如具有片理的千枚岩,断层擦痕面上的石英光轴有时也表现为一个点极密,S 构造岩往往是单纯压扁或单纯沿 S 面滑动作用形成的。B 构造岩一般具有明显的线理构造,岩石变形时伴随有矿物的旋转,常由两组相交的剪切作用形成,在岩组图上为一个完整或不完整的大圆环带,环带轴为 b 轴。R 构造岩由物质滚动而成,滚动轴平行于 b 轴,在组构图上面状组构要素具有明显的大圆环带极密,线状组构要素则表现为点极密(何绍勋,1977)。

岩组图一般会表现出一定的对称性,如轴对称、斜方对称、单斜对称和三斜对称。轴对称在岩组图上呈一个点极密,并具有无数个对称面。斜方对称在岩组图上有 3 个互相垂直的对称面(ab 面、ac 面、bc 面),压性结构面具有这种形式,与最显著的片理面或劈理面等重合的是 ab 面。单斜对称表现在剪性结构面,在岩组图上只有 ac 一个对称面和一个垂直于对称面的二重对称轴。三斜对称在岩组图上缺少对称面和对称轴,一般代表两期构造运动的叠加(图 12-7)。不同的对称特征对应于不同的运动性质,轴对称代表简单的单轴伸展或缩短运动,斜方对称代表三轴变形中的压扁运动,单斜对称代表了一种剪切运动或旋转运动,三斜对称则代表不同方向运动的叠加。

二、应用实例

某矿床的脉体充填于北西向、北东向两组平移断层中,以前者为主,平面上相交呈"X"形

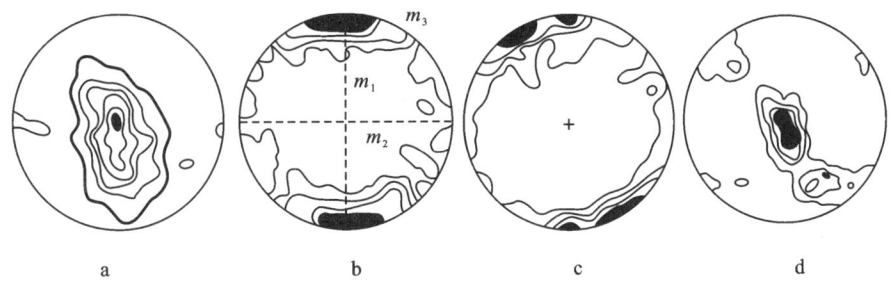

图 12-7 构造岩对称组构样例(据何绍勋,1977)

a.轴对称组构;b.斜方对称组构,m_1、m_2、m_3 为对称面;c.单斜对称组构;d.三斜对称组构,无对称面

(图 12-8)。矿脉平直规则,根据其形态、支脉排列规律和其他特征,初步认为北西向控矿断层具右行剪切性质。分别对两组成矿裂隙围岩采集水平切面进行岩组分析:北西向裂隙围岩石英光轴图的大圆上,沿断裂走向出现两个对称的极密部,位置与 S 面(ab 面)走向吻合,属 S 构造岩组,石英光轴定向与错动方向(岩组轴 a)一致,表明是由水平剪应力所引起的;靠近北东向裂隙的石英光轴图大圆边缘上则发育两对对称分布的极密部,并有形成 ac 环带的趋势,最密的一对所示方向与北东向成矿裂隙走向一致,另外一对则与北西向成矿裂隙走向一致,表明石英光轴沿两个剪切面作定向排列,两个剪裂面交线为岩组轴 b,故而属 B 构造岩(曾庆丰,2016)。综合起来看,两组成矿裂隙是同时形成的平移断层,结合其性质和产状可确定两组控矿断裂是南北向压应力作用下形成的一对共轭剪性断裂。

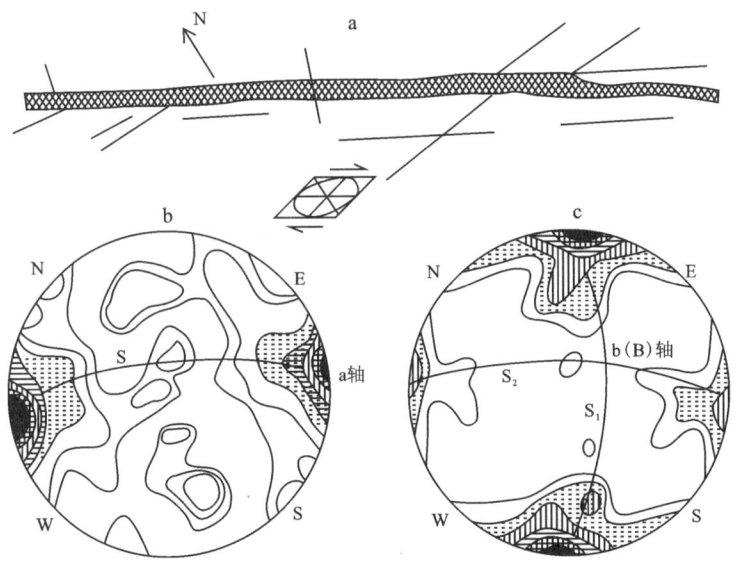

图 12-8 某矿床矿脉平面图及围岩石英光轴图(据曾庆丰,2016)

a.北西向矿脉及其支矿脉平面素描图;b.北西向成矿裂隙围岩石英光轴图,水平切片,150 次测定,0.5%→1%→2%→4%→6%→8%→10%;c.北东向成矿裂隙围岩石英光轴图;水平切片,150 次测定,1%→2%→3%→4%→6%→8%

第四节 构造地球化学方法

一、概述

构造地球化学(tectonic geochemistry)是介于构造地质学、地球化学之间的一门交叉学科。它运用构造地质学、地球化学的基本原理和方法，研究地壳中化学元素的分配与迁移、分散与富集的过程和规律。它一方面研究构造作用中的地球化学过程，另一方面研究地球化学过程所引起的和反映出来的构造作用。根据构造的规模，可以将构造地球化学划分为大地构造地球化学、区域构造地球化学、矿田和矿床构造地球化学、显微构造地球化学等。

矿田和矿床构造地球化学主要是研究矿田、矿床的构造应力场、构造变形场与成矿元素地球化学场之间的成因联系，探讨构造应力场控制下成矿流体的运移规律和化学元素的演化过程，揭示有用物质组分在各种构造环境中的赋存规律，从而指导成矿预测和找矿勘探工作。

二、理论基础

构造运动可以引起地壳中岩石和矿物的变形，产生各种构造形迹，构造形迹有规律地排列组合，形成构造体系。构造运动在引起这些物理变化的同时，还能引起化学变化，使元素发生活化、迁移和富集，形成构造地球化学异常。构造体系和地球化学元素的时空分布统一构成了构造地球化学场。

在特定的地质作用过程中，某些具有相似地球化学性质的元素具有相似的地球化学行为与迁移、富集规律，从而形成一定的元素组合。因此，这些元素组合反映了一定的地球化学过程。构造控矿的物质表现通过构造地球化学现象表现出来，成矿物质的来源、迁移、聚集、分散等过程能够反映构造的演化与发展。

为了深入探讨构造的控矿特征，研究成矿流体的演化过程，构造地球化学研究首先从基础地质研究入手，将成矿改造与含矿建造相结合，将力学分析与变形历史分析相结合，进行构造地球化学的系统研究，探讨构造演化过程与成矿物质的迁移和聚散之间的成生联系，揭示构造应力场控制下成矿元素的组合、分布特点和成矿流体运移的规律，并用此规律在矿田（矿床）深部和外围开展成矿预测。

应用构造地球化学方法开展成矿预测的主要依据有以下3个方面。

(1)明显受构造控制的金属矿床，构造对成矿元素的迁移、富集和成矿物理化学条件的变化起着十分重要的作用，为构造地球化学方法的应用奠定了基础。

(2)由于断裂构造是成矿流体活动和矿质聚散的有利通道与场所，与地层（围岩）相比断裂构造岩中蕴藏着有关成矿物质聚集和分散的丰富信息，而且深部矿体与地表（浅部）的矿化原生晕通过断裂、裂隙相联系，并具有对应性和一致性。因此，浅部的构造地球化学异常能更好地显示深部的矿致异常，反映矿床深部成矿作用的特点，为隐伏矿预测提供可靠依据。

(3)采用多个矿化元素组合可以发现单个矿化元素难以确定的异常，通过线性或非线性分析的方法可以强化弱矿化的异常,指示隐伏矿体引起异常的有效信息,增强隐伏矿体引起的矿致异常。

三、研究方法

矿田和矿床构造地球化学的工作步骤如下。

(1)分析区域构造地质背景与矿田(床)成矿地质条件,总结矿田(床)形成的各种控制因素。

(2)从宏观和微观上查明各种构造形迹的几何学、运动学和动力学特征。

(3)分析矿田和矿床构造的组合规律及形成期次,反演构造应力场及其演化过程,恢复与成矿密切相关的构造应力场。

(4)开展构造地球化学填图,采集相关样品进行测试分析。按不同的比例尺与工作规范,在矿田(矿区)地表或坑内开展构造地球化学填图,以断裂破碎带、蚀变带或裂隙的充填物为重点采样对象,每件样品1000～2000g,全部样品研磨至200目,采用人工四分法缩分成测试样品,用适当的测试方法分析其中的主、微量元素(和同位素)含量,并监控其分析质量。

(5)处理构造地球化学数据,解译构造地球化学异常,建立构造地球化学模型。运用数理统计学、神经网络、模糊数学等学科的原理,结合计算机应用技术,对构造地球化学样品中的元素含量进行组合分析,研究化学元素的组合特点,并根据成矿元素组合的因子得分值,采用有限元法得到构造地球化学异常图、立体图或构造地球化学-地质图,获取反映矿化元素组合原生晕分布的构造地球化学场。根据构造地球化学异常的分布类型、矿化元素组合类型、异常分带特征和成矿流体运移规律,推断矿化元素的富集中心、矿化类型和成矿流体的运移方向。

(6)通过模拟实验,进一步证实和定量研究化学元素在构造应力作用下,伴随着岩石变形和变质所产生的活化、迁移、富集的规律。应用实验构造地球化学进行构造地球化学实验模拟,或在测试岩矿石力学参数和应力值的基础上采用有限单元法等对其他等参元模型进行二维、三维数值模拟,恢复成矿构造应力场,探讨构造应力场作用下构造变形与元素迁移、富集、成矿的关系,讨论构造地球化学与构造应力场的相互联系。

四、应用实例

黔西南卡林型金矿和与之密切伴生或共生的汞、锑、砷矿在空间分布、产出状态,组合关系上具有一定的规律性,受构造作用控制明显。地壳深大断裂为黔西南金等金属元素迁移提供了便利的通道,对包括金矿在内的其他金属矿床的形成区域进行了限制,控制了矿床的空间分布。茅口组和龙潭组之间的沉积间断不整合面为一构造薄弱面,常被后期构造作用所利用,是区域含矿热液横向运移的通道和金锑矿的就位场所。黔西南广泛发育的短轴背斜或穹隆构造往往处于浅部地壳的高点部位,为进入沉积间断不整合面的成矿流体提供了良好的汇聚空间,控制了金矿床(点)沿背斜轴的集中产出,而背斜(穹隆)轴部和近轴部的褶皱相关逆冲断裂构造,则直接控制了金矿体的分布和产状。

戈塘金矿床是黔西南地区的一个大型微细浸染型金矿床,位于戈塘背斜的南东翼。金矿体赋存于上、中二叠统古喀斯特界面上,呈似层状、透镜状产出。上覆地层为上二叠统龙潭组,由砂页岩夹灰岩、硅质岩及煤层组成。下伏地层为中二叠统茅口组,主要由厚层状生物碎屑灰岩组成。矿区内构造较为发育，主要为有褶皱、断层和不整合界面构造三种构造型式。

金永杰等(2015)在戈塘金矿区及外围开展了构造地球化学填图，选取典型的构造地球化学剖面，系统采集了断层泥、破碎带、蚀变带、方解石脉和石英脉等样品，测试了 Au、As、Hg、Sb、Tl、Se、Te、Ag、Cu、Bi、Mo、Pb、Zn、F、Li、B、Rb、Sr、Ba、W、Sn、U、Cr、Co、Ni、V、Ti、Nb、Ta 等元素含量(图 12-9)，对测试结果进行了统计分析。在此基础上探讨了断裂、背斜构造中金及相关元素的含量和空间分布，查明了断裂的含矿性，并指出了含矿构造的类型和位置，为矿区的勘查验证提供了科学依据。

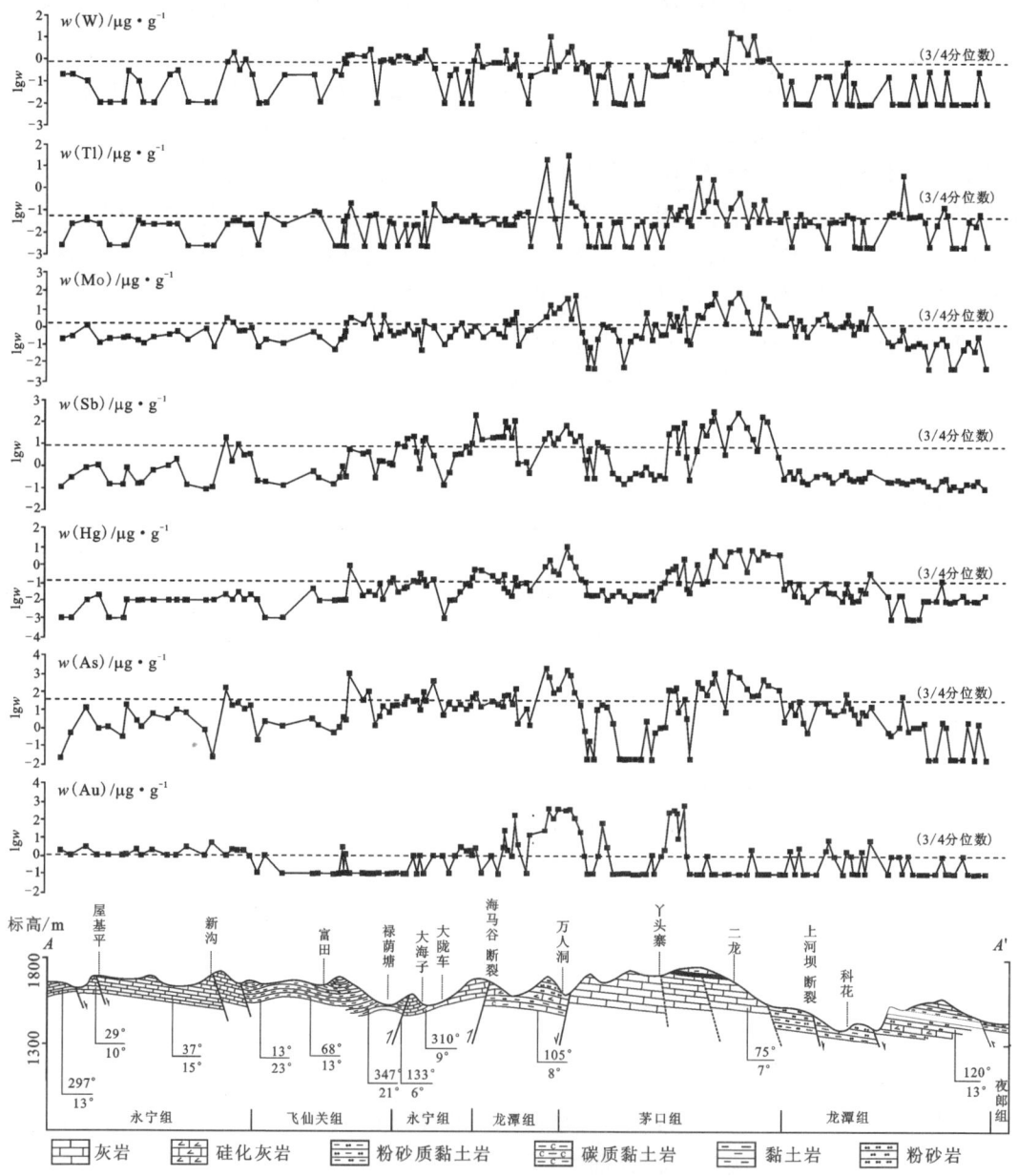

图 12-9　戈塘地区构造地球化学剖面(据金永杰等，2015)

通过分析认为,戈塘地区与 Au 矿化密切相关的元素及组合为 Au-As-Hg-Sb-Tl-W-Mo。戈塘地区主干断裂及其附近明显存在与金矿化有关的元素含量异常,特别是断裂与背斜交切的部位。其中,在上河坝断裂、海马谷断裂及其附近,Au、As、Hg、Sb、Tl、W、Mo 元素皆显示出含量异常特征,海马谷断裂和万人洞断裂与戈塘背斜交切部位显示出高强异常,这些位置是有利的找矿部位。在次级断裂或是远离戈塘背斜的下三叠统中,相关元素含量整体偏低。

第五节 矿田构造的数值模拟

一、概述

构造模拟(tectonic simulation)是应用现代数学、物理学等基础学科的理论和方法技术,反演地质构造的形成和发育过程,包括几何学、运动学、动力学的模拟和反演,变形环境及各种控制因素或边界条件的定性、定量或半定量估计,以及其他相关规律性的研究。

构造模拟的方法主要有物理模拟和数学模拟两类。物理模拟方法有助于人们理解构造变形过程和动力学作用过程,但存在时空尺度局限性,不能有效地模拟地质构造形态的复杂性、地球介质分布的不均匀性及岩石物理性质的多样性。数值模拟方法可以综合利用地质、地球物理、地球化学等方法的研究成果,建立和模拟不受时空限制的各种地质模型,是现代地球科学研究的重要方法之一。对于数值模拟,只要在收集足够资料的基础上,建立相应的地质模型、力学模型及计算模型,即可分析初始条件、边界条件及岩性参数等因素对构造变形的影响,研究构造变形的演化过程。

数值模拟的方法已经越来越广泛地被运用到矿田(床)构造、流体运移及物质迁移富集的研究之中,提供了矿田(床)构造分析的新手段和找矿预测的新方法。尤其是随着计算机技术的快速发展,以 ABAQUS、COMSOL Multiphysics、FLAC 等为代表的各种数值模拟软件的应用大大促进了矿田构造研究和找矿预测的效率与精度。

二、研究方法

数值模拟是一种计算机模拟分析方法,包括有限元法、有限差分法、边界元法、离散元法等,其中有限元法和有限差分法被广泛应用于构造变形的数值模拟,二者在特定情况下得到的最终方程是一致的,但有限差分法更适用于求解物理不稳定性问题、非线性问题和大变形问题,而有限元法处理时间短、步骤较少,应对模拟线性、变形问题效率较高。因此,有限元法在矿田构造的数值模拟中应用最为广泛。

利用有限元法进行矿田构造模拟的基本思想是根据地质调查研究得出的各地质点的主应力方位和相对大小,通过数学、力学求解,反演矿田(床)内某一时期各点的应力状态,从而得出该区的构造应力场特征,进而研究在构造应力场控制下矿产的分布规律。

有限元法是在三大守恒定律(质量、动量、能量)的基础上,建立平衡方程、本构方程和几何方程,将连续的求解域分解为有限个单元的组合体,单元划分越细,越接近于实际的地质情况,计算结果就越精确。它利用在每一单元内假设的近似函数来表示整个求解域上的未知场函数,采用虚位移原理或最小势能原理建立表示整个结构的结点平衡方程组,将连续的无限自由度问题离散成以未知场函数的结点值为未知量的有限自由度问题,通过求解高阶代数方程组来计算这些未知量。

采用有限元法模拟矿田(床)构造应力场,首先,应对研究区进行大地构造背景分析,收集地质、地球物理、地球化学等相关资料,并通过抽象与概化,确定研究对象,建立地质模型;其次,考虑地层的处理、确定材料本构关系及参数、载荷与边界条件,建立力学模型;再次,结合具体的数值计算方法,进行网格的划分、断层的处理、荷载的施加等,将力学模型转化为计算模型,进行数值模拟计算;最后,对计算结果进行分析与验证。地质构造的数值模拟是一个与地质资料进行交互式反馈的过程。为得到正确的分析结果,应重视从建模到模拟结果分析的全过程。

1. 地质模型的建立

合理地建立地质模型是进行构造变形数值模拟分析的前提与基础。只有建立了正确的地质模型,才有可能对某一地质现象进行分析、研究与推断;才能结合数值模拟分析的结果来分析地质构造的成因、演变历史及影响因素。合理的地质模型的建立需要综合地质、地球物理、地球化学等多种手段,得到各种定性描述及定量数据,并对这些地质资料进行分析、整理。在此基础上,对研究区域的大小、研究对象的主要变形形式及演变历史、载荷的时空分布规律等条件提出假设,建立地质构造变形分析的概化地质模型。

2. 力学模型的建立

力学模型的建立是进行构造变形数值模拟的关键,它影响着数值模拟的过程及结果。将地质模型抽象化,建立力学模型时,需要考虑的问题有:平面或空间模型的选择、地层的划分、材料本构关系及参数大小的选择、是否需要考虑多场耦合等。

建立力学模型时,应根据研究对象的具体特点,对地质模型进行合理的简化。由于地质构造变形的数值模拟一般会涉及大变形非线性问题及多场耦合情况,计算量非常大。若研究对象未表现出明显的三维特征,为减少计算量,可不必建立三维模型。在划分岩层时,可根据岩层的性质、层厚等因素对地层进行适当合并,减少模型中的岩层数。

材料本构属性及参数大小需要结合其他地质研究方法综合确定,它涉及岩石圈流变学的纵向分层和横向分块特性。现有大多数构造变形的数值模拟中,对岩石性质参数都是基于某种假设而定的。目前构造应力场模拟中较常用的本构关系有 4 种:线弹性、弹塑性、黏弹性和弹黏塑性本构关系。其中,弹塑性本构一般用于模拟地壳浅部的脆性层,黏弹性和弹黏塑性本构多用于模拟地壳深部,也可以在同一个模型中采用多种本构关系。

3. 计算模型的建立及求解

计算模型的建立主要涉及软件的选择与使用,或进行算法设计并研制编写程序。

在建立计算模型时,应尽可能采用通用软件或现有专业软件(如 ABAQUS、COMSOL Multiphysics、FLAC),其算法稳定可靠,而且在建模、数值计算及计算结果的后处理方面都比较简单。若直接用现有的软件无法解决问题,可以采用二次开发的方式来拓展现有通用软件的功能。二次开发可以涵盖从几何建模、网格划分、边界定义、材料选择到分析求解、结果输出的全过程。有限元软件的编写包括网格划分、数值计算、计算结果的图形化显示等过程,它涉及的知识面广、难度大。在现有通用软件的基础上进行程序的二次开发可以大大降低编程难度,提高地质构造数值模拟研究的效率。

当采用通用软件进行数值分析时,需注意计算网格的划分、载荷的施加、算法的选择等问题。单元形式及网格密度需由试算确定,它们会影响计算结果的精度。载荷的施加随着物理场的不同而不同,其分布规律可以随着时空的变化而变化。对于不同的软件,相同的边界条件可能会有不同的加载方式。构造变形的数值模拟一般是非线性问题。对于非线性方程组的求解,算法的选择非常重要。若算法选择不当,可能会影响计算结果的收敛性,甚至无解。而要准确选取某种高级非线性求解方法,需要理解和掌握有限元算法的内核。

4.模拟结果的分析与验证

通过数值模拟,可以得到应力场、应变场、位移场、温度场、孔压场等多种变量的数值,可以直观地将它们用曲线图、等值线云图等图形显示出来。但是,数值模拟的结果是否正确、它们反映了何种地质现象、其产生机理是什么等问题,还有待于分析人员结合其他地质分析方法进行综合分析与对比。地质构造变形数值模拟的结果对应于特定的输入参数及计算模型。通过改变建模时所考虑的各种因素,可以进行不同条件下的数值模拟,得到多个模拟结果,研究其影响因素。将这些数值模拟结果与实际地质资料进行对比分析,可以推断矿田构造的演化历史及其动力学机制。

三、应用实例

(一)构造应力场与构造控矿规律模拟

小秦岭地区在中生代经历了碰撞挤压、走滑伸展、松弛引张和伸展隆起等构造演化过程,并最终形成典型的小秦岭变质核杂岩。小秦岭地区的石英脉型金矿正是这种构造动力学背景下的产物。断裂活动是成矿和控矿的关键因素,是与造山作用紧密相连的区域构造应力活动的结果。金成矿期古构造应力场的最大主应力方向为北北东-南南西或近南北向,经历了Ⅰ、Ⅱ阶段挤压向Ⅲ、Ⅳ阶段伸展的转换,这种转换机制控制着断裂活动及成矿演化。为进一步研究这种应力转换下断裂对矿化的控制作用,谭满堂等(2014)选择了东闯金矿3号探线剖面进行了控矿构造的数值模拟研究,主要是分析在挤压到伸展的应力转换过程中,断裂与矿化之间的关系。

模拟过程是利用有限元原理,借助计算机软件 ABAQUS 来分析应力应变规律,揭示或验证应力转换对矿化的控制。主要步骤包括:①模型的建立,在对地质模型分析的基础上建立适合于模拟分析的数值模型;②对数值模型进行有限单元网格化,定义模型的材料属性;③基于地质研究施加合理的载荷及边界条件;④计算机演算以及后处理分析。

东闯金矿3号勘探线剖面发育多条含金石英脉或断裂,包括505脉、503脉、503支脉、504

脉、518 脉、507 支脉和 507 脉等(图 12-10)。模拟所涉及的主要物质材料分别是太华群变质岩地层和含金石英脉。参考区域相关地质资料以及前人相关研究,确定相关模拟参数主要有:变质岩弹性模量 50 700MPa,泊松比 0.152;含金石英脉断裂带弹性模量 28 000MPa,泊松比 0.285。为方便分析,对图 12-10 做了进一步简化,主要保留了 503 脉、504 脉和 507 脉来进行模拟,在 ABAQUS 软件中建立相应的曲壳模型,并进行网格细分(图 12-11)。由于石英脉实际宽度较小,不便于建立模型,模拟构图时候对其宽度做了略微"夸大"。此外,地表以上由于被风化剥蚀,因此对模型上端进行了必要的合理延伸,以便模拟成矿时的构造应力。

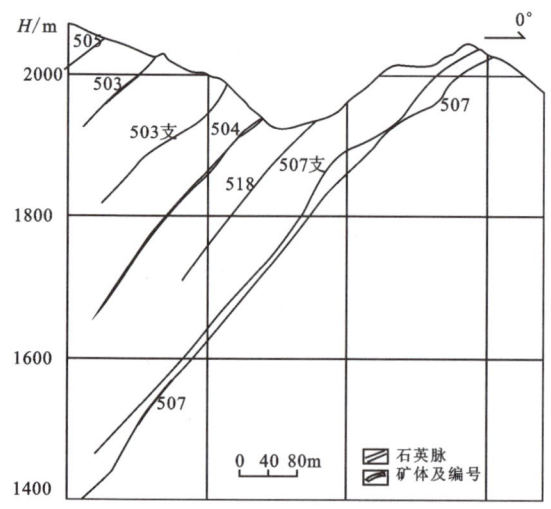

图 12-10 东闯金矿 3 号勘探线剖面简图

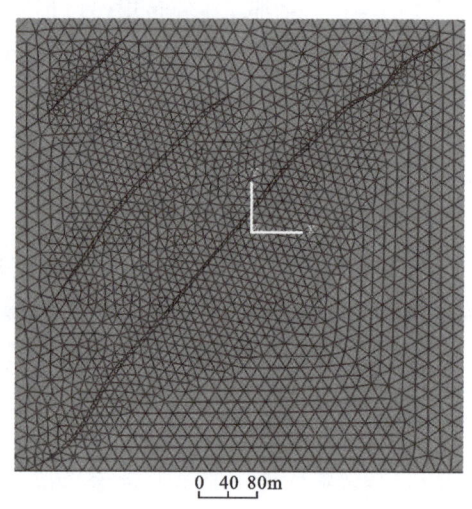

图 12-11 ABAQUS 软件模拟的曲壳模型

采用断层应力机制的安德森模式,并结合区域构造运动的分析,模拟载荷先施加水平挤压应力 100MPa,然后施加水平拉伸应力 100MPa。利用 ABAQUS 软件计算模拟之后得到挤压-伸展应力机制下前后范氏应力分布图、应力矢量图、最大剪应力等值线图(图 12-12～图 12-17)。从 ABAQUS 软件模拟的结果可以得出以下结论。

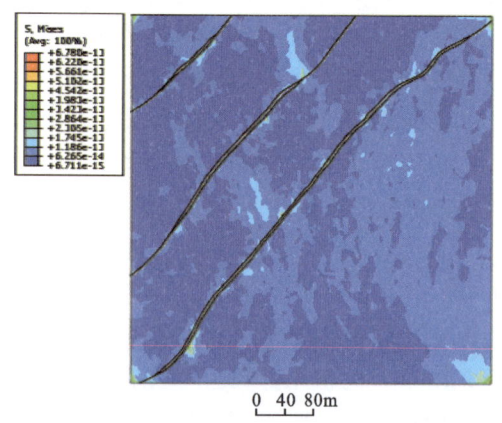

图 12-12 挤压时的范氏应力云图

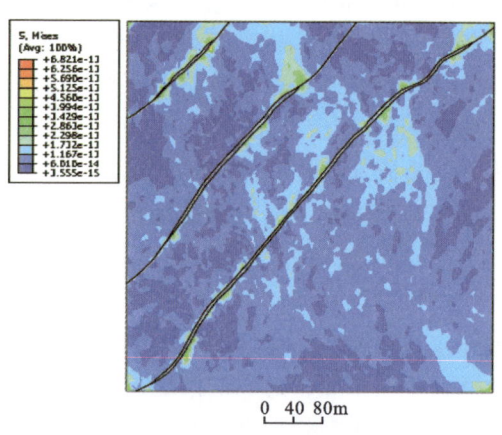

图 12-13 拉伸时的范氏应力云图

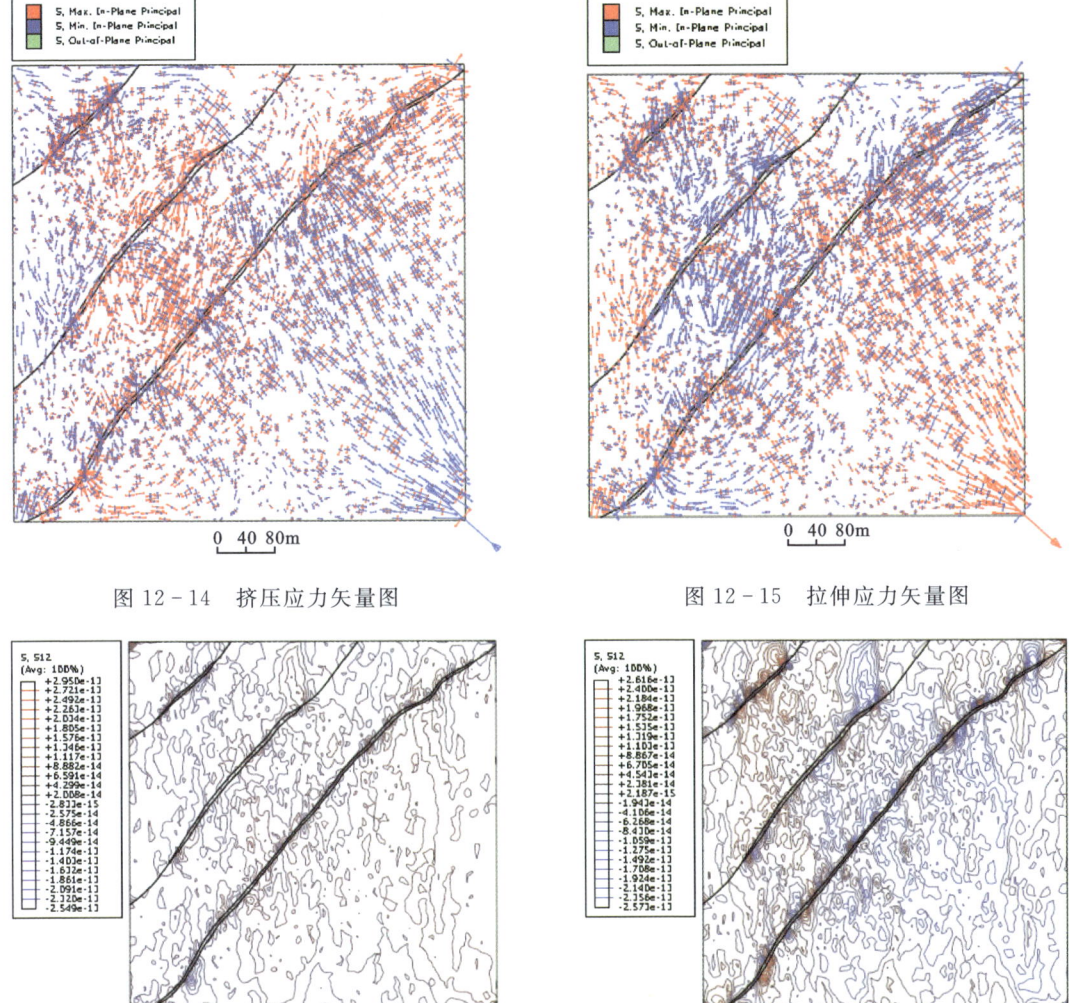

图 12-14　挤压应力矢量图　　　　　图 12-15　拉伸应力矢量图

图 12-16　挤压应力下的剪应力等值线图　　　　　图 12-17　拉伸应力下的剪应力等值线图

(1)太华群变质岩和含金石英脉或断裂带之间的力学性质差异、空间位置组合导致了应力场在不同区域的差异,构造应力在作用过程中发生转移和变化,在应力集中强度较大的部位有利于成矿流体的迁移和富集。

(2)在本次模拟分析得到的范氏应力分布云图(图 12-12、图 12-13)上,挤压应力下已经形成一些应力集中区域,主要沿着断裂带断续分布;再施以拉伸应力时,由于两种应力仅仅是应力矢量的方向发生交替,大小及集中区域没有发生改变(图 12-14、图 12-15)。因此,在先挤压再拉伸的机制下,应力中心区域应变持续增强,中心范围继续扩大,最终形成一些沿断裂带断续分布的集中区域。

(3)在岩石构造应力分析中,最大剪应力值越大,岩石越易破裂;最大剪应力等值线密集的地方剪应力变化梯度大,剪切作用强,相应的变形程度较大,也容易形成裂隙或断裂,从而有利于矿体的定位。在本次模拟分析得到的剪应力等值线图(图12-16、图12-17)上,一般沿着断裂带形成断续分布的剪应力较高且密集的区域,与范氏应力云图所展示的中心基本一致,尤其是断裂产状陡缓变化部位易形成应力中心。

(4)在先挤压后拉伸的应力场作用下,应力分布云图、剪应力等值线图上显示的应力、剪应力集中区域与地质剖面图相似度极高,矿化富集中心与应力、剪应力集中区域对应程度高。在应力、剪应力分布图上,表现为沿着断裂或脉体断续分布的一系列应力集中区域,在产状陡缓变化部位(主要是两端),分布有较明显的高强度区域。

(5)除了模拟的503脉、504脉和507脉之外,在范氏应力云图、应力矢量图以及剪应力等值线图上,可以发现相邻两条脉之间还有相对略高的应力、剪应力分布,大体可以与未进行模拟的503支脉、508脉和507支脉的位置对应,也反证了所模拟的先挤压后拉伸的应力机制是较为符合第3勘探线剖面断裂形成及矿化富集的构造应力的。

从剖面应力的模拟结果可以看出,以东闯金矿为典型的小秦岭地区石英脉型金矿的成矿演化与秦岭造山构造运动密切相关,印支期形成的背斜及韧性剪切带奠定了区域成矿的基本构造格架,燕山期秦岭造山运动由挤压转向伸展的构造背景下,断裂构造持续脉动,含金石英脉大量发育并受控于断裂活动。区域构造应力场先挤压后伸展,主要应力方位为近南北向,剖面上表现为先逆冲后张扭,控制着成矿流体的运移、成矿元素的沉淀及矿体的就位。断裂产状陡缓变化地段应力、剪应力最集中,岩石易破裂,最利于矿体形成。对剖面应力先挤压后拉伸的数值模拟结果与实际矿化特征具有很好的对应关系,表明先挤压后伸展的构造作用机制是符合其成因规律的,也进一步证明东闯金矿乃至小秦岭地区石英脉型金矿主要形成于燕山期秦岭造山后期构造应力由挤压转为伸展的过渡阶段。

(二)构造控矿机理的数值模拟实验研究

构造控矿的模拟实验研究采用高温高压、数值模拟等技术。可以模拟构造变形对成矿元素(如铜、金、汞等)迁移和富集的控制作用,元素的构造动力分带、成矿元素在裂隙中沉淀的机理等。这对建立构造控矿理论基础、探索构造成矿机制有重要意义。

数值模拟原理与方法:矿床是地球表层构造-岩浆-流体活动的耦合作用产物,其形成过程涉及复杂的地球物理、化学过程,包括岩石应力应变、成矿流体迁移、成矿物质迁移、温度迁移与热交换、化学反应等。目前的研究多基于上述过程的耦合结果(矿床),开展相关地质-物探-化探等研究反演矿床的形成过程及构造控矿作用等。数值模拟则是通过在原始地质条件的基础上,赋予测定的地质参数(包括物理和化学参数),求解数学物理方程,正演矿床形成过程的历史,展示其结果、特点和性质,是当今矿田构造学发展的方向。金伟(1993)、方金云等(1999)、曾国平(2018)等对不同类型铜、金矿床构造-流体-成矿作用进行了数值模拟实验研究,邓军等(2000)构建了构造-流体-成矿系统及其动力学的理论格架与方法体系,深化了对构造控矿机制的认识。

例如曾国平(2018)借助于COMSOL Multiphysics软件中的有限元法,对黔西南矿集区灰家堡矿田进行构造控矿数值模拟研究。基本步骤如下:①构建构造地质模型(图12-18);②依据地质模型构建几何模型域并将其离散化为有限单元,即将连续几何问题分解成节点和单元个体问题,如几何模型、网格模型(网格划分数量为 13 628 个)、材料属性(物性参数、地层化学组成、成矿流体成分特征);③计算模块选用及多物理场耦合设置(多孔渗流速度耦合自固体力学模块、固体传热温度耦合自多孔渗流模块、物质扩散速度耦合自多孔渗流模块、化学反应温度耦合自固体传热模块);④基于物理化学的边界参数进行计算,并对各模块进行相互耦合,从而可以计算得到热-结构-渗流-物质扩散-化学反应多物理场耦合下的计算结果;⑤赋予边界条件、初始条件和载荷;⑥求解线性和非线性微分方程,得到各节点计算结果,如应力大小、温度、流体运移速度等物理化学参数,为讨论构造控矿作用提供依据。

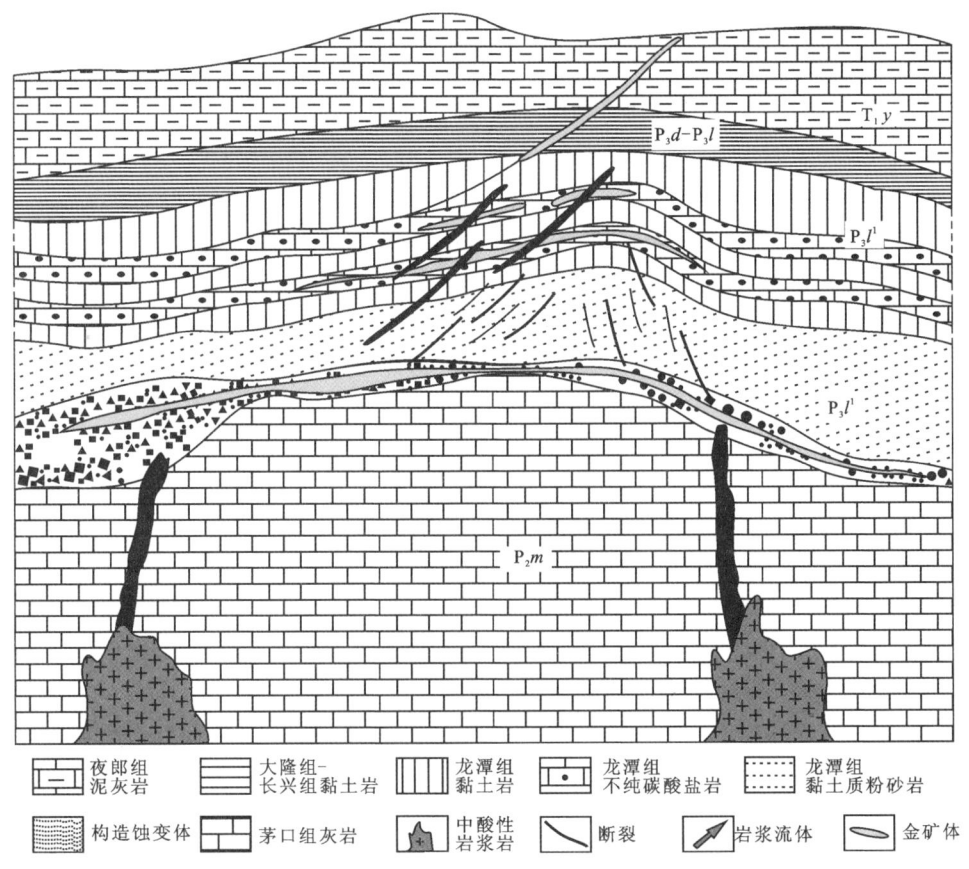

图 12-18 黔西南西段微细浸染型金矿构造控矿模型

有限元数值模拟的结果显示(图 12-19),构造形迹对成矿的控制表现为对成矿流体渗流和成矿物质迁移的控制,并为成矿提供重要的赋矿空间,其关键因素在于构造与围岩之间的渗透率差异。构造活动对成矿的控制主要表现为构造应力引起地质块体的应力形变。这种形变一方面会改变赋矿构造的空间,另一方面会改变成矿流体的渗流压力,进而改变成矿流体渗流速度、成矿物质的迁移速度以及温度的扩散速度和化学反应的进行速度。

a. 施加80MPa拉力1年Fe(S,As)$_2$Au$_2$S浓度分布图

b. 施加80MPa拉力100年Fe(S,As)$_2$Au$_2$S浓度分布图

c. 施加80MPa拉力1000年Fe(S,As)$_2$Au$_2$S浓度分布图

d. 未施加拉力1年Fe(S,As)$_2$Au$_2$S浓度分布图

e. 未施加拉力100年Fe(S,As)$_2$Au$_2$S浓度分布图

f. 未施加拉力1000年Fe(S,As)$_2$Au$_2$S浓度分布图

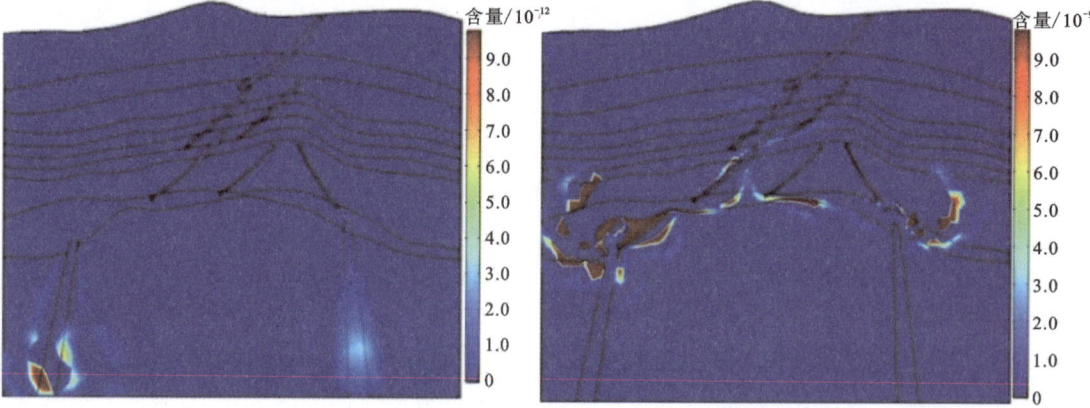

图 12-19　施加应力与未施加应力 Fe(S,As)$_2$Au$_2$S 浓度分布对比(单位:mol/m^3)

构造活动施加的拉力载荷可以大幅度减少成矿作用所需时间,构造活动参与的成矿过程,金品位更高,矿体规模更大,矿化富集部位更高,并且载荷对成矿流体渗流和温度分布的影响表现出类似于断层阀模式的特点,即同一次构造活动在早期对成矿的影响明显强于其晚期对成矿的影响,这与模型的应力形变的发展规律是一致的。可见,构造活动对于在短时间内爆发式形成大规模矿集区(如黔西南矿集区)是必不可少的条件。

金伟(1993)对江西九瑞地区的岩浆热液系统进行了计算机模拟(图 12-20)。首先,定义岩浆热液成矿系统的物理界限是九瑞地区燕山期岩浆期后热液在志留系—三叠系不同围岩条件下,在一定的构造控制下,形成不同类型铜(金)矿床的动态随机开放系统,主要抽象描述变量为成矿温度、压力、矿液浓度、孔隙度、渗透率等。在此基础上建立了相应的数学模型,然后将数学模型设计成计算机可执行程序,按照一定的初始条件、控制因素(变量)计算出可能的结果。

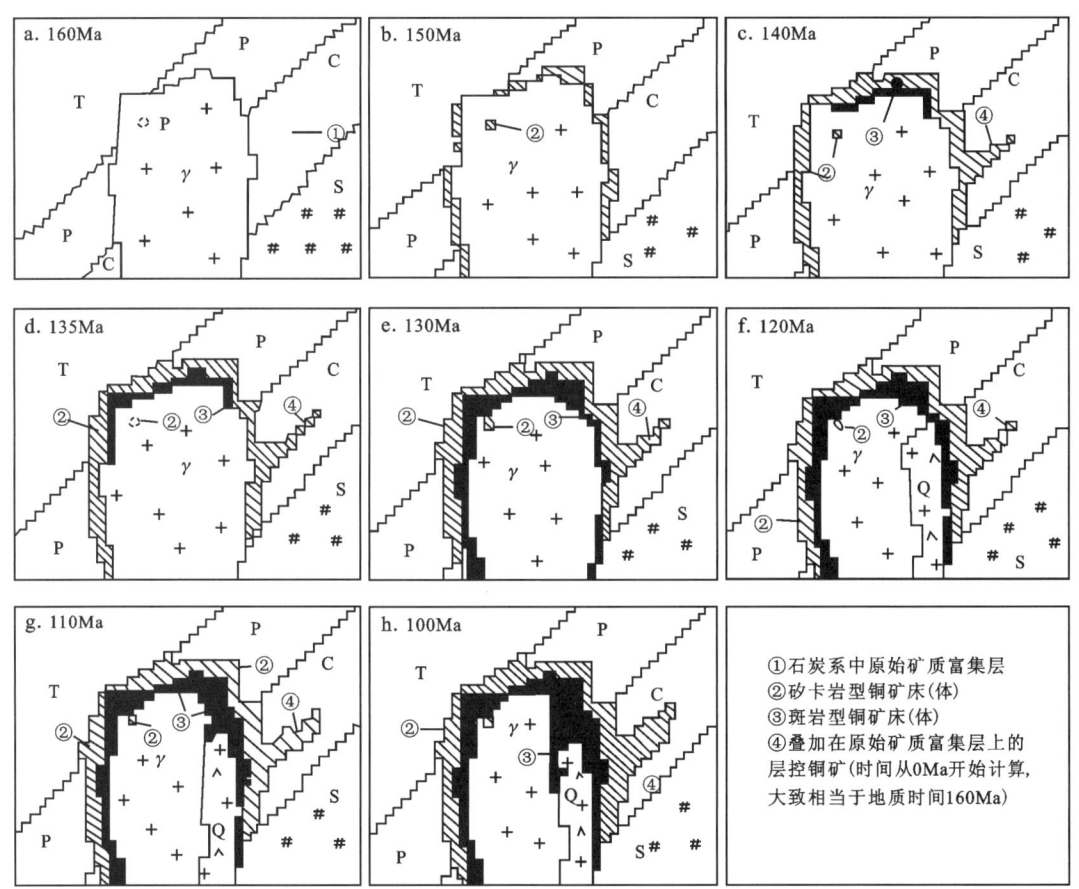

图 12-20 九瑞地区不同时间增量成矿系统(剖面)模拟成矿结果

a.假想初始成矿系统(剖面)(花岗闪长岩侵位于志留系、石炭系、二叠系和三叠系);b~e.第一次成矿作用中不同时间增量模拟成矿计算结果;f.第二次岩浆侵位的初态;g,h.叠加在第一次成矿作用形成的矿体上第二次岩浆热液成矿计算结果;T.三叠系;P.二叠系及捕虏体;C.石炭系;S.志留系;γ.花岗闪长斑岩;Q.石英斑岩模拟结果表明,斑岩型矿床(体)、矽卡岩型矿床(体)、层控型矿床(体)之间具有明显的共生关系,斑岩型矿床(体)与矽卡岩性矿床(体)之间具有过渡性,石炭系矿层与岩浆热液系统具有重叠性。含矿岩浆的侵位是该区成矿作用的基础,有利的围岩、构造条件也是必不可少的因素。成矿的物理化学条件受控于地质条件,如岩浆物理化学性质、岩体大小、侵位的深度(压力)等。岩体的大小决定了岩浆的冷凝速度,其温度变化直接影响矿化,而侵位深度、上覆岩石压力等的不同,也同样影响成矿。此外,原始岩浆中含矿的量也决定着成矿系列中各类型出现与否及规模大小。模拟的结果也说明,岩浆提供的物质场、能量场及构造地层空间组合的联合作用是形成一个成矿系列的基础。

第六节 矿床保存条件研究

一、概述

大多数矿床形成之后都经历了不同程度地变化和改造。受成矿之后的构造运动和流体活动影响,原有矿体的形态、产状、结构、规模、物质组成、空间位置等都可能发生变化。矿床形成后经历的种种变化和改造总体上是一种成矿物质由富集到分散,矿物岩石由原生到次生,矿床(体)结构由简单、完整到复杂、破损的变化过程;是多种地质-地球化学作用对矿床施加影响的过程;是使矿床原有的物质和空间结构更加复杂化的过程。

矿床的变化过程包括物理学的、力学的、化学的、生物的及复合的作用,如氧化与还原、化合与分解、溶解与沉淀、沸腾与液化、挤压、张裂与剪切、生物有机质的吸附、络合、还原与降解等。矿床的变化、改造过程时间有长有短,变化方式有渐变,也有突变。矿床的变化改造过程可能是连续的(一次性)、断续的(多次性),也可能是多次重大变化的叠加。

矿床的保存条件是成矿系统研究的重要组成部分,对于找矿预测、评价和勘探工作具有十分重要的意义。矿床的保存条件涉及到很多地质-地球化学因素,包括矿床的成因类型、产出特征、构造活动、古气候与古环境、隆升与剥露等。理论上,矿床类型决定了矿床形成时的原始深度,成矿后区域构造隆升或沉降决定了现在矿床的赋矿深度。若区域构造隆升导致矿床部分或全部被抬升至侵蚀基准面之上,则处于侵蚀基准面之上的那部分矿床在持续的风化剥蚀作用下终将被剥蚀殆尽;反之,区域构造沉降可能导致矿床(尤其是外生矿床)低于侵蚀基准面而避免遭受剥蚀。不同的地理-地貌景观、古气候也会影响风化作用的方式和矿床改造的速率。

二、研究方法

成矿作用过程一般比较复杂,再加上成矿后的改造、叠加或破坏,其产物就更加复杂。只能根据现在保存下来的混杂的地质作用产物来推断其初始组成与结构,并推断其演变过程。因此,要研究矿床的保存条件,需要应用精密的探测、分析、测试技术,全面系统地搜集各种地质信息,运用科学方法进行综合分析。矿床的变化改造涉及到多种地质因素、多种作用机理和多种变化产物,要运用多学科和多种技术方法进行研究。实际工作中可针对具体地区和矿床类型,采用有效的综合方法。

研究矿床保存条件的主要方法有大比例尺地质填图、构造解析、矿化分带分析、地球化学方法、热年代学方法等。

1. 大比例尺地质填图

大比例尺地质填图是研究矿床保存条件的基本方法。通过系统的地质观测、制图和相关的测试、鉴定工作,可以查明矿体、矿床、矿田内与矿化有关地质体的空间展布、相互关联和时间序次,包括穿插、包裹、蚀变、剥蚀、掩盖、错动等反映原生与次生、早成与后成的各种信息。也可根据需要进行专门制图,如水文地质制图、构造地球化学制图,以及各种精细的地表露头和坑内地质素描等。

2. 构造解析

构造活动是控制矿床变化改造的基本因素之一。成矿前、成矿期构造在成矿后的持续活动常使矿体产状和结构复杂化。而新生的成矿后构造对矿床的破坏和改造最为直接和显著。成矿后的褶皱常常使矿体产状和厚度发生明显的改变。成矿后的断裂可能会使矿体发生一定距离的位移,有时会错断矿体。通过详细分析断裂与矿体的切割、牵引、充填关系以及相伴产物(如断层泥、擦痕、滑动镜面、次生氧化带)的分布情况,可以恢复成矿后构造活动的性质、规模和期次。

3. 矿化分带分析

受矿床形成时温度、压力、成矿介质以及围岩性质等在垂向上规律性变化的影响,部分矿床的矿化特征(如矿化类型、围岩蚀变等)在垂向上呈现出明显的分带特征,依据矿化特征垂向分带的变化规律,可对矿床剥蚀程度进行定性判断。例如赣南石英脉型黑钨矿具有"五层楼＋地下室"垂向分带模式,根据地表所发育脉体的规模(如细脉、大脉、巨脉等)特征即可对矿床的剥蚀程度做出定性判断,假若成矿花岗岩体已出露地表,一般可初步断定脉状矿体的主体基本已剥蚀殆尽。又如根据斑岩型铜矿所具有的垂向蚀变分带和蚀变矿物组合特征,可以定性地判断这类矿床的剥蚀程度。

4. 地球化学方法

运用地质和地球化学方法,可以从水系沉积物、土壤和岩石的元素地球化学测量结果(异常图)中,区分开矿化原生异常场和成矿后次生异常场。再结合含矿区域和矿床的地质构造条件分析,去追溯矿床或矿集区中成矿元素及伴生元素的后生迁移路径、迁移距离和分带情况,从而提供有关矿床变化、改造的有用信息。

5. 热年代学方法

热年代学是在地质年代学研究的基础上,应用封闭温度理论,将地质年龄结果解释与地质体的热演化历史联系起来,并与计算机模拟相结合,定量地揭示地质作用过程的温度-时间轨迹。通过运用裂变径迹、(U-Th)/He、$^{40}Ar-^{39}Ar$、U-Pb等热年代学技术手段,利用不同矿物或不同体系的封闭温度的差异,可以获得矿床形成之后的温度-时间轨迹,反映热事件的发生与发展过程,进而研究成矿期次、构造活动期次以及二者间的联系,定量计算不同矿区、不同矿体、不同部位、不同时间的冷却隆升速率、隆升幅度、剥蚀速率和剥蚀量,精细刻画矿床隆升剥露的阶段性及每个阶段的特征。

三、实例

1. 美国圣玛纽埃-卡拉马祖斑岩铜矿床

美国圣玛纽埃-卡拉马祖斑岩铜矿位于亚利桑那州南部。1943—1953年间,勘探人员首先发现了埋深较浅的位于断层下盘的圣玛纽埃矿体,然后根据蚀变特征和断层性质等规律发现了位于下降盘的埋深较大的卡拉马祖矿体。卡拉马祖矿体的发现过程突出体现了斑岩矿床中矿田构造和蚀变分带研究对于找矿工作的重要意义。

卡拉马祖铜矿发现以前,圣玛纽埃矿段的勘探者通过详细的野外地质调研和岩石学工作,准确认识了蚀变和矿化的分带特征,提出了3个蚀变带和4个矿化带(图12-21)。在圣玛纽埃铜矿发现后,对卡拉马祖是否存在断落的隐伏矿体或已上升被剥蚀有争议。

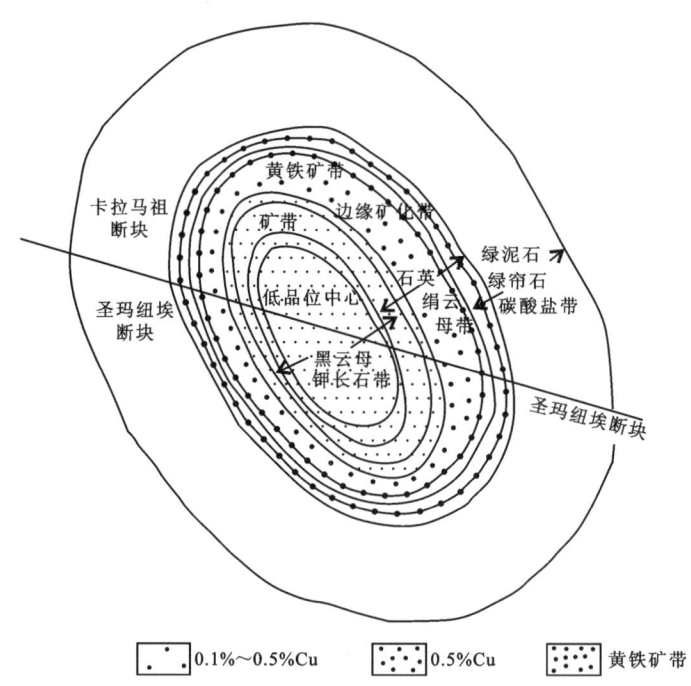

图 12-21 美国圣玛纽埃-卡拉马祖斑岩铜矿蚀变及矿化水平分带图

矿区断层发育,圣玛纽埃断层是该区延伸最长的一个断层,走向北西,倾向南西,被两个高角度正断层切割,这个断层倾角较小,大部分地段倾角小于45°,在圣玛纽埃矿区平均倾角为25°。对断层性质的认识有较大争议,对判断卡拉马祖是否存在断落的隐伏矿体或已上升被剥蚀十分重要。最初很多人认为它属于逆断层。1953年,在圣玛纽埃西南区先前的钻孔中见到砾岩与斑岩呈断层接触,断层面倾向南西,倾角15°,认为是正断层。经过研究与对比,矿区勘探者Lowell等认为上述对断层性质的判断是合理的,上盘沿断层倾向向下错动,因此位于圣玛纽埃矿体西南方向的卡拉马祖应存在断落的隐伏矿体(图12-22),进一步找到卡拉马祖隐伏矿体。

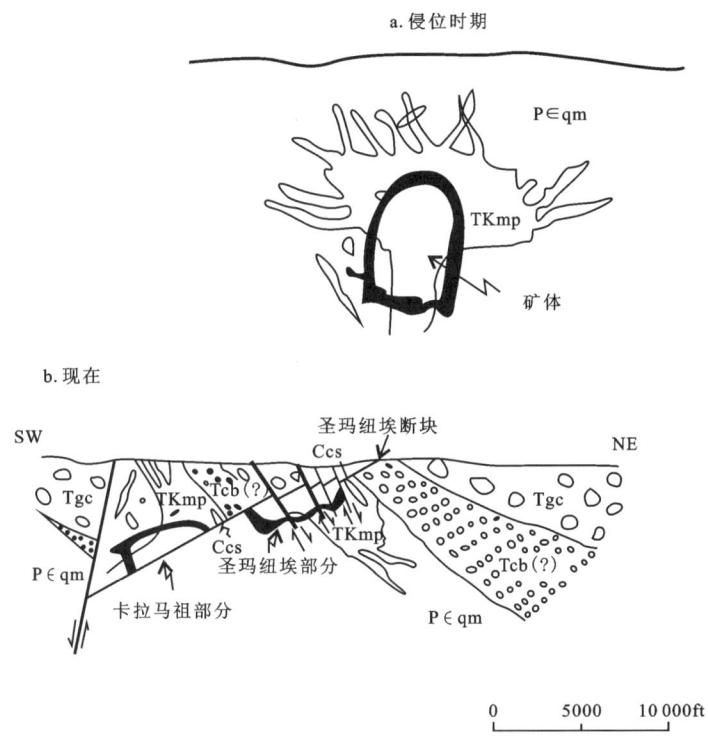

图12-22　美国圣马纽埃-卡拉马祖斑岩铜矿床构造历史略图
(据Lowell and Guilbert,1970;转引自戴自希和王家枢,2004)
P∈qm.前寒武纪石英二长岩;TKmp.白垩纪二长斑岩;Tcb.古近纪克劳德伯斯特组;
Tgc.古近纪吉拉砾岩;Ccs.辉铜矿次生富集带

2. 白云鄂博 REE-Nb-Fe 矿床

白云鄂博REE-Nb-Fe矿床是世界级的综合性矿床,蕴含着稀土、铌、铁、钪、萤石等多种矿产资源。该矿床包括主矿、东矿、西矿、东介勒格勒、菠萝头5个主要矿段。矿区的断层构造近东西向产出,由北向南逆冲推覆,大小断层密布,多呈叠瓦式产出。褶皱构造表现为多期次不同方向和不同性质的叠加褶皱构造。大、中型褶皱构造的枢纽倾伏较缓,轴向近东西,而小型褶皱大多零星分布于其内部。研究区最主要的褶皱构造为宽沟背斜。宽沟背斜的轴向近东西向,且枢纽向西倾伏,核部为古元古代花岗片麻岩及宝音图群变质杂岩,两翼为白云鄂博群。矿区断裂构造包括近东西向、北西西向、北西向、北东向和近南北向,以近东西向断裂为主,包括北侧的赛乌素韧性剪切带、宽沟断裂、白云鄂博矿区南侧的逆冲断层和韧性剪切带等。从矿区碳酸岩和其他岩石单元的变形特征看,无论是赋矿白云石碳酸岩还是长城系都拉哈拉组、尖山组、蓟县系比鲁特组,均显示韧性剪切变形的特征。

柯昌辉等(2021)对主矿区、东矿区开展了精细的矿田构造填图,查明了矿区构造的性质、变形序次及其对矿体的形成控制及破坏作用,结合铁矿体空间分布规律,探讨了各构造形迹与成矿的关系。通过综合分析认为,矿区内构造活动演化具有多期性,中元古代—海西期至少发育4期构造活动,包括近东西向控岩断层(F_1)、近东西向逆-平移断层(F_2)、近东西向褶皱和韧性剪切构造、北东向左行走滑正断层(F_3),并将其对成岩成矿的影响及控制作用进行了详细分析。

(1)中元古代中期,随着白云鄂博裂谷系的形成,白云鄂博群在强烈坳陷中快速堆积,并伴随切割很深的同沉积断裂,沿断裂上升的白云石碳酸岩岩浆作用形成了主要的稀土-铌-铁矿床。反射地震剖面显示,东介勒格勒断裂和高位同生断裂均倾向南,可能暗示东介勒格勒矿段的白云石碳酸岩体倾向与主矿、东矿基本一致,均向南倾斜。

(2)古生代以来,华北板块与西伯利亚板块发生俯冲碰撞造山作用在矿区形成了一系列近东西向逆-平移断层、近东西向的褶皱构造,并伴随近东西向的韧性剪切构造,它们对先期形成的矿体产生了进一步改造和破坏。

早阶段形成的近东西向褶皱构造,包括宽沟背斜和白云"向斜"。由于碳酸岩岩浆沿陡倾的正断层上升形成白云石碳酸岩并形成稀土-铌-铁矿体,近南北向的挤压褶皱对矿体的改造和破坏并不显著。

随着南北向挤压应力的进一步挤压,岩石塑性变形达到顶点时形成的近东西向逆-平移断层可能产生了一定规模的横向位移,对先期形成的矿体进一步破坏(图12-23a)。由于断层倾角大于矿体倾角,断层必然对深部矿体进行切割并破坏。

大量实地调查和勘探资料显示,东矿段15号、16号、17号勘探线剖面上,白云岩与上盘板岩的接触界线发生突变可以作为断层上盘向上推移的标志,可用于推算该组断层的纵向断距。通过计算,15号、16号、17号勘探线白云石碳酸岩垂直推覆位移大于300m,野外实测擦痕线理产状倾角取23°,根据近东西向断层位移推算示意图(图12-23b、c),近东西向逆-平移断层水平位移大于700m。

(3)古生代末期,受近东西向剪切分量应力作用,主矿、东矿南侧发育一期非贯穿性韧性剪切构造。受其影响,矿体在横向和纵向上均发生透镜体化,且在矿体和矿石尺度上都有清晰地显示(图12-23b、c)。

(4)晚古生代末期—早中生代,随着南北区域挤压应力持续作用,近东西向的张应力导致矿区发育北东向正断层构造。这一组断层构造在地表露头上不明显,但在白云鄂博主矿、东矿区布格重力异常等值线图上有清晰地显示,可能与碳酸岩岩石的性质有关。根据白云鄂博主矿、东矿体水平断面图上的矿体标志(图12-23d)和重力异常等值线图中的矿体异常标志推测,北东向构造对矿体的破坏性较小,可能导致东矿矿体向北东方向推移了约100m,并相对主矿体向下滑移了一定的距离,对进一步找矿有重要指导意义。

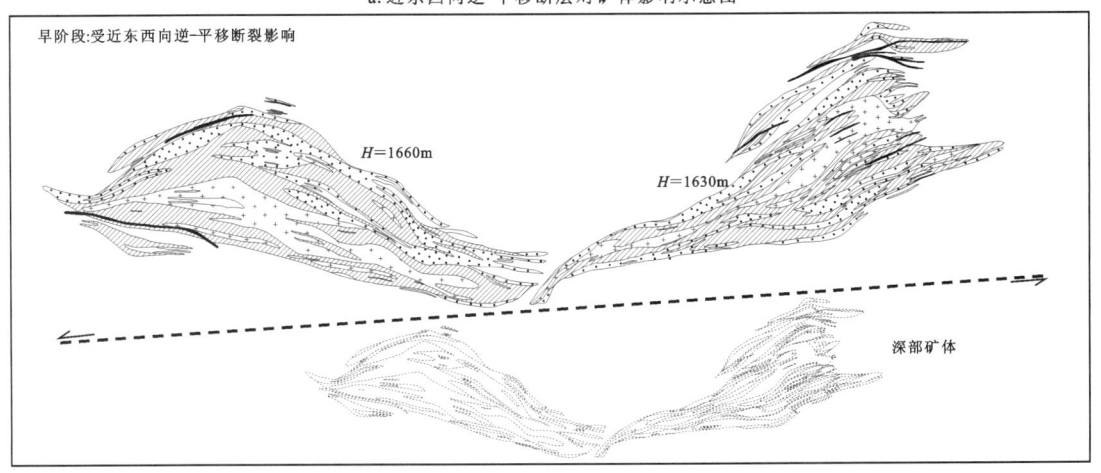

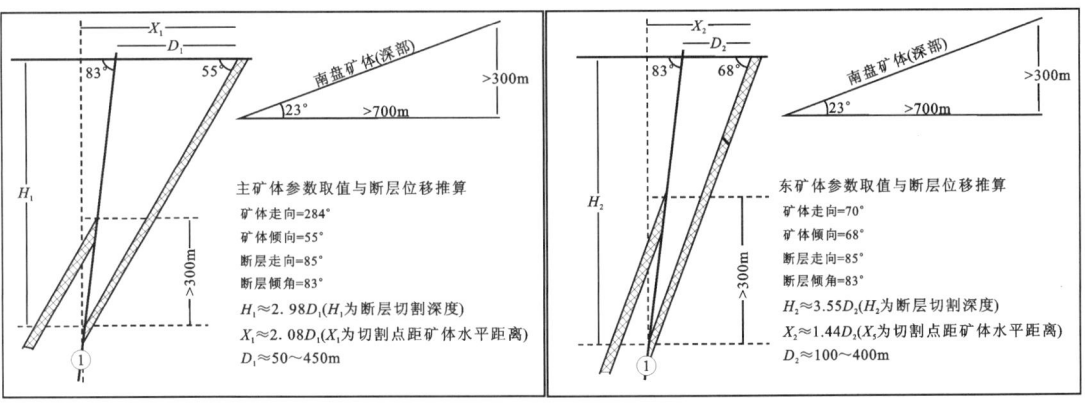

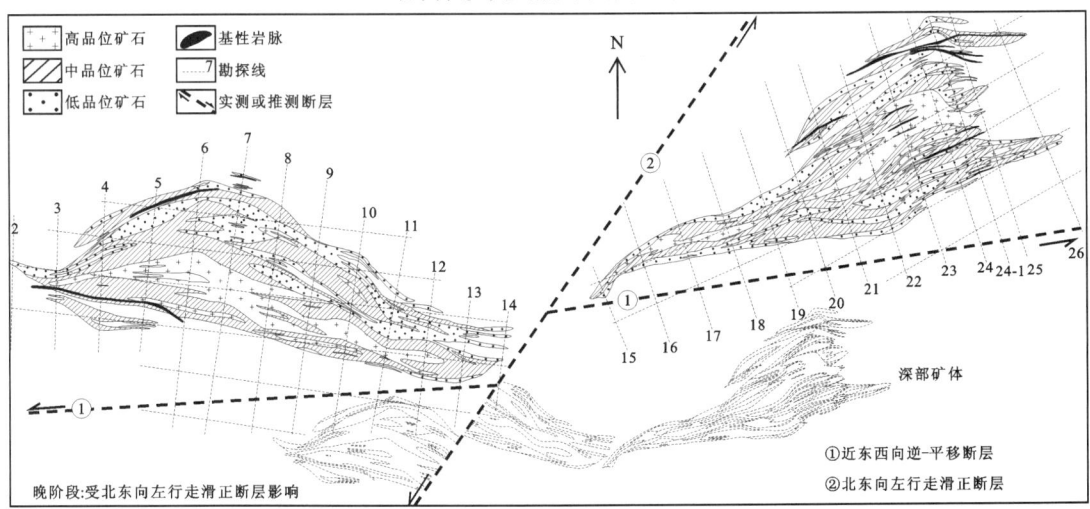

图 12-23　白云鄂博主矿、东矿近东西向逆-平移断层示意图及位移推算（据柯昌辉等，2021）

主要参考文献

常印佛,1991.长江中下游铜铁成矿带[M].北京:地质出版社.
陈国达,1978.成矿构造研究法[M].北京:地质出版社.
陈荣书,1994.石油及天然气地质学[M].武汉:中国地质大学出版社.
陈衍景,韩金生,2024.新疆阿尔泰造山带伟晶岩型稀有金属矿床成矿作用[J].地质学报,98(5):1452-1472.
陈耀煌,姚书振,赵疆,等,2024.大坪金矿构造矿体空间分布特征与构造控矿规律[M].中国地质,41(5):1539-1553.
陈毓川,朱裕生,1993.中国矿床成矿模式[M].北京:地质出版社.
成秋明,2011.地质异常的奇异性度量与隐伏源致矿异常识别[J].地球科学——中国地质大学学报,36(2):307-316.
程小久,翟裕生,1995.沉积盆地中同生断层对层控Pb-Zn(-Ba-Cu-Ag)矿床的控制[J].现代地质,9(3):343-348.
池三川,1988.隐伏矿床(体)的寻找[M].武汉:中国地质大学出版社.
戴俊生,李理,2002.油区构造分析[M].北京:中国石油大学出版社.
戴元裕,1986.江西省新余太平山铁矿区叠加褶皱构造解析并论恢复复杂褶皱系的包络面的意义[J].地质找矿论丛,1(2):13-22.
戴自希,王家枢,2004.矿产勘查百年[M].北京:地震出版社.
邓晋福,刘翠,冯艳芳,等,2011.安徽省庐枞与滁州盆地火山岩岩石学特征与Fe-Cu成矿的关系[J].地质学报,85(5):626-635.
邓军,杨立强,翟裕生,等,2000.构造-流体-成矿系统及其动力学的理论格架与方法体系[J].地球科学——中国地质大学学报,25(1):71-78.
杜思清,1986.纵弯褶皱叠加的褶移现象和移褶叠加褶皱[J].地质评论,32(4):359-366.
杜远生,余文超,2020.沉积型铝土矿的陆表淋滤成矿作用:兼论铝土矿床的成因分类[J].古地理学报,22(5):812-826.
杜远生,周琦,金中国,等,2013.黔北务正道地区铝土矿基础地质与成矿作用研究进展[J].地质科技情报,32(1):1-6.
杜远生,周琦,余文超,等,2018.贵州南华纪—震旦纪沉积大地构造及其对沉积矿产的控制作用[J].贵州地质,35(4):282-290.
范立勇,夏斌,陈永红,等,2007.惠民凹陷大芦家断块东营组油气成藏控制因素研究[J].天然气地球科学,18(3):403-407.
方金云,姚书振,周宗桂,等,1999.望儿山金矿床剪切带控矿作用的数学模型与模拟[J].地球科学——中国地质大学学报,24(1):83-87.

主要参考文献

弗.伊.斯米尔诺夫,1985.矿床地质学[M].《矿床地质学》翻译组,译.北京:地质出版社.

赣南构造体系研究组,1978.赣南构造体系与钨矿分布关系[M].北京:地质出版社.

高德荣,2000.会泽铅锌矿床成矿地质条件及找矿方向[J].昆明理工大学学报,25(4):19-24.

高志斌,1982.广西锡钨矿床成矿地质特征与找矿[J].地质与勘探(8):10-17.

宫勇军,姚书振,谭满堂,等,2016.陕西双王金矿床矿化富集规律对成矿构造的指示意义[J].地球科学,41(2):189-198.

贵州省地质调查院,2011.贵州省金矿资源潜力评价报告[R].贵阳:贵州省地质调查院.

桂林冶金地质研究所,1979.江西德兴斑岩铜(钼)矿田同位素地质特征及找矿意义[M].北京:地质出版社.

郭道军,于海军,王雪,等,2014.攀枝花钒钛磁铁矿地质特征与成矿远景[J].四川地质学报,34(4):523-528.

韩一筱,刘元华,刘淑文,等,2016.马元铅锌矿床角砾岩成因及成矿地质背景[J].地学前缘,23(4):99-101.

何龙清,季玮,陈开旭,等,2007.滇西兰坪盆地白秧坪地区东矿带推覆构造的控矿作用[J].地质力学学报,13(2):110-118.

何绍勋,1977.岩组分析简介[J].地质与勘探(4):37-44.

何生,叶加仁,徐思煌,等,2010.石油及天然气地质学[M].武汉:中国地质大学出版社.

侯满堂,王党国,邓胜波,等,2007.陕西马元地区铅锌矿地质特征及矿床类型[J].西北地质,40(1):42-60.

候德义,1984.找矿勘探地质学[M].北京:地质出版社.

胡浩,李建威,邓晓东,2011.洛南—卢氏地区与铁铜多金属矿床有关的中酸性侵入岩锆石U-Pb定年及其地质意义[J].矿床地质,30(6):979-1001.

胡新露,2015.大兴安岭北段—小兴安岭地区斑岩型铜、钼矿床成矿作用与岩浆活动[D].武汉:中国地质大学(武汉).

华仁民,韦星林,王定生,等,2015.试论南岭钨矿上脉下体成矿模式[J].中国钨业,30(1):16-21.

蒋有录,查明,2016.石油天然气地质与勘探[M].2版.北京:石油工业出版社.

蒋有录,查明,刘华,2024.石油天然气地质与勘探(第三版富媒体)[M].北京:石油工业出版社.

焦方正,2018.塔里木盆地顺北特深碳酸盐岩断溶体油气藏发现意义与前景[J].石油与天然气地质,39(2):207-216.

金伟,1993.成矿系列研究方法探讨[J].河北地质学院学报,16(4):392-398.

金永杰,周宗桂,曾国平,等,2015.黔西南戈塘金矿田找矿潜力分析[J].矿物学报,35(S1):1011-1012.

柯昌辉,孙盛,赵永岗,等,2021.内蒙古白云鄂博超大型稀土-铌-铁矿床控矿构造特征及深部找矿方向[J].地质通报,40(1):95-109.

孔志召,2018.太行山中段寺沟岩体电性结构分析及深部成矿预测[J].物探与化探,42

(5):882-888.

李先富,1991.湖南桃林幕阜山地洼期变质核杂岩及肃离断层有关的铅锌矿化作用[J].大地构造与成矿学(2):90-99.

李延河,张增杰,侯可军,等,2014.辽宁鞍本地区沉积变质型富铁矿的成因:Fe、Si、O、S同位素证据[J].地质学报,88(12):2351-2372.

梁良,余达淦,1993.铀矿田与矿床构造[M].北京:原子能出版社.

林新多,姚书振,1981.长江中下游岩铁矿中隐伏控矿构造的研究[M].北京:地质出版社.

刘波,钱祥麟,王英华,1999.华北板块早古生代构造-沉积演化[J].地质科学,34(3):347-356.

刘池洋,王建强,黄雷,等,2022.沉积盆地类型及其成因和称谓研究回顾与进展[J].西北大学学报(自然科学版),52(6):891-909.

刘和甫,1993.沉积盆地地球动力学分类及构造样式分析[J].地球科学——中国地质大学学报,18(6):699-814.

刘礼广,吴大天,韩双,2020.金伯利岩型金刚石矿床研究及其成矿模式探讨:以辽宁瓦房店地区金刚石原生矿矿床为例[J].地质学报,94(9):2650-2665.

刘志臣,周琦,颜佳新,等,2019.二叠纪贵州遵义次级裂谷盆地结构及其对锰矿的控制作用[J].古地理学报,21(3):517-526.

刘钟伟,陈汉中,1983.安化县司徒铺白钨矿区地质构造特征及其控矿作用[J].湖南地质,2(1):1-14.

吕古贤,1989.胶东半岛构造-岩相形式及玲珑-焦家式金矿的构造动力成岩成矿地质特征研究[D].北京:中国地质科学院.

吕古贤,孔庆存,邓军,等,1996.山东玲珑和焦家金矿成矿深度研究与测算[J].地质论评(6):550-559.

吕古贤,林文蔚,罗元华,等,1999.构造物理化学与金矿成矿预测[M].北京:地质出版社.

吕赟珊,解国爱,倪培,等,2012.赣东北金山金矿床构造变形特征及其区域构造意义[J].大地构造与成矿,36(4):504-517.

闵茂中,王湘云,沈保培,等,1997.我国最大古岩溶型铀矿床成因的同位素地球化学研究[J].沉积学报,15(1):118-122.

莫宣学,2011.岩浆与岩浆岩:地球深部"探针"与演化记录[J].自然杂志,33(5):255-259,313.

倪培,潘君屹,韩亮,等,2023.华南与花岗岩有关大规模钨锡成矿作用的时空分布、成矿模式及找矿方向[J].地质学报,97(11):3497-3534.

宁芜研究项目编写小组,1978.宁芜玢岩铁矿[M].北京:地质出版社.

潘钟祥,1983.不整合对于油气运移聚集的重要性及寻找不整合面下的某些油气藏[J].地质论评,29(4):374-381.

裴荣富,1995.共(源)岩浆补余分异作用与成矿[J].矿床地质,14(4):376-379.

漆立新,2020.塔里木盆地顺北超深断溶体油藏特征与启示[J].中国石油勘探,25(1):102-111.

主要参考文献

钱祥麟,1982. 中国构造地质学的六十年回顾和展望[J]. 地质论评,28(6):567-574.

沈继方,王增银,王良忧,等,1993. 鄂西清江下游岩溶角砾岩特征及形成环境[J]. 中国岩溶,12(1):4-13.

石准立,1981. 湖北铁山铁铜矿床的接触热动力变质构造特征、形成机制及其控矿作用[M]. 北京:地质出版社.

舒全安,1992. 鄂东铁铜矿产地质[M]. 北京:冶金工业出版社.

宋明春,丁正江,刘向东,等,2022. 胶东型金矿床断裂控矿及成矿模式[J]. 地质学报,96(5):1774-1802.

谭满堂,姚书振,丁振举,等,2014. 小秦岭金矿田典型矿脉矿化趋势面分析与深部预测[J]. 地球科学——中国地质大学学报,39(3):303-310.

汤锡元,1988. 推覆构造的特征及其与油气的关系[J]. 地球科学与环境学报,10(2):48-55.

田作基,吴义平,2019. 全球主要沉积盆地常规油气资源分布[M]. 北京:石油工业出版社.

万天丰,褚明记,陈明佑,1988. 福建省岩石圈的热状态与地热资源的远景评价[J]. 地质学报(2):178-189.

王集磊,何伯墀,李健中,等,1996. 中国秦岭铅锌矿床[M]. 北京:地质出版社.

王涛,黄河,杨立强,等,2022. 揭示三维岩石圈物质架构的技术方法体系框架[J]. 地质学报,96(10):3589-3628.

王小凤,李中坚,陈柏林,等,2000. 郯庐断裂带[M]. 北京:地质出版社.

吴福元,李献华,郑永飞,等,2007. Lu-Hf同位素体系及其岩石学应用[J]. 岩石学报,23(2):185-220.

吴礼锟,1989. 易门铜矿的控矿构造[J]. 云南地质,8(2):154-163.

吴思本,徐志刚,1979. 钟九铁矿床矿物地球化学特征的趋势分析及成矿过程的探讨[J]. 地质学报(3):70-82.

郗爱华,马艳军,葛玉辉,等,2015. 内蒙古赤峰市大营子花岗岩体多期次侵入的证据及其地质意义[J]. 吉林大学学报(地球科学版),45(3):791-803.

熊发挥,杨经绥,巴登珠,等,2014. 西藏罗布莎不同类型铬铁矿的特征及成因模式讨论[J]. 岩石学报,30(8):2137-2163.

许效松,牟传龙,林明,1994. 中国南方泥盆纪板内盆地层序地层与控矿[J]. 沉积学报,12(1):1-7.

杨开庆,1986. 动力成岩成矿理论的研究内容和方向[J]. 中国地质科学院地质力学研究所文集(1):1-15.

杨立强,和文言,高雪,等,2023. 克拉通岩石圈三维物质架构示踪方法[J]. 地学前缘,30(6):391-405.

杨明桂,王昆,1994. 江西省地质构造格架及地壳演化[J]. 江西地质,8(4):239-251.

姚书振,1983. 湖北灵乡岩浆-热液过渡型铁矿床的地质特征及某些成因问题的初步探讨[J]. 地质科技情报(S1):70-78.

姚书振,丁振举,周宗桂,等,2020a.聚矿构造系统与找矿[J].地球科学,45(12):4390-4397.

姚书振,宫勇军,胡新露,等,2020b.中上扬子地块周缘主要金属成矿系统及成矿谱系[J].地学前缘,27(2):218-231.

姚书振,胡新露,杨宇山,等,2018.黑龙江省翠宏山铁多金属矿田找矿模型与找矿方向研究报告[R].武汉:中国地质大学(武汉).

姚书振,周宗桂,宫勇军,等,2011.初论成矿系统的时空结构及其构造控制[J].地质通报,30(4):469-477.

叶天竺,吕志成,庞振山,等,2015.勘查区找矿预测理论与方法(总论)[M].北京:地质出版社.

叶天竺,韦昌山,王玉往,等,2017.勘查区找矿预测理论与方法(各论)[M].北京:地质出版社.

云露,2021.顺北东部北东向走滑断裂体系控储控藏作用与突破意义[J].中国石油勘探,26(3):41-52.

曾国平,2018.黔西南矿集区西段微细浸染型金矿构造控矿作用研究[D].武汉:中国地质大学(武汉).

曾庆丰,1979.我国矿田构造(内生金属矿床)研究现状与展望[J].地质与勘探(6):48-55.

曾庆丰,1986.矿田构造基础[J].地质与勘探,22(1):1-6.

曾庆丰,2016.构造矿床学:曾庆丰论著选编[M].北京:科学出版社.

翟裕生,1965.不整合面对内生成矿作用的意义[J].地质论评,23(5):359-364.

翟裕生,1984a.矿田构造学概论[M].北京:冶金工业出版社.

翟裕生,1984b.关于矿田构造研究的若干问题[J].地质论评,30(1):19-25.

翟裕生,1999.区域成矿学[M].北京:地质出版社.

翟裕生,2002.成矿构造研究的回顾和展望[J].地质论评,48(2):140-146.

翟裕生,邓军,丁式江,等,2001.关于成矿参数临界转换的探讨[J].矿床地质,20(4):301-306.

翟裕生,林新多,1993.矿田构造学[M].北京:地质出版社.

翟裕生,石准立,曾庆丰,1981.矿田构造与成矿[M].北京:地质出版社.

翟裕生,姚书振,蔡克勤,2011.矿床学[M].北京:地质出版社.

翟裕生,姚书振,崔彬,等.1996.成矿系列研究[M].武汉:中国地质大学出版社.

翟裕生,姚书振,林新多,等,1992.长江中下游地区铁铜等成矿规律研究[J].矿床地质,11(1):1-12.

翟裕生,姚书振,周宗桂,等,1999.长江中下游铜金矿床矿田构造[M].武汉:中国地质大学出版社.

张光亚,2019.全球油气地质与资源潜力评价[M].北京:石油工业出版社.

张厚福,孙红军,梅红,1999.多旋回构造变动区的油气系统[J].石油学报,20(1):16-20,3.

张鲲,胡俊良,徐德明,2012.湖南桃林铅锌矿区花岗岩地球化学特征及其与成矿的关系[J].华南地质与矿产,28(4):307-314.

张秋生,刘连登,朱永正,等,1984.中国早前寒武纪地质及成矿作用[M].长春:吉林人民出版社.

张湘炳,1992.论构造成矿规律及其动力学机制[J].大地构造与成矿学,16(2):113-122.

张招崇,李厚民,李建威,等,2021.我国铁矿成矿背景与富铁矿成矿机制[J].中国科学:地球科学,51(6):827-852.

赵文智,李建忠,2004.基底断裂对松辽南部油气聚集的控制作用[J].石油学报,25(4):1-6.

郑建平,夏冰,平先权,等,2021.岩石探针和地震探测手段约束华北深部地壳结构组成及演化[J].科学通报,66(23):3018-3031.

郑亚冬,常志忠,1985.岩石有限应变测量及韧性剪切带[M].北京:地质出版社.

中国地质调查局宜昌地质调查中心,湖南省国土资源厅,2008.南岭地区深部找矿研讨会研究报告[R].长沙:湖南省国土资源厅.

钟南昌,1992.江西萍乡—乐平地区推覆构造[J].中国区域地质(1):1-13.

朱炳泉,常向阳,2001.地球化学省与地球化学边界[J].地球科学进展,16(2):153-162.

朱志军,郭福生,宋玉财,等,2014.滇西兰坪盆地古近系构造-沉积演化与成矿关系[J].沉积学报,32(6):997-1006.

邹才能,董大忠,杨桦,等,2011.中国页岩气形成条件及勘探实践[J].天然气工业,31(12):26-39,125.

Г.Ф.雅科夫列夫,1989.矿床与火山构造[M].李上男,译.北京:地质出版社.

Ф.И.沃尔弗逊,П.Д.雅科夫列夫,1989.矿田和矿床构造[M].吴淦国,译.武汉:中国地质大学出版社.

А.В.科罗列夫,П.А.舍赫特曼,1958.岩浆期后金属矿床及其地质分析法[M].周延坤,译.北京:地质出版社.

В.М.克列特尔,1958.矿田与矿床的构造[M].冯祖钧,译.北京:地质出版社.

Е.А.巴斯科夫,1981.成矿规律研究中的古水文地质分析[M].沈照理,译.北京:科学出版社.

BARDOSSY G,1982. Karst bauxites:bauxite deposits on carbonate rocks[M]. Budapest:Akadémiai Kiadó.

BRANTLEY S L,EVANS B,HICKMAN S H,et al.,1990. Healing of microcracks in quartz-implications for fluid flow[J]. Geology,18:136-139.

BROADBENT G C,MYERS R E,WRIGHT J V,1998. Geology and origin of the shale hosted Zn-Pb Ag mineralization at the Century deposit, northwest Queensland, Australia[J]. Economic Geology,93:1264-1294.

BUSBY C,AZOR A,2012. Tectonics of sedimentary basins: recent advances[M]. Oxford:Blackwell Publishing Ltd.

CHAPMAN R E,1983. Petroleumgeology[M]. Amsterdam:Elsevier Science Publishers B.V.

CONDIE K C,2016. Earth as an evolving planetary system[M]. 3th ed. Amsterdam:Elsevier.

CORBETT G, 2002. Epithermal gold for explorationists[J]. AIG Journal Applied Geoscientific Practice and Research in Australia:1-26.

COX S F,2005. Coupling between deformation, fluid pressures, and fluid flow in ore-producing hydrothermal systems at depth in the crust[J]. Economic Geology,100th Anniversary Volume:39-75.

CRAW D,CHAMBERLAIN C P,1996. Meteoric incur sion and oxygen fronts in the Dalradian metamor phic belt, southwest Scotland:a new hypothesis for regional gold mobility[J]. Mineralium Deposita,31:365-373.

DE CELLES P G,GILES K A,1996. Foreland basin systems[J]. Basin Research,8:105-123.

DICKINSON W R,1979. Structure and stratigraphy of forearc regions[J]. AAPG Bulletin,63(1):2-31.

FARQUHAR J,CHACKO T H,1991. Isotopic evidence for involvement of CO_2-bearing magmas in granulite formation[J]. Nature,354:61-63.

FRISCH W,MESCHEDE M,BLAKEY R,2011. Plate Tectonics Continental Drift and Mountain Building[M]. New York:Springer Verlag.

GARVEN G,RAFFENSPERGER J P,1997. Hydrogeology and geochemistry of ore genesis in sedimentary basins[M]//BARNES H L. Geochemistry of ore deposits(3rd). New York:John Wiley & Sons:125-189.

GOODFELLOW W D,2004. Geology, genesis and exploration of SEDEX deposits, with emphasis on the Selwyn Basin, Canada[M]//DEB M,GOODFELLOW W D. Sediment hosted lead-zinc sulphide deposits:attributes and models of some major deposits in India, Australia and Canada. New Delhi:Narosa Publishing House:24-99.

GOODFELLOW W D,LYDON J W,TURNER R J W,1993. Geology and genesis of stratiform sediment-hosted (SEDEX) zinc-lead-silver sulphide deposits[J]. Geological Association of Canada Special Paper,40:201-251.

GROVES D I,1993. The crustal continuum model for late Archean lode gold deposits of the Yilgarn Block, Western Australia[J]. Mineralium Deposita,28:366-374.

HANOR J S,1979. The sedimentary genesis of hydrothermal fluids[M]//BAENES H L. Geochemistry of hydrothermal ore deposits. New York:Wiley Interscience:137-142.

HOLLAND H D,2002. Volcanic gases, black smokers, and the Great Oxidation Event[J]. Geochimica et Cosmochimica Acta,66:3811-3826.

HU X L,YAO S Z,ZENG G P,et al.,2019. Multistage magmatism resulting in large-scale mineralizaion:a case from the Huojihe porphyry Mo deposit in NE China[J]. Lithos (326/327):397-414.

INGEBRITSEN S E,MANNING C E,1999. Geological implications of a permeability-depth curve for the continental crust[J]. Geology,27:1107-1110.

KELLY K D,DUMOULIN J A,JENNINGS S,2004a, The Anarraaq Zn-Pb Ag and barite deposit, northern Alaska: evidence for replacement of carbonate by barite and sulfides[J]. Economic Geology, 99: 1577 - 1591.

KELLY K D, LEACH D L, JOHNSON C A, et al., 2004b, Textural, compositional, and sulfur isotope variations of sulfide minerals in the Red Dog Zn Pb - Ag deposits, Brooks Range, Alaska: implications for ore formation[J]. Economic Geology, 99: 1509 - 1532.

KERRICH R, 1999. Nature's gold factory[J]. Science, 284: 2101 - 2102.

KLEIN G D, 1987. Current aspects of basin analysis[J]. Sedimentary Geology, 50(1): 95 - 118.

KONHAUSER K O, PLANAYSKY N J, HARDISTY D S, et al., 2017. Iron formations: a global record of Neoarchaean to Palaeoproterozoic environmental history[J]. Earth-Science Reviews, 172: 140 - 177.

LARGE R R, BULL S W, MCGOLDRICK P J, et al., 2005. Stratiform and stratabound Zn - Pb - Ag deposits in Proterozoic sedimentary basins, northern Australia[J]Economic Geology, 100th Anniversary Volume: 931 - 963.

LARGE R R, BULL S W, WINEFIELD P R, 2001. Carbon and oxygen iso tope halo in carbonates related to the McArthur River (HYC) Zn - Pb - Ag de posit, North Australia: implications for sedimentation, ore genesis, and mineral exploration[J]. Economic Geology, 96: 1567 - 1593.

LEVORSEN A I, 1966. The obscure and subtle trap[J]. AAPG Bull. 50: 2058 - 2067.

LEVORSEN A I, 1967. Geology of petroleum[M]. 2nd ed. San Francisco: W. H. Freeman and Company.

LI J W, ZHAO X F, ZHOU M F, 2009. Late Mesozoic magmatism from the Daye region, eastern China: U - Pb ages, petrogenesis, and geodynamic implications[J]. Contributions to Mineralogy and Petrology, 157 (3): 383 - 409.

LYDON J W, 1996, Sedimenary exhalative sulphides (SEDEX)[J]. Geology of Canada, 8: 130 - 152.

LYDON J W, 2004. Genetic models for Sullivan and other SEDEX deposits[M]//DEB M, GOODFELLOW W D. Sediment hosted lead-zinc sulphide deposits: attributes and models of some major deposits in India, Australia and Canada. New Delhi: Narosa Publishing House: 149 - 190.

MAYNARD J B, 1991. Shale-hosted deposits of Pb, Zn, and Ba: syngenetic deposition from exhaled brines in deep marine basins[J]. Reviews in Economic Geology, 5: 177 - 183.

POHL W L, 2011. Economic geology principles and practice: metals, minerals, coal and hydrocarbons-introduction to formation and sustainable exploitation of mineral deposits walter. Oxford: John Wiley & Sons, Ltd., Publication.

POHL W, 1992. Defining metamorphogenic mineral deposits-an introduction[J]. Mineralogy & Petrology, 45: 145 - 152.

SANGSTER D F, HILLARY E M, 1998. Sedex lead-zinc deposits—proposed subtypes and their characteristics[J]. Exploration and Mining Geology,7:341-357.

SASS-GUSTKIEWICZ M,1996. Internal sediments as a key to understanding the hydrothermal karst origin of the Upper Silesian Zn-Pb ore deposits[J]. Economic Geol. Spec. Pub. ,4:171-181.

SCHISSEL D,ARO P,1992. The major early Proterozoic sedimentary iron and manganese deposits and their tectonic setting[J]. Economic Geology,87:1367-1374.

SIEHL A,THEIN J,1989. Minette-type ironstones[J]. Geological Society London, Special Publication,46:175-93.

SILLITOE R H,BONHAM H F,1984. Volcanic landforms and ore-deposits[J]. Economic Geology,79:1286-1298.

SILLITOE R H,SAWKINS F J,1971. Geologic,mineralogic and fluid inclusion studies relating to the origin of copper-bearing tourmaline breccias pipes, Chile[J]. Economic Geology,66(7):1028-1041.

TOMKINS A G,PATTISON D R M,ZALESKI E,2004. The Hemlo gold deposit,Ontario: an example of melting and mobilization of a precious metal-sulfosalt assemblage during amphibolite facies metamorphism and deformation[J]. Economic Geology,99:1063-1084.

VALLEY J W,KINNY P D,SCHULZE D J, et al. ,1998. Zircon megacrysts from kimberlite:oxygen isotope variability among mantle melts[J]. Contributions to Mineralogy and Petrology,133(1):1-11.

WANG T,XIAO W J,COLLINS W J, et al. ,2023. Quantitative characterization of orogens through isotopic mapping[J]. Communications Earth & Environment,4:1-9.

XU Y X,YANG B,ZHANG A Q, et al. ,2020. Magnetotelluric imaging of a fossil oceanic plate in northwestern Xinjiang,China[J]. Geology,48(4):385-389.

YOUNG L E,2004. A geologic framework for mineralization in the western Brooks Range,Alaska[J]. Economic Geology,99:1281-1306.

ZHU X S,WANG L L,ZHOU X W,2022. Structural features of the Jiangshao fault zone inferred from aeromagnetic data for South China and the East China Sea[J]. Tectonophysics,826:229252.

В. А. НЕВСКИЙ. 1979. Трещинная тектоника рудных полей и месторожлений[M]. Недра

В. И. СТАРОСТИН,А. Л. ДЕРГАЧЕВ,Ж. В. СЕМИНСКИЙ,2002. СТРУКТУРЫ РУДНЫХПОЛЕЙ И МЕСТОРОЖДЕНИЙ[M]. Москва:Издательство Московскогоуниверситета.

Г. Ф. ЯКОВЛВ. 1982,Геологические структуры рудных полей и месторождений[M]. Изд,Мгу.

МАКСИМОВ С. П. ,1976. Время и формирования залежей нейфти и газа СБ. Статеи[M]. Москва:Наука.